합격선언

기술직 공무원

임업경영

www.goseowon.co.kr

PREFACE

'정보사회', '제3의 물결'이라는 단어가 낯설지 않은 오늘날, 과학기술의 중요성이 날로 증대되고 있음은 더 이상 말할 것도 없습니다. 이러한 사회적 분위기는 기업뿐만 아니라 정부에서도 나타났습니다.

기술직공무원의 수요가 점점 늘어나고 그들의 활동영역이 확대되면서 기술직에 대한 관심이 높아져 기술직공무원 임용시험은 일반직 못지않게 높은 경쟁률을 보이고 있습니다.

기술직공무원 합격선언 시리즈는 기술직공무원 임용시험에 도전하려는 수험생들에게 도움이 되고자 발행되었습니다.

본서는 방대한 양의 이론 중 필수적으로 알아야 할 핵심이론을 정리하고, 출제가 예상되는 문제만을 엄선하여 수록하였습니다. 또한 최신출제경향을 파악할 수 있도록 최근기출문제를 상세한 해설과 함께 구성하였습니다.

신념을 가지고 도전하는 사람은 반드시 그 꿈을 이룰 수 있습니다. 서원각이 수험생 여러분의 꿈을 응원합니다.

STRUCTURE

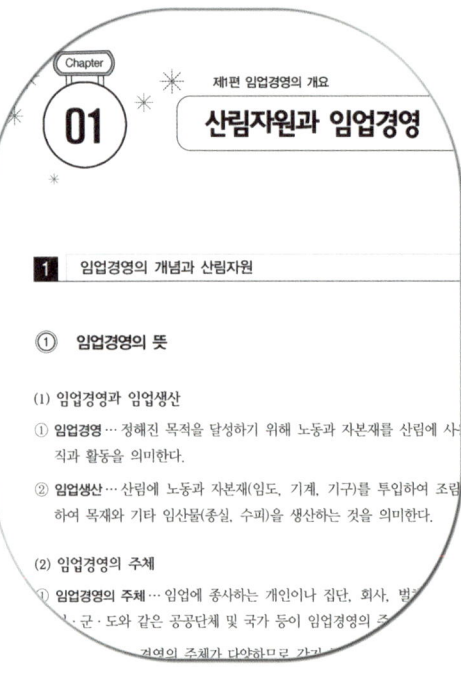

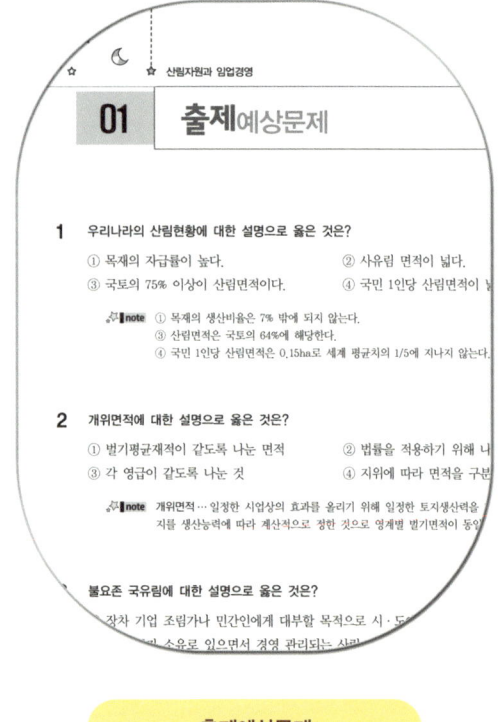

핵심이론정리

임업경영 전반에 대해 체계적으로 편장을 구분한 후 해당 단원에서 필수적으로 알아야 할 내용을 정리하여 수록했습니다. 출제가 예상되는 핵심적인 내용만을 학습함으로써 단기간에 학습 효율을 높일 수 있습니다.

출제예상문제

그동안 치러진 국가직 및 지방직 기출문제를 분석하여 출제가 예상되는 문제만을 엄선하여 수록하였습니다. 다양한 난도와 유형의 문제들로 연습하여 확실하게 대비할 수 있습니다.

- 공유림 : 8%
- 사유림 : 69%

림의 보전적 효용에 속하지 않는 것은?

) 홍수조절
) 자연공원

★note 산림의 간접적 효용
　　　ⓐ 보전적 효용
　　　　• 국토보전 : 토사유출방지
　　　　• 수원함양 : 홍수조절, 식수 · 산업용수
　　　　• 환경보전 : 산소공급, 대기정화, 기후?
　　　ⓑ 보건휴양적 효용
　　　　• 보건휴양 : 자연공원, 도시공원, 자?
　　　　• 풍치조성 : 명승지, 관광지

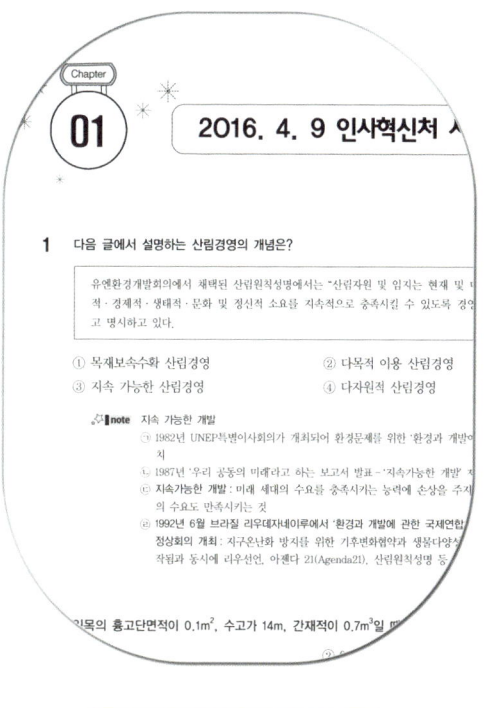

Chapter

01

2016. 4. 9 인사혁신처 ?

1 다음 글에서 설명하는 산림경영의 개념은?

유엔환경개발회의에서 채택된 산림원칙성명에서는 "산림자원 및 임지는 현재 및 ?
적 · 경제적 · 생태적 · 문화 및 정신적 소요를 지속적으로 충족시킬 수 있도록 경영
고 명시하고 있다.

① 목재보속수확 산림경영　　　　② 다목적 이용 산림경영
③ 지속 가능한 산림경영　　　　　④ 다자원적 산림경영

★note 지속 가능한 개발
ⓐ 1982년 UNEP특별이사회의가 개최되어 환경문제를 위한 '환경과 개발에
　　치
ⓑ 1987년 '우리 공동의 미래'라고 하는 보고서 발표 – '지속가능한 개발' 지?
ⓒ 지속가능한 개발 : 미래 세대의 수요를 충족시키는 능력에 손상을 주지?
　　의 수요도 만족시키는 것
ⓓ 1992년 6월 브라질 리우데자네이루에서 '환경과 개발에 관한 국제연합?
　　정상회의 개최 : 지구온난화 방지를 위한 기후변화협약과 생물다양성?
　　착됨과 동시에 리우선언, 아젠다 21(Agenda21), 산림원칙성명 등 ?

림목의 흉고단면적이 0.1m², 수고가 14m, 간재적이 0.7m³일 ?

상세한 해설

매 문제 상세한 해설을 달아 문제풀이만으로도 개념학습이 가능
하도록 하였습니다. 문제풀이와 함께 이론정리를 함으로써 완벽
하게 학습할 수 있습니다.

최근기출문제

최근 시행된 기출문제를 수록하여 시험 출제경향을 파악할 수
있도록 하였습니다. 기출문제를 풀어봄으로써 실전에 보다 철저
하게 대비할 수 있습니다.

CONTENTS

PART **01**

임업경영의 개요

산림자원과 임업경영

1 임업경영의 개념과 산림자원

① 임업경영의 뜻

(1) 임업경영과 임업생산

① **임업경영** … 정해진 목적을 달성하기 위해 노동과 자본재를 산림에 사용하여 임업생산을 하는 조직과 활동을 의미한다.

② **임업생산** … 산림에 노동과 자본재(임도, 기계, 기구)를 투입하여 조림, 벌채 및 기타 작업을 통하여 목재와 기타 임산물(종실, 수피)을 생산하는 것을 의미한다.

(2) 임업경영의 주체

① **임업경영의 주체** … 임업에 종사하는 개인이나 집단, 회사, 벌채업자, 제재업자, 종교단체, 학교, 시·군·도와 같은 공공단체 및 국가 등이 임업경영의 주체가 된다.

② **경영의 목적** … 경영의 주체가 다양하므로 각기 목적도 서로 다르다.

③ 임업경영의 개선을 위해서는 임업경영의 대상이 되는 산림자원과 경영주체의 성격을 명확히 하여야 한다.

② 세계의 산림자원

(1) 산림현황

① 지구표면은 육지가 29%(134억ha), 해수면이 71%를 차지한다.

② 육지면적의 30%가 산림으로 40억ha 정도이며 농경지, 목초지가 33%, 기타 37% 정도로 구성되어 있다.

③ 40억ha의 산림면적 중 목재를 생산할 수 있는 산림이 약 26억ha로 생산용 산림이라고 한다.

④ 나머지 14억ha 정도는 초원 등으로 비생산용 산림이다.

(2) 전체 세계 산림축적

① **세계 산림의 축적** ⋯ 3,300 ~ 3,500억m^3

② **1ha당 평균축적** ⋯ 80m^3(전체 산림면적의 평균)

③ **1인당 산림면적** ⋯ 0.7 ~ 0.8ha

(3) 세계 산림의 분포

① 러시아, 유럽, 북아메리카 등지의 북반구 선진국지역에 산림면적의 60%, 산림축적의 50%가 분포되어 있다.

② 나머지는 아시아, 태평양지역, 남아메리카, 아프리카 등의 남반구 개발도상국에 분포한다.

(4) 세계 산림현황의 문제점

① **개발도상국지역**

   ㉠ 신탄재의 채취

      ★🔍**TIP** 1년 동안 벌채되는 목재량은 30억m^{3}인데 그 중 절반정도를 개발도상국에서 연료로 소모하고 있다.

   ㉡ 무질서한 이동식 화전경작

   ㉢ 농경지 확대를 위한 산림의 개간

② **선진국지역**

   ㉠ 공해와 대기오염으로 인한 산성비로 산림피해 확대

   ㉡ 산림의 황폐화 위험의 증가

③ 북반구에는 주로 침엽수, 남반구에는 활엽수가 많아서 목재공급의 불균형이 있다.

(5) 세계 산림소유구분

① 산림소유구분은 크게 국유림과 민유림으로 나눈다.

② 그 중 국유림이 전체 산림면적의 60%이다.

③ 국유림의 대부분은 공산주의 국가의 산림이 많이 포함되어 있고, 그 외에 개발도상국인 아프리카, 남아메리카, 동남아시아 등지에 있다.

④ 자본주의 사회에서의 산림소유는 국·공유림이 35 ~ 40%, 사유림이 50 ~ 60% 정도이다.

⑤ 국·공유림의 산림경영은 사유림과는 다른 목적을 가지고 경영·관리한다.

(6) 산림의 공익성

① 자본주의 국가에서 산림을 소유하고 경영하는 것은 산림의 공익성을 높이기 위해서이다.

② **산림의 공익성**
　㉠ 홍수조절
　㉡ 수원함양
　㉢ 토사유출 방지
　㉣ 귀중한 동·식물 보존
　㉤ 보건휴양

③ 우리나라의 산림자원

(1) 우리나라의 산림면적

① **우리나라의 산림면적** ··· 국토의 64%(약 64만ha) 정도를 차지한다.

② 우리나라 산림면적의 구성은 국유림이 25%, 공유림이 7%, 사유림이 67%이다.

③ **국민 1인당 산림면적** ··· 0.16ha로 세계 평균치의 1/5 수준이다.

(2) 산림축적

① **국민 1인당 산림축적** ··· $6.4m^3$로 세계 평균치의 1/13 수준이다.

② 20년생 미만의 유령림이 60%에 해당한다.

③ 우리나라의 목재 자급률은 13%에 그치며, 수입량이 87%에 이른다.

④ **ha당 평균 축적량** ··· $44m^3$ 정도이다.

⑤ **산림기본계획**
　㉠ 제1차 산림기본계획 : 1973 ~ 1982년으로 계획, 1978년에 완료(4년 앞당김)
　㉡ 제2차 산림기본계획 : 1979 ~ 1988년으로 계획, 1987년에 완료(1년 앞당김)
　㉢ 제3차 산림기본계획 : 1988 ~ 1997년
　㉣ 제4차 산림기본계획 : 1998 ~ 2007년
　㉤ 제5차 산림기본계획 : 2008 ~ 2017년

⑥ **임상별 산림축적**

ㄱ 침엽수림의 산림축적은 45%, 면적비율은 42%에 해당한다.

ㄴ 활엽수림의 산림축적은 28%, 면적비율은 26%이다.

ㄷ 혼효림의 경우는 산림축적은 27%, 면적비율은 29%이다.

⑦ **산림 생산물**

ㄱ 목재와 부산물이 있으며 임산 금액은 9,000억 정도이다.

ㄴ 목재의 생산비율은 7%, 나머지 부산물이 93%이다.

> ★TIP 부산물
> ㄱ 농용자재(사료, 연료, 퇴비의 원료) : 48%
> ㄴ 종실(밤, 잣 등) : 29%
> ㄷ 약용 : 9%
> ㄹ 버섯(송이, 표고 등) : 7%

④ 산림의 효용

(1) 직접적 효용

① 경제적 효용, 유형적 효용, 생산적 효용이라고도 말한다.

② 산림을 통해 직접적으로 주산물과 부산물을 생산하는 것이다.

(2) 간접적 효용

① 공익적 효용, 무형적 효용이라고도 한다.

② 산림이 주는 보건휴양적 효용과 보전적 효용의 개념이 포함된 것이다.

③ 과거에는 산림의 생산적 효용을 보다 중요하게 여겼으나, 오늘날에 와서는 보건휴양적 효용과 보전적 효용에 더 많은 비중을 두고 있다.

(3) 산림의 생산적 효용

① **목재의 생산**

ㄱ 용재로서의 목재의 용도

• 건축에 이용되는 건축용재

• 가구재

• 공업원료재로 펄프, 종이, 섬유 등의 제조에 이용

• 토목공사, 조선, 갱목, 침목, 포장, 전주 등에 이용하는 산업용재

• 악기재

      ⓒ 신탄재로서의 목재의 용도 : 가정난방, 목탄제조, 공업용 연료(도자기, 제철 등), 취사용 연료 사용 등

      ⓒ 우리나라는 산업화 정책이 시작된 1960년대 이후에는 가정용 연료가 석탄, 석유, 가스 등으로 대체되어 가면서 연료림으로서의 목재의 용도가 바뀌고 있다.

② **유실수의 종실**

  ⓐ **대추**

- 1980년대 중반부터 생산량이 2배 이상으로 늘어나고 있다.
- 1993년 말 현재 대추 생산량은 7,000톤이 넘었고, 소득액은 520억 이상이다.
- 높은 가격으로 유통되므로 재배면적 또한 대규모로 늘어나고 있다.
- 시냇가 언덕, 밭둑, 집 부근의 땅이나 산기슭에 심는 것이 좋다.

  ⓑ **밤나무**

- 1960년대 후반부터 전국적으로 적극 장려하여 현재 20만ha 이상 될 것으로 추정된다.
- 우리나라의 대표적인 유실수로 식용과 약용으로 널리 쓰인다.
- 1990년대에 들어서부터는 연간 8∼10만톤 정도를 생산하여 외국으로 수출함으로써 높은 수익을 얻고 있다.

  ⓒ **잣나무**

- 잣나무림에서 부산물로 얻을 수 있는 종실이다.
- 목재의 생산보다 잣의 수익이 더 높을 경우에는 잣의 생산이 주산물이 될 수 있다.

  ⓓ **도토리와 은행**

- 근래에 생산량이 증가하고 있는 종실류이다.
- 소득 증대에 기여하고 있다.

③ **특수 임산물**

  ⓐ **개념**

- 특별한 가공원료로 쓰이는 나무껍질이나 나무진 등이 해당된다.
- 짧은 기간 내에 투자자본의 회수가 가능하다.

  ⓑ **대나무**

- 농·수산 용재용으로 쓰인다.
- 공예품과 여러가지 가구를 만드는 죽세공재용 등으로 쓰인다.
- 경상남도와 전라남도에서 생산된다.
- 국내 수요량을 모두 공급 못하는 실정으로 수입하고 있다.

  ⓒ **닥나무**

- 나무껍질을 이용하여 한지를 제조한다.
- 주로 남부지방에서 재배하고 있으며, 현재 수요가 많이 줄고 있다.

   ㄹ **굴참나무**
- 껍질의 코르크층을 이용한 가공품 생산용으로 수출되었다.
- 요즘에는 대용재의 개발로 강원도 지역에서만 생산된다.

   ㅁ **오동나무**
- 우리나라에서 생산되는 목재 중에서는 가장 가볍다.
- 온도, 습기 등으로 인한 변화가 적어 비틀어지거나 갈라지지 않는다.
- 벌레와 불에 강하고 잘 썩지 않아 악기재, 고급 가구재, 포장재로 쓰인다.
- 나뭇결이 곱고 아름답다.

   ㅂ **옻나무**
- 약 4,000년 전부터 재배해 왔으며, 우리나라, 중국, 일본 등에서 주로 분포한다.
- 강원도 원주, 경상남도 함양 등이 우리나라의 주산지이다.
- 수액 채취를 통해 나전칠기와 가구, 공예품에 칠을 만든다.
- 방수, 한약재, 전기절연 등에 쓰인다.
- 우리나라 옻은 건조시간이 짧고 경도가 강해 품질이 매우 우수한 상품에 속한다.

④ **부산물**

   ㄱ 퇴비원료, 야생사료 등의 농업용 자재, 버섯, 산나물, 약초, 야생조수와 토석 등이 산림에서 생산되는 부산물이다.

   ㄴ **토석**
- 산림에서 생산되는 것이나, 생물학적으로 생육된 것이 아니므로 임산물에 포함시키지는 않는다.
- 산림청에서 산림보전과 밀접한 관계가 있으므로 직접 관리한다.

   ㄷ 표고버섯, 느타리버섯, 송이버섯 등과 같은 버섯류, 산나물, 약초 등은 부산물 중에서도 현금 수입이 될 수 있다.

   ㄹ 대부분의 생산량을 수출하는 송이버섯은 외화획득이 높은 편이다.

   ㅁ 전체 임산액의 30%는 퇴비원료와 야생사료 등이 차지한다.

   ㅂ 약초와 산나물은 무공해 식품으로 생산량과 수요량이 증가하고 있다.

(4) 산림의 보전적 효용

① **국토보전**

   ㄱ 산림에 나무가 많으면 부식질이 풍부하여 겉흙이 발달하고, 흐르는 물이 땅 속으로 잘 스며 들게 한다. 따라서 토사의 붕괴와 유출도 줄어들게 된다.

   ㄴ 산림은 온도의 급격한 변화를 완화하고 바람을 막아 주며 암석의 풍화작용을 약화시킨다.

   ㄷ 잘 조성된 산림은 비가 많이 와도 나뭇가지와 낙엽 등으로 지표면을 흐르는 물의 속도와 양을 감소시킨다.

ⓔ 여름철 많은 비가 내리는 곳이나 산에 나무가 없는 경우는 토사의 유출이 심하고 강, 저수지 등이 메워져 낙석, 산사태, 홍수가 자주 발생하여 국토파괴가 심각해진다.

② **환경보전**

　㉠ 산소공급

　　• 연료소비의 증가는 공기 중의 산소소비를 늘리고, 탄산가스를 비롯한 아황산가스, 질소산화물 등의 유해가스가 증가하므로 대기오염도가 높아지고 지구오존층의 파괴를 늘린다.

　　• 산림이 조성되면 나무로 인해 공기 중의 탄산가스를 흡수하고 산소를 만들어 공급할 수 있다.

　　• 1년 동안에 산림 1ha에서는 탄산가스(CO_2) 16톤을 흡수하고 12톤의 산소(O_2)를 방출한다.

　㉡ 방풍작용

　　• 바람에 의한 농작물 피해를 막기 위해 내륙지방에 조성한다.

　　• 해안가에는 바람에 의해 모래가 이동하는 것을 막기 위해 나무를 심거나, 염분이 많은 바람을 방지하기 위해 나무를 심기도 한다.

　㉢ 기후완화

　　• 여름철에는 산림 속의 온도가 바깥보다 낮고, 겨울에는 높으므로 여름철의 더위와 겨울철의 추위를 완화시켜 준다.

　　• 밤과 낮의 기온차도 적다.

　㉣ 방화작용

　　• 산불 발생이 잦은 곳에는 방화림을 조성한다.

　　• 잎에 수분이 많은 수목들로 방화림을 조성하면 불에 잘 타지 않아 방화의 기능을 할 수 있다.

　　• 식나무, 고로쇠나무, 은행나무, 피나무, 가시나무, 음나무 등이 내화력이 강한 수종들이다.

　㉤ 대기정화

　　• 수목은 호흡작용을 통해 유해가스를 흡수한다.

　　• 나뭇잎이나 줄기에 대기 중의 먼지, 그을음, 곰팡이 등과 같은 오염물질을 흡착하여 공기를 깨끗하게 한다.

　　• 초지에 비하여 산림의 대기정화 능력은 200배 이상이다.

　㉥ 방음작용 : 산림은 소리를 흡수하고 소리의 울림을 방지한다.

③ **수원함양**

　㉠ 식수, 농업용수, 공업용수의 공급을 위해서 저수지나 댐을 만들고, 주변에 산림을 조성하므로써 댐이나 저수지로 유입될 토사를 줄여줄 수 있어 일정한 저수량을 확보할 수 있다.

　㉡ 산림은 지표면에 흐르는 물의 속도와 양을 조절할 수 있고, 땅 속으로 스며들게 하는 보수력으로 홍수방지, 가뭄에 강물이 마르지 않게 해 주는 기능을 한다.

　㉢ 저수지나 댐을 건설할 때에도 유수구역에 수목을 식재하여 수원을 함양할 수 있도록 큰 강의 상류와 중류 지역에는 수원함양 보안림이 설정되어 있다.

(5) 보건휴양적 효용

① 풍치조성

    ㉠ 명승지나 역사 유적지 같이 자연경관이 빼어난 곳을 아름답게 유지하는 것은 국토를 아름답게 가꾸고 관광사업을 진흥시키기 위해서도 매우 중요하다.

    ㉡ 자연풍경을 조성하고 자연경관을 보전하기 위해서는 산림을 가꾸는 것은 물론 귀중한 동식물 보호와 종의 보전, 야생 조수의 보호도 함께 이루어져야 한다.

    ㉢ 산림환경을 건전하게 유지하고 산림생태계를 종합적으로 관리하는 것이 필요하다.

② 보건휴양

    ㉠ 자연휴양림

      • 국민들의 산림휴양과 건강증진 및 레크리에이션 활동의 원활화를 위해서 산림 안에 야영장, 산림 욕장, 산책로와 같은 휴양시설을 갖추는 것이다.

      • 국·공유림을 중심으로 자연휴양림을 1988년부터 조성하기 시작해 2013년에는 국유림, 민유림 모두해서 123개 정도가 개장·운영되고 있다.

    ㉡ 자연공원

      • 국립공원, 도립공원, 군립공원 3가지가 자연공원에 속한다.

      • 2013년 기준 국립공원은 21개소, 2011년 기준 도립공원은 31개소가 설치되어 있다.

      • 국립공원이 6,473ha로 가장 큰 면적을 차지하고 있다.

      • 자연공원으로 편입된 산림의 경우는 경영상의 제한을 많이 받게 되므로 경영주에 대한 적절한 보상대책이 필요하다.

2 우리나라의 산림경영

① 국유림 경영

(1) 구분

① 요존 국유림

    ㉠ 국가에서 영구적으로 소유하며 목재생산과 공익증진을 위주로 경영하려는 산림이다.

    ㉡ 요존 국유림은 현재 1,013,000ha의 면적에 해당하며, 감소시켜서는 안 된다.

    ㉢ 경영관리는 산림청에서 하며 관리소와 출장소를 두고 있다.

    ㉣ 지방산림청이 5개소, 국유림관리소가 27개소이다.

지방산림청(5개소)	지방산림청 국유림관리소
북부	서울, 수원, 홍천, 인제, 양구, 춘천
동부	양양, 태백, 삼척, 정선, 영월, 평창, 강릉
남부	양산, 울진, 구미, 영덕, 영주
중부	부여, 단양, 보은, 충주
서부	함양, 영암, 순천, 무주, 정읍

ⓜ 요존 국유림 경영·관리 영림서
- 중부 영림서 : 원주
- 동부 영림서 : 강릉
- 남부 영림서 : 안동

ⓗ 국유림의 경영 및 관리에 관한 법률에서 정하는 요존 국유림
- 산림경영임지의 확보
- 임업기술개발 및 학술연구를 위하여 보존할 필요가 있는 국유림
- 사적·성지·기념물·유형문화재 보호
- 생태계 보전 및 상수원보호 등 공익상 보존할 필요가 있는 국유림
- 그 밖에 국유림으로 보존할 필요가 있는 것으로 대통령령이 정하는 국유림

② **불요존 국유림**

㉠ 시, 도에 위임하여 관리한다.

㉡ 불요존 국유림의 면적은 243,000ha이다.

③ **다른 부처 소관 국유림**

㉠ 국방부와 교육부, 문화체육관광부 등에 속해 있다.

㉡ 면적은 126,000ha 정도이다.

(2) 경영

① 전체산림 면적의 21%를 차지하고 있다.

② **국유림의 국토 전체 축적비율** … 33% 정도이다.

③ **1ha당 평균축적** … 68m³ 정도이다.

④ **목재공급** … 연간 총벌채량의 10% 정도이다.

⑤ 국유림의 위치가 오지에 있으며 활엽수가 많아 이용되는 재적이 많지 않다.

② 공유림 경영

(1) 구성

① 전체 산림면적의 8%를 공유림이 차지하고 있다.

② **도유림과 군유림**

 ㉠ **도유림** : 경기도를 제외하고 군 산림당국에 산림경영을 위임(경기도는 도유림사업소에서 경영 관리)한 산림이다.

 ㉡ **군유림** : 공유림계에서 경영관리를 담당한다.

③ **공유림의 경영주체** … 시장 또는 도지사이다.

④ **공유림의 축적** … 전체 산림축적의 7% 정도이다.

⑤ **1ha당 평균축적** … $42m^3$ 정도이다.

(2) 공유림 경영의 목적

① 재정수입을 확보한다.

② 공공복지의 증진을 도모한다.

③ 사유림 경영의 시범이 된다.

(3) 공유림 경영의 개선점

① 재정수입의 확보로 국민의 납세부담을 줄여 주어야 한다.

② 경영개선을 위한 적극적인 투자와 경영의 합리화가 필요하다.

③ 모범적인 산림경영의 실현으로 사유림 경영의 시범이 되어야 한다.

③ 사유림 경영

(1) 구성

① 전체 산림면적의 71%에 해당한다.

② **산림경영의 주체** … 개인, 회사, 단체(종교단체, 문중 등) 등이 소유하지만 경영주체는 다수가 개인이다.

(2) 소유규모에 따른 사유림의 구분

① 농가임업

    ㉠ 5ha 미만의 소규모 산림으로 조상의 묘, 농용재, 연료, 퇴비원료 등을 공급하기 위한 것이다.

    ㉡ 소유면적 : 36.5%이다.

    ㉢ 전체 산주의 90.3%에 이르며, 185만 명 정도가 있다.

    ㉣ 경영 개선책

      • 소유규모가 영세하므로 몇 사람씩 묶어서 경영하는 공동산림경영 형태인 협업경영을 권장한다.

      • 부산물 생산을 권장한다.

② 부업적 임업

    ㉠ 5 ~ 30ha 규모의 산림으로 주로 농업과 축산, 그 밖의 사업에 종사하면서 남는 시간과 노동력을 임업경영에 투자하는 것이다.

    ㉡ 산주 수의 비율은 9%이며, 점유면적의 비율은 39.4% 정도이다.

    ㉢ 경영 개선책 : 경영기술지도와 재정적 지원이 필요하다.

③ 겸업적 임업

    ㉠ 30 ~ 100ha 규모의 산림으로 다른 사업과 함께 임업에도 투자하는 경영형태이다.

    ㉡ 산주 수의 비율이 0.6%, 점유면적의 비율은 12.6% 정도이다.

    ㉢ 경영 개선책 : 경영기술지도와 재정적 지원이 요구된다.

④ 주업적 임업

    ㉠ 100ha 이상의 산림규모로 별도의 경영조직을 두었거나 임업경영을 전업으로 하는 경영이다.

    ㉡ 산주 수의 비율이 0.1%, 점유면적의 비율은 11.4% 정도이다.

    ㉢ 경영 개선책 : 재정적 지원과 투자유치 유도가 필요하다.

---

3 목재수급

① 목재의 수요

(1) 수급 현황

① **과거에 목재수요가 많았던 분야** … 토목, 교량, 조선, 건축, 전기, 통신사업 등

    ★TIP 콘크리트와 대체재들로 인해 수요가 줄고 있다.

② **현재 수요가 늘고 있는 분야** … 종이, 펄프, 합판, 섬유판의 제조 등

③ 계속적인 인구증가로 목재수요도 늘고 있다.

④ **국내 연간 목재수요량** … 약 900만m^3

⑤ **우리나라의 목재수출 비율** … 2%

(2) 용도별 목재수요량

① **국산목재** … 펄프용, 갱목

② **수입목재** … 가구제조, 건축 등의 일반용재와 합판용재

② 목재의 공급

(1) 목재수급계획

① 국산재의 공급률이 2030년까지는 총수요량의 50% 이하로 추정한다.

② 2080년까지 총수요량의 60% 이하로 추정하고 있다.

③ 상당기간 동안 목재의 수입이 요구된다.

④ 산림자원 보유국들은 자원보존과 국익을 위해 원자재 수출을 점차 금하고 있어 원목수입이 어려워질 것으로 예상된다.

(2) 목재의 안정적 공급을 위한 자원대책

① 해외 산림개발로 산림자원을 확보한다.

② 펄프용 목재와 같은 경제성 있는 산림자원을 조성한다.

4 지속 가능한 산림경영

① 도입

(1) 지속 가능한 개발

① 1982년 UNEP특별이사회의가 개최되어 환경문제를 위한 '환경과 개발에 관한 세계위원회' 설치

② 1987년 '우리 공동의 미래'라고 하는 보고서 발표 – '지속가능한 개발' 제시

③ **지속가능한 개발** … 미래 세대의 수요를 충족시키는 능력에 손상을 주지 않으면서 현재 세대의 수요도 만족시키는 것

④ **1992년 6월 브라질 리우데자네이루에서 '환경과 개발에 관한 국제연합회의(UNCED)'라는 지구 정상회의 개최** … 지구온난화 방지를 위한 기후변화협약과 생물다양성협약에 대한 서명이 시작됨과 동시에 리우선언, 아젠다 21(Agenda21), 산림원칙성명 등 합의

(2) 지속 가능한 산림경영기준 및 지표

명칭	합의연월	국가수	C & I	대상 산림
ITTO	1992. 6	18	7 & 66	열대
헬싱키프로세스	1994. 6	38	6 & 27	유럽 온 · 한대
몬트리올프로세스	1995. 2	12	7 & 67	비유럽 온 · 한대
타라포토프로세스	1995. 2	8	12 & 77	아마존 산림
건조대 아프리카 initiative	1995. 11	27	7 & 47	사하라 남부아프리카
북아프리카 · 근동 initiative	1996. 10	30	7 & 65	사하라 이남 · 건조 · 반건조
아프리카 목재기관 initiative	1996. 12	13	7 원칙	아프리카 중 · 남부지역
CAPL	1995	7	4 & 40	아프리카 건조지역

② 구분

(1) 산림경영인증제도

① **개념** … 환경 · 사회 · 경제를 배려한 지속 가능한 산림경영을 세계수준에서 인증하여, 그곳으로부터 생산된 임산물을 소비자가 우선적으로 구입하도록 하는 것으로서 임산물 유통을 통하여 임업경영을 지원하는 제도

② **국제표준화기구의 인증제도**
  ㉠ 국제표준화기구(ISO)의 목적은 국가와 지역에 따라 서로 다른 제품과 용역의 규격 및 기준을 세계 공통으로 통일하여 국제무역을 촉진하는 것이다.
  ㉡ 'ISO 14000시리즈' – ISO 규격 중 환경경영시스템에 관계하는 규격

③ **산림관리협의회의 인증제도**
  ㉠ 산림관리협의회(FSC)의 목적
  • 환경보전면에서 보아도 적절하고, 사회적 이익에 알맞으며, 경제적으로도 지속 가능한 산림관리의 지원
  • 인증기관의 평가 · 인정, 산림관리에 관한 각국 사이의 기준작성 지원
  • 훈련과 교육을 통한 적절한 산림관리의 추진
  ㉡ FSC는 이들 목적을 달성하기 위해 산림경영 개선을 위한 '산림경영인증'과 인증목재의 시장 유통을 확보하기 위한 '가공 · 유통과정의 관리인증(CoC)'의 2개 인증제도를 수행하고 있다.

(2) 기후변화협약과 탄소배출권

① **기후변화협약**
  ㉠ 1992년 5월 리우 유엔환경개발회의에서 채택된 후 다음해 6월 '지구정상회의' 현장에서 서명되어 1994년 3월에 발효
  ㉡ 지구의 온난화현상에 의한 지구의 재난을 방지하여 인류의 활동과 모든 생물종의 멸종위기를 사전에 예방하고자 대기 중의 온실가스의 농도를 안정화시키는 것이 목적

② **교토의정서**
  ㉠ 1997년 일본 교토에서 개최된 '기후변화조약 제3회 체결국회의(지구온난화방지 교토회의 COP3)'에서 선진국의 온실효과가스 배출에 관하여 법적 구속력이 있는 각국마다의 수치적 약속을 정한 교토의정서(Kyoto protocol)가 채택
  ㉡ 2001년 모로코 마라케슈에서 개최된 COP7 회의에서 교토의정서의 구체적인 세목을 정한 문서(마라케슈합의)가 채택

ⓒ 2005년 2월 16일에 교토의정서가 발효

ⓔ 협약국 의무사항

- 협약국은 '공통과 차별 있는 책임'의 원칙을 근거로 각국을 분류하여 서로 다른 차원의 대책을 강구하도록 합의
- 개발도상국을 포함한 협약 전체의 국가, 부속서 Ⅰ의 국가(OECD 국가 및 시장경제 이행국), 부속서 Ⅱ의 국가(OECD 국가)로 분류
- 부속서 Ⅰ의 국가는 과거부터의 온난화 가스 발생에 대한 역사적 책임을 이유로 온실가스 배출량을 1990년 수준으로 감축하기 위해 노력하도록 규정
- 부속서 Ⅱ의 국가는 감축노력과 함께 온실가스 감축을 위해 개발도상국에 대한 재정지원 및 기술이전의 의무를 갖도록 한다.

③ **교토메커니즘**

㉠ 교토의정서에서는 온실가스를 효과적이고 경제적으로 감축하기 위하여 공동이행제도(JI), 청정개발체제(CDM), 배출권거래제도(IET) 등과 같은 교토메커니즘을 도입하고 있다.

㉡ **공동이행제도** : 온실가스를 의무적으로 감축해야하는 부속서Ⅰ의 국가들 사이에서 온실가스 감축사업을 공동으로 수행하는 것을 인정하는 제도로서 한 국가가 다른 국가에 투자하여 감축한 온실가스량의 일부분을 투자국의 감축실적으로 인정하는 것이다.

㉢ **청정개발체제** : 온실가스 감축의무가 있는 선진국이 감축의무가 없는 개발도상국에서 온실가스 감축사업을 수행하여 얻어진 탄소배출권을 선진국의 의무감축량에 포함시킬 수 있도록 한 것

㉣ **탄소배출권거래제도** : 교토의정서에서 감축의무국가(부속서 Ⅱ)가 의무감축량을 초과하여 달성하였을 경우, 그 초과분을 다른 감축의무국가와 거래할 수 있는 제도

01 출제예상문제

1 우리나라의 산림현황에 대한 설명으로 옳은 것은?

① 목재의 자급률이 높다.

② 사유림 면적이 넓다.

③ 국토의 75% 이상이 산림면적이다.

④ 국민 1인당 산림면적이 넓다.

> **note** ① 목재의 생산비율은 7% 밖에 되지 않는다.
> ③ 산림면적은 국토의 64%에 해당한다.
> ④ 국민 1인당 산림면적은 0.15ha로 세계 평균치의 1/5에 지나지 않는다.

2 개위면적에 대한 설명으로 옳은 것은?

① 벌기평균재적이 같도록 나눈 면적

② 법률을 적용하기 위해 나눈 면적

③ 각 영급이 같도록 나눈 것

④ 지위에 따라 면적을 구분한 것

> **note** 개위면적 … 일정한 시업상의 효과를 올리기 위해 일정한 토지생산력을 기초로 하여 각각의 임지를 생산능력에 따라 계산적으로 정한 것으로 영계별 벌기면적이 동일하게 수정된 면적이다.

3 불요존 국유림에 대한 설명으로 옳은 것은?

① 장차 기업 조림가나 민간인에게 대부할 목적으로 시·도에 이관된 산림

② 현재 국가 소유로 있으면서 경영 관리되는 산림

③ 현재 민간인이 경영 관리하는 산림

④ 산림계 및 산림조합에서 경영, 관리하는 산림

> **note** 불요존 국유림 … 민간에 처분될 수 있는 산림으로 국유림이 위치하는 시·도에서 관리를 위임하고 있다.

Answer 1.② 2.① 3.①

4 산림의 효용 중 국민경제생활에 직접적 영향을 주는 것이 아닌 것은?

① 토사유출방지   ② 건축재, 포장재 등 임산물 공급

③ 송진, 고무, 옻 등의 공업원료생산   ④ 퇴비원료생산

> ✩note 산림의 효용
> ㉠ 직접적 효용
> • 용재, 신탄재 등 목재생산
> • 특수임산물 공급
> • 유실수의 종실
> • 부산물 공급
> ㉡ 간접적 효용
> • 토사유출방지, 침식방지
> • 수원함양
> • 환경보전
> • 보건휴양
> • 풍치조성

5 우리나라 사유림 경영의 문제점으로 옳지 않은 것은?

① 산림 소유자 대부분이 소규모의 산림을 소유하고 있어 경영에 별 관심을 보이고 있지 않다.

② 대부분이 소경급의 나무로 되어 있어 경영 의욕이 상실되어 있어 조림 투자를 꺼려한다.

③ 공유림이나 국유림에 비하여 비교적 오지에 있어 관리가 곤란하다.

④ 부재 산주가 많아 관리에 어려운 점이 있다.

> ✩note ③ 국유림의 문제점이다. 국유림은 대부분 오지에 있으며 활엽수로 구성되어 있다.

6 사유림의 경영상태에서 대부분을 차지하는 임업형태는?

① 주업적 임업   ② 부업적 임업

③ 농가임업   ④ 겸업적 임업

> ✩note 농가임업 … 조상의 묘를 모시거나 연료, 농용재 등의 생산을 하는 것으로 전체 산주의 90.3%이며 소유면적도 36.6%이다. 농가임업은 산주 수가 대단히 많고 소유규모는 적으므로 협업경영과 같은 공동산림사업을 하는 것이 바람직하다.

7 다음 중 우리나라 산림경영형태 중 옳은 것은?

산림소유규모	경영형태	경영 개선책
① 5ha 미만	농가임업	재정지원, 기술지도
② 5~30ha	겸업적 임업	기술지도, 재정지원
③ 30~100ha	부업적 임업	재정지원, 기술지도
④ 100ha 이상	주업적 임업	재정지원, 세금감면

> **note** 우리나라의 산림경영형태
>
> | 산림소유규모 | 경영형태 | 경영 개선책 |
> |---|---|---|
> | 5ha 미만 | 농가임업 | 협업경영 권장 |
> | 5~30ha | 부업적 임업 | 경영기술지도 |
> | 30~100ha | 겸업적 임업 | 기술지도 및 재정지원 |
> | 100ha 이상 | 주업적 임업 | 재정지원 및 산림투자, 세제상 혜택 |

8 우리나라의 요존 국유림을 관할하는 영림지 3곳을 옳게 연결한 것은?

① 중부 – 영천, 서부 – 남원, 남부 – 영주
② 중부 – 삼척, 서부 – 임천, 동부 – 강릉
③ 중부 – 원주, 동부 – 강릉, 남부 – 안동
④ 서부 – 광주, 동부 – 속초, 남부 – 대구

> **note** 국유림의 관리조직 … 요존 국유림을 관리하기 위해 중부(원주), 동부(강릉), 남부(안동) 영림서를 두고 각 시·도에서 관리하고 있다.
>
> ※ 지방산림청과 국유림관리소
>
> | 지방산림청(5) | 지방산림청과 국유림관리소 |
> |---|---|
> | 북부 | 춘천, 양구, 홍천, 인제, 수원, 서울, 의정부 |
> | 동부 | 강릉, 영월, 평창, 정선, 태백, 삼척, 양양 |
> | 남부 | 영주, 구미, 영덕, 울진, 양산 |
> | 중부 | 충주, 보은, 부여, 단양 |
> | 서부 | 정읍, 무주, 영암, 순천, 함양 |

Answer 7.④ 8.③

9 산림효용 중에서 보건휴양적 효용을 얻을 수 있는 것은?

① 풍치조성 ② 수원함양

③ 국토보전 ④ 환경보전

> **note** 보건휴양적 효용
> ㉠ 보건휴양
> • 자연 · 도시 공원
> • 자연휴양림
> ㉡ 풍치조성
> • 명승지
> • 관광지

10 우리나라의 소유별 산림면적 중 가장 많은 비율을 차지하고 있는 것은?

① 국유림 ② 도유림

③ 군유림 ④ 사유림

> **note** 소유별 산림면적
> ㉠ 국유림 : 23%
> ㉡ 민유림
> • 공유림 : 8%
> • 사유림 : 69%

11 산림의 보전적 효용에 속하지 않는 것은?

① 홍수조절 ② 대기정화

③ 자연공원 ④ 국토보전

> **note** 산림의 간접적 효용
> ㉠ 보전적 효용
> • 국토보전 : 토사유출방지
> • 수원함양 : 홍수조절, 식수 · 산업용수 함양
> • 환경보전 : 산소공급, 대기정화, 기후완화, 방풍 · 방음 · 방화 방지
> ㉡ 보건휴양적 효용
> • 보건휴양 : 자연공원, 도시공원, 자연휴양림
> • 풍치조성 : 명승지, 관광지

Answer 9.① 10.④ 11.③

12 다음 중 산림의 공익적 기능으로 옳지 않은 것은?

① 목재의 생산   ② 홍수조절
③ 수원함양   ④ 보건휴양
⑤ 토사유출방지

> **note** ① 산림의 생산적 효용에 속한다.
> ※ 산림의 공익적 기능
>   ㉠ 토사유출방지
>   ㉡ 수원함양, 산소공급
>   ㉢ 홍수조절
>   ㉣ 보건휴양

13 다음 중 침엽수나 활엽수가 26 ～ 75% 미만 점유하는 임분은?

① 천연림   ② 침엽수림
③ 혼효림   ④ 활엽수림

> **note** ① 천연적으로 자연에 의해 이루어진 산림
> ② 침엽수가 75% 이상 점유하고 있는 임분
> ④ 활엽수가 75% 이상 점유하고 있는 임분

14 다음 중 산소배출이 가장 많은 산림은?

① 낙엽침엽수림   ② 소나무림
③ 낙엽활엽수림   ④ 상록침엽수림

> **note** 각 산림별 산소배출량
>   ㉠ 낙엽침엽수림 : 7 ～ 17톤/ha
>   ㉡ 소나무림 : 13 ～ 23톤/ha
>   ㉢ 낙엽활엽수림 : 6 ～ 14톤/ha
>   ㉣ 상록침엽수림 : 11 ～ 21톤/ha

Answer   12.①   13.③   14.②

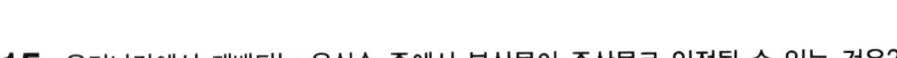

15 우리나라에서 재배되는 유실수 중에서 부산물이 주산물로 인정될 수 있는 것은?

① 대추 ② 잣

③ 밤 ④ 호두

⑤ 도토리

> ✍️▮note 잣은 연간 1,200톤 정도이며 잣의 수익이 목재에 비하여 더 높은 경우에 잣을 주산물로 인정
> 할 수 있다.

16 우리나라의 임목축적의 감소원인으로 옳지 않은 것은?

① 일제 강점기 일본군들의 약탈적인 벌채

② 제2차 세계대전 중의 무분별한 남벌

③ 임산연료의 소비증가

④ 매우 낮은 분포의 국유림

> ✍️▮note 우리나라 임목축적의 감소원인
> ㉠ 제2차 세계대전과 6·25 전쟁 중의 무분별한 남벌
> ㉡ 임산연료의 소비증가
> ㉢ 일제 강점기 일본군들의 약탈적인 벌채

17 다음 중 세계 산림현황의 문제점으로 옳은 것은?

① 국민 1인당 산림자원은 각 국가간에 비슷한 수준을 나타낸다.

② 인구의 증가에 따라 목재소비가 증가함으로 산림의 면적이 감소된다.

③ 개발도상국의 가장 큰 문제는 대기오염, 산성비 등으로 인한 산림의 피해확산이다.

④ 선진국에서는 목재벌채량의 대부분을 연료로 사용한다.

> ✍️▮note ① 국민 1인당 산림자원은 선진국이 월등한 차이로 높은 수준을 나타낸다.
> ③ 환경오염으로 인한 산림의 피해는 선진국의 가장 큰 문제점이다.
> ④ 후진국은 목재벌채량의 대부분을 연료로 사용하고 있는 실정이다.

18 우리나라에서 임목축적이 가장 많은 산림은?

① 혼효림　　　　　　　　　　　② 치수림

③ 죽림　　　　　　　　　　　　④ 침엽수림

　　✎note　경제적 가치가 높은 침엽수림을 가장 많이 만들고 있다.

19 산림의 생산적 효용으로 옳은 것은?

① 자연휴양림　　　　　　　　　② 침식방지

③ 종실의 생산　　　　　　　　　④ 수원함양

　　✎note　산림의 생산적 효용
　　　　　㉠ 특수임산물 : 대나무, 오동나무, 옻나무 등
　　　　　㉡ 부산물 : 버섯, 농용자재, 약용, 산나물 등
　　　　　㉢ 종실 : 밤, 도토리, 호두, 은행, 대추, 잣 등
　　　　　㉣ 목재 : 용재, 신탄재 등

20 다음 중 내화력이 강하여 방화림을 조성할 수 있는 수종이 아닌 것은?

① 소나무　　　　　　　　　　　② 은행나무

③ 음나무　　　　　　　　　　　④ 낙엽송

⑤ 동백나무

　　✎note　내화력이 강한 수종 … 은행나무, 낙엽송, 가문비나무, 전나무, 사철나무, 동백나무, 아왜나무,
　　　　　피나무, 음나무, 고로쇠나무, 마가목 등

21 다음 중 자연공원에 대한 설명으로 옳지 않은 것은?

① 국립공원, 도립공원, 군립공원으로 분류할 수 있다.

② 자연공원에 편입된 산림은 경영상 많은 제한을 받고 있다.

③ 국립공원은 20개소, 도립공원은 22개소가 설치 · 운영되고 있다.

④ 국민들의 산림휴양과 건강증진을 위해 사용된다.

　　✎note　④ 자연휴양림에 대한 설명이다.

❦Answer　18.④　19.③　20.①　21.④

22 다음 목재의 용도 중 종류가 다른 하나는?

① 악기재   ② 건축용재

③ 공업제조용   ④ 공업연료

✩note   ①②③ 용재   ④ 신탄재

23 다음 중 우리나라의 대표적인 유실수로 높은 수익을 올리고 있는 것은?

① 대추   ② 잣

③ 은행   ④ 밤

⑤ 도토리

✩note   밤 … 우리나라 대표적인 유실수로 식용 · 약용으로 널리 쓰이며 높은 수익을 창출하고 있다.

24 부산물 중 비율이 가장 높은 것은?

① 농용자재   ② 약용

③ 종실   ④ 송이

✩note   ① 48%   ② 9%   ③ 29%   ④ 7%

25 다음 중 우리나라의 산림면적에 대한 설명으로 옳은 것은?

① 우리나라의 총 산림면적은 국토의 50% 정도를 차지한다.

② 국민 1인당 산림면적은 세계 평균의 20%에 해당한다.

③ 우리나라의 소유구분별 면적을 보면 공유림이 크다.

④ 20년생 이상의 장령림이 60%에 해당한다.

✩note   ① 우리나라의 총 산림면적은 국토의 66% 정도이다.
         ③ 우리나라는 공유림에 비해 사유림의 면적이 71%로 크다.
         ④ 우리나라는 20년생 미만의 유령림이 60%에 해당한다.

26 다음 중 산림의 환경보전에 속하지 않는 것은?

① 산소의 공급

② 기후완화

③ 방화작용

④ 토사유출방지

> ✿**note** ④ 국토보전에 해당한다.
> ※ 산림의 환경보전
> ㉠ 대기정화
> ㉡ 산소공급
> ㉢ 방화 · 방풍 · 방음 작용
> ㉣ 기후완화

27 다음 중 농가임업의 특징으로 옳지 않은 것은?

① 5 ~ 30ha 미만의 산림규모이다.

② 전체 산주의 90.3%에 해당된다.

③ 농가임업의 목적은 농용재, 연료, 퇴비원료 등을 공급하기 위한 것이다.

④ 부산물 생산을 권장한다.

> ✿**note** 농가임업의 특징
> ㉠ 5ha 미만의 소규모의 산림이다.
> ㉡ 전체 산주의 90.3%에 해당하며 약 185만 명 정도이다.
> ㉢ 목재를 생산하는 것이 목적이 아니다.
> ㉣ 연료, 퇴비원료, 농용재 등을 얻거나 조상의 묘를 모시는 목적이 크다.
> ㉤ 소유면적은 36.5% 정도이다.
> ㉥ 협업경영이나 공동산림경영과 같이 몇 사람씩 한데 묶어서 경영하도록 권장하는 것이 바람직하다.

28 다음 중 산림이 염분이 많은 바람을 방지하는 효과는?

① 방화작용

② 방풍작용

③ 방음작용

④ 수원함양

> ✿**note** 방풍작용 … 해안가에서는 염분이 많은 바람을 방지하고 모래의 이동을 막으며 내륙지방에서는 바람에 의한 농작물의 피해를 방지한다.

Answer 26.④ 27.① 28.②

29 목재에 대한 설명으로 옳지 않은 것은?

① 목재는 용재와 신탄재로 구분할 수 있다.

② 후진국에서 생산되는 목재의 80 ~ 90%는 연료로 사용된다.

③ 용재에는 건축용재, 산업용재, 가구재, 공업원료재 등이 있다.

④ 펄프, 종이, 섬유 제조용으로 쓰이는 것을 신탄재라고 한다.

✿▌note ④ 용재에 대한 설명이다.

30 다음 중 지방산림관리청이 담당하는 산림은?

① 공유림   ② 사유림

③ 사찰림   ④ 국유림

✿▌note 국가에서 공익을 위해서 절대적으로 지켜야 할 산림을 국유림으로 정하고 이를 각 지방산림관리청을 통해 관리하고 있다.

31 경영규모면에서 농가임업의 산림경영을 개선할 수 있는 방법은?

① 협업경영과 부산물 생산   ② 경영지도와 협업임업

③ 재정지원과 협업임업   ④ 경영지도와 재정지원

✿▌note 우리나라의 농가임업은 경영규모가 영세하므로 협업임업경영과 부산물 생산으로 산림의 경영방법을 개선하는 것이 필요하다.

32 소유규모가 30 ~ 100ha 정도인 사유림 경영형태의 특징으로 옳지 않은 것은?

① 경영기술지도와 재정적 지원이 필요하다.

② 산주 수의 비율이 0.1% 정도 된다.

③ 다른 사업을 하면서 같은 비중으로 임업에도 투자를 하는 형태이다.

④ 점유 면적 비율이 12.6%이다.

✿▌note ② 설문은 겸업적 임업에 대한 설명으로, 겸업적 임업의 산주 수의 비율은 0.6%이다.

❣❣Answer   29.④   30.④   31.①   32.②

33 우리나라 공유림의 임목축적으로 옳은 것은?

① 5%

② 8%

③ 10%

④ 60%

⑤ 42%

✎▌note 공유림의 산림면적은 전체 산림면적의 8%에 해당한다.

34 다음 중 별도의 경영조직 두고 하는 경영형태는?

① 농가임업

② 부업적 임업

③ 겸업적 임업

④ 주업적 임업

⑤ 종속적 임업

✎▌note 주업적 임업
　㉠ 100ha 이상의 산림에서 적용되는 경영형태이다.
　㉡ 별도의 경영조직을 두고 하는 임업경영이나 임업경영을 전업으로 하는 것이다.
　㉢ 점유면적 비율은 11.4% 정도이다.
　㉣ 산주 수의 비율은 0.1%에 해당된다.

35 임업경영의 정의로 가장 옳은 것은?

① 농가가 농업에 필요한 각종의 자재와 그 밖의 임산물을 생산하기 위하여 산에 나무를 심고 가꾸는 것이다.

② 산림에서 묘목, 비료, 약제, 기계, 기구를 사용하여 조림을 하고 수풀을 가꾸어 임산물을 생산하는 조직과 그 활동이다.

③ 임업경영이란 산림 및 그 구성부분의 전부 또는 일부분의 화폐가치를 평정하는 방법을 다루는 것이다.

④ 국가가 국민에게 필요로 하는 임산물을 공급하기 위하여 지방산림관리청 기구를 통하여 산림을 관리하게 하는 것이다.

✎▌note 임업경영 … 정해진 목적을 달성하기 위하여 산림에서 노동과 자본재를 사용하여 조림, 벌채 및 기타 작업을 통해 임산물을 생산하는 조직과 활동이라고 할 수 있다.

36 요존 국유림으로 볼 수 없는 산림은?

① 민간인이 관리, 경영하는 산림

② 산림학술계나 산림조합에서 관리 경영하는 산림

③ 국가의 소유로 되어 있으면서 관리 경영되는 산림

④ 교환, 대부, 매각 등에 의해 민간에게 처분할 수 있는 국유림

✎**note** ④ 불요존 국유림에 대한 설명이다.

37 다음 중 공유림의 경영자가 아닌 사람은?

① 시장   ② 군수

③ 도지사   ④ 지방산림청장

✎**note** 공유림의 경영자는 시장, 군수, 도지사로 볼 수 있으며, 지방산림청장은 국유림 관리자이다.

38 다음 중 문화체육관광부, 교육부, 국방부 등에 소속되어 있는 국유림은?

① 요존 국유림   ② 불요존 국유림

③ 관리청 소관 국유림   ④ 도유림

✎**note** ① 국가에서 소유·경영하는 국유림으로 산림청에서 관리한다.
② 민간에 처분될 수 있는 국유림으로 시·도에서 관리한다.
④ 군산림당국에서 경영을 하고 있는 공유림을 말한다.

39 국유림의 경영에 대한 설명으로 옳지 않은 것은?

① 국유림은 대부분 오지에 위치하고 있기 때문에 벌채 이용재적량이 낮다.

② 우리나라의 국유림은 전체 산림면적의 21%에 해당한다.

③ 국유림을 개발하려면 임도를 설치하고 많은 목재를 공급할 수 있는 경영이 이루어져야 한다.

④ 국유림의 경영 주체는 시·도지사이다.

✎**note** ④ 공유림에 대한 설명이다.

❤❤**Answer**   36.④   37.④   38.③   39.④

40 시 · 도지사가 경영을 하며 적극적인 투자와 경영합리화를 도모해 나가는 것은?

① 국유림　　　　　　　　　　　　　② 공유림
③ 도유림　　　　　　　　　　　　　④ 군유림

　　📝note　① 지방산림관리청에서 벌채를 직영하는 제도를 도입하여 특별회계관리로 운영된다.
　　　　　　③ 도유림 사업소에서 경영관리를 담당하였으나 현재는 군산림당국이 산림경영을 하고 있다.
　　　　　　④ 공유림계에서 관리하고 있다.

41 농가임업에 대한 설명으로 옳은 것은?

① 다른 사업을 하면서 임업에도 투자하는 형태를 말한다.
② 다른 산업에 종사하면서 주업과 같은 비중으로 임업을 경영한다.
③ 임업에 종사하는 소유주는 임업경영기술 및 경영능력을 갖추고 있다.
④ 산주 수는 많으나 소유규모가 적으므로 협업경영을 권장하는 임업이다.

　　📝note　① 부업적 임업　② 겸업적 임업　③ 주업적 임업

42 국유림의 사업으로 볼 수 없는 것은?

① 목재생산　　　　　　　　　　　　② 임도
③ 치산　　　　　　　　　　　　　　④ 연료획득
⑤ 사업수지

　　📝note　국유림의 사업으로는 목재생산, 임도, 치산, 사업수지 등이 있다.

43 사유림에 대한 설명으로 옳은 것은?

① 경영주체는 시 · 도지사이며 적극적 투자와 경영 합리화를 추구한다.
② 주로 오지에 위치하고 있어 이용되는 재적이 적다.
③ 전체 산림면적의 21%를 차지하고 있다.
④ 최근에는 비농가인 도시인이 산림을 소유하는 경향이 많다.

　　📝note　① 공유림에 대한 설명이다.
　　　　　　②③ 국유림에 대한 설명이다.

Answer　　40.② 41.④ 42.④ 43.④

임업경영의 특성과 경영요소

1 임업경영의 특성

① 기술적 특성

(1) 장기간의 생산기간

① 농업은 보통 1년 또는 단기간에 생산 가능하지만 임업은 수십 년이 걸려야 생산 가능하다.

② 임업경영만으로는 생계유지에 어려움이 있다.

③ **장기생장에 대한 대책**

    ㉠ 부업 또는 겸업경영

    ㉡ 넓은 산림면적과 높은 임목축적 조성

    ㉢ 유령림, 장령림, 성숙림을 고루 갖춘 산림구성

    ㉣ 투자 회피에 대한 장기 저리자금 융자

    ㉤ 산림재해에 대한 보상제도 마련

(2) 수확시기 결정의 불확실성

① 농업에서와 같은 식물생리상의 성숙기를 임업에 적용할 수 없다.

② 임목의 성숙기는 경제적으로 유리한 시기에 정한다.

③ 경제적 성숙기는 임목의 경영목적, 종류, 입지조건, 경영의 주체에 따라 다르다.

④ **경영주체에 따른 임목의 성숙기**

    ㉠ 국가, 공공단체 : 토지생산성이 최대인 시기

    ㉡ 개인 : 투하자본의 운용이율이 최대가 되는 시기

⑤ **경영목적에 따른 성숙기**

    ㉠ 갱목생산 : 25 ~ 30년

    ㉡ 용재생산 : 40 ~ 50년

⑥ 임목은 수확기가 아닌 때라도 경영자의 재정형편이나 목재수요에 따라 미숙 임분을 벌채할 수 있다. 이로 인해 개인적으로나 국가적으로도 손실을 가져온다.

⑦ **수확결정에 대한 대책**

    ㉠ 임목이 적당한 크기에 달할 때까지 벌채하지 않도록 하는 지도와 규제를 정한다.

    ㉡ 벌채가 연장되는 만큼 입게 될 재정적 어려움을 벌채조정 자금으로 하여 저리로 융자해 준다.

(3) 기후나 토지에 대한 낮은 요구도

① 임목은 추운 지방이나 지세가 험준하고 척박한 땅에서도 자랄 수 있다.

② 농업이나 축산을 할 수 없는 곳에서도 임업은 경영 가능하다.

③ 하천부지, 도로변, 벌판, 울타리, 둔치, 운동장 주변, 밭둑, 습지, 한랭지, 집 주변과 같은 다른 용도로 쓸 수 없는 곳에도 수목식재를 권장하여 환경보전과 국토를 미화하면서 산림자원을 조성할 수 있다.

(4) 높은 자연의존도

① 토양, 지형, 기상, 현재 분포한 수종의 자연적 조건 등에 경영활동이 의존한다.

② 넓은 산림면적과 험한 지형을 인공적으로 조절하는 것은 불가능하다.

③ 파종, 식재, 시비, 관수, 약제살포, 보온 등의 과정을 자연을 잘 활용하여 경영하여야 한다.

④ **자연조건의 활용방법**

    ㉠ 천연하종갱신을 적용한다.

    ㉡ 맹아를 이용한 산림갱신 방법을 적용한다.

    ㉢ 산림 비옥도 유지 : 낙엽채취를 금지한다.

    ㉣ 적절한 임목도 유지 : 산림습도조절로 임목생장을 촉진하고 병충해를 예방한다.

② 경제적 특성

(1) 임업의 종류

① **육성적 임업** … 자본을 들여 묘목을 심고 가꾸어 벌채 수확하는 임업이다.

② **채취적 임업** … 천연적으로 자란 나무를 벌채 수확하는 임업이다.

③ 육성임업은 교통이 편리한 곳에서 이루어지는데, 교통이 불편한 곳에서 육성임업을 실시하려면 특별한 대책이 필요하다.

④ 채취임업에 비해 육성임업은 육성비와 무육비 등의 비용이 많이 소요되는데도 목재시장에서의 가격은 차이가 없다.

⑤ **육성임업을 확대하기 위한 대책**… 정부의 조림보조비, 저리자금 융자의 지원대책이 필요하다.

(2) 원목가격의 대부분을 차지하는 운반비

① 임목은 부피가 크고 두껍기 때문에 운반비 소요가 많다.

② 교통이 불편한 오지에서의 원목생산은 운반비 비중이 더욱 크다.

③ 목재시장에서의 원목가격 구성요소 중 운반비 비중은 원목가격의 2/3를 넘는 경우가 많다.

④ 목재시장의 원목가격에서 운반비와 벌채비를 뺀 것이 임목가격인데, 운반비가 적어지면 임목가격은 상대적으로 올라가게 된다.

⑤ **운반비 감소대책**… 임도개설을 통해 운반비를 줄여줌으로써 임목가격이 상승하게 되어 경영주의 수입이 늘어나게 한다.

(3) 계절적 제약

① 임업노동은 소요량이 비교적 적고, 농업에 비해 노동의 계절적 제약도 적다.

② 임업노동에는 조림·육성노동과 벌채·운반노동이 있다.

③ 조림노동은 계절적으로 약간 제약을 받지만 밑깎기, 가지치기, 간벌, 주벌, 수확, 운반 등의 노동은 계절적 제약을 덜 받는다.

④ **잉여노동의 효율적 이용**
  ㉠ 농한기에 잉여노동을 활용하여 풀베기, 육림작업을 실시한다.
  ㉡ 농사일이 시작되기 전에 조림을 실시한다.
  ㉢ 간벌, 주벌은 계절에 관계없이 가능하다.
  ㉣ 가족의 잉여노동을 이용하여 산에 나무를 심어 일정기간이 지나 수확한다면 가장 안전한 노동 대가의 저축방법이 된다.
  ㉤ 농촌의 소득을 높여 줄 노동의 기회를 제공한다.

(4) 조방적 임업생산과정

① **임업의 생산요소**… 노동, 자본, 임지

② 임업의 생산과정은 임업 생산요소의 활용이 극히 간단하다.

③ 임지가격이 저렴하여 많은 자본이 필요하지 않다.

④ 단위면적당 노동량이 농업보다 적고 자본이 많이 들지 않는다.

⑤ 조림에 필요한 묘목, 비료 등은 국가에서 무상으로 공급 받을 수 있어 유동자금이 많이 들지 않는다.

⑥ **조방적 특성의 활용**

　㉠ 약간의 자본과 기술 투자로 생산증가의 가능성이 많다.

　㉡ 농한기 잉여노동을 임업에 투자하여 부업적 임업으로 소득증대를 가져올 수 있다.

(5) 공공적 이익

① 산림은 목재생산, 홍수방지, 수원함양, 토사유출방지, 국토보존, 자연환경보호, 보건휴양 향상 등 공공복리의 작용이 크다.

② 산림의 공익성으로 인해 자연공원, 보안림, 그린벨트 등 제한성이 따른다.

③ **공공적 이익을 최대한 활용하는 방법**

　㉠ 공공성이 큰 산림은 국가나 공공단체에서 직접 경영·관리한다.

　㉡ 공익을 위해 사유림에 제한이 따를 때는 적절한 보상책이 필요하다.

　　★ TIP 보상책 … 세금면제, 자금융자 등

2　임업경영의 생산요소

① 노동

(1) 노동의 구분

① **조림·육림노동**

　㉠ 농업적 노동 : 식재, 풀베기, 제벌, 덩굴치기, 무육, 간벌 등

　㉡ 농촌의 노동력의 이용이 가능하다.

② **벌채 · 운반노동**

　　㉠ 기계 · 토목공학적 노동이다.

　　㉡ 전문적인 지식을 갖춘 노동력이 필요한 특수한 노동이다.

　　㉢ 전문노동력을 구하거나 특수 작업단을 조성하여 훈련시켜 이용한다.

③ **자가노동**

　　㉠ 경영주와 그의 가족들의 노동을 말한다.

　　㉡ 감독이 필요없다.

　　㉢ 창의성이 풍부하다.

　　㉣ 일의 능률이 높다.

④ **고용노동**

　　㉠ 임금제 노동 : 소극적이고 수동적이다.

　　㉡ 성과급 노동 : 일의 능률은 높지만 작업의 정밀도를 기하기 어렵다.

(2) 임업노동의 일반적 특성

① 넓고 험한 산림면적으로 자재 수송과 감독에 어려움이 있다.

② 작업장소까지의 이동시간이 오래 걸려 실제 작업시간은 짧다.

③ 험한 산세로 기계도입이 쉽지 않고 경영규모의 영세성으로 기계의 효율이 낮아지므로, 지형의 특성에 맞춰 기계를 공동구입하여 사용한다.

④ 단위면적당 노동량이 적어서 노동분쟁이 없다.

⑤ 농업노동력을 벌채, 운반노동에 이용하려면 별도의 훈련이 필요하다.

⑥ 조림 · 육림노동은 농업노동력을 이용하므로 산림작업을 농한기에 배분한다.

(3) 임업노동의 능률 향상을 위한 대책

① **노동기구의 개량**

　　㉠ 기계톱의 보급으로 벌목작업의 노동에 큰 변화를 가져왔다.

　　㉡ 조림 · 육성노동에도 재래식 기구의 개량이 필요하다.

　　㉢ 기계화의 노력과 재래식 기구의 개량화는 임업에서 노동력의 부족과 고임금에 대한 대책이 된다.

② **작업의 공동화**

ㄱ 공동작업은 노동능률을 향상시킬 수 있다.

ㄴ 몇 단계로 노동과정을 나누어 협업하도록 하면 단시간에 작업을 익힐 수 있고, 노동능률을 높일 수 있다.

ㄷ 값비싼 기계나 기구의 구입도 유리해지며, 기계의 사용효율도 높아진다.

③ **작업의 능률화**

ㄱ 작업방법의 개선과 간소화를 통해 능률을 높인다.

ㄴ 작업방법의 개선

- 식재도구의 개량 : 한번에 구덩이를 파고 식재하는 방법을 개발한다.
- 제벌할 수목은 완전히 절단하지 말고 절반만 절단하여 눕혀두어 맹아가 덜 발생하게 한다.

ㄷ 작업의 간소화

- 단위면적당 수목수량을 줄여서 작업량을 감소시킨다.
- 간벌작업과정의 생략으로 작업의 간단화를 이룬다.
- 대묘식재를 통해 풀베기 작업량과 횟수를 줄여 작업이 간단하게 되도록 한다.

④ **노동배분의 합리화**

ㄱ 노동의 합리적인 이용으로 노동능률을 향상시킨다.

ㄴ 농업 등에서 남는 일손이나 바쁘지 않은 때의 노동력을 임업에 투입한다.

⑤ **작업로의 설치**

ㄱ 산림 내부에 작업로를 설치한다.

ㄴ 필요한 자재운반이 용이하게 된다.

ㄷ 감독하기 쉽고 노동능률도 높아진다.

⑥ **노동자 합숙소 운영**

ㄱ 작업장소 부근에 합숙소를 설치한다.

ㄴ 작업장까지의 왕복시간을 줄일 수 있다.

ㄷ 노동의 능률을 향상시킬 수 있다.

⑦ **휴양·의료시설의 구비**

ㄱ 노동자의 여가시간을 위한 기구를 갖춘다.

ㄴ 부상이나 가벼운 질병에 대한 치료를 할 수 있도록 시설을 구비한다.

ㄷ 노동자의 사기 진작을 이루고 노동능률이 향상된다.

⑧ **산림 작업단 조직**

　㉠ 농촌에 남은 사람들로 산림 작업단을 조직하고 임업노동훈련을 한다.

　㉡ 조림·육성노동과 벌채·운반노동을 나누어 분야별로 전문적인 훈련을 실시하여 노동력을 확
　　보하고 노동효율을 높인다.

　㉢ 작업단에 의한 임업노동을 하려면 계속적인 일거리가 있어야 한다.

　㉣ 국·공유림과 사유림을 합친 공동사업계획을 통해 산림사업을 추진한다.

②　임지

(1) 임지의 특성

① 임지는 기후적으로 한랭한 지역이 많아서 임업 이외의 용도로 적당하지 않다.

② 임지는 교통이 불편한 곳에 위치한 경우가 많아 경제적 가치를 평가할 때 교통조건에 따라 결
　정된다.

③ 임지는 일반적으로 고지대에 지세가 험한 곳에 위치하기 때문에 집약적인 작업은 어렵다.

④ 수직적으로 생육환경이 크게 다르므로 여러 종류의 나무가 자란다.

⑤ 임지는 대개가 단위면적당 가격이 저렴하므로 적은 자본으로 구입하여 임업경영을 할 수 있다.

⑥ 임지는 개발 등의 이유로 임업 이외의 용도로 변경 가능성이 높다.

⑦ 임지는 매매가 잘 이루어지지 않는 고정자본이다. 따라서 투하된 자본의 회수가 어렵다.

⑧ 임지는 소모성 제재가 아니므로 유지비가 적게 든다.

⑨ 임지는 부동산이기 때문에 자산보유의 입장에서 소유하려는 경향이 있다.

(2) 임지의 구분

① **보존임지**

　㉠ 자연공원, 보안림, 천연보호림 등 법에 의해 규정을 받은 임지로 3ha 이하의 분할판매가 금
　　지된다.

　㉡ 경사도 36° 이상의 임지나 경사도 20° 이상 36° 미만의 임지 중에서는 임목도가 50% 이상일
　　때의 임지가 속한다.

② **준보존임지**

   ㉠ 전체 임지의 약 20%를 차지한다.

   ㉡ 앞으로 농업, 공업, 축산, 건축 용지로 쓰일 수 있는 임지로 평야지대에 많이 있다.

   ㉢ 보통 보존임지보다는 가격이 비싸다.

(3) 임지의 생산성

① **토지생산성**

   ㉠ 단위면적당 얼마의 생산을 하느냐, 수익이 얼마인가 하는 것이다.

   ㉡ 토지생산성은 평균물질생산량으로 계산하기 때문에 토지생산성을 높이기 위해서는 재적 총평균생장량이 가장 큰 시점에 벌채한다.

   ㉢ **재적 총평균생장량** : 재적을 수령으로 나눈 값이다.

   • 장령기 이전에는 연년생장량보다 작다.

   • 재적 총평균생장의 최고점을 지나면 항상 연년생장보다 크다.

      ★ **TIP** 연년생장량 ··· 해마다 자라는 생장량

② **노동생산성**

   ㉠ 노동 한 단위에 대하여 수익이 얼마나 되는가 하는 것이다.

   ㉡ 공업분야의 경우는 노동생산성을 기준으로 하지만 임업에서는 토지생산성을 적용한다.

   ㉢ 노동생산성을 높이려면 생산물의 규격화, 기계화가 필요한데 임업에서는 이런 일들이 어렵기 때문이다.

   ㉣ 임업노동력을 확보하기 어려워지면서 노동생산성의 중요성이 높아지고 있다.

③ 자본재

(1) 유동자본재

① **조림비** ··· 묘목, 종자, 정지, 식재, 밑깎기 등의 비용

② **사업비** ··· 벌목, 운반, 제재 등으로 인한 임금 및 소모품비

③ **관리비** ··· 감독자의 급여, 수선비, 사업소의 사무비, 공과잡비 등

(2) 고정자본재

① **일반고정자본** … 기계, 건물, 벌목기구 등

② **운반장치자본** … 차도, 임도, 차량, 운하, 삭도, 하천 등

③ **제재소 설비자본** … 육림자가 직접 제재하여 판매하려 할 때 설치하는 제재설비

(3) 임목축적

① **임목축적의 개념** … 장래에 목재수확을 거두기 위해 임지에 보유하고 있는 임목 전체이다.

② 임목은 임업경영의 기본요소로 노동의 대상이다.

③ 종자나 묘목일 때는 유동자본이지만 성장하여 미래에 생산을 계속하는 자본으로 보고 임목축적이라 한다.

④ 임목축적은 모양과 성질이 비슷한 목재를 계속 자체 생산하는 기계라 볼 수 있다.

⑤ 임목이 벌채되기 전까지는 고정자본으로 취급한다.

⑥ 벌채 후에는 생산 능력을 잃기 때문에 유동자본으로 간주한다.

⑦ **임목축적의 재적생장, 형질생장, 등귀생장**

    ㉠ 재적생장 : 지름과 수고가 증가하는 부피생장을 말한다.

    ㉡ 형질생장 : 지름이 커지면서 목재가 품질이 좋아지고 아름다워지는데서 오는 단위재적당 가격 상승에 영향을 미친다.

    ㉢ 등귀생장 : 물가의 상승이나 철도, 도로의 개설로 운반비가 절약됨으로써 상대적으로 임목가격이 상승하는 것을 말한다.

⑧ 임목축적은 시간이 지날수록 생장이 계속되어 임지보호, 치수보호, 다른 임목의 형질향상, 풍경유지, 수원함양 등의 역할로 간접적 가치생산이 크다.

⑨ 임목축적은 연령이 증가하면서 재적이 늘어나고 가치가 증가하므로 임목축적의 가격은 산림 전체 가격의 70 ~ 80% 이상이 된다.

(4) 자본장비도

① **자본장비도**

    ㉠ 경영의 총자본(유동자본 + 고정자본)을 경영에 종사하는 사람의 수로 나눈 값이다.

    ㉡ 자본을 K, 종사자 수를 N이라고 할 때, K/N이며 자본장비율이라고도 한다.

② **기본장비도** … 총자본 중 유동자본을 빼고 고정자본을 종사자 수로 나눈 것이다.

③ **소득** … 경영으로 얻은 조수익에서 경영비(중간재 비용 + 고용노동비)를 뺀 값이다.

④ **1인당 소득** … 소득을 Y, 종사자 수를 N이라 할 때 Y/N로 나타내며 종사자 1인당 노동생산성을 나타낸다.

⑤ **자본생산성** … 자본의 운영 상태인 자본효율로 Y/K로 나타낸다.

$$\frac{Y}{N} = \frac{K}{N} \times \frac{Y}{K}$$

1인당 노동생산성(1인당 소득) = 자본장비도(자본장비율) × 자본생산성(자본의 효율)

⑥ **자본과 소득의 관계**(다른 요소는 일정하다고 가정)

자본	자본장비도(K/N)	자본생산성(Y/K)	소득(Y/N)
증가	증가	감소	감소
감소	감소	증가	감소

    ★ TIP 임목축적이 너무 많을 때는 생장률이 낮아져 임목축적과 생장률의 상승적인 생장량이 작아지고, 생장률이 높아져도 임목축적이 적으면 역시 생장량이 작아지는 것과 같은 원리이다.

⑦ 적절한 임목축적(자본 장비도)과 생장량(자본의 효율)을 갖추게 될 때 소득이 증가하게 된다.

02 출제예상문제

1 다음 중 자본장비도를 나타내는 식은?

① 소득/종사자 수   ② 소득/자본액

③ 자본액/소득   ④ 경영자본/종사자 수

> **note** 자본장비도 … 경영자본을 경영에 종사하는 사람의 수로 나눈 값이다. 자본을 K, 경영종사자를 N이라 하면, K/N이다.

2 자연조건을 잘 활용하는 임업경영과 가장 관계가 적은 것은?

① 낙엽채취금지   ② 천연하종갱신

③ 맹아갱신   ④ 시비

> **note** 자연조건을 이용한 임업경영의 특징
> ㉠ 천연갱신
> ㉡ 맹아갱신
> ㉢ 낙엽에 의한 산림 비옥도 유지
> ㉣ 생장촉진 및 병충해 예방

3 자가노동에 대한 특성과 거리가 먼 것은?

① 노동의 질이 높고 노동감독이 필요치 않다.

② 노, 유, 부녀자의 영세하고 단편적인 노동을 이용할 수 있다.

③ 자가노동의 이용은 경영자에게는 비용이 아닌 소득의 원천이다.

④ 노동에 대한 보수가 노임으로 지불된다.

> **note** 자가노동 … 경영자와 경영자의 가족의 노동을 말하며 감독이 필요없고 창의성이 풍부하여 일의 능률도 높다.

Answer 1.④ 2.④ 3.④

4 임업경영의 생산요소 중 자본재에 속하지 않는 것은?

① 임도

② 노동자

③ 묘목

④ 기계

> ✿note 자본재의 종류
> ㉠ 고정자본재 : 건물, 기계, 임도, 임목, 운반시설, 제재설비 등
> ㉡ 유동자본재 : 종자, 묘목, 약재, 비료 등

5 임업경영의 기술적 특성이 아닌 것은?

① 임목의 성숙기는 일정하지 않다.

② 기후조건에 대한 요구도가 낮다.

③ 생산기간이 매우 길다.

④ 임업노동은 계절적인 제약이 적다.

> ✿note 임업경영의 기술적 특성
> ㉠ 생산기간은 비교적 길다.
> ㉡ 임목의 성숙기는 종류, 목적, 경영주체, 사회·경제적 여건 등에 따라 다르다.
> ㉢ 토지·기후 조건에 대한 요구도가 낮은 편이다.
> ㉣ 자연조건의 영향을 많이 받는다.

6 임지의 특성을 설명한 것으로 옳지 않은 것은?

① 임지에서는 집약적인 작업을 할 수 없다.

② 자본의 회수가 어렵다.

③ 임지는 일반적으로 가격이 상승한다.

④ 감가상각이 있다.

> ✿note 임지의 특성
> ㉠ 임지는 집약적 작업이 어렵다.
> ㉡ 임업 외의 타 산업에는 적합하지 않다.
> ㉢ 여러 종의 나무를 생산할 수 있다.
> ㉣ 경제적 가치는 교통시설에 의해 결정한다.
> ㉤ 단위면적당 가격이 싸므로 적은 자본으로도 경영을 할 수 있다.
> ㉥ 고정자본이므로 투하자본의 회수가 어렵다.
> ㉦ 타 용도로 바뀔 가능성이 크다.
> ㉧ 부동산이므로 자산보유수단이 될 수 있다.
> ㉨ 유지비가 적다.

7 임업경영에 있어서 자본재 중 가장 중요한 것은?

① 임목축적   ② 종자

③ 운반장치   ④ 제재시설

> ✿▌note 임업경영의 기본이 되는 것은 임목이다. 임목축적은 가치증대의 계속성이 있으므로 연령이 증가할수록 임목축적이 늘어나 자본재인 임목축적의 가격이 산림 전체가격의 80% 이상을 차지한다.

8 노동능률을 향상시키기 위한 방법으로 적당하지 않은 것은?

① 작업의 공동화   ② 작업의 능률화

③ 작업로의 설치   ④ 작업의 합리화

> ✿▌note 노동능률의 향상방법
> ㉠ 작업로의 설치
> ㉡ 노동기구의 개량
> ㉢ 작업의 능률화
> ㉣ 작업의 공동화
> ㉤ 노동자 합숙소의 운영
> ㉥ 휴양·의료 시설의 구비
> ㉦ 노동 배분의 합리화
> ㉧ 산림 작업단 구성

9 임업경영의 특성 중 경제적 특성이 아닌 것은?

① 임업생산은 극히 집약적이다.

② 육성임업과 채취임업이 존재한다.

③ 목재시장에서의 원목의 가격 구성요소는 대부분이 운반비이다.

④ 임업노동의 계절적 제약이 적다.

> ✿▌note 임업경영의 경제적 특성
> ㉠ 육성임업과 채취임업이 존재한다.
> ㉡ 임목 가격의 대부분은 운반비가 차지하고 있다.
> ㉢ 임업노동은 계절적인 제약이 농업에 비하여 적다.
> ㉣ 임업은 단순한 조방적 산업이다.
> ㉤ 임업은 공익성이 크므로 산림사업의 법적 제약이 많다.

❤❤**Answer**   7.①   8.④   9.①

10 다음 중 유동자본재는?

① 임지   ② 기계

③ 기구   ④ 묘목

    note　자본재의 종류
          ㉠ 고정자본재 : 건물, 기계, 운반시설, 임목, 임도 등
          ㉡ 유동자본재 : 묘목, 약재, 비료, 종자 등

11 임업노동의 특성이 아닌 것은?

① 노동생산성이 낮다.   ② 노동의 이동성이 크다.

③ 감독이 편하다.   ④ 기계효율이 낮다.

    note　임업노동의 특성
          ㉠ 자재의 운반 및 작업의 감독이 어렵다.
          ㉡ 작업장소까지의 이동시간이 길어 실제 작업시간은 짧다.
          ㉢ 기계의 효율이 낮다.
          ㉣ 노동분쟁이 없다.
          ㉤ 노동력에 별도의 훈련이 필요하다.
          ㉥ 농업 노동력 의존도가 크므로 농한기에 작업을 배분해야 한다.

12 다음 중 고정자본재로 적당한 것은?

창고, 벌채기계, 비료, 임지, 임목축적, 묘목, 농약, 증권

① 묘목, 농약, 벌채기계

② 비료, 임지, 농약

③ 창고, 벌채기계, 임목축적

④ 벌채기계, 묘목, 창고

    note　고정자본재 … 운반시설, 건물, 제재설비, 임도, 임목, 기계 등

13 임지생산성을 높이기 위해서는 목재수확을 언제하는 것이 좋은가?

① 단위노동에 대한 수익이 가장 클 때

② 단위면적당 수익이 가장 클 때

③ 재적의 총평균생장량이 가장 클 때

④ 재적의 연년생장량이 가장 클 때

> ☆note 임지의 생산성을 높이려면 재적 총생장량이 가장 클 때 벌채를 하도록 해야 한다.

14 소득을 Y, 자본을 K, 경영에 종사하는 사람 수를 N이라 할 때, 자본장비도는 어떻게 나타내는가?

① $\dfrac{K}{N}$

② $\dfrac{N}{K}$

③ $\dfrac{Y}{K}$

④ $\dfrac{K}{Y}$

> ☆note 자본장비도 … 경영의 자본을 경영종사자 수로 나눈 것으로 자본을 K, 경영종사자를 N이라 할 때 $\dfrac{K}{N}$로 나타낸다.

15 우리나라의 임업경영의 특징을 나타낸 것 중 사실과 다른 것은?

① 활엽수와 치수에 대하여 경시하는 경향이 있다.

② 사유림의 점유면적은 크지만 경영규모는 영세하다.

③ 자본과 노동의 집약적인 경영이다.

④ 가족노작적 경영이다.

> ☆note 임업경영의 특징
> ㉠ 임목축적을 조성하는 데는 긴 세월과 막대한 자본과 노동이 필요하다.
> ㉡ 정부나 민간에서 투자자본의 회수가 늦고 확실성도 부족하여 투자하기를 꺼린다.
> ㉢ 사유림의 소유형태가 조림을 조성하는 목적보다 선조의 묘나 부동산 투기를 목적으로 한 것이어서 개발과는 무관한 형태로 존재한다.

Answer　13.③　14.①　15.③

16 다음 중 육성적 임업이 발전할 수 있는 곳은?

① 침엽수림이 많은 곳

② 교통이 불편하더라도 토양이 비옥한 곳

③ 교통이 편리하고 목재시장이 가까운 곳

④ 오지림이 많은 곳

> ✿▮note 육성적 임업
> ㉠ 개념 : 자본을 투자하여 인공적으로 조림하고 가꾸어 자란 나무를 벌채, 수확하는 작업이다.
> ㉡ 특징 : 생산비가 적게 드는 임지와 교통이 편리한 곳에서 이루어진다.

17 임업경영과 농업경영의 가장 큰 차이점은?

① 임업은 주로 농촌을 중심으로 이루어진다.

② 임업은 생산기간이 길다.

③ 임업생산은 집약적인 형태이다.

④ 임업의 생산기반은 토지이다.

> ✿▮note 임업경영에 있어서 기술적으로 가장 큰 특성은 생산기간이 길다는 것이다. 농업이나 축산의 생산은 1년에서 2, 3년이면 수익이 나지만, 임업생산은 짧아야 10년 이상으로 속성수나 유실수에 한하며, 보통은 30 ~ 40년 이상은 걸린다. 특히, 큰 목재를 생산하려고 할 때에는 80 ~ 100년이 걸리기 때문에 임업만으로 생계를 유지하는 생산활동을 하기는 어렵다.

18 임목축적에 대한 설명으로 옳지 않은 것은?

① 고정자본재에 속한다.

② 벌채가 된 후에도 고정자본재이다.

③ 시일이 경과함에 따라 가치의 증가를 가져온다.

④ 치수를 보호하는 역할도 한다.

> ✿▮note ② 임목축적은 임목이 벌채되기 전에는 고정자본으로 취급하며 벌채가 되면 생산기능을 잃어 유동자본으로 취급한다.

19 우리나라 임업경영에서 개선되어야 할 점으로 옳지 않은 것은?

① 조림에 관한 계몽교육이 필요하다.

② 산림의 공공적 이익을 생각하여 개인의 직접관리가 필요하다.

③ 어린 나무를 벌채하지 말아야 한다.

④ 적극적인 지도와 통제가 있어야 한다.

☆note ② 공공성이 큰 산림은 국가나 공공단체에서 직접 경영·관리하는 것이 바람직하다.

20 임업경영의 특징을 설명한 것으로 옳지 않은 것은?

① 생산기간이 길다.

② 임목의 성숙기가 일정하지 않다.

③ 임목은 비옥도가 낮은 토지에서도 자란다.

④ 생산은 자연조건에 영향을 받지 않는다.

☆note ④ 토양, 지형, 기상, 현재 분포한 수종의 자연적 조건 등에 경영활동이 의존한다.

21 임업을 육성 발전시키기 위한 방법으로 옳지 않은 것은?

① 벌채조정자금의 융자

② 산림보험의 활성화

③ 대상산림의 매입관리

④ 세금부과

☆note 임업의 육성과 발전방법
　　㉠ 산림재해 보상제도
　　㉡ 산림보험제도
　　㉢ 장기저리자금의 융자
　　㉣ 임도개설
　　㉤ 세금면제
　　㉥ 국가나 공공단체에 의한 사업제한
　　㉦ 벌채조정자금의 융자
　　㉧ 대상산림의 매입관리

❤❤Answer 19.② 20.④ 21.④

22 산업적인 임업경영으로 발전시키기 위하여 국가에서 정한 정책이 아닌 것은?

① 경영의 정보전달　　　　　　　　② 기술지도와 교육
③ 부업적 임업경영의 장려　　　　　④ 강력한 지도와 통제

　　📝**note** ④ 지나친 지도와 통제는 산림 소유주의 임업경영 의욕을 저해하게 된다.

23 산 속에 있는 임목의 가격을 높이기 위한 방법으로 옳은 것은?

① 시비와 관수　　　　　　　　　　② 임도의 설치
③ 혼효림의 조성　　　　　　　　　④ 침엽수림의 조성

　　📝**note** 운반비가 절약되면 임목가격이 상대적으로 올라가게 되므로 임도를 설치하여 교통을 편리하게
　　　　　하여 운반비의 비중을 낮춘다.

24 임업의 기술적 특성 중 산림을 황폐화시킬 우려가 있는 것은?

① 토지에 대한 요구도가 낮기 때문에
② 임목의 생리적 성숙기가 일정치 않기 때문에
③ 생산기간이 길기 때문에
④ 채취적 임업을 주로 하기 때문에

　　📝**note** 임목의 생리적 성숙기가 일정치 않기 때문에 어린 나무를 제외하고는 언제든지 벌채하여 이용
　　　　　할 수 있으므로 산림을 황폐화시키기 쉽다.

25 다음 중 경영목적에 따라 임목의 성숙기를 결정할 때 용재생산을 위한 성숙기는?

① 10년 이내　　　　　　　　　　　② 10 ~ 25년
③ 25 ~ 30년　　　　　　　　　　　④ 30 ~ 40년
⑤ 40 ~ 50년

　　📝**note** 경영목적에 따른 성숙기
　　　　　㉠ 갱목생산 : 25 ~ 30년
　　　　　㉡ 용재생산 : 40 ~ 50년

🌱**Answer**　　22.④　23.②　24.②　25.⑤

26 육성임업에 대한 설명으로 옳지 않은 것은?

① 목재소비량의 증가와 임목생산비가 많아지면서 나타나게 되었다.

② 생산비는 임목의 육성비만을 나타내는 것이다.

③ 생산비가 적게 드는 임지와 교통이 편리한 곳에서 이루어진다.

④ 조림보조비, 재정지원대책을 마련하면 육성임업을 발전시킬 수 있다.

✿▌note ② 육성임업의 생산비는 임목의 육성비 + 벌채운반비로 나타낸다.

27 임목의 수확시기 결정에 해당하지 않는 것은?

① 나무의 종류   ② 경영주체

③ 경영목적   ④ 기온저하

⑤ 경제사정

✿▌note 나무의 수확시기는 나무의 종류, 경영주체 및 목적, 경제·사회적 여건 등에 따라 다르다.

28 임업경영에서 자연조건을 활용하는 예로 볼 수 없는 것은?

① 천연갱신이나 맹아를 이용하여 산림을 갱신한다.

② 낙엽을 이용하여 산림의 비옥도를 유지한다.

③ 농·축산업을 할 수 없는 토지에 나무를 심는다.

④ 산림을 무성하게 조성하여 산림습도를 조절함으로써 나무의 생장을 촉진시킨다.

✿▌note ③ 토지조건을 이용하는 예로 볼 수 있다.

29 다음 중 자본을 들여 묘목을 심고 가꾸어 벌채·수확하는 것은?

① 육성임업   ② 농지임업

③ 혼농임업   ④ 채취임업

✿▌note ② 농지의 주변, 둑, 농지와 산지의 경계선 등에서 이루어지는 임업
③ 임지의 일부나 임목이 드문 임지를 이용하여 임업을 하는 형태
④ 천연적으로 이루어진 산림에서 나무를 벌채·수확하는 임업

❤❤Answer   26.② 27.④ 28.③ 29.①

30 임업경영의 생산에 대한 설명으로 옳지 않은 것은?

① 임업은 생산기간이 길기 때문에 부업이나 겸업으로 한다.

② 주업적 임업경영은 넓은 산림면적과 임목축적을 가져야 한다.

③ 산림재해에 대한 보상제도가 활성화되어야 한다.

④ 국가나 공공단체는 부업적 임업경영을 실시해야 한다.

✿note ④ 국가나 공공단체는 시범적 임업경영을 도모함으로써 장기간에 걸친 임업경영이 매우 안전하다고 유리함을 실질적으로 보여주어야 한다.

31 임업경영에서 운반비에 대한 설명으로 옳지 않은 것은?

① 운반비가 적어지면 임목의 가격이 상승하여 경영자의 수입이 증가한다.

② 운반비의 비율은 원목가격의 2/3 이상을 차지한다.

③ 육성임업을 오지로 확대하기 위해 임도를 개설하면 운반비를 낮출 수 있다.

④ 생산력은 좋지 않지만 교통이 편리할 경우 운반비는 임목가격보다 높아진다.

✿note ④ 생산력이 좋은 오지에서의 운반비는 임목가격보다 비싸지만, 생산력이 좋지 않고 교통이 편리한 곳에서의 운반비는 임목가격에 비해 낮다.

32 우리나라의 농가에서 임업을 경영하는 경우 그 경영의 주 목적은?

① 목재를 생산하여 시장에 팔아서 수입을 올리는 것

② 임업부산물을 얻어 농가소득을 증대시키는 것

③ 농업에 필요한 자재공급이나 연료를 생산하기 위한 것

④ 토사유출을 방지하여 농지의 매몰을 막기 위한 것

✿note 농가임업의 목적은 실제적인 소득 중심보다 농업에 필요한 자재의 공급이나 연료를 생산하는 데 있다.

Answer 30.④ 31.④ 32.③

33 임업노동의 계절적 제약에 대한 설명으로 옳지 않은 것은?

① 농업에 비하여 계절적 제약이 적다.

② 조림은 봄에 이루어지므로 계절적 제약을 받는다.

③ 부업적 임업경영에서는 계절적 제약으로 인한 노동력의 부족이 심각하다.

④ 가지치기, 주벌, 간벌 등의 노동은 계절적 제약을 거의 받지 않는다.

✩ **note** ③ 부업적 임업경영의 경우 농한기의 농촌 노동력을 잘 활용하면 부족한 노동력을 효율적으로 이용할 수 있고 농가소득도 높일 수 있다.

34 임업의 생산과정에 대한 설명으로 옳지 않은 것은?

① 단위면적에 대한 임업노동의 양은 농업에 비해 현저하게 낮다.

② 임지는 농지나 다른 토지에 비하여 가격이 싸므로 적은 자본으로도 마련할 수 있다.

③ 소규모 농가임업이나 부업적 임업에서는 가족의 노동력을 이용할 수 있으므로 생산에 좋은 성과를 거둘 수 있다.

④ 조림에 필요한 묘목이나 비료에 드는 비용이 비싸다.

✩ **note** ④ 조림에 필요한 묘목이나 비료 등은 국가에서 무상으로 공급하기 때문에 유동자금이 많이 들지 않는 장점이 있다.

35 다음 중 육성임업에 대한 설명으로 옳지 않은 것은?

① 교통이 편리한 곳에서 이루어진다.

② 육성비와 무육비 등의 비용이 많이 소모되므로 목재시장에서의 가격이 채취임업에 비해 비싸다.

③ 조림보조비, 저리자금융자 등의 정부 지원대책이 필요하다.

④ 자본을 들여 묘목을 심고 가꾸어 벌채수확하는 임업이다.

✩ **note** ② 채취임업에 비해 육성비와 무육비 등의 비용이 많이 소모되지만 목재시장에서의 가격차이가 없다.

❣ **Answer** 33.③ 34.④ 35.②

36 다음 중 고정자본재가 아닌 것은?

① 임목
② 비료
③ 운반장비
④ 기계
⑤ 임도

> ✎**note** 자본재의 종류
> ㉠ 유동자본재 : 묘목, 비료, 종자, 약제 등
> ㉡ 고정자본재 : 임목, 건물, 임도, 기계, 제재설비, 운반장비 등
> ※ 임목축적 … 벌채 전에는 고정자본으로 보고, 벌채 후에는 유동자본으로 간주한다.

37 임목의 긴 생장기간에 대한 대책으로 옳지 않은 것은?

① 장기 저리자금을 융자해준다.
② 산림재해에 대한 보상제도를 마련한다.
③ 성숙림으로만 산림을 구성한다.
④ 겸업경영을 권장한다.

> ✎**note** ③ 유령림, 장령림, 성숙림을 고루 갖춘 산림을 구성한다.

38 소득과 자본과 종사자 수의 관계에 대한 설명으로 옳지 않은 것은?

① 자본효율이 높아도 자본장비도가 낮으면 생산성은 낮아진다.
② 소득/자본액은 자본의 가동 즉 자본효율을 나타낸다.
③ 임목축적이 크면 축적과 생장률을 곱한 생장량이 많지 않다.
④ 경영규모가 커지면 자본장비도가 낮아지게 된다.

> ✎**note** ④ 경영규모가 커지면 소득이 많아지지만 그 만큼 자본장비도도 상승하게 된다.

39 임업의 능률을 향상시키기 위한 방법으로 가장 먼저 해결해야 할 것은?

① 임도의 개발
② 증산을 위한 기술
③ 노동력의 감소
④ 운송수단의 개선

> ✎**note** 최근 산업화·도시화에 따른 젊은 농촌 노동자들이 도시로 빠져나가고 농촌 노동력이 점차 노인화, 부녀자화 되는 경향이 심하므로 임업노동의 능률향상을 위한 대책이 우선 과제이다.

❤❤Answer 36.② 37.③ 38.④ 39.③

40 임업의 경영주체가 개인인 경우 임목의 성숙기로 정하는 시기는?

① 노동생산성이 최대인 때

② 토지생산성이 최대인 때

③ 벌채량이 최대인 때

④ 투하자본의 운용이율이 최대인 때

　✿▌note　경영주체가 개인일 경우 투하자본의 운용이율이 최대일 때를 성숙기로 결정한다.

41 임산물의 가격 구성요소 중 가장 큰 비중을 차지하는 것은?

① 운반비　　　　　　　　　　　② 인건비

③ 묘목비　　　　　　　　　　　④ 벌채비

⑤ 조림비

　✿▌note　운반비는 임산물의 가격 구성요소 중에서 2/3 이상을 차지할 때가 많다.

42 임업생산에서 기준으로 삼는 것은?

① 자본생산성　　　　　　　　　② 노동생산성

③ 임지생산성　　　　　　　　　④ 토지생산성

　✿▌note　임업에서는 토지생산성을 기준으로 삼고, 공업에서는 노동생산성을 기준으로 한다.

43 자본장비도에 대한 설명으로 옳지 않은 것은?

① 경영의 자본을 경영종사자의 수로 나눈 값을 말한다.

② 농림업의 자본장비도는 다른 산업의 자본장비도와 같다.

③ 노동생산성은 자본효율과 자본장비도에 의해 결정된다.

④ 소득을 경영종사자 수로 나눈 것을 1인당 노동생산성이라 한다.

　✿▌note　② 농림업의 자본장비도는 타 산업의 자본장비도와는 달리 고정자본에서 임지를 제외한다.

44 벌채노동에 대한 설명으로 옳지 않은 것은?

① 나무를 벌채한 후 일정한 장소로 운반하는 특수 노동이다.

② 기계적 노동이 필요하므로 전문적인 노동력이 필요하다.

③ 감독을 할 필요가 없으며 창의성이 풍부하다.

④ 작업단을 구성하며 특수 훈련을 시켜야 한다.

✿note ③ 자가노동에 대한 설명이다.

45 임업노동의 종류에 해당하지 않는 것은?

① 조림노동　　　　　　　　② 벌채노동

③ 자가노동　　　　　　　　④ 육성노동

⑤ 고용노동

✿note 임업노동의 종류 … 육림·조림노동, 벌채·운동노동, 자가노동, 고용노동 등

46 임업의 노동기구에 대한 설명으로 옳지 않은 것은?

① 가장 많이 쓰이는 노동기구는 톱이다.

② 기계톱의 보급으로 인하여 벌목작업에 커다란 변화를 가져왔다.

③ 조림노동은 자동식 기구로 인하여 노동의 능률이 향상되었다.

④ 노동력의 부족으로 인하여 노동기구의 기계화가 절실히 요구되고 있다.

✿note ③ 조림노동 및 육림노동에는 아직까지 재래식 기구가 사용되고 있어 기구의 개량이 시급한 문제이다.

47 다음 중 임업경영의 생산요소에 속하지 않는 것은?

① 노동　　　　　　　　　　② 임지

③ 벌채　　　　　　　　　　④ 자본

✿note 임업경영의 생산요소 … 노동, 임지, 자본

✿Answer　44.③　45.④　46.③　47.③

48 임목에 대한 설명으로 옳지 않은 것은?

① 임업경영의 기본이 되는 것이 임목이다.

② 종자나 어린 묘목이 생장한 것을 임목이라 한다.

③ 임목축적은 수종, 임지, 벌기령 등의 차이에 의해 달라진다.

④ 임목축적은 해마다 감소하는 추세이다.

✿▌note ④ 임목축적은 매년 재적생장이 이루어지므로 증가한다.

49 다음 중 지름과 나무높이의 생장에 의해 임목의 부피가 증가하는 것은?

① 등귀생장   ② 형질생장

③ 재적생장   ④ 임목축적

✿▌note ① 운반비의 절약에 의해 임목의 가격이 상승하는 것
② 지름이 커짐에 따라 단위재적당 목재가격이 상승하는 것
④ 목재를 계속해서 생산하는 것

50 임지의 생산성에 속하지 않는 것은?

① 노동생산성   ② 토지생산성

③ 재적 총평균생장량   ④ 자본생산성

✿▌note 임지의 생산성을 나타내는 것으로는 노동생산성, 토지생산성, 재적 총평균생장량이 있다.

51 산림작업의 공동화 방향으로 옳은 것은?

① 식재도구를 개량하여 한 번에 구덩이를 파고 심는 방법을 개발한다.

② 단위면적당 식재 그루 수를 줄여 작업량을 감소시킨다.

③ 큰 묘목을 식재하여 풀베기 작업의 양과 횟수를 줄인다.

④ 가격이 비싼 기계나 기구를 구입한다.

✿▌note ①②③ 작업의 간소화에 대한 설명이다.

❀❀Answer   48.④ 49.③ 50.④ 51.④

52 임지의 토지생산성에 대한 설명으로 옳지 않은 것은?

① 단위면적당 얼마의 수익을 올렸는가를 나타내는 것이다.

② 노동 한 단위에서 얼마의 수익을 올렸는가를 공업에서 적용하는 방법이다.

③ 단위면적당 평균물질생장량으로 나타낼 수 있다.

④ 토지생산성을 높이려면 재적 총평균생장량이 높을 때 벌채해야 한다.

✿note ② 노동 한 단위에서 얼마의 수익을 창출했는가를 가늠하는 기준으로 임업에서는 토지생산성을 적용하고 있다.

53 고용노동에 대한 설명으로 옳은 것은?

① 임금제 노동은 적극적인 경향을 가지고 있다.

② 일의 성과와 노동에 따라 보수를 지급하는 것이 임금제 노동이다.

③ 성과급 노동은 속도가 느리고 작업이 소홀해질 우려가 있다.

④ 성과급 노동은 정밀을 요하는 작업에는 부적합하다.

✿note ① 임금제 노동은 수동적인 경향을 지니고 있다.
② 일의 성과와 노동량에 따라 보수를 지급하는 것을 성과급 노동이라 한다.
③ 성과급 노동은 속도는 빠르나 작업이 소홀해질 우려가 있다.

54 다음 중 자가노동에 대한 설명으로 옳지 않은 것은?

① 노동의 질이 높고, 노동감독이 필요하지 않다.

② 창의성이 풍부하다.

③ 노동에 대한 보수가 노임으로 지불된다.

④ 작업이 불성실한 염려가 없다.

✿note 자가노동 … 경영자와 그의 가족들이 노동자로 나와 일하므로 감독할 필요가 없으며 창의성이 풍부하여 노동능률이 높다.

PART 02

임업경영조직

제2편 임업경영조직

임업의 경영순환과 경영형태

1 임업의 경영순환과 입지적 조건

① 임업의 경영순환

(1) 임업경영의 주요 사업내용

① 산림경제의 확인

② 산림구획

③ 산림조사

④ 묘목양성과 조림, 육성

⑤ 임목평가와 매각

⑥ 벌채, 운반

⑦ 임도, 치산, 치수공사

⑧ 경영계획의 작성

⑨ 재무회계관리

(2) 경영순환

① 경영순환과정

준비활동→목표설정→조직편성 →사업시행→성과분석→차기 목표의 설정

② 경영에 관한 일의 흐름을 경영순환이라고 한다.

③ 경영계획을 위한 준비활동

　　㉠ 산림경제의 확인

　　㉡ 산림구획

　　㉢ 산림조사

④ **사업시행과정**

　㉠ 묘목양성과 조림, 육성

　㉡ 임목평가와 매각

　㉢ 벌채, 운반

　㉣ 임도, 치산, 치수공사

　㉤ 경영계획의 작성

　㉥ 재무회계관리

⑤ 목표설정과 조직편성은 경영계획의 준비활동을 통해 정해지며, 이에 맞추어 사업실행, 성과분석, 차기 목표설정을 하게 된다.

(3) 경영순환을 잘 이루기 위한 고려사항

① 산림의 구조와 임업경영과의 관계

② 자연환경

③ 사회·경제적 조건

④ 경영주체의 사정

(4) 보속작업과 간단작업

① **보속작업**

　㉠ 임업에서는 영구히 계속되는 행위의 의미로 보속이란 말을 쓴다.

　㉡ 산림으로 볼 때 같은 양의 목재수확을 영구히 계속 얻을 수 있도록 경영하는 것이다.

　㉢ 보속작업의 조건

　　• 유령림, 장령림, 성숙림이 고른 분포를 이루어야 한다.

　　• 정상적인 생장을 위해 임목축적을 적절히 유지해야 한다.

　　• 각각의 임분 점유면적이 비슷해야 한다.

　　• 해마다 목재의 수확을 비슷한 양으로 계속 거둘 수 있어야 한다.

　㉣ 보속작업을 위해서는 현실림이 법정림에 가까워야 한다.

　　★TIP 법정림 … 보속작업의 조건을 갖춘 산림

　㉤ 공공 경제적 입장에서 본 보속작업의 필요성

　　• 인간생활의 필수품과 같은 목재를 안정적으로 공급하기 위해서이다.

　　• 목재 공급이 해마다 계속 이루어지므로 목재와 관련한 산업이 안정적으로 발전할 수 있다.

　　• 산림의 인근 주민에게 계속적인 노동의 기회가 제공되므로 생활의 안정을 갖게 된다.

　　• 산림을 해마다 작은 면적으로 벌채하므로 풍치유지와 국토보전에 도움이 된다.

ⓗ 사경제적 입장에서 본 보속작업의 필요성

- 해마다 수확이 되므로 재정형편이 좋아진다.
- 계속적인 작업으로 임도, 기계, 기구, 건물의 사용효율이 높아진다.
- 목재시장에 해마다 일정한 양을 공급하므로 목재의 판매가 유리해진다.
- 해마다 일정한 작업이 계속되므로 숙련된 노동력을 저렴하게 이용할 수 있다.

② 간단작업

ⓐ 일정한 기간마다 목재수확을 거두는 작업이다.

ⓑ 완전간단작업

- 다음 수확기까지 벌채가 없다.
- 정해진 수확기에 동령림으로 구성된 산림에서 임목을 벌채한다.

ⓒ 불완전간단작업

- 산림을 구성하는 임목의 연령이 다양한 경우에 적용한다(10년생, 20년생, 30년생, ……).
- 벌기(성숙기)가 100년인 임분의 경우 이 기간동안 일정한 간격으로 여러 번 벌채한다.
- 불완전간단작업은 임업경영의 입장에서는 바람직한 방법이다.

(5) 산림구조와 임업경영

① 유령림이 많은 산림

ⓐ 경영형태

- 우리나라 산림의 대부분이 속한다.
- 투입이 산출보다 많아서 임업경영만으로 운영하기 어렵다.
- 임업경영이 부업적으로 이루어져야 한다.

ⓑ 경영방안

- 임지비배와 같은 사업을 도입하여 산출을 촉진시키는 기술이 필요하다.
- 속성수의 도입과 유실수, 특용수를 재배하여 빠른 수입을 유도해야 한다.
- 소경목을 이용한 사업을 개발한다.
- 버섯재배를 하거나 부산물을 증식시킨다.
- 복합임업경영(혼농임업, 혼목임업)으로 임지를 다목적으로 이용한다.

② 장령림이 많은 산림

ⓐ 경영형태 : 일정한 기간이 지나면 많은 산출을 기대할 수 있다.

ⓑ 경영방안

- 벌채, 갱신을 한꺼번에 하지 않는다.
- 적은 벌채를 서서히 진행한다.
- 임령의 구성을 조절한다.

③ **성숙림이 많은 산림**

　㉠ 경영형태 : 당분간 산출할 수 있지만 계속적인 산출은 곤란한 구조이다.

　㉡ 경영방안

　　• 임령이 성장함에 따라 벌채, 갱신면적을 늘린다.

　　• 오랜 시일에 걸쳐 임령구조를 바꾼다.

④ **유령림, 장령림, 성숙림이 골고루 분포한 산림**

　㉠ 이상적인 산림구조 형태이다.

　㉡ 모든 산림이 이와 같은 임령구조가 되도록 유도해야 한다.

산림구성의 기본형

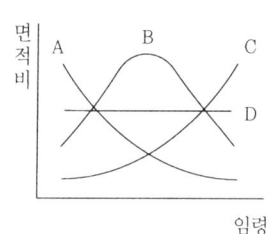

　◦ A : 유령림이 많은 산림
　◦ B : 장령림이 많은 산림
　◦ C : 성숙림이 많은 산림
　◦ D : 유령림, 장령림, 성숙림이 골고루 분포하는 산림

⑤ **산림의 투입과 산출을 결정하는 요인**

　㉠ 산림의 임령구조

　㉡ 산림면적의 규모

　㉢ 운송수단

　㉣ 지방의 노동사정

　㉤ 임산물시장의 사정과 운반

　㉥ 경영자의 개별적 경제상태

　　★TIP **임업의 경영방향 계획**
　　　㉠ 가장 먼저 생각해야 할 것이 산림 자체의 상태, 즉 임령의 구조이다.
　　　㉡ 다음으로 경영주의 경제상정과 산림주변의 사회 · 경제적 사정을 생각한다.

② 임업경영과 입지적 조건

(1) 임업경영과 자연환경

① 임업경영은 자연환경의 영향을 많이 받는다.

② 임지의 생육환경을 인위적으로 조절하기는 힘들므로, 임지에 맞는 수종의 선택이 가장 중요하다.

③ 현재의 자연조건에 잘 적응하여 자랄 수 있는 수종의 선택이 필요하다.

④ 경제적 가치가 큰 수종이라도 환경에 적응하지 못하는 수종은 가치가 없다.

⑤ **수종을 고를 때의 유의사항**
 ㉠ 향토수종 중 주요 수종을 선택한다.
 ㉡ 일시에 새로운 수종을 대량 도입하지 않는다.
 ㉢ 조림기술에 적합한 수종을 선택한다.
 ㉣ 각 임지의 환경조건에 적합한 여러 수종을 골고루 선택한다.

(2) 사회·경제적 조건

① 임업의 성과는 오랜 시일이 지나야 나타나므로 현재의 사회적·경제적 조건만을 고려해서는 안된다.

② 40~50년 후의 사회·경제적 변화를 전망하고 임업경영조직의 계획에 반영하여야 한다.

③ 미래의 목재 소비구조의 변화, 가격추세, 소비량의 증감 등을 특히 고려해야 한다.

④ 임업의 경제성뿐만 아니라, 산림의 사회적 요구도 함께 고려한다.

(3) 경영주체와 목적

① **경영주체의 개별적 사정에 따른 임업경영의 조직방법**
 ㉠ 산림면적이 좁을 때 : 간단작업을 한다.
 ㉡ 산림면적이 넓을 때 : 보속작업을 한다.
 ㉢ 재정상태가 어려울 때 : 벌기령을 짧게 하고, 속성수와 유실수 위주로 식재한다.
 ㉣ 재정상태가 좋을 때 : 벌기령을 길게 하고, 장기수를 식재한다.
 ㉤ 경영기술이 부족할 때 : 조방적 경영에 맞는 수목을 선택한다.
 ㉥ 노동력이 적을 때 : 식재 본 수를 줄이고 조방적 경영을 한다.
 ㉦ 노동력이 많을 때 : 밀식조림하여 집약적 경영을 한다.

② **목적에 따른 임업경영의 조직방법**

　㉠ 농용재 생산을 목표로 할 때 : 여러 수종을 선택하고 벌기령을 짧게 한다.

　㉡ 원료재 생산을 목표로 할 때 : 한 가지 수종을 밀식하여 모두 개벌작업을 한다.

　㉢ 용재 생산을 목표로 할 때 : 택벌작업(골라베기)을 한다.

　㉣ 공익증대를 목적으로 할 때

　　• 침엽수와 활엽수를 섞어 심는다.

　　• 벌기령을 길게 잡는다.

　　• 택벌을 한다.

2　임업의 경영형태

① 임업경영의 조직형태

(1) 경영주체에 따른 조직형태

① **단독사기업**

　㉠ 사유림의 경영에서 볼 수 있다.

　㉡ 자기자본만을 가지고 경영한다.

　㉢ 기업가가 모든 기업의 위험을 전부 부담한다.

　㉣ 기업의 출자, 지휘, 관리를 기업가 스스로 한다.

　㉤ 산림의 규모가 작고 가족적 노작경영을 하는 특징이 있다.

　㉥ 수익은 작지만, 위험은 크지 않다.

　㉦ 자산 유지의 경영을 하고, 특수한 관리가 필요하지 않다.

② **집단사기업**

　㉠ 두 사람 이상의 운영자가 모인 기업형태이다.

　㉡ 소수집단기업 : 자본보다는 서로 신뢰하고 마음 맞는 사람에 치중한 인적 기업으로, 출자자가 경영지휘를 하고 관리직도 담당한다.

　㉢ 다수집단기업 : 자본조달에 중점을 둔 기업으로, 원칙적으로는 출자자와 경영자가 분리되지만, 출자자가 경영하는 수도 있다.

③ 공기업
　　㉠ 국가나 공공단체에서 경영되는 경제 사업체이다.
　　㉡ 임업은 공공적인 기능이 많기 때문에 공기업이 많다.

④ 공사협동기업
　　㉠ 국가 또는 공공단체와 민간이 함께 출자하고 협동하여 공동으로 경영하는 기업이다.
　　㉡ 국가나 공공단체에서 출자를 많이 한다.
　　㉢ 목적 : 공공의 이익을 위해서 이윤추구를 제한하고, 숙달된 민간의 경영능력을 이용하여 능률성을 높인다.

(2) 경영목적에 따른 조직형태

① **주업적 임업경영**
　　㉠ 자금의 투입과 노동력, 판매수입 면에서 개별경제에 비하여 비교적 큰 비중을 차지한다.
　　㉡ 전업적 임업경영이며, 독립된 경영조직도 갖추고 있다.
　　㉢ 국·공유림과 기업의 산림, 종교재단림, 독림가의 임업이 속한다.
　　㉣ 비교적 큰 산림면적이며 산림수입을 자주 얻을 수 있다.
　　㉤ 경영형태의 유형분석
　　　• 식재→육림→임목매각 : 일반적인 임업생산형태이나 임목의 부가가치가 높지 않다.
　　　• 식재→육림→벌채→원목매각 : 조림·육성노동과 벌채노동의 질이 다르므로 일괄적인 작업은 어렵다. 벌채노동을 위한 특수 훈련이 필요하며 벌채, 하산을 위한 기계, 기구의 장비가 필요하다.
　　　• 식재→육림→벌채→표고생산, 제재, 숯 생산 : 임목의 부가가치는 높일 수 있으나, 기술과 자본을 필요로 한다.
　　　• 식재→육림→벌채→원료재 공급 : 큰 회사의 산업비림에서 볼 수 있는 경영형태로, 기계화된 임업경영을 시도할 수 있다.
　　㉥ 주업적 임업경영의 발전을 위한 대책
　　　• 임지의 집단화를 도모한다.
　　　• 보속작업이 가능한 산림구조의 형태를 유지한다.
　　　• 산림경영, 관리조직을 정비(계획, 실천의 분리와 재정, 감독의 분리)한다.
　　　• 경영순환의 합리화를 도모한다.

② **부차적 임업경영**
　　㉠ 농업이나 다른 사업에 종사하면서 여력을 이용하여 임업을 부업이나 겸업으로 경영하는 형태이다.
　　㉡ 경영의 주체성이 강하지 못하고 의욕적이지 않다.
　　㉢ 유휴자본, 유휴노동력을 이용한다.

② 산림을 자산유지수단으로 보유하고 있는 특징이 있다.

⑩ 예기치 않던 지출이 생기면 임목을 매각한다.

ⓗ 우리나라에서 가장 많은 부류가 속하므로 발전방향을 잘 모색해야 한다.

③ **종속적 임업경영**

㉠ 영농자재를 주로 생산하는 임업경영이다.

㉡ 석탄업자, 표고버섯 생산자, 제지업자 등이 사업에 필요한 원목공급을 위해서 경영하는 것으로 다른 산업을 돕기 위한 임업경영을 종속적 임업경영이라고 한다.

㉢ 공업 종속적 임업 : 제지회사처럼 목재를 원료로 하는 회사가 원료를 공급하기 위해 경영하는 산업비림이다.

㉣ 농업 종속적 임업 : 농용자재 공급을 위한 것이 목적이다.

㉤ 주요 생산업의 동향에 크게 좌우된다.

> ★TIP 산업체의 원료를 공급하는 임업 … 규모가 커서 외형상 보기에는 주업적 임업경영과 같은 형태라 할 수 있으며, 내부형태상으로는 최종 산물의 원료를 공급하므로 종속적 임업경영에 속한다.

② 임업경영의 조직유형

(1) 경영조직의 요소

① **수종** … 유실수, 속성수, 장기수

② **벌기령** … 단벌기, 장벌기

③ **작업종** … 개벌(모두베기)작업, 택벌(골라베기)작업, 산벌작업, 모수작업

④ **수확방식**

㉠ 보속작업

㉡ 간단작업 : 완전간단작업, 불완전간단작업

⑤ **경영조직의 유형**

㉠ 장기수 – 장벌기 – 택벌작업(또는 산벌·개벌·모수작업)

㉡ 장기수 – 단벌기 – 개벌작업(또는 택벌·산벌·모수작업)

㉢ 속성수 – 단벌기 – 개벌간단작업(또는 보속작업)

㉣ 속성수 – 단벌기 – 개벌보속작업(또는 간단작업)

⑥ 경영조직의 유형은 입지적 조건, 경제·사회적 조건, 경영주의 사정에 따라 좌우된다.

⑦ 임업경영은 입지적 조건의 영향이 가장 크며, 입지적 조건에 따라 수종, 벌기령 등이 결정된다.

(2) 경영조직의 유형 선택시의 고려사항

① **자연환경** ⋯ 임목의 생장에는 강수량, 기온, 토성과 같은 자연환경의 영향을 많이 받으므로, 자연환경에 알맞은 수종과 작업종 등을 갖추도록 한다.

② **집약성**

    ㉠ **집약성(집약도)** : 경영 단위면적당 투입되는 비용의 정도를 말한다.

    ㉡ 수종, 입지조건, 재정상태 등에 따라 집약도가 달라진다.

    ㉢ 임업경영의 조직을 편성할 때에 노동집약성과 자본집약성을 고려한다.

      • 노동집약경영 : 노동이 많이 투입되는 경우

      • 자본집약경영 : 자본이 많이 투입되는 경우

    ㉣ **집약도가 불리한 경우**

      • 우량수종이 아닐 때 불리하다.

      • 오지림은 간벌목 이용이 어려우므로 밀식조림은 적당하지 않다.

      • 오지림은 운반비용이 많이 소요되므로 경제적 조건이 불리하다.

③ **시장성** ⋯ 목재의 대체재가 많으므로 장래의 추세를 파악하는 것이 쉽지 않다. 따라서 미래에 목재시장의 수요가 어떤 종류의 수종과 재종이 많이 필요할 것인가를 전망하고 경영에 반영하도록 한다.

④ **시간성**

    ㉠ 임목을 수확하기까지는 오랜 시일이 소요된다.

    ㉡ 경영자의 재정상태를 고려하여 경영조직을 편성한다.

      • 장기수 : 벌기가 긴 것

      • 속성수 : 벌기가 짧은 것

    ㉢ 수종의 선택은 자연환경에 따라 달라진다.

    ㉣ 경영자의 재정상태만을 고려하여 수종을 선택해서는 안 된다.

⑤ **거리성**

    ㉠ 임목은 큰 부피와 중량으로 운반비가 많이 든다.

    ㉡ 목재시장과 산림 사이의 거리가 멀면 멀수록 경영자에게는 불리하다.

    ㉢ **교통이 불편한 곳에 대한 대책**

      • 벌기가 짧은 소경목을 생산하도록 한다.

      • 산 아래 간이재제소를 만들어 반제품을 운반한다.

⑥ **가격의 안정성**

    ㉠ 임산물의 가격에 대한 안정성을 예측하기란 쉽지 않다.

    ㉡ 종실, 숯, 표고 등 생산기간이 짧은 임산물의 경우는 수요를 전망할 수 있다.

    ㉢ 가격의 안정성을 고려하여 유리한 것을 경영조직에 반영한다.

③ 임업경영의 지도원칙

(1) 지도원칙의 개요

① **개념** … 임업경영의 목적이 무엇인가에 따라 그 목적을 달성하기 위한 수단이 뒷받침되어야 하는데, 이때의 임업경영의 목적을 달성하기 위하여 산림생산 행위의 내용과 그 방침을 정하는 규범이 될 기본원칙을 말한다.

② **임업경영의 목적결정**

    ㉠ 경영주체의 자유의사에 의해서 결정된다.

    ㉡ 산림생산의 물적 기초인 자연요소와 산림에 부과된 법률적, 사회적 의무관계, 일반 경제환경 등에 의해 그 목적에 제한을 준다.

③ 임업경영의 지도원칙은 시대적 변천에 따라 그 중요성의 경중이 변화되어 왔다.

(2) 지도원칙의 분류

① **수익성의 원칙**

    ㉠ 임업경영을 함에 있어서 수익이 가장 크도록 경영을 하자는 원칙이다.

    ㉡ 이윤 또는 이익을 얻는 힘인 수익력으로 이윤과 자본과의 관계에 의해 표현할 수 있다.

    ㉢ 수익성의 원칙에 따른 이윤율

$$P = \frac{E - A}{K} \times 100$$

    ㉣ E(총수익) : 시가를 기초로 한 임목수익 총액으로 투기적 또는 우발적 수익을 포함하지는 않는다.

    ㉤ A(총비용) : 조림비, 임도, 관리비 등 상각비와 같은 비용 및 자본이자를 포함한다.

    ㉥ K(총자본)

     • 토지, 임목축적, 임도 기타 임업경영에 필요한 제재산에 투하된 자본총액이다.

     • 이윤이 계산기간의 기초기말의 평균액으로 표시되고 토지, 축적 등의 재산가격은 시가로 표시된다.

    ㉦ 사기업의 경우에는 수익성의 원칙이 최고의 지도원칙으로 작용하고 있으며 수익성의 최대는 궁극적으로 국민생활에 가장 수요가 많은 수종과 재종을 최대량으로 생산함으로써 이루어질 수 있다.

② **생산성의 원칙**

    ㉠ 개념

     • 단위면적당 평균적으로 가장 많은 목재를 생산하는 것이다.

     • 최대 목재생산의 원칙과 같은 의미가 될 수 있다.

ⓛ 목재산업에 대한 목재공급 또는 국유림이나 공유림에서 지방주민의 수요에 응하기 위해서 목재공급을 고려할 때 가장 중요시되는 원칙이다.

ⓒ 국민의 경제적 복지증진이란 목적을 달성하려면 먼저 대중이 가장 원하는 수종과 재종을 최대량으로 생산한다는 것이 임업경영 자체의 목적으로 봤을 때 가장 직접적이고 궁극적인 목적을 달성할 수 있는 원칙으로 수익성 원칙의 전제 조건과 같은 원칙이다.

ⓔ **생산성의 원칙을 달성하기 위한 방법** : 벌기령을 임목의 총평균생장량이 최대인 시기인 재적수확 최대의 벌기령을 채택하면 된다.

ⓜ 재적수확 최대벌기령은 총평균생장량의 최대점인 시기를 중심으로 광범위한 근사치를 나타내므로 동시에 알맞은 시기를 선택하면 수익성의 최대 실현도 추구할 수 있다.

ⓗ 우리나라와 같이 목재수요의 절대량이 부족한 나라에서 중요시되는 원칙이기도 하다.

③ **경제성의 원칙**

ⓖ 경제성의 원칙은 적은 비용으로 많은 수익을 올리자는 것이 목적이다.

ⓛ 구체적으로 경제성의 원칙을 실현하려면 비용수익분석을 하여야 한다.

ⓒ 수익성 원칙과의 차이점

- 수익성의 원칙 : 자본에 대한 수익을 말하는 것으로 자본효율을 말한다.
- 경제성의 원칙 : 단지 생산성과에 대하여 소비된 자본의 비율인 비용 그 자체의 효과를 표시한 것으로 수익성 원칙 실현의 전제적, 기초적 원칙이 된다.

④ **공익성의 원칙**

ⓖ 공공경제적 원칙, 후생성의 원칙이라고도 한다.

ⓛ 임업 또는 산림생산의 사회적 의의를 더욱 더 발휘하고 인류생활의 복리를 더욱 증진할 수 있도록 산림을 경영하도록 한다.

ⓒ 임업경영의 지도원칙으로 18세기까지 지배적 위치를 차지하고 있던 것이었으나, 자본주의 경제발전과 더불어 수익성 원칙에 밀리게 되었다.

ⓔ 현대에 들어서는 산림자체가 지니고 있는 사회적 요구에 대한 경제적인 기능확보와 공익적인 기능확보를 위해 새롭게 인식되고 있는 지도원칙이다.

⑤ **보속성의 원칙**

ⓖ 개념

- 산림을 경영함에 있어 수확이 연년 평등하게 또한 영구히 존속할 수 있도록 경영하는 원칙이다.
- 광의의 보속성 : 산림생산에 근거를 둔 것으로, 임지가 항상 유용한 임목으로 피복되고 이것이 건전하게 자라도록 한다.
- 협의의 보속성 : 목재공급에 근거를 둔 것으로, 산림에서 매년 거의 같은 양의 목재를 수확하는 것이다.

- 보속성의 원칙이란 연년의 목재수확을 양적 및 질적으로 계속적이며 균등하게 하고 이를 유지하기 위한 필요한 전제조건을 확보하기 위한 원칙이다.
- ⓛ 종래의 임업경영에 있어서 보속성 원칙은 여러 원칙에 앞서서 지배적인 원칙이었고 또 오늘에 있어서도 보속성의 원칙을 주축으로하여 통일적으로 운영되고 있다.
- ⓒ 보속성 원칙의 필요성
  - 목재공급의 균형이 파괴되면 단시일 내에 복구가 어렵다.
  - 목재의 부피가 크고 무거워 목재수요조절에 지장이 많다.
  - 수익성에 영향을 준다.
- ⓔ 보속성 원칙의 중요성
  - 공공경제적 측면에서 본 중요성
  - 사회정책면에서 지방민에게 노동의 기회를 제공하여 생활의 안정을 가져다 준다.
  - 인류생활에 필수품인 목재의 수요에 대하여 연년균등하게 공급할 수 있다.
  - 국토보안상 유리하다.
  - 목재 관련 사업의 보호 및 발전에 기여한다.
  - 사경제적 측면에서 본 중요성
  - 재정관리의 합리화를 이룰 수 있다.
  - 숙련된 임업노동자를 확보할 수 있다.
  - 유리한 시장을 확보할 수 있다.
  - 물적 작업수단의 항상적 이용이 가능하다.

④ 법정림

(1) 개념

① 재적수확의 보속을 실현할 수 있는 내용과 조건을 완전히 구비한 산림 또는 보속적으로 작업을 할 수 있는 산림이다.

② 오스트리아에서 처음 법정림의 개념과 명칭이 나왔으며 1826년 Hundeshagen에 의해 기초가 세워졌고 1841년 Heyer가 완성했다.

③ 법정림은 경제성과 보속성을 동시에 완전히 만족시킬 수 있는 산림으로 현대의 경제림 경영의 궁극적인 목적인 산림에서 계속적인 최고의 수익을 올리도록 해준다.

> **TIP** 경제성은 임목을 적절한 성숙기에 벌채하므로 만족시킬 수 있고 보속성은 수확량을 매년 동량씩 얻도록 하는 것으로, 이러한 원칙을 동시에 만족시키려면 동일한 취급법으로 경영할 수 있는 산림 내부구조에 있어서 일정한 요건을 갖추어야 한다.

④ **법정림의 조건**(일정한 경영목적하에 어떤 수종이 어떤 임지에 대해서 경제적 벌기령이 예정된 경우)

　㉠ 일년생부터 벌기까지 이르는 각종 영계의 임목이 동일한 임지를 점유하도록 한다.

　㉡ 각 영계의 임목이 적당한 임목도를 갖추고 각각 그 임분에 상응하는 완전한 생장을 이루도록 한다.

　㉢ 각 영계의 임분은 성숙 임분의 벌채, 집재 관계에 있어서나 갱신임분에 대해서 지장이 없도록 배치되어야 한다.

(2) 법정림의 구비조건

① **법정영급분배**

　㉠ 매년 거의 같은 목재 수확량을 거두기 위해 1년생부터 벌기까지의 임분이나 수목이 빠짐없이 동일한 면적을 차지하도록 하는 것으로 각 영계가 동일한 면적을 차지하는 것을 말한다.

　㉡ 각 영계가 하나도 빠짐없이 골고루 있게 한다는 것은 실제로는 실현하기 어려운 것이므로, 연속하는 몇 개의 영계를 합하여 영급으로 만들어서 영급별로 동일한 면적을 차지하도록 한다.

　㉢ 법정영계면적

$$a(\text{법정영계면적}) = \frac{A}{R}$$

$$A'(\text{법정영급면적}) = \frac{A}{R} \times n = a \times n$$

　　◦ A : 산림면적
　　◦ R : 윤벌기
　　◦ n : 1영급에 포함된 영계수

　　★**TIP** 관찰하는 시기에 따라 조금씩 다를 수 있다.

② **법정임분배치**

　㉠ 임분배치의 필요성 : 임분배치는 임목을 벌채운반할 때 뿐만 아니라 산림을 보호하는 데 있어서나 갱신을 위해서도 매우 중요한 일로 각 영계의 임분을 위치적으로 잘 배치해야 한다.

　㉡ 임분의 이상적인 배치방법
　　• 성숙한 임분을 벌채운반할 때 인접하고 있는 유령림에 피해를 주지 않도록 배치한다.
　　• 성숙한 임분이 벌채된 후 인접 임분에서 폭풍, 한풍 등의 피해를 주는 일이 없도록 배치한다.
　　• 임분의 갱신에 지장이 없도록 배치한다.

　㉢ 법정임분배치는 재적수확보속을 실현시키는데 기본적이긴 하지만 법정영급배치와 같이 직접적인 것은 아니다.

　㉣ 수량적으로 명확히 파악할 수도 없고, 주로 수확유지에 지장이 없도록 하는 간접적이고 소극적인 요건이 된다.

③ **법정생장량**

    ㉠ 법정림의 1년간의 생장량이다.

    ㉡ 법정림의 각 영계임분의 연년생장량의 합계로, 법정생장량의 계산은 각 영계임분이 점령한 면적이 동일하고 각 영계임분의 생장이 법정이라는 것을 전제로 한다.

    ㉢ 법정생장이란 현실림에서 볼 수 있는 그러한 생장을 의미하는 것은 아니며, 임지가 완전히 양호되어 있고 임목은 입지에 적합한 수종이며, 충분한 입목도를 유지해가며 건전하게 생장하는 것이다.

④ **법정축적**

    ㉠ 영급상태와 생장상태가 법정일 때 보유한 작업급의 전체축적을 말한다.

    ㉡ 법정상태의 기본요건만 구비되어 있으면 필연적으로 실현되는 요건이기 때문에 법정상태 요건으로 수반되는 것이다.

01 출제예상문제

1 공공 경제적 입장에서의 보속작업의 필요성과 관계가 없는 것은?

① 인간생활의 필수품인 목재를 안정적으로 공급한다.

② 매년 일정한 작업이 계속되므로 숙련된 노동력을 싸게 이용할 수 있다.

③ 지역주민에게 노동기회를 주어 생활의 안정을 도모한다.

④ 목재관련 산업의 안정된 발전에 이바지한다.

> ✿ **note** 공공 경제적 입장에서의 보속작업의 필요성
> ㉠ 목재공급 지속유지
> ㉡ 생활보장의 안정성
> ㉢ 관련산업 발전의 기여
> ㉣ 산림의 보전 및 간접적 효용상의 유리

2 다음 중 법정림의 구비조건으로 옳지 않은 것은?

① 법정축적

② 법정임분배치

③ 법정수확

④ 법정영급분배

> ✿ **note** 법정림 구비조건
> ㉠ 법적영급분배
> ㉡ 법정임분배치
> ㉢ 법정생장
> ㉣ 법정축적

✿✿ **Answer** 1.② 2.③

3 임업경영의 지도원칙 중 가장 적은 비용으로 가장 많은 수익을 올리는 원천은?

① 생산성의 원칙

② 공공성의 원칙

③ 경제성의 원칙

④ 수익성의 원칙

> ✿note ① 토지의 생산력을 최대로 추구하는 원칙
> ② 임업 혹은 산림생산의 사회적 의의를 더욱 더 발휘하여 인간생활복리를 더욱 증진할 수 있도록 경영하는 원칙
> ④ 최대의 이익 혹은 이윤을 얻을 수 있도록 경영해야 한다는 원칙

4 다음 중 임령구조에서 ⓐ형에 속하지 않는 것은?

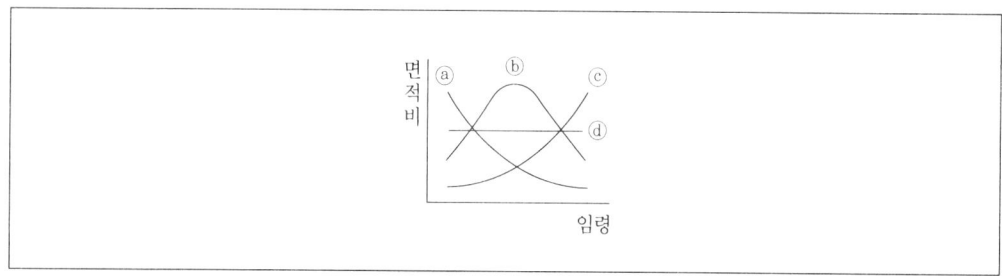

① 속성수, 유실수, 특용수를 재배한다.

② 보속적인 산출이 가능한 이상적인 임령구조이다.

③ 버섯, 산나물, 약초 등을 재배하고, 채취한다.

④ 혼농임업을 도입한다.

> ✿note ⓐ의 구조는 유령림이 많은 산림으로 투자는 많으나 산출은 적다.
> ※ 유령림이 많은 산림의 사업형태
> ㉠ 속성수, 유실수, 특용수 재배
> ㉡ 버섯, 산나물, 약초 등 재배
> ㉢ 혼농임업, 혼목임업 도입
> ㉣ 소경목의 생산·판매를 위한 기술개발

5 다음 중 임업경영의 방향이 아닌 것은?

① 산림면적   ② 수종

③ 운송수단   ④ 산림토양

> ✿**note** 임업경영의 방향
> ㉠ 산림면적
> ㉡ 운송수단
> ㉢ 노동사정
> ㉣ 경영주체의 사정
> ㉤ 산림임령구조
> ㉥ 임산물시장 사정

6 경영조직의 유형을 선택할 때, 고려해야 할 사항이 아닌 것은?

① 시간성   ② 집약성

③ 자연환경   ④ 저장성

> ✿**note** 경영조직의 유형 선택시 고려사항
> ㉠ 자연환경
> ㉡ 시장성
> ㉢ 집약성
> ㉣ 시간성
> ㉤ 거리성
> ㉥ 가격 안정성

7 임업경영에서 해마다 목재수확을 거두는 것이 아니라, 일정한 기간마다 벌채·수확하는 작업을 무엇이라고 하는가?

① 무육작업   ② 간단작업

③ 벌채작업   ④ 보속작업

> ✿**note** 간단작업 … 일정한 기간마다 목재수확을 거두도록 하는 작업이다.
> ㉠ **완전간단작업** : 동일 연령의 임목으로 구성된 산림에서 정해진 수확기에 임목을 벌채하면 다음 수확기까지 벌채가 없다.
> ㉡ **불완전간단작업** : 산림구성임목이 10년생, 20년생, 30년생 등으로 구성되어 있을 경우 벌기를 60년이라 할 때 일정 간격으로 여러 번 벌채하는 것을 말한다.

8 산림생산의 투입과 산출에 가장 큰 영향을 미치는 요인은?

① 노동사정   ② 산림의 구조
③ 경영자의 경제사정   ④ 임산물 판매사정

✎**note** 산림의 투입과 산출을 결정하는 요인 중 가장 중요한 것은 산림자체의 상태이다.

9 부업적 임업과 겸업적 임업이 속하는 임업경영조직 형태는?

① 부차적 임업경영   ② 주업적 임업경영
③ 겸업적 임업경영   ④ 부업적 임업경영

✎**note** 부차적 임업경영 … 다른 사업에 종사하면서 임업을 부업 혹은 겸업으로 경영하는 형태로 부업적 임업과 겸업적 임업이 이에 속한다. 임업에 대한 경영의욕이 약하고 유휴노동력이나 유휴자본을 이용한다.

10 경영의 지도원칙 중 경제성 원칙에 대한 설명으로 옳지 않은 것은?

① 일정한 비용으로 최대의 수익을 올리는 원칙
② 최소의 비용으로 최대의 효과를 발휘할 수 있다는 원칙
③ 최대의 비용으로 최대의 효과를 올리는 원칙
④ 일정한 수익에 대하여 비용을 최소로 줄이는 원칙

✎**note** 경제성 원칙
   ㉠ 최대 경제성과를 올리도록 경영·실행·생산
   • 최소 비용으로 최대 효과를 발휘하는 원칙
   • 일정 비용으로 최대 수익을 올리는 원칙
   • 일정 수익으로 비용을 최소로 줄이는 원칙
   ㉡ 비용수익성과 자본수익성으로 수치적 경제성을 파악

11 유령림에서 해야 할 사업이 아닌 것은?

① 속성 수종의 도입   ② 임지의 다목적 이용
③ 산나물 약초재배   ④ 대경목 생산에 필요한 기술적용

✎**note** 유령림에서 해야 할 사업으로는 ①②③ 외에 소경목 생산·판매를 위한 기술개발이 있다.

✿✿Answer   8.② 9.① 10.③ 11.④

12 단위면적당 평균적으로 가장 많은 목재를 생산하도록 하는 임업경영원칙은?

① 수익성 원칙   ② 경제성 원칙

③ 생산성 원칙   ④ 보속성 원칙

> ✿ note ① 최대의 이익 또는 이윤을 얻을 수 있도록 경영하는 원칙
> ② 최대의 경제성과를 올릴 수 있도록 경영·생산·실행하는 원칙
> ④ 산림에서 수확이 연년 균등하게 혹은 영구히 존속할 수 있도록 경영하는 원칙

13 목재생산을 위한 경영조직 내용으로 옳지 않은 것은?

① 수종선택   ② 임분구성

③ 작업방법의 결정   ④ 택지조성

> ✿ note 목재생산을 위한 경영조직의 내용
> ㉠ 수종선택
> ㉡ 벌기령 결정
> ㉢ 작업방법 결정
> ㉣ 수확방법 결정
> ㉤ 임분구성

14 유령림이 많은 산림에서 자본회수를 빨리 할 수 있는 방법이 아닌 것은?

① 특수임산물 재배기술   ② 소경목 생산에 필요한 기술

③ 유실수 재배기술   ④ 벌채기술

> ✿ note 유령림의 자본회수 방법 … 임지비배, 특용수 재배기술, 소경목 생산기술, 속성수·유실수 재배
> 기술, 혼농·혼목임업 도입

15 다음 중 후생성의 원칙과 의미가 같은 것은?

① 보속성 원칙   ② 공공성 원칙

③ 생산성 원칙   ④ 합자연성 원칙

> ✿ note 공공성의 원칙은 다른 말로 공공 경제성, 후생성, 공익성, 경제 후생성의 원칙 등으로 쓰인다.

✿ Answer   12.③ 13.④ 14.④ 15.②

16 보속작업과 간단작업에 대한 설명으로 옳지 않은 것은?

① 보속작업을 하려면 현실림을 법정림에 가까운 상태로 유지해야 한다.
② 완전간단작업은 해마다 거의 비슷한 양의 목재수확을 계속하는 작업을 말한다.
③ 불완전간단작업은 산림을 구성하는 임목이 10년생, 20년생, 30년생, 40년생, … 등으로 되어 있을 경우를 말한다.
④ 간단작업은 일정한 기간마다 목재수확을 하는 작업을 말한다.

> **note** ② 보속작업에 대한 설명이다.
> ※ 완전간단작업 … 동일 연령으로 구성된 산림에서 정해진 수확기에 벌채한 후 다음 수확기까지 벌채가 없는 작업이다.

17 임업경영조직 방법이 아닌 것은?

① 수종선택　　　　　　　　　② 임분구성
③ 작업방법　　　　　　　　　④ 국가정책

> **note** 임업경영조직의 방법 … 수종선택, 벌기령 결정, 작업방법 결정, 수확방법 결정, 임분구성 등을 주요내용으로 한다.

18 산림에서 수확이 연년 균등하게 얻어지고 영구히 지속할 수 있도록 경영하는 원칙은?

① 간단작업　　　　　　　　　② 연속작업
③ 보속작업　　　　　　　　　④ 연년작업

> **note** 설문은 보속작업에 대한 설명이다.

19 투입한 자본에 대한 순수익의 비율을 가장 크게 하는 것을 목표로 하는 임업경영 지도원칙은?

① 수익성 원칙　　　　　　　② 경제성 원칙
③ 생산성 원칙　　　　　　　④ 공공적 원칙

> **note** ② 최대의 경제성과를 올리도록 경영·생산·실행하는 것
> ③ 단위면적당 평균적 목재생산량이 가장 많도록 하는 원칙
> ④ 인간생활의 복리를 더욱 더 증진시키는 경영원칙

Answer 16.② 17.④ 18.③ 19.①

20 경영조직을 편성할 때, 고려해야 할 경영조건 중 가장 중요한 것은?

① 자연환경   ② 경영목적

③ 개인사정   ④ 사회 · 경제적 조건

> ☆▌note   임업경영조직 편성시 산림이 처해있는 자연환경을 가장 우선시 해야 한다.

21 임업경영조직의 형태에 속하지 않는 것은?

① 주업적 임업경영   ② 부차적 임업경영

③ 종속적 임업경영   ④ 조직적 임업경영

> ☆▌note   임업경영조직의 형태
> ㉠ 주업적 임업경영 : 노동력, 자금의 투입, 판매 등 개별경제에 큰 비중을 차지하는 경영형태이다.
> ㉡ 부차적 임업경영 : 다른 사업에 종사하면서 임업을 부업이나 겸업으로 경영하는 형태이다.
> ㉢ 종속적 임업경영 : 다른 산업에 원자재를 공급하기 위해 경영하는 형태이다.

22 임업경영에서 토지생산성을 높이는 데 가장 밀접한 관계가 있는 것은?

① 재적 연년생장량   ② 재적 총평균생장량

③ 수고생장량   ④ 형질생장

> ☆▌note   토지생산성의 원칙을 준수하려면 재적 총평균생장량이 많을 때 임목을 벌채하면 된다.

23 다음 경영조직상 유의점 중 기온, 강수량, 토성 등의 조건에 크게 영향을 받아 수종, 작업별 등을 갖추도록 하는 것은?

① 자연환경   ② 시장성

③ 집약성   ④ 가격의 안정성

> ☆▌note   ② 소비의 소득 탄성값, 수용의 가격 탄성값, 공급의 탄성값 등을 고려하여 목재시장의 수요를 파악한다.
> ③ 단위면적당 투입되는 생산요소의 정도를 의미한다.
> ④ 단기성 임산물의 수요를 전망하고 가격 안정성을 조사하여 경영조직에 반영한다.

❤❤Answer   20.①   21.④   22.②   23.①

24 임업경영 여건 중 가장 먼저 선택해야 하는 것은?

① 사회적 조건　　　　　　　　　　② 경제적 조건
③ 경영주체사정　　　　　　　　　　④ 자연환경과 수종선택

> ✎**note**　임업경영의 조직계획 선정시 가장 먼저 해야 할 일은 산림이 처한 자연환경이다.

25 법정림의 축적량 계산에 기준으로 사용하는 것은?

① 춘계축적　　　　　　　　　　　　② 하계축적
③ 추계축적　　　　　　　　　　　　④ 춘계축적과 하계축적의 평균치
⑤ 하계축적과 추계축적의 평균치

> ✎**note**　법정림 축적량 계산은 춘계축적과 추계축적의 평균치인 하계축적을 사용한다.

26 해마다 비슷한 양의 목재를 수확하는 방법은?

① 간단작업　　　　　　　　　　　　② 벌채작업
③ 보속작업　　　　　　　　　　　　④ 무육작업

> ✎**note**　보속작업 … 해마다 목재수확을 양·질적으로 균등하게 수확할 수 있도록 하는 작업

27 경제성의 원칙에 대한 설명으로 옳은 것은?

① 최대의 이익 또는 이윤을 얻을 수 있도록 경영하는 것
② 연년 목재수확을 양적 및 질적으로 보속실현
③ 일정한 수익에 대하여 비용을 최소로 줄이는 원칙
④ 최대 목재생산을 원칙으로 하는 경영

> ✎**note**　경제성의 원칙
> ㉠ 합리성의 원칙, 합목적성의 원칙이라고도 한다.
> ㉡ 최대의 경제성과를 올리도록 경영·생산·실행
> 　• 최소 비용으로 최대의 효과를 발휘하는 원칙이다.
> 　• 일정 비용으로 최대 수익을 올리는 원칙이다.
> 　• 일정 수익에 대한 비용을 최소로 하는 원칙이다.
> ㉢ 비용수익성과 자본수익성으로 수치적 경제성을 파악한다.

28 매년 목재수확을 양적·질적으로 계속 균등하게 수확할 수 있도록 하는 원칙은?

① 수익성 원칙

② 경제성 원칙

③ 보속성 원칙

④ 생산성 원칙

> ✿note ① 최대의 이익·이윤을 얻을 수 있도록 경영한다는 원칙
> ② 최대의 경제성과를 이룩하도록 경영·생산·실행해야 한다는 원칙
> ④ 단위면적당 평균 목재생산량이 가장 많도록 하는 원칙

29 임업경영 형태 중 임목의 부가가치가 높아 수입을 증가시키는 것은?

① 식재→육림→임목매각

② 식재→육림→벌채→표고생산, 제재

③ 식재→육림→벌채→원목매각

④ 식재→육림→자가원료공급

> ✿note ① 일반적 생산형태로 임목의 부가가치는 낮다.
> ③ 경영자가 일관된 작업을 할 수 없고 벌채노동의 특수 훈련, 벌채와 하산에 쓰이는 기구 등의 장비가 필요하다.
> ④ 산업비림에서 나타나는 형태로 노동력을 줄이기 위한 임업경영을 시도한다.

30 임업경영의 방침결정시 가장 중요한 것은?

① 경영주의 경제사정

② 산림상태

③ 임산물 판매사정

④ 운반상태

> ✿note 임업경영의 방침결정시 가장 중요한 사항은 산림 자체의 상태이다.

31 다음 중 법정임분을 이상적으로 배치하는 내용으로 중요하지 않은 것은?

① 성숙임분이 벌채된 후 인접임분에 풍해를 주지 않도록 한다.

② 임분의 갱신에 지장이 없도록 한다.

③ 어떤 형태의 지형이든 기계적으로 임령별로 임분을 배치하여야 한다.

④ 성숙임분을 벌채운반시 인접하고 있는 유령림에 피해를 주지 않도록 한다.

❤❤ Answer   28.③ 29.② 30.② 31.③

☆▎note 법정임분배치 … 임분배치가 영급순으로 유령임분에서 성숙임분까지 연속적으로 배치되는 것이
이상적이다.
  ㉠ 각 임분이 벌기에 도달하여 성숙임분이 벌채운반될 때 인접유령임분에 지장을 주지 않도록
     배치한다.
  ㉡ 성숙임분을 배치할 경우 인접인분은 풍하의 임분이 먼저 벌채되도록 배치한다.
  ㉢ 임분이 갱신될 경우 유령임분이 폭풍 · 한풍에 보호되도록 배치한다.
  ㉣ 축방 하종갱신시 종자성숙계절에 모수림을 바람의 상방에 위치하도록 배치한다.

32 임업경영의 조직형태와 분석의 내용이 잘못 연결된 것은?

① 식재 → 육림 → 임목매각 = 부가가치가 큼
② 식재 → 육림 → 벌채 → 임목매각 = 자본장비가 필요
③ 식재 → 육림 → 벌채 → 자가원료공급 = 기계화된 경영
④ 식재 → 육림 → 벌채 → 부산물 생산 = 기술과 자본이 필요

☆▎note 주업적 임업경영의 형태
  ㉠ 식재 → 육림 → 임목매각 : 부가가치가 낮음
  ㉡ 식재 → 육림 → 벌채 → 원목매각 : 경영자가 일관된 작업을 할 수 없고 벌채노동에 대한 특수
     훈련, 벌채와 하산에 쓰이는 기계, 기구 등의 장비가 필요
  ㉢ 식재 → 육림 → 벌채 → 원료재 공급 : 회사의 산업비림에서 나타나는 경영형태, 노동력을 줄
     이기 위하여 기계화된 임업경영
  ㉣ 식재 → 육림 → 벌채 → 표고생산, 숯생산, 제재 : 임목의 부가가치를 높여 수입을 증가시키기
     위한 경영형태, 기술과 자본 필요

33 다음 중 이윤율의 계산법으로 옳은 것은?

• 이윤율 : P	• 총자본 : K	• 총수익 : E	• 총비용 : A

① $P = \left(\dfrac{E + A}{K} \right) \times 100$ 　　　　　② $P = \left(\dfrac{A - E}{K} \right) \times 100$

③ $P = \left(\dfrac{E - A}{K} \right) \times 100$ 　　　　　④ $P = \left(\dfrac{E \cdot A}{K} \right) \times 100$

☆▎note 이윤율 계산방법
$P = \left(\dfrac{E - A}{K} \right) \times 100$ (K : 투하자본총액, A : 비용 및 자본이자총액, E : 임목수익총액)

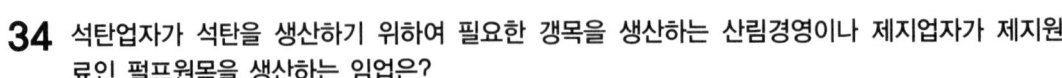

34 석탄업자가 석탄을 생산하기 위하여 필요한 갱목을 생산하는 산림경영이나 제지업자가 제지원료인 펄프원목을 생산하는 임업은?

① 주업적 임업   ② 부차적 임업

③ 종속적 임업   ④ 부업적 임업

> **note** 종속적 임업 … 다른 산업에 원자재를 공급하기 위해 임업을 경영하는 형태를 말한다.
> ㉠ 농가의 영농자제 공급, 광산업자의 갱목생산, 제지업자의 원목생산

35 영림사업을 실행하는 데 있어 기본원칙이 될 수 없는 것은?

① 경제성의 원칙   ② 합자연성의 원칙

③ 공공성의 원칙   ④ 희소성의 원칙

> **note** 영림사업의 기본원칙
> ㉠ 수익성의 원칙
> ㉡ 생산성의 원칙
> ㉢ 보속성의 원칙
> ㉣ 공공성의 원칙
> ㉤ 경제성의 원칙
> ㉥ 합자연성의 원칙

36 유령림에서 자본회수를 빨리하기 위한 방법으로 옳지 않은 것은?

① 소경목 생산에 필요한 기술개발

② 버섯, 산나물, 약초 등의 재배와 채취

③ 산출 촉진을 위한 대경목, 장기수 재배

④ 임지의 다목적 이용을 위한 혼농임업

> **note** 유령림의 수입의 조기화와 다원화를 위한 방법
> ㉠ 임지의 다목적 이용을 위한 혼농임업과 혼목임업의 도입
> ㉡ 산출을 촉진시키기 위한 임지비배와 속성수, 특용수, 유실수 재배
> ㉢ 소경목의 생산, 판매를 위한 이용기술개발
> ㉣ 버섯, 약초, 산나물 등의 재배와 채취

Answer   34.③ 35.④ 36.③

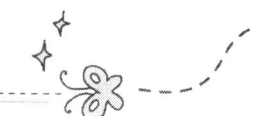

37 사경제적 입장에서의 보속작업의 필요성으로 옳은 것은?

① 인간생활의 필수품인 목재를 안정적으로 공급한다.

② 해마다 수확을 하게 되므로, 경제사정이 나아진다.

③ 목재관련 산업의 발전에 이바지한다.

④ 국토보전 및 풍치유지를 위하여 좋다.

> **note** 사경제적 입장에서의 보속작업의 필요성
> ㉠ 매년 일정한 양의 목재를 시장에 공급하기 때문에 목재의 판매가 유리해진다.
> ㉡ 항상 일정한 작업이 계속되므로 임도, 건물, 기계, 기구 등의 사용효율이 높다.
> ㉢ 매년 수확을 하게 되므로, 경제사정이 나아진다.
> ㉣ 일정한 작업이 매년 계속되므로 숙련된 노동력을 싸게 이용할 수 있다.

38 보속작업에 대한 설명으로 옳은 것은?

① 일정한 기간마다 목재수확을 거두도록 하는 경영

② 같은 연령의 임목으로 구성된 산림에서 수확하는 경영

③ 해마다 같은 양의 목재수확을 영구히 계속해서 거둘 수 있도록 하는 경영

④ 벌기 동안에 일정한 간격으로 여러 번 벌채하는 경영

> **note** 보속작업 … 보속은 영속적인 행위로 산림에서 해마다 같은 양의 목재를 수확하고 영구히 계속해서 거둘 수 있도록 경영하는 방법이다.

39 산림의 수확을 보속적으로 할 수 있는 임령의 구조는?

① 장령림 이상으로 구성된 산림

② 유령림으로 구성된 산림

③ 유령림과 주벌이 가능한 임분이 균등한 산림

④ 장령림과 주벌이 가능한 임분이 균등한 산림

> **note** 보속적 작업 … 영구히 계속 일정한 규격 이상의 수목을 균일한 양으로 벌채할 수 있는 산림에 적용될 수 있는 수확방법이다. 이를 위해서는 장령림 이상의 산림으로 구성되고 주벌이 가능한 임분이 균등하게 있어야 한다.

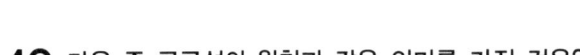

40 다음 중 공공성의 원칙과 같은 의미를 가진 것은?

① 후생성의 원칙　　　　　　　　　② 합자연성의 원칙
③ 생산성의 원칙　　　　　　　　　④ 보속성의 원칙

> **note** 공공후생 복지원칙 … 국가, 지방의 경제발전에 도움을 주도록 임업을 경영하는 원칙이다. 공공 복지원칙을 계속 유지하면 개인의 경제적 손해가 따르기 때문에 개인경영에 대한 혜택을 주도록 해야 한다.

41 법정림에 대한 설명으로 옳지 않은 것은?

① 산림이 유령림, 장령림, 성숙림 등으로 고르게 구성되어 있다.
② 각 임분의 점유면적이 비슷하다.
③ 소경목 생산·판매를 위한 기술이 필요하다.
④ 해마다 비슷한 양의 목재를 수확할 수 있다.

> **note** ③ 유령림이 많은 산림에 대한 설명이다.

42 이윤성립의 원인에 대한 설명으로 옳지 않은 것은?

① 경영 내부적 원인에 의해서 성립되는 것을 참된 이윤이라 한다.
② 내부적 이윤성립은 경영자의 합리적 생산기술 및 판매상의 태도·노력에 의해 이루어지는 것이다.
③ 비용수익성과 자본수익성의 경우로 분류할 수 있다.
④ 경영 외부적 원인에 의한 이윤성립은 일반 경기변동에 의한다.

> **note** ③ 합리성 원칙에서 경제성 파악에 사용된다.

43 임업경영의 3대 원칙에 속하지 않는 것은?

① 생산성의 원칙　　　　　　　　　② 수익성의 원칙
③ 경제성의 원칙　　　　　　　　　④ 공공후생성의 원칙

> **note** 임업경영의 3대 원칙 … 수익성의 원칙, 경제성의 원칙, 생산성의 원칙
> ※ 사회복지원칙 … 보속성의 원칙, 환경보전의 원칙, 공공 후생성의 원칙

Answer　40.① 41.③ 42.③ 43.④

44 사경제적 입장에서 보속작업의 필요성으로 옳지 않은 것은?

① 일정한 작업이 계속되므로 임도, 기계, 기구, 건물의 사용효율이 높다.

② 해마다 수확하므로 재정이 좋아진다.

③ 해마다 일정한 양의 목재를 시장에 공급하므로 목재판매가 유리하다.

④ 지역주민에게 지속적인 노동기회를 제공한다.

> ✿**note** 사경제적 입장에서 보속작업의 필요성
> ㉠ 일정한 작업이 계속되므로 임도, 기계, 기구, 건물 등의 사용효율이 높다.
> ㉡ 해마다 수확하므로 재정이 좋아진다.
> ㉢ 해마다 일정한 양의 목재를 시장에 공급하므로 목재판매가 유리하다.
> ㉣ 해마다 일정한 작업이 계속되므로 숙련된 노동력을 싸게 이용할 수 있다.

45 법정축적에 대한 설명으로 옳지 않은 것은?

① 영급분배, 생장상태가 법정일 경우 보유할 작업급 전체 축적을 의미한다.

② 법정축적은 일반적으로 부림목의 법정축적을 말한다.

③ 법정축적은 각 영계의 법정축적을 알면 알 수 있다.

④ 산림이 법정림의 기본요건을 갖추면 자연스럽게 보유하는 축적이다.

> ✿**note** ② 법정축적은 일반적으로 주림목의 법정축적을 말한다.

46 법정조건에 대한 설명으로 옳지 않은 것은?

① 임지는 최적의 상태를 항상 유지해야 한다.

② 여러 운반시설이 정비되어 있어야 한다.

③ 산림보육에 적합한 환경을 갖추어야 한다.

④ 가능한 한 저렴한 가격의 수종을 보급해야 한다.

⑤ 수종의 갱신에 있어 최적 상태로 구성되어야 한다.

> ✿**note** 법정조건
> ㉠ 여러 운반시설이 정비되어 있어야 한다.
> ㉡ 산림보육에 적합한 환경이어야 하며, 피해에 의한 보호시설도 갖추어져야 한다.
> ㉢ 수종의 갱신·혼효 및 품종에 있어 최적의 상태로 구성되어야 한다.
> ㉣ 임지는 최적의 상태를 항상 유지하여야 한다.

✿**Answer** 44.④ 45.② 46.④

47 다음 중 매년 비슷한 양의 목재를 계속해서 수확할 수 있는 조건의 산림은?

① 법정축적   ② 법정생장량

③ 법정생장   ④ 법정림

> **note** ① 법정인 영급분배와 생장상태에서 보유할 수 있는 작업급 전체의 축적
> ② 벌기 평균생장량과 벌기 변수의 곱
> ③ 알맞은 임목도를 갖추고 건전하게 생장할 때 기대할 수 있는 법정림의 1년 생장량

48 다음 중 임업경영 지도원칙 중 기초적인 원칙은?

① 수익성의 원칙   ② 생산성의 원칙

③ 공공성의 원칙   ④ 합자연성의 원칙

⑤ 보속성의 원칙

> **note** 합자연성의 원칙 … 수익성, 보속성, 공공성의 원칙을 달성하기 위한 기초적이고 수단적인 임업
> 경영 지도원칙이다.

49 작업급의 면적은 120ha, 윤벌기를 40년으로 할 때 법정영급면적은?

① 2ha   ② 3ha

③ 7ha   ④ 9ha

⑤ 10ha

> **note** 법정영급면적 = 면적/윤벌기 = 120/40 = 3

50 임업경영의 방향을 정할 경우 두 번째로 중요한 것은?

① 산림의 상태   ② 경영주체의 사정

③ 운송수단   ④ 임산물 시장의 사정

> **note** 임업경영 방향결정시 가장 중요한 것은 산림의 상태이고, 그 다음이 경영주체의 사정, 산림주
> 변의 사회적·경제적 사정이다.

51 산림의 투입과 산출을 결정하는 요인으로 옳지 않은 것은?

① 산림면적　　　　　　　　　② 임산물시장의 사정
③ 수원함양　　　　　　　　　④ 경영자의 사정

> **note** 산림의 투입과 산출을 결정하는 요인
> ㉠ 임령구조
> ㉡ 산림면적
> ㉢ 운송수단
> ㉣ 노동사정
> ㉤ 경영자의 경제사정
> ㉥ 임산물시장의 사정

52 다음 중 경영계획 작성의 준비활동으로 볼 수 없는 것은?

① 산림경계확인　　　　　　　② 산림구획
③ 산림가꾸기　　　　　　　　④ 산림조사

> **note** 경영계획 작성의 준비활동
> ㉠ 산림경계확인
> ㉡ 산림구획
> ㉢ 산림조사

53 산림에 투입되는 자본과 노동의 양을 결정할 때 가장 중요한 것은?

① 유령림, 장령림, 성숙림의 고른 분포 여부
② 임지비배와 유실수 재배 가능 여부
③ 성숙림의 분포가 많은 지의 여부
④ 산림 주변의 경제적 사정 여부

> **note** 산림에 투입되는 자본과 노동의 양을 결정할 때 유령림, 장령림, 성숙림의 고른 분포에 따라 큰 차이가 나타난다.

54 법정벌채량에 대한 설명으로 옳지 않은 것은?

① 법정림이 보속적으로 공급할 수 있는 수확량이다.
② 법정림에서 법정연벌량과 법정생장량은 일치한다.
③ 법정연벌량의 법정축적에 대한 백분율을 법정수확량이라 한다.
④ 법정림에서 법정상태를 유지하고 법정축적의 감소없이 벌채되는 재적을 의미한다.

   ✍️**note** 법정수확률 … 법정연벌량의 법정축적(VS)에 대한 백분율을 말한다.

$$P = \frac{NAC}{V_S} \times 100$$

55 다음 중 주업적 임업경영의 일반적인 형태는?

① 육림 → 벌채 → 표고생산   ② 육림 → 벌채 → 매각
③ 육림 → 벌채 → 자가원료공급   ④ 육림 → 매각

   ✍️**note** 주업적 임업경영은 목재생산이 원칙이므로 육림하여 매각하는 것이 일반적인 형태이다.

56 임업경영의 입장에서 가장 바람직한 작업은?

① 보속작업   ② 완전간단작업
③ 불완전간단작업   ④ 택벌작업

   ✍️**note** 산림구성임목이 10년생, 20년생, 30년생, … 등으로 되어 있을 경우 벌기를 60년이라 하면 일정한 간격으로 여러 번 벌채하는 불완전간단작업이 임업경영에서는 가장 바람직하다.

57 법정생장량을 구하는 공식으로 옳은 것은?

① 벌기 평균생장량 × 벌기 연수   ② 법정연벌량/법정축적 × 100
③ 면적/윤벌기 × 영계   ④ 윤벌기/2 × 임분의 재적

   ✍️**note** ② 법정수확률을 구하는 공식이다.
                  ③ 법정영급면적을 구하는 공식이다.
                  ④ 법정축적을 구하는 공식이다.

🌱**Answer**   54.③   55.④   56.③   57.①

58 측방하종갱신을 하려고 할 경우 적당한 임분배치는?

① 폭풍에 대한 위험이 없도록 풍하의 임분을 배치

② 한풍에 대한 보호를 위한 배치

③ 종자의 성숙계절에 모수림을 바람의 상방에 위치하도록 배치

④ 인접 인분에 지장이 없도록 배치

> ✿**note** 측방하종갱신의 경우 종자의 성숙기에 모수림을 바람의 상방에 위치하도록 배치한다.

59 목재생산의 보속성에 대한 설명으로 옳지 않은 것은?

① 입지의 생산력을 최고도로 발휘하여 유지하자는 의미의 보속을 말한다.

② 토지의 순수확설에 영향을 받은 것이다.

③ 지력을 유지하고 목재의 생산을 지속적으로 실현하는 것을 의미한다.

④ 사회에서 필요로 하는 목재를 영속적으로 공급하는 것이다.

> ✿**note** ④ 목재공급의 보속성에 대한 설명이다.

60 다음 중 임업경영의 궁극적 원칙은 아니며 수익성·공공성·보속성의 원칙을 실현하기 위한 수단적인 지도원칙은?

① 보속성 원칙   ② 생산성 원칙

③ 합자연성 원칙   ④ 국토보안의 원칙

> ✿**note** ① 산림에서 수확이 연년 균등하게 영구히 존속하도록 경영하는 원칙
> ② 토지의 생산력을 최대로 추구하는 원칙
> ④ 국토보안·수원함양 등의 기능을 발휘할 수 있도록 운영하는 원칙

61 생산을 주요 목적으로 하는 임업경영의 형태는?

① 농용적 임업과 부업적 임업   ② 주업적 임업과 부업적 임업

③ 부업적 임업과 겸업적 임업   ④ 주업적 임업과 겸업적 임업

> ✿**note** 주업적 임업과 겸업적 임업은 임목의 생산을 주요 목적으로 하는 임업경영 형태이다.

62 임업경영조직에 있어 주요 경영조직요소가 아닌 것은?

① 수종　　　　　　　　　　　② 운반
③ 임분구성　　　　　　　　　④ 벌기령

✎**note** 임업경영조직 결정의 주요요소 … 수종, 벌기령, 수확방식, 임분구성, 작업종이 있다.

63 경영조직의 형태 중 종속적 임업경영으로 짝지어진 것은?

① 농가임업과 부업적 임업　　　　② 주업적 임업과 산업비림 경영
③ 농가임업과 산업비림 경영　　　④ 겸업적 임업과 주업적 임업

✎**note** 농가임업과 산업비림 경영은 종속적 임업경영에 속한다.

64 임업경영조직 형태 중 부업적 임업과 겸업적 임업이 속하는 것은?

① 주업적 임업경영　　　　　　② 부업적 임업경영
③ 겸업적 임업경영　　　　　　④ 부차적 임업경영

✎**note** 부차적 임업경영 … 다른 사업에 종사하면서 임업을 겸업이나 부업으로 경영하는 형태로 부업적 임업과 겸업적 임업이 이에 속한다. 임업경영에 대한 의욕이 강하지 않고, 유휴노동력이나 유휴자본을 이용하며, 남는 인력이나 자본이 생기더라도 더 유리한 투자대상이 생기면 임업에 대한 투자를 하지 않는 경향이 있다.

65 임목의 부가가치는 높지만 기술과 자본을 필요로 하는 임업경영의 유형은?

① 식재 → 육림 → 임목매각
② 식재 → 육림 → 벌채 → 표고생산
③ 식재 → 육림 → 벌채 → 원목매각
④ 식재 → 육림 → 벌채 → 원료재 공급

✎**note** 식재 → 육림 → 벌채 → 숯생산, 표고생산, 제재의 임업경영 형태는 기술과 자본을 필요로 하며 임목의 부가가치를 높여 수입을 증대시킬 수 있다.

66 경영조직 유형을 선택할 때 경영자의 재정상태에 영향을 받아 벌기령을 결정해야 하는 것은?

① 시간성

② 시장성

③ 가격의 안정성

④ 거리성

✿note 경영조직 유형의 시간성 … 임목을 수확하기 위해서는 오랜 시일이 필요하므로 경영자의 재정상 태에 따라 벌기가 짧은 속성수를 선택할 것인지, 장기수를 선택할 것인지가 결정된다. 그러나 수종의 선택은 산림의 자연환경에 따라 달라질 수 있기 때문에 경영자의 재정상태만을 너무 생각해서도 안 된다.

67 다음 중 공기업이라 할 수 없는 것은?

① 비종속적 공기업

② 공·사 협동기업

③ 독립 공기업

④ 순수행정기업

✿note 공기업 … 국가나 공공 단체에 의하여 경영되는 사업체로 공기업이 많다는 것은 그 만큼 공공 성이 크다는 것을 의미한다.
② 국가나 공공단체와 민간이 공동출자하여 경영하는 기업을 말한다.

68 산림의 임업경영 방식 중 유령림에서 선택되는 것은?

① 부업적 임업경영

② 주업적 임업경영

③ 겸업적 임업경영

④ 임업과 농축산업을 동등하게 경영

✿note 유령림의 경영 방안으로 부업적 임업경영 방식을 택하여 수입의 조기화와 다양화를 이루어내 는 것이 바람직하다. 산출을 촉진시키기 위해서는 임지비배와 유실수, 특용수, 속성수를 재배 하고 산출촉진을 위한 기술개발이 필요하다.

69 경영조직에서 앞으로의 목재시장의 수요는 어떤 수종과 재종을 많이 필요로 할 것인가를 전망 하여 반영하는 것은?

① 거리성

② 시장성

③ 집약성

④ 저장성

✿note 설문은 시장성에 대한 설명으로 소비의 소득 탄성값, 수요의 가격 탄성값, 공급의 탄성값 등을 이용하여 추세를 전망할 수 있다.

Answer 66.① 67.① 68.① 69.②

70 임업경영조직에 대한 설명으로 옳지 않은 것은?

① 임지에 어떤 나무를 심어 언제 수확하는 가를 정하는 것을 말한다.

② 자연환경을 고려하여 사회·경제적 여건에 부합하도록 구성한다.

③ 임지, 노동, 임목축적의 활용을 고려해야 한다.

④ 목재생산을 위한 경영조직은 산림 자체의 상태만 고려한다.

> ✿▌note ④ 목재생산을 위한 경영조직은 수종, 임분, 벌기령, 작업종 등을 주요 내용으로 한다.

71 경영목적에 따른 경영조직의 형태가 옳지 않은 것은?

① 구조재 생산을 목적으로 할 때에는 택벌작업을 한다.

② 공익증대가 목적일 때에는 택벌작업을 선택한다.

③ 원료재 생산일 때에는 택벌작업을 선택한다.

④ 농용재 생산일 때에는 여러 수종을 밀식한다.

> ✿▌note ③ 원료재 생산이 목적일 경우에는 한가지 수종을 밀식하여 개별작업을 실시하는 것이 바람직하다.

72 임업경영 주체에서 사기업에 대한 설명으로 옳지 않은 것은?

① 사유림의 경영시 나타나는 경영형태를 말한다.

② 집단 사기업은 소수집단과 다수집단으로 분류한다.

③ 국가나 공공단체의 출자와 민간출자가 협동하여 공동 경영하는 것을 의미한다.

④ 단독 사기업은 산림의 규모가 적고 가족노작경영이 특징이다.

> ✿▌note ③ 공사협동기업에 대한 설명이다.

73 주업적 임업경영의 발전을 위한 방향으로 옳지 않은 것은?

① 임지의 집단화 ② 간단작업이 가능한 산림구조

③ 산림경영조직의 정비 ④ 경영순환의 합리화

> ✿▌note ② 보속작업이 가능한 산림구조의 형태를 취해야 한다.

❤❤**Answer** 70.④ 71.③ 72.③ 73.②

74 임업경영조직 편성에서 사회적으로 고려해야 할 사항이 아닌 것은?

① 수원함양

② 야생 동·식물의 보호

③ 경제성

④ 임목의 나이

✎▌note 임업경영조직 편성시 경제성, 수원함양, 야생 동·식물 보호 등의 사회적 필요성을 고려해야 한다.

75 임업경영조직의 요소에서 수확방식에 속하는 것은?

① 개벌작업

② 간단작업

③ 산벌작업

④ 모수작업

✎▌note ①③④ 작업방법에 속한다.

76 공업 종속적 임업경영에 대한 설명으로 옳지 않은 것은?

① 목재를 원료로 하는 기업이 원료조달을 위해 경영하는 것이다.

② 임산물이 매년 생산되므로 산업체 원목을 공급하는 종속적 임업은 규모가 크다.

③ 외형상 주업적 임업경영과 같다.

④ 농용자재공급을 목적으로 하는 임업이다.

✎▌note ④ 농업 종속적 임업경영에 대한 설명이다.

77 다음 중 가격 변동에 의해 수요가 내려감에 따라 공급도 가격에 의해 내려가는 것은?

① 수요가격 탄성값

② 소비소득 탄성값

③ 공급 탄성값

④ 가격 변동률

✎▌note 공급 탄성값 … 가격 변동에 의해 수요가 내려감에 따라 공급도 가격에 의해 내려가는 것을 말한다. 생산기간이 짧을수록 공급 탄력성은 증가한다.

78 수종 선택시 유의해야 할 사항으로 옳지 않은 것은?

① 조림기술에 적합한 수종을 선택해야 한다.

② 임지의 환경에 적합한 수종을 선택해야 한다.

③ 향토 수종 중 주요 수종을 선택해야 한다.

④ 한번에 새로운 수종을 대량 도입해야 한다.

✎▌note ④ 한번에 새로운 수종을 대량으로 도입해서는 안 된다.

79 임업경영에 대한 설명으로 옳지 않은 것은?

① 산림의 면적이 작을 경우 간단작업을 실시해야 한다.

② 자가노동력의 확보가 많을 경우 밀식조림을 이용한 집약적 경영을 한다.

③ 경영기술이 미흡할 경우 조방적 경영에 적합한 수종을 선택한다.

④ 원료재 생산이 목적일 경우 여러 수종을 선택하여 벌기령을 짧게 한다.

✎▌note ④ 원료재 생산이 목적일 경우 한 가지 수종을 밀식하여 개벌작업을 실시한다.

80 다음 중 조직유형 선택시 집약성에 대한 설명으로 옳지 않은 것은?

① 경영조직 편성시 노동집약성과 자본집약성을 충분히 고려해야 한다.

② 단위면적당 투입되는 생산요소의 정도를 의미한다.

③ 수종선택은 산림의 자연환경에 따라 달라지므로 경영자 재정만을 고려해서는 안 된다.

④ 적절한 조림법과 우량 수종선택이 집약성에 큰 영향을 미친다.

✎▌note ③ 시간성에 대한 설명이다.

❤❤**Answer** 78.④ 79.④ 80.③

81 지방자치단체의 행정에 예속되어 도유림을 경영하는 것은?

① 순수행정기업 ② 단독 사기업
③ 독립 공기업 ④ 비종속 공기업

✿note ② 경영자 자신이 직접 사유림을 경영한다.
③ 공사·공단에서 경영하는 것을 말한다.
④ 행정에 직접 예속되지 않으며 국유림을 경영한다.

82 공사협동기업에 대한 설명으로 옳지 않은 것은?

① 국가출자와 민간출자가 협동하여 공동으로 경영하는 기업이다.
② 공익을 위한 목적으로 이윤의 추구를 제한한다.
③ 자본 제공자와 경영 지휘자가 분리되는 것이 원칙이다.
④ 공기업의 단점인 낮은 능률성을 높이기 위해 이용된다.

✿note ③ 집단 사기업에 대한 설명이다.

✿Answer 81.① 82.③

복합임업경영과 협업임업경영

1 복합임업경영

① 복합임업경영의 개요

(1) 복합경영의 개념
농가의 수입을 높이기 위해서 임업 이외의 여러가지 생산방법을 도입하여 같이 경영하는 것을 말한다.

(2) 필요성
① 주업적 임업경영을 제외하고는 임업만으로 경제적 자립을 이루기는 어려운 실정이라 여러가지 사업의 도입이 필요하다.

② 우리나라와 같이 유령림이 많은 임업경영에서는 수입이 적으므로 수입의 조기화와 다원화를 이루기 위한 복합임업경영을 산림경영계획에 포함시켜야 한다.

② 복합경영의 형태

(1) 농지임업
① 둑이나 농지 주변, 산지와 농지의 경계선을 이용한다.

② 경계선에 속성수, 유실수, 특용수를 심어 수입의 조기화를 도모한다.

(2) 비임지임업
① 임지가 아닌 구릉지, 도로변, 부락공한지, 하천부지, 들판, 철도변, 건물이나 운동장 주변을 이용한다.

② 밀원식물, 속성수, 연료목 등을 심어 수입의 다원화를 꾀한다.

(3) 혼농임업

① 본래의 의미는 임목을 벌채하고 2~3년간 농사를 지은 다음 나무를 식재하거나 식재 후 임목이 크기 전에 간작으로 농사짓는 형태이다.

② 요즘에 와서는 임업과 농업을 같이 하는 예가 드물어, 임지의 일부나 수목이 드문드문 있는 임지를 이용하여 농사짓는 것이다.

③ 농작물, 산나물, 특용작물, 약초 등을 재배한다.

(4) 혼목임업

① 임목이 울폐하기 전에 일정기간 동안 가축을 방목하여 야생초를 이용하게 한다.

② 임지의 일부에 초지를 조성하여 축산에 이용하는 임업형태이다.

(5) 양봉임업

① 밀원식물을 이용하여 양봉을 같이 한다.

② 산촌진흥사업으로 여러 나라에서 실시한다.

(6) 부산물임업

① 산림의 종실, 수피, 수액, 수엽, 수근, 산채, 버섯, 약초 등을 채취하거나 재배하여 농가소득을 올리는 방법이다.

② 농·산촌의 소득을 올릴 수 있는 방법이다.

(7) 수예적 임업

① 산림에서 간벌할 임목을 그대로 굴취하여 조경수목으로 이용하는 방법이다.

② 꽃나무나 기타 관상수를 생산하여 중간수입을 얻는 경영형태이다.

(8) 수렵적 임업

야생 동물을 보호하고 증식하여 산림 내에 수렵장을 개설하고 수렵수입을 올리는 것이다.

(9) 휴양임업

① 산림에 휴양시설을 갖추고, 휴양객을 유치하여 수입을 올리는 방법이다.

② 관광임업이라고도 한다.

2 협업입업경영

① 협업경영의 개요

(1) 협업경영의 개념

① **협업** … 공동의 목적을 위하여 여러 사람이 함께 일하는 것을 말한다.

② 소규모 경영자들이 자본과 노동력을 제공하고, 생산과정을 분담해서 일하여, 일정한 생산을 이루기 위한 경영형태이다.

③ 소규모 경영자들이 자본과 노동을 합쳐, 대형 시설의 확대, 판매, 구매의 대량화, 기술의 고도화를 도모한다.

④ 협업은 직접 순수익을 얻는 것이 목적이 아니라 개별경영을 강화하는 것이 목적이다.

(2) 협업의 형태

① **공동작업**

　㉠ 품앗이의 일종이다.

　㉡ 공동으로 일하면서 장·단점을 보완하고 능률적으로 일할 수 있다.

　㉢ **공동작업을 할 때 유의사항**

　　• 작업계획을 모든 사람이 같이 협의하여 세운다.

　　• 작업장소에서 출석, 지각, 조퇴 등은 정확히 확인한다.

　　• 노동능력에 따른 작업시간의 배정과 보수를 정확히 조정한다.

　　• 지휘·통솔력이 있는 사람을 작업의 책임자로 정한다.

　　• 적당한 휴식과 레크리에이션을 갖는다.

② **공동이용**

　㉠ 값이 비싼 기계, 기구 등을 공동으로 구입하여 이용한다.

　㉡ 개인의 것이 아닌 기계, 기구의 관리가 소홀해 질 수 있다.

　㉢ 기능이 있는 사람이 기계를 구입하고 필요로 하는 사람들이 세를 주고 빌려쓰는 방법으로 운영할 수도 있다.

③ **공동관리**

  ㉠ 공동경영자들이 충분한 기술을 갖추지 못했거나, 시설과 작업을 절약하고자 할 때 적용된다.

  ㉡ 기술의 확실성과 공동관리 책임자의 지도력에 따라 경영성패가 좌우된다.

  ㉢ 문제점

   • 불완전한 기술을 가지고 공동관리를 서두르면 실패의 우려가 있다.

   • 기술이 개선된 후라도 공동관리를 꺼리게 된다.

② 협업의 경영방법과 문제점

(1) 협업의 경영방법

① **전면협업경영**

  ㉠ 모든 자본과 노동을 통합하여 경영 전체를 공동화한다.

  ㉡ 본래의 모든 개별 경영을 해체한다.

② **부분협업경영**

  ㉠ 어느 한가지 경영을 따로 분리하여 단일의 협업경영을 하는 방법이다.

  ㉡ 개별경영이 여러가지 경영을 할 때 적용된다.

(2) 협업경영에서 일어나기 쉬운 문제점

① **불충분한 시장조사**

  ㉠ 빠른 시일 안에 사업을 진행하고자 할 때 쉽게 자본을 조달하기 위해서 협업을 하는 경우가 있다.

  ㉡ 이 경우 시장성을 제대로 검토하지 않고 시작하게 되면 실패의 우려가 높다.

② **과잉투자**

  ㉠ 개별경영에서는 차입금을 만들기가 어려우므로 투자에 신중을 기한다.

  ㉡ 협업의 경우 자본조달이 쉬우므로 과잉투자로 인해 수익성을 떨어뜨릴 수 있다.

③ **불확실한 기술**

  ㉠ 개별경영을 할 때는 신기술을 적용시킬 때 신중을 기한다.

  ㉡ 협업의 경우에는 서로 믿고 있다가 기술관리의 소홀로 실패할 경우가 있다.

④ **노동제한현상**

　　㉠ 노동의 양과 질에 따라 수익이 공정하게 분배되어야 한다.

　　㉡ 노동의 질은 평가가 어려우므로 노동의 양에 따라 수익을 분배한다.

　　㉢ 노동의 질이 저하되고 능률이 떨어진다.

　　㉣ 결국 노동제한현상은 가장 낮은 수준의 노동에서 평준화되는 것을 말한다.

⑤ **통제질서의 결여** … 협업경영자들 각각의 자격이 평등하므로 지휘권 확립이 어렵다.

⑥ **자본제한현상**

　　㉠ 협업경영에서 자본의 균등출자는 기본이념이다.

　　㉡ 가장 적은 자본동원 능력을 갖춘 사람을 기준으로 삼기 쉬우므로, 출자규모가 작아져서 협업
경영의 효과를 얻기가 어려워진다.

⑦ **협업경영기간**

　　㉠ 경영의 기간이 길어지면 협업구성원의 변동이 예상된다.

　　㉡ 협업을 처음 시작할 때와는 사정이 달라져서 협업을 해체하거나 어떤 한 사람의 경영으로 변
할 수 있다.

02 출제예상문제

1 임업경영에 있어서 협업경영형태가 아닌 것은?

① 공동작업
② 공동판매
③ 협업경영
④ 공동이용

> **note** 협업임업경영의 형태
> ㉠ 공동작업
> ㉡ 공동이용
> ㉢ 공동관리
> ㉣ 협업경영

2 우리나라에서의 복합임업경영(다목적 경영)의 목적은?

① 토지 생산성 제고
② 수입의 조기화 및 다양화
③ 공익증진
④ 보속생산

> **note** 복합임업경영은 임업의 수입증가를 위해 각종 사업을 도입하여 공동경영하는 것을 말하며 유령림이 많은 임령구조에서 수입의 조기화와 다양화 도모를 위해 필요하다.

3 복합임업경영의 종류에 해당하지 않는 것은?

① 농지임업
② 혼농임업
③ 육성임업
④ 양봉임업
⑤ 혼목임업

> **note** 복합임업경영의 종류로는 농지임업, 비임지임업, 혼농임업, 혼목임업, 양봉임업, 부산물임업, 수예적 임업, 수렵임업, 휴양임업이 있다.

Answer 1.② 2.② 3.③

4 어느 한 가지 경영을 따로 분리하여 단일의 협업경영을 하는 방법은?

① 복합임업경영
② 전면협업경영
③ 부분협업경영
④ 겸업적 임업경영

> ✿▮note 부분협업경영 … 개별경영이 여러가지 경영을 할 때 적용되는 것으로 어느 한 가지 경영을 따로
> 분리하여 단일의 협업경영을 하는 방법이다.

5 다음 중 협업경영의 특징으로 옳지 않은 것은?

① 수익배분에 따른 노동의 질과 효율이 떨어질 수 있다.
② 협업경영에서는 서로 믿고 기술관리를 소홀히 하여 실패할 수 있다.
③ 시장조사를 충분히 하지 않고 착수하여 실패하는 경우가 있다.
④ 협업은 자금조달이 쉬우므로 투자가 많을수록 수익성이 높아질 수 있다.

> ✿▮note ④ 협업은 필요 이상의 과잉투자가 되어 수익성을 떨어뜨릴 수 있다.
> ※ 협업경영의 문제점
> ㉠ 불충분한 시장조사
> ㉡ 불확실한 기술적용
> ㉢ 과잉투자
> ㉣ 장기간의 협업경영
> ㉤ 노동제한현상
> ㉥ 통제질서의 결여
> ㉦ 자본제한현상

6 비임지임업에 대한 설명으로 옳은 것은?

① 산림 내에 가축을 방목하여 임지의 야생초를 이용한다.
② 임지가 아닌 하천부지, 구릉지 등에 속성수나 밀원식물을 심는다.
③ 꽃나무나 기타 관상수를 생산하여 중간수입을 얻는다.
④ 산림 안의 밀원식물을 이용하여 양봉을 한다.

> ✿▮note 비임지임업 … 임지가 아닌 하천부지, 들판, 도로변, 마을 공한지, 구릉지, 철도변, 운동장이나
> 건물주변에 연료목, 속성수, 밀원식물을 심어 수입의 다원화를 일구는 것이다.
> ① 혼목임업 ③ 수예적 임업 ④ 양봉임업

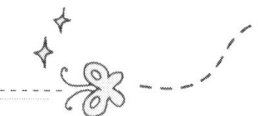

7 공동작업을 할 때 주의해야 할 사항으로 옳지 않은 것은?

① 적당한 휴식 또는 오락시간을 갖는다.

② 작업의 책임자는 지휘통솔력이 있어야 한다.

③ 작업계획은 책임자가 세운다.

④ 작업장소에서 출석, 지각, 조퇴 등을 정확히 한다.

> ✿**note** 공동작업의 유의사항
> ㉠ 작업계획은 모든 사람이 같이 협의한다.
> ㉡ 노동능력에 따라 작업시간의 배정, 보수조정 등을 정확히 한다.
> ㉢ 적당한 휴식이나 오락시간을 갖는다.
> ㉣ 작업장소에서 출석, 지각, 조퇴 등을 정확히 한다.
> ㉤ 작업의 책임자는 지휘통솔력이 있어야 한다.

8 노동제한현상에 대한 설명으로 옳지 않은 것은?

① 수익은 노동의 양과 질에 따라 공정하게 배분되어야 한다.

② 수익분배가 노동의 양에 따르게 되면 노동의 질은 낮아진다.

③ 노동은 가장 높은 수준에서 평준화가 이루어진다.

④ 노동의 질은 평가하기 어려우므로 수익을 노동의 양으로 평가한다.

> ✿**note** 노동제한현상 … 수익배분이 노동의 양에 따르게 되므로 노동의 질이 저하되어 능률도 낮아진다.
> 이렇게 노동이 가장 낮은 수준에서 평준화되는 현상을 말한다.

9 혼목임업에 대한 설명으로 옳지 않은 것은?

① 임간방목이라고 한다.

② 축산에 이용하기 위해 임지의 일부를 초지화시킨다.

③ 산촌진흥사업으로 우리나라에서도 실시한다.

④ 일정 기간동안 산림 안에 가축을 방목시킨다.

> ✿**note** ③ 양봉임업에 대한 설명이다.

10 다음 중 산림에 휴양시설을 갖추어 수입을 늘리는 형태의 임업은?

① 농지임업

② 양봉임업

③ 휴양임업

④ 비임지임업

✿note ① 농지주변, 둑, 농지와 산지의 경계에 속성수, 유실수 등을 재배하는 형태

② 산림 안의 밀원식물을 이용하여 양봉을 하는 형태

④ 임지가 아닌 하천, 구릉지, 도로변, 철도변 등에 속성수, 밀원식물 등을 심어 재배하는 형태

11 다음 중 농지임업에 대한 설명으로 옳은 것은?

① 약초, 버섯, 산나물 등을 채취·증식하여 농가소득을 올린다.

② 농지와 산지경계에 속성수, 특용수, 유실수를 심는다.

③ 임지의 일부에 농작물, 산나물, 특용작물 등을 재배한다.

④ 산림 내에 수렵장을 개설하여 수렵수입을 올린다.

✿note ① 부산물임업 ③ 혼농임업 ④ 수렵적 임업

12 다음 중 농촌 및 산촌의 소득향상을 위해 사용하는 임업경영형태는?

① 수예적 임업

② 수렵임업

③ 휴양임업

④ 부산물임업

✿note ① 간벌할 임목을 대표로 굴취하여 환경 미화목, 관상용으로 생산하여 중간수입을 거두는 형태

② 산림 안에 수렵장을 개설하여 수렵수입을 올리는 형태

③ 산림 안에 휴양시설을 갖추어 수입을 올리는 형태

13 협업임업경영에 대한 설명으로 옳지 않은 것은?

① 여러 경영종사자들이 생산의 전체적인 과정을 공동으로 수행하는 것이다.

② 소규모의 경영자들은 자본과 노동을 제공한다.

③ 임업수입의 증대를 위해 여러 사업을 도입하여 공동경영하는 것이다.

④ 여러가지 생산과정을 분담해서 협동으로 일하는 것이다.

✿note ③ 복합임업경영에 대한 설명이다.

❤❤Answer 10.③ 11.② 12.④ 13.③

14 공동작업에 대한 설명으로 옳지 않은 것은?

① 우리나라 전통의 품앗이가 대표적 예이다.

② 일을 하는 데 장·단점을 서로 보완할 수 있으므로 능률적이다.

③ 노동능력에 따른 시간배정, 보수조정 등을 정확히 해야 한다.

④ 작업 책임자는 지휘통솔력이 있어야 한다.

⑤ 수입의 조기화와 다양화 도모를 위해 필요하다.

> **note** ⑤ 복합임업경영에 대한 설명이다.

15 공동이용에 대한 설명 중 옳지 않은 것은?

① 기계 및 기구의 구입이 비경제적일 경우 공동으로 구입하여 사용하는 것을 말한다.

② 개인의 소유가 아니기 때문에 기계·기구에 대한 관리가 소홀해질 수 있다.

③ 기능을 겸비한 사람이 기계·기구를 구입·관리하는 것이 바람직하다.

④ 작업장소에서 출석, 지각, 조퇴 등의 사항을 정확히 기재한다.

> **note** ④ 공동작업시 유의사항에 대한 설명이다.

16 공동으로 일하면서 장·단점을 보완하고 능률적으로 일할 수 있는 협업임업경영의 형태는?

① 공동작업   ② 공동이용

③ 공동관리   ④ 공동수행

> **note** 공동작업 … 품앗이의 일종으로 공동으로 일하면서 장·단점을 보완하고 능률적으로 일할 수 있도록 한다.

17 다음 중 개별경영을 해체하고 모든 자본과 노동을 통합한 후 경영전반을 공동화시키는 방법은?

① 주업적 임업경영   ② 부차적 임업경영

③ 전면협업임업경영   ④ 복합임업경영

> **note** 전면협업임업경영 … 개별경영을 해체한 후 모든 자본과 노동을 통합하여 경영전체를 공동화하는 방식을 말한다.

Answer   14.⑤   15.④   16.①   17.③

임업경영계획

Chapter 01

제3편 임업경영계획

산림경영계획의 내용 및 편성

1 산림경영계획의 의의와 내용

① 산림경영계획의 개요

(1) 산림경영계획의 의의

① 산림사업에는 조림, 수확, 사방, 수원함양, 야생동식물의 보호, 보건휴양사업 등이 있다.

② 조림과 벌채수확을 얻는 영림사업은 산림사업 중에서도 가장 중요하며, 경제발전에 직접적으로 관계가 있다.

③ 임업의 경영에 있어 원하는 목적의 달성을 위해서는 계획성 있는 사업의 실행으로 일관된 사업의 추진이 있어야 한다.

④ 산림계획제도의 체계적 강화를 위해서 산림기본계획, 지역산림계획, 산림경영계획으로 추진하도록 선정되었다.

⑤ 영림사업에 필요한 계획을 세우는 것을 산림경영계획, 산림계획이라고 한다.

⑥ 1961년 산림법의 제정으로 우리나라는 국유림, 공유림, 사유림 등 모든 산림에 대해 산림경영계획을 작성하도록 하고 있다.

⑦ 공유림 또는 사유림 소유자는 산림경영계획을 작성하여 시장 또는 군수의 인가를 받아야 한다.

(2) 산림경영계획의 종류

① **개별산림경영계획** … 지역산림계획에 맞추어 산림 소유자가 개별적으로 세우는 계획으로 기간은 10년이다.

② **지역산림계획** … 지방산림청장 또는 광역자치 단체장인 시·도지사가 세우는 10년 동안의 계획이다.

③ **전국산림기본계획** … 산림청장이 세우는 10년 동안의 계획이다.

② 산림경영계획의 항목

(1) 토지정비

임업경영의 대상이 되는 토지를 정비하고 그 내용을 분명히 한다.

(2) 구획

산림을 구획하고 각 부분의 위치·형상 및 면적을 분명히 한다.

(3) 임목조사

지형 및 임형을 조사하고, 임목의 축적 및 생장을 명백히 한다.

(4) 시업체계 정비

산림에 따른 수종과 작업종 및 윤벌기를 정하여 시업체계의 조직을 만든다.

(5) 벌채량 선정

생산에 적합한 벌채량을 정하고 벌채할 장소와 시기를 설정하여 임분을 배분한다.

(6) 작업분량 예상

조림에 관한 작업방침 수립, 작업분량을 예정한다.

(7) 시설계획

임도, 방화선, 묘포 및 그 밖의 산림사업에 따른 설비를 계획한다.

(8) 보속성 유지

벌채 및 조림사업의 예정과 실행과의 관계를 계속 검사하여 보속성을 유지하도록 한다.

③ 산림경영계획의 작성

(1) 산림경영계획의 작성자와 인가자

① **개별산림경영계획** ··· 산림 소유자가 작성하고 시장, 군수의 인가를 받아야 한다.

② **요존 국유림** ··· 도지사와 국유림 관리소장이 작성하고, 산림청장이나 지방산림청장의 승인을 받아야 한다.

(2) 작성과정

① 산림의 기초조사

② 사업내용의 결정

③ 산림경영계획의 실행과 재편성

(3) 산림경영계획작성

산림에 관한 여러가지 사항과 산림의 현황을 자세히 조사하여 영림사업방침을 세운다.

(4) 영림시설계획

영림계획을 바탕으로 조림계획, 벌채 및 수확계획, 영림시설계획을 10년 단위로 세운다.

2 예비조사와 일반조사

① 예비조사

(1) 산림 자체의 상황

① 산림의 지질지도에 관한 자료 등을 구할 수 있는지 알아본다.

② 산림의 경제, 임목구성의 근본적인 상황, 임지의 분포현황과 같은 수종의 연령구성 등을 조사한다.

③ 사용 가능한 도면이 있다면, 별도로 주위측량을 계획할 필요는 없다.

(2) 사회 · 경제적 요건

① 다른 지역과 비교하거나 임지의 단위면적당의 가격을 조사하여 해당 산림의 사회·경제적 위치를 가늠할 수 있다.

② 다른 지역과 비교하여 나타난 차이의 원인을 찾을 수 있다면, 앞으로의 전망을 예측할 수 있다.

(3) 산림 주인의 의견

산림 자체나 사회적 또는 경제적 상황으로는 긴 생산기간을 요하여 영구적인 계획을 세우는 것이 바람직한 경우라도, 산림 주인의 경제사정에 따라 생산기간이 짧은 경영계획을 세운다.

② 일반조사

(1) 소유자에 대한 조사

① **조사내용** … 소유자의 종류, 경영의 목적, 경영에 대한 소유주의 희망, 산림에 부대 하는 조건 등을 조사한다.

　㉠ 소유자의 종류 : 농용림, 학교림, 사찰림, 공유림, 국유림 등에 대해 조사한다.

　㉡ 경영의 목적 : 산림의 직접적 또는 간접적 활용을 목적으로 하는 풍치림, 토사간지림, 학교림 등을 조사한다.

　㉢ 경영에 대한 소유주의 희망 : 경제림으로 관리할 것인지, 특정한 생산물을 생산할 것인지, 아니면 개발과 보전에 대한 희망 등 임업경영에 대한 요구를 알아둔다.

　㉣ 산림부대조건 : 위탁림 등 기타 제한조건의 유무에 대한 조사를 한다.

② **관리 및 사업의 연혁** … 산림 소유관계의 변천, 관리상황, 사업내용, 벌채갱신, 경영수지, 산림보호, 작업종 노동관계, 시설 등에 대해 조사한다(과거의 사업은 앞으로의 사업방침에 좋은 참고자료가 된다).

(2) 산림의 지리적 위치 · 지세 및 면적경계

① **지리적 위치** … 지리적으로 경도, 위도, 해발고 및 해안까지의 거리, 행정구역상의 위치, 임야대장과 실측 면적과의 차이, 임지 상호간의 관계, 주요 도시와의 거리 및 연락사항 등을 조사한다(산림경영의 내용은 영림구가 산악지대, 산록지대, 중간지대, 특수지대, 논지대에 따라 차이가 크다).

② **지세** … 구체적 조사는 지황조사에서 하므로 여기서는 산림 전체에 대한 대체적인 조사를 한다. 즉, 산림이 산악지인가 평지인가를 조사하는데 산악지인 경우 산맥의 방향과 경사, 하천의 상태 등을 조사한다.

③ **면적경계** … 인접한 산림과의 경계는 명확하게 구분되었는지, 인접산림의 사업내용, 산림 보호 및 이용상황, 경영방침에 대해 조사한다.

(3) 임목의 개황

① 임지가 어떤 모양과 지질구성으로 되어 있는지 토양의 성질·비옥도 등을 조사한다.

② 수종, 작업종, 연령의 범위, 축적량, 생장상태 등 현재 산림을 구성하고 있는 전반적인 상태를 관찰·조사한다.

(4) 산림의 실태

① 산림에서 발생하기 쉬운 피해상황과 종류 등을 조사한다.

② 산림보호사항에서 도벌·남벌·실화·방화 등의 인위적인 피해와 풍해·충해·설해·수해 및 그 밖의 자연적인 피해를 조사하여 관리면에서 개선방법을 연구한다.

③ 산림의 공공 복리와의 관계인 국토보안 및 휴양과의 관계, 풍치상의 요구, 수원함양 등을 조사한다.

(5) 산간주민의 실정

① 마을실정은 산림을 보호하거나 노동력을 제공하는 등 산림경영과 직접적인 관계가 있다.

② **조사내용**

    ㉠ 마을의 면적·인구·주업적인 생산업, 작업상황 등

    ㉡ 다른 산업의 발달상황(특히 토지이용상황)

    ㉢ 교육정도와 이해관계

    ㉣ 산림에 대한 의존도와 노동능력

(6) 교통시설

① 교통이 편리해야 간벌목도 이용하는 등 임목도가 높아진다.

② **조사내용**

    ㉠ 산림에 접근하는 도로 및 운송시설

    ㉡ 운반의 제한성 : 임산물의 크기와 모양

　　ⓒ 임산물의 안전도 : 분실 및 파괴의 유무와 정도

　　ⓓ 단위재적당 운반비

(7) 목재시장

목재시장의 규모와 거리, 많이 소요되는 목재의 종류와 상거래 습관, 가격 등을 조사한다.

(8) 환경보전

① 개발제한구역이나 보안림 등 영림사업과 관련된 법률적인 규제장소와 면적 등을 알아본다.

② 과거와 현재의 상황조사를 바탕으로 환경과의 관계를 고려하여 장래의 추세에 대해 예측한다.

(9) 기상관계의 개사

① 온도, 강우량, 공중습도, 바람 등을 대략적으로 조사한다.

② 부근에 측우소를 이용하던가, 주민들의 의견을 들어본다.

⑽ 소유규모 및 관리경영의 연혁

① 소규모 면적이 분산되어 있을 때 면적별 규모 수를 기재한다.

② 토지소유 연혁도 조사하여 기재한다.

3　산림측량과 산림구획

① 산림측량

(1) 주변측량

① 산림의 주변측량은 산림의 경계선을 명백히 하고, 그 면적을 확실히 측정하기 위하여 실시하는 것이다.

② **산림 내부의 주요 경계선**

　　㉠ 농지, 하천, 계류, 호수, 도로, 묘포, 저목장, 방화선 등과 운영에 필요한 건물의 모든 위치를 표시한다.

　　㉡ 산림의 내부 위치를 나타내는 삼각점이나 바위 등의 지형지물을 측정하여 표시한다.

(2) 산림구획측량

① 주변측량을 마친 후 산림구획계획이 세워지면 실시한다.

② 산림구획의 경계선인 임반, 소반의 구획선과 면적을 정확하게 하기 위해 산림구획측량을 실시한다.

(3) 시설측량

① 임도의 신설이나 보수, 산림경영에 필요한 건물을 설치할 때 실시한다.

② 시설측량을 할 경우에는 요구되는 정밀도와 소요시간 및 경비를 고려해야 한다.

③ 산림의 경제성이 클 때는 정밀측량을 실시하고, 그렇지 않을 때는 컴퍼스측량이나 평판측량을 실시한다.

④ 임야도가 있는 경우에는 실제로 측량한 결과를 검토하여 도면의 정확성을 확인한 후, 필요한 장소만 다시 측량하는 것으로 경비와 시간을 줄일 수 있다.

② 산림구획

(1) 개요

① **산림구획의 순서**…산림을 영림구로 나누고, 영림구로 나눈 산림을 임반으로 나누어 경영이 편리하도록 하고, 임반을 임상의 현황에 따라 소반으로 나눈다.

② 경영단위를 사업의 운영, 산림 내부의 자연적·인위적 취급방법, 경제적 관계 등에 따라 구획하여 원활한 생산을 하도록 해야 한다.

(2) 영림구

① **국유림**…영림계획구는 지방산림청 관할구역 안의 산림을 관리소 관할구역 단위로 설정하는 것이다.

② **공유림**
    ㉠ 공립학교 공유림 영림구
    ㉡ 도유림 영림구
    ㉢ 시·군유림 영림구
    ㉣ 기타 공유림 영림구

③ **사유림**

    ㉠ **임반 영림구** : 자기소유 산림을 독자적으로 경영하기 위해 산림 소유자가 설정한 영림구

    ㉡ **협업 영림구** : 가까운 거리의 사유림을 2인 이상의 사유림 소유자가 협업하여 경영하기 위해 설정한 영림구

    ㉢ **산업비림 영림구** : 산업비림으로 목재관련 산업체가 경영을 위해 가지고 있는 영림구

(3) 임반

① **임반의 개요** ··· 산림의 면적이 넓을 경우에는 경영에 불편함을 줄이기 위해 산림을 몇 개의 임반으로 구획하여 나눈다.

② **임반의 경계** ··· 하천, 능선, 계곡, 도로 등 천연적인 경계를 이용하여 산림경영에 편리하도록 한다.

③ **임반의 면적**

    ㉠ 임반의 면적은 국유림, 공유림, 사유림 모두 100ha씩 구획하는데, 국유림의 경우 현지 여건상 예외의 경우가 있다.

    ㉡ 사유림의 소유면적이 1필지로 한 개의 지번면적이 100ha 미만이 되면 지번별로 임반을 구획하도록 한다.

④ **임반의 번호**

    ㉠ 아라비아 숫자를 이용하여 아래쪽에서부터 시계방향으로 1, 2, 3, ······의 번호를 붙인다.

    ㉡ 한번 구획한 임반은 변경하지 않는다.

    ㉢ 보조임반은 1−1, 1−2, 1−3, ······의 순으로 번호를 붙인다.

(4) 소반

① **소반의 개요** ··· 구성상태가 서로 다른 여러 개의 임분이 임반 안에 있을 때, 소반의 구획은 같은 산림작업이 이루어질 수 있도록 정한다.

② **산림 시업에 따른 소반의 구획**

    ㉠ 토지이용 상태가 서로 다를 때

      • 산림 시업지 : 임산물의 생산이 주목적인 임지이다.

      • 산림 시업제한지 : 각종 채종림 · 보안림 · 시업용 임지 · 고적명승지 · 사방예정지 및 사방시공지, 천연보존임지, 군사보호지역 등으로 법령이나 관행에 의하여 시업을 제한하는 임지이다.

      • 제지 : 임업경영상 사용하지 못하는 임지이다.

       − 대부지 : 하천, 도로, 초지, 저목장, 묘포지, 고정 방화선, 부속건물부지 등

       − 잡종지 : 하천, 농경지, 습지, 풍충지대, 초생지, 암석지, 소택지 등

ⓛ 입목지 및 미입목지 : 천연림, 인공림, 활엽수림, 침엽수림, 혼효림, 임분의 취급 및 임목지의 차이 등으로 입목지의 임상을 구별하고 이에 따라 소반을 구분한다.

ⓒ 수종 및 작업종이 서로 다를 때 : 수종과 작업종이 서로 다르면 임분의 취급 방법도 달라지므로 소반으로 나누어야 한다.

ⓔ 임령 및 지위의 차이가 현저할 때 : 임령이 다르면 임분의 취급 방법에 차이가 생기므로 소반의 구획이 필요하다.

③ **소반 지정요령**

ⓐ 소반은 작업이 진행됨에 따라 분할, 통합되는 등 필요에 따라 개편된다.

ⓛ 소반은 가, 나, 다, ……, 순으로 붙인다.

ⓒ **보조소반**

• 산림사업의 환경이 좋아졌거나, 소면적이 분산되어 있을 곳, 집약적인 산림경영이 필요한 곳에는 소구역 단위로 보조소반을 둔다.

• 보조소반은 가 - 1, 가 - 2, 가 - 3, ……, 순으로 붙인다.

01 출제예상문제

1 임반, 소반 등에 대한 설명으로 옳지 않은 것은?

① 임반의 번호는 아라비아 숫자를 이용한다.

② 소반의 번호는 가, 나, 다, … 순으로 연속되게 붙인다.

③ 소반은 천연적인 경계로 구분한다.

④ 임반은 한 번 구획하면 변경하지 않는다.

✰▌note ③ 소반은 지종의 구분, 임상의 차이, 수종 작업종의 차이, 임령의 차이에 의해 구분할 수 있다.

2 다음 중 보안림 지정의 목적으로 옳지 않은 것은?

① 공중보건 및 낙석방지

② 토사의 유출붕괴 및 비사의 방비

③ 어류의 유치 · 증식

④ 천연수목의 보호

✰▌note 보안림 … 법률로 정하는 시업 제한지로서 국토보존, 공익적 기능증진을 목적으로 한다.
ⓐ 수원함양
ⓑ 낙석의 방비
ⓒ 풍치보존
ⓓ 생활환경 보호 및 증진
ⓔ 어류의 유치 및 증식
ⓕ 토사유출, 붕괴 및 비사의 방비

3 산림경영계획작성을 위한 일반조사에서 법적사업제한과 관계가 있는 것은?

① 교통관계

② 목재시장

③ 부락사정

④ 천연보호림

✰▌note 일반조사에서 보안림, 공원, 개발제한구역 등은 법률적인 규제장소 및 면적을 조사하게 된다.

✿Answer 1.③ 2.④ 3.④

4 다음 중 우리나라 산림계획 체계에 해당하지 않는 것은?

① 산림경영계획   ② 지방산림계획

③ 지역산림계획   ④ 전국산림기본계획

> ✿❚note   우리나라의 산림계획
> ㉠ 전국산림기본계획 : 산림청장이 작성하는 10년간의 계획
> ㉡ 지역산림계획 : 시·도지사 및 지방산림청장이 작성하는 10년간 계획
> ㉢ 산림경영계획 : 산림 소유주가 작성하는 10년간 계획

5 산림경영에 편리하도록 나누는 산림구획은?

① 소반   ② 영림구

③ 임반   ④ 사업구

> ✿❚note   ① 임반 내의 산림 시업상 취급을 달리할 필요에 의해 구획을 나누는 것
> ② 산림경영계획 작성대상이 되는 산림구역으로 경영자가 자가능력으로 독립적인 사업을 할 수 있는 구역
> ④ 산림 내의 임지위치, 형상, 지형, 면적, 경영관계 등을 고려하여 설정된 영구적 성질의 산림구획의 기본단위이다.

6 산림경영계획의 작성기간은 몇 년 간격이 알맞은가?

① 5년   ② 10년

③ 15년   ④ 20년

> ✿❚note   산림경영계획의 작성기간은 모두 10년으로 한다.

7 산림계획 중 가장 근본적인 계획은?

① 산림경영계획   ② 지역개발계획

③ 산림기본계획   ④ 국토계발계획

> ✿❚note   산림기본계획 … 전국의 산림을 대상으로 산림자원의 조성을 도모하며 산림자원의 합리화를 기하기 위한 장기계획을 말한다. 지역산림계획과 산림경영계획의 근본이 되는 계획이다.

❤✿Answer   4.②   5.③   6.②   7.③

8 산림구획의 경계에 대한 설명으로 옳지 않은 것은?

① 소반의 번호는 가, 나, 다, ⋯ 순으로 연속되게 붙인다.

② 임반의 순서는 1, 2, 3, ⋯ 순으로 둘 수 있다.

③ 임반의 면적은 100ha를 기준으로 구획한다.

④ 소반의 경계는 하천, 능선, 계곡, 도로 등의 천연적인 경계를 이용한다.

> **note** ④ 임반의 경계에 대한 설명이다.
> ※ **소반** ⋯ 임반 안에 구성상태가 서로 다른 여러 개의 임분이 있을 경우 같은 산림작업이 이루어질 수 있는 임분을 소반으로 구획한다. 소반은 임반 안의 산림 시업상 취급을 달리할 필요에 의해 나누는 구획을 말한다.

9 산림구획 중 소반을 나누는 기준에 해당되지 않는 것은?

① 토양 구분이 상이할 때 ② 수종 구분이 상이할 때

③ 임령 구분이 상이할 때 ④ 지종 구분이 상이할 때

> **note** 소반을 구획하는 기준
> ㉠ 지종 구분이 상이할 경우
> ㉡ 수종 구분이 상이할 경우
> ㉢ 작업종 구분이 상이할 경우
> ㉣ 임령, 지위, 지리, 운반계통의 차이가 현저할 경우
> ㉤ 입목지 · 미입목지 · 화전의 구분이 상이할 경우

10 보안림으로 지정할 수 없는 것은?

① 어류의 유치, 증식 ② 우량목 있는 곳

③ 수원함양 ④ 토사의 유출 · 붕괴 방지

> **note** 보안림으로 지정할 수 있는 경우
> ㉠ 토사유출 및 붕괴 · 비사 방지
> ㉡ 공중보건
> ㉢ 명승지, 고적지
> ㉣ 낙석방비
> ㉤ 생활환경보호 · 유지
> ㉥ 어류의 유치 · 증식
> ㉦ 수원함양

Answer 8.④ 9.① 10.②

11 산림측정으로서 가장 중요한 측량은 어느 것인가?

① 산림구획측량　　　　　　　　② 주위측량
③ 임반소반측량　　　　　　　　④ 시설측량

✿note　산림측량은 주변(주위)측량, 산림구획측량, 시설측량으로 구분할 수 있는데 산림의 경계를 확
　　　　정하고 주위를 측량하여 총면적을 계산해야 하므로 주변측량이 가장 중요하다.

12 산림측량의 종류에 속하지 않는 것은?

① 시설측량　　　　　　　　　　② 주변측량
③ 고저측량　　　　　　　　　　④ 산림구획측량

✿note　산림측량의 종류
　　　　㉠ 주위측량 : 산림의 경계선을 명확히 하고 그 면적을 확정시키기 위해 산림주변을 측량하여
　　　　　표시한다.
　　　　㉡ 산림구획측량 : 주위측량 후 산림구획계획이 설립되면 임반, 소반의 구획선, 면적을 분명하게
　　　　　하기 위한 측량을 말한다.
　　　　㉢ 시설측량 : 임도를 개설·보수할 경우 및 산림경영이 필요한 건물을 설치할 경우의 측량을 말
　　　　　한다.

13 산림경영계획 작성내용을 작업순서에 따라 열거할 때 처음과 끝이 되는 것으로 짝지어진 것은?

① 예비조사와 일반조사, 산림경영계획 설명서 작성
② 산림조사, 산림경영계획의 수지계산
③ 산림측량과 산림구획, 영림시설계획
④ 부표와 도면정리, 조림계획

✿note　산림경영계획의 작성내용 작업순서
　　　　㉠ 예비·일반조사
　　　　㉡ 산림측량 및 구획
　　　　㉢ 산림조사
　　　　㉣ 산림사업의 내용결정
　　　　㉤ 부표 및 도면정리
　　　　㉥ 수확조절
　　　　㉦ 조림계획
　　　　㉧ 산림시설계획
　　　　㉨ 영림사업의 수지계산
　　　　㉩ 산림경영계획 설명서 작성

Answer　11.②　12.③　13.①

14 다음 중 산림경영계획 작성시 법적규제가 있을 수 있는 것이 아닌 것은?

① 인접산림상황
② 그린벨트
③ 채종림
④ 천연보호림

> ✿note 산림경영계획 작성을 위한 일반조사에서 법적규제가 있을 수 있는 것은 보안림, 자연공원 내의 산림, 그린벨트, 천연보호림, 채종림 등이 있다.

15 산림경영계획 작성시 가장 먼저 하게 되는 작업은?

① 예비조사와 일반조사
② 영림사업 내용의 결정
③ 산림측량과 산림구획
④ 지황조사

> ✿note 산림경영계획 작성의 작업순서
> ㉠ 예비조사와 일반조사
> ㉡ 산림측량과 산림구획
> ㉢ 산림조사(지황조사, 임황조사)
> ㉣ 영림사업 내용의 결정(수종, 벌기령 결정, 작업종 결정)
> ㉤ 부표와 도면정리
> ㉥ 수확계획
> ㉦ 조림계획
> ㉧ 영림시설계획
> ㉨ 영림사업의 수지계산
> ㉩ 산림경영계획 설명서 작성
> ㉪ 산림경영계획의 실행 및 재편성

16 산림측량에서 산림의 경계선을 명확히 하고 그 면적을 측정하기 위해서 실시하는 측량은?

① 시설측량
② 산림구획측량
③ 주위측량
④ 임반소반측량

> ✿note 주위측량 … 산림의 경계선을 정확히 하고, 그 면적을 측정하기 위하여 산림의 주변을 측량하는 것으로 산림 내부의 고정적인 경계선인 하천, 방화선, 계류, 농지, 도로, 호수, 묘포, 저목장 등과 경영에 필요한 모든 건물의 위치, 산림 내부의 위치를 나타내는 데 편리한 삼각점이나 바위 등의 지형지물을 측량하여 표시하는 것이다.

17 산림구획을 할 때에 소반의 구분기준으로 볼 수 없는 것은?

① 토지 이용상태의 차이   ② 산림면적의 차이

③ 임령의 차이   ④ 산림성립의 차이

> **note** 임반은 산림 이용상태와 영림사업의 내용이 다른 임지가 포함될 수 있으므로 토지 이용상태, 임령, 산림성립 등의 차이에 따라 소반으로 구분된다.

18 우리나라의 국유림의 영림계획의 작성단위는?

① 영림구   ② 영림계획구

③ 임반   ④ 소반

> **note** 우리나라의 산림계획은 영림계획구에 따라 전국산림기본계획, 지역산림계획, 개별산림경영계획으로 나눌 수 있다.

19 다음 중 임반에 대한 설명으로 옳지 않은 것은?

① 임반의 경계는 능선, 하천, 도로 등의 경계를 이용한다.

② 영림산업의 기록업무의 편의를 주기 위해 영림구를 몇 개의 구역으로 나눈 것이다.

③ 임반은 토지의 이용상태나 임목의 상황이 달라지면 변경한다.

④ 임반의 크기는 경영규모, 경영집약도, 산림의 상황 등에 따라 다르다.

> **note** ③ 임반은 한번 구획하여 정해지면 바꾸지 않는다.

20 임반과 소반 등 경계선 및 면적을 명확히 하기 위한 측량은?

① 산림측량   ② 주변측량

③ 시설측량   ④ 산림구획측량

> **note** 산림구획측량 … 주위측량이 끝난 다음에 이루어지는 측량으로 임반, 소반의 구획선과 면적을 분명하게 하기 위하여 산림구획을 측량한다.

Answer   17.②   18.②   19.③   20.④

21 산림구획에서 가장 작은 면적으로 구획한 것은?

① 소반　　　　　　　　　　　　② 작업구
③ 임반　　　　　　　　　　　　④ 사업구

> ✦**note** 산림구획은 일반적으로 사업구 3,000ha 정도, 임반 100 ~ 300ha, 소반 0.5 ~ 30ha 이하로 구획한다.

22 다음 중 영림제한지로 옳은 것은?

① 무입목지　　　　　　　　　　② 입목지
③ 농경지　　　　　　　　　　　④ 시험림

> ✦**note** 영림제한지 … 사방지, 공원, 보안림, 시험림 등

23 다음 중 공유림과 사유림 산림경영계획은 누구의 인가를 받아야 하는가?

① 시장, 군수　　　　　　　　　② 산림청장
③ 국유림 관리소장　　　　　　　④ 산림 소유주

> ✦**note** 개별산림경영계획은 산림 소유주가 영림계획을 작성하고 시장이나 군수의 인가를 받아야 한다.

24 다음 중 산림의 기본계획을 작성하는 사람은?

① 산림청장　　　　　　　　　　② 산림조합장
③ 시장　　　　　　　　　　　　④ 도지사

> ✦**note** 산림청장 … 국가산림의 기본계획을 작성하는 사람

25 다음 중 제지에 속하지 않는 것은?

① 하천　　　　　　　　　　　　② 임도
③ 방목지　　　　　　　　　　　④ 사방지

> ✦**note** ④ 영림 제한지에 속한다.

✿**Answer**　21.① 22.④ 23.① 24.① 25.④

26 산림의 조사항목 단위로 적합한 것은?

① 소반 ② 임반
③ 작업단 ④ 사업구

✿note 대부분의 산림조사항목은 소반별로 조사한다. 특별한 조사항목에 따라서는 산림전반에 걸쳐서 실시하기도 한다.

27 산림 내의 임지의 위치, 형상, 지형, 면적, 경영관계를 고려하여 설정한 영구적 성질의 기초적인 산림구획 단위는?

① 사업구 ② 제지
③ 소반 ④ 임반

✿note 산림구획 … 사업구, 임반, 소반으로 나누는 데 면적은 사업구가 가장 넓고 다음이 임반, 가장 작은 것이 소반이다. 사업구는 산림구획의 가장 기본적인 단위이다.

28 다음 중 사유림 경영안 편성의 기본단위가 아닌 것은?

① 공유림 영림구 ② 협업 영림구
③ 산업비림 영림구 ④ 일반 영림구

✿note 사유림 경영안 편성의 기본단위 … 협업 영림구, 산업비림 영림구, 일반 영림구이다.

29 영림구 설정시 고려해야 할 사항으로 옳지 않은 것은?

① 산림의 크기 ② 임산물의 반출관계
③ 교통의 편리 ④ 지종 구분관계
⑤ 산림의 배치관계

✿note ④ 소반편성에 고려할 사항이다.
※ 영림구 설정시 고려할 사항
ㄱ 산림의 크기, 모양 및 배치관계
ㄴ 임산물의 이용정도
ㄷ 교통의 편리 및 임산물의 반출관계
ㄹ 행정구역관계

✿Answer 26.① 27.① 28.① 29.④

30 우리나라 국유림의 영림구 설치는 어떻게 되어 있는가?

① 1개 지방산림관리청에 1개의 영림구를 설치한다.

② 1개 지방산림관리청에 2개의 영림구를 설치한다.

③ 임반 단위로 1개의 영림구를 설치한다.

④ 1개 국유림 관리소에 1개의 지역산림계획구를 설치하는 것을 원칙으로 하되 필요에 따라 그 이상으로 한다.

⑤ 임반 단위로 2개의 영림구를 설치한다.

☆**note** 국유림의 영림구 설치방법 … 1개 국유림 관리소에 1개의 지역산림계획구를 설치하는 것을 원칙으로 한다.

31 토지 이용상태와 임목 상황이 달라지면 변경할 수 있는 구획은?

① 소반 ② 임반

③ 사업구 ④ 시업구

☆**note** ②③④ 토지 이용상태와 상관없이 한번 정해지면 변하지 않는 구획이다.

32 산림기본계획 중 지역의 특수한 실정에 따라 10년마다 작성하는 계획은?

① 산림경영계획 ② 산림기본계획

③ 국토개발계획 ④ 지역산림계획

☆**note** 지역산림계획 … 산림기본계획의 내용에 따라 각 지역의 특수한 상황을 감안하여 10년마다 작성하는 계획으로 도지사가 작성하며 내용은 지역 안의 산림현황과 사업별 목표량과 추진방향 등이다.

33 다음 중 사유림 영림구에 속하지 않는 것은?

① 일반 영림구 ② 산업비림 영림구

③ 문중산 영림구 ④ 협업 영림구

☆**note** 사유림 영림구 … 일반 영림구, 산업비림 영림구, 협업 영림구가 있다.

Answer 30.④ 31.① 32.④ 33.③

34 특수 영림구의 산림경영계획을 작성할 수 있는 사람은?

① 시장이나 군수
② 임업협동조합장
③ 도지사
④ 산림 소유주
⑤ 산림청장

✦**note** 특수 영림구의 영림계획은 산림 소유주가 직접 작성한다.

35 산림경영계획에 대한 설명으로 옳지 않은 것은?

① 영림사업에 필요한 계획을 말한다.
② 임업의 장기성을 고려하여 산림자원을 보속적으로 배양한다.
③ 우리나라는 산림자원의 조성 및 관리에 관한 법률에 산림경영계획작성을 명시하고 있다.
④ 목재는 생산기간이 오래 걸리므로 계획성 있게 사업을 실시하여야 한다.
⑤ 산림경영계획을 설정하지 않아도 경영목적은 달성할 수 있다.

✦**note** 계획없이 산림사업을 실시하면 일관된 사업을 할 수 없고, 경영목적도 달성할 수 없다.

36 다음 중 산림경영계획의 기간이 잘못 짝지어진 것은?

① 전국 산림기본계획 – 10년
② 지역 산림기본계획 – 10년
③ 산림경영계획 – 5년
④ 상위산림계획 – 10년

✦**note** ③ 산림경영계획은 산림 소유주가 개별적으로 작성하는 계획으로 기간은 10년이다.

37 일반조사에서 산림 자체에 대한 사항으로 볼 수 없는 것은?

① 지역산림계획
② 산림의 경제적 가치
③ 임목의 개황
④ 인접산림의 상황
⑤ 산림에 대한 위해

✦**note** ② 예비조사에 해당하는 사항이다.

✿**Answer** 34.④ 35.⑤ 36.③ 37.②

38 다음 중 산림사업에서 가장 중요한 것은?

① 조림   ② 보건휴양
③ 수원함양   ④ 영림사업
⑤ 벌채

  ✿note   산림사업에서 가장 중요한 것은 국민경제와 직접적 관련이 있는 영림사업이다.

39 예비조사에 대한 설명으로 옳지 않은 것은?

① 산림경영계획 작성 전에 기본적인 방침을 정하는 것을 말한다.
② 경영자가 집약적 산림경영을 원할 경우 산림경영계획을 상세하게 작성해야 한다.
③ 산림경영계획 작성시 가장 중요한 것은 지도이다.
④ 산림경영계획을 작성할 산림을 조사하여 산림경영계획의 소요시간, 경비, 작성순서 등을 정리해야 한다.
⑤ 산림에 접근하는 도로, 운송수단, 운반능력 등을 조사해야 한다.

  ✿note   ⑤ 일반조사시 사회·경제적 사항에 해당하는 것이다.

40 인접 산림의 상황조사에 해당하지 않는 것은?

① 산림과의 경계   ② 사업내용
③ 산림보호   ④ 작업종
⑤ 이용상황

  ✿note   ④ 임목의 개황에 해당한다.

41 산림경영계획의 예비조사에 속하지 않는 것은?

① 산림의 경제적 가치   ② 산림 소유자의 경영목적
③ 산림위치와 면적   ④ 산림답사
⑤ 산림의 위해정도

  ✿note   ⑤ 일반조사에 해당한다.

42 다음 중 목재시장 조사시 필요없는 것은?

① 목재시장과의 거리　　　　　　　② 목재의 종류

③ 목재의 수량　　　　　　　　　　④ 목재의 가격

⑤ 목재운반능력

　　✿❚note　⑤ 교통관계조사에 해당한다.

43 일반조사시 산림과 관계되는 사회 · 경제적 사항으로 옳지 않은 것은?

① 산림의 공공성　　　　　　　　　② 산림 주변의 마을사정

③ 교통관계　　　　　　　　　　　　④ 산림의 분포

⑤ 환경보전관계

　　✿❚note　① 일반조사의 산림 자체에 대한 사항이다.

44 산림측량에 대한 설명으로 옳지 않은 것은?

① 산림경영계획의 작성 대상인 산림의 경계를 확정한다.

② 산림의 주위를 측량하여 산림 총면적을 계산한다.

③ 산림의 위치표시, 사업실행 편의상 산림을 여러 구획으로 구분하여 측량한다.

④ 산림을 구분하여 생산과 이용계획을 세운다.

　　✿❚note　④ 산림구획에 대한 설명이다.

45 임반, 소반의 구획선과 면적을 분명히 하기 위해 실시하는 측량은?

① 주위측량　　　　　　　　　　　　② 시설측량

③ 산림구획측량　　　　　　　　　　④ 주변측량

　　✿❚note　①④ 산림의 경계선을 명확히 하고 그 면적을 확정하기 위한 산림의 주변측량을 말한다.
　　　　　② 임도의 설치 및 보수시 행하는 측량을 말한다.

46 임반의 면적설정에 대한 설명으로 옳은 것은?

① 공유림의 임반구획은 100ha를 기준으로 한다.

② 국유림은 현지 여건상 임반구획이 불가피할 때에는 100ha를 기준으로 하지 않아도 된다.

③ 사유림의 경우 소유자가 1필지의 산림을 소유했다면 1개 지번면적이 100ha 이상일 경우 지번별로 임반을 구획한다.

④ 일반적으로 사유림은 100ha를 기준으로 임반을 구획한다.

> **note** ③ 사유림 소유주가 1필지의 산림을 소유했다면 1개 지번의 면적이 100ha 미만일 경우에만 지번별로 임반을 구획한다.

47 다음 중 임반의 구획 이유로 옳지 않은 것은?

① 산림 내부 및 도면상에서 임지의 위치를 정확히 알 수 있다.

② 측량 및 임지면적계산에 편리하다.

③ 벌채 개소의 경계가 되고 벌구를 정리하면 경영의 합리화를 도모할 수 있다.

④ 산림의 상태를 정정하는 데 편하다.

⑤ 협업영림계획시 산림 소유주에 따라 산림을 구획한다.

> **note** ⑤ 소반을 구획하는 방법에 대한 설명이다.

48 소반의 설정에 대한 설명으로 옳지 않은 것은?

① 소반은 하류부터 가, 나, 다, … 순서로 번호를 붙인다.

② 산림작업의 단위가 되는 구획을 소반이라 한다.

③ 작업의 진행에 따라 분할하거나 통합할 수 있다.

④ 소반 내에 소면적이 분산되어 있을 경우 소구역 단위로 나누어 보조소반을 1 - 2, 1 - 3, … 등으로 쓸 수 있다.

> **note** ④ 소반 내에 소면적이 분산된 경우 및 임도 시설로 인해 산림사업의 여건이 좋아져 집약적 산림경영이 필요한 지역에는 소구역 단위로 보조소반을 가 - 1, 가 - 2, 가 - 3, …의 순으로 둘 수 있다.

Answer 46.③ 47.⑤ 48.④

49 영림구의 종류로 볼 수 없는 것은?

① 국유림   ② 공유림

③ 사유림   ④ 혼효림

   🌟❘note   영림구는 국유림, 공유림, 사유림으로 분류한다.

50 임반의 경계에 해당하지 않는 것은?

① 하천   ② 능곡

③ 도로   ④ 계곡

⑤ 습지

   🌟❘note   ⑤ 제지에 해당한다.

51 다음 중 지종 구분에 해당하지 않는 것은?

① 임지   ② 임목지

③ 천연림   ④ 시업지

⑤ 보안림

   🌟❘note   ③ 임종 구분에 해당한다.

52 다음 중 사유림 소유주가 자기 소유의 산림을 단독으로 경영하기 위하여 정한 것은?

① 산림경영계획구   ② 일반영림구

③ 협업영림구   ④ 산업비림영림구

   🌟❘note   ① 지방산림청 관할구역 내의 산림을 국유림 관리소 관할구역 단위로 정한 것
                 ③ 인접한 사유림을 2인 이상 산림 소유주가 협업경영을 위해 정한 것
                 ④ 산업비림 소유 권장자가 자기소유 산림을 산업비림 개발을 위해 정한 것

🌱❤Answer   49.④ 50.⑤ 51.③ 52.②

53 다음 중 산림경영계획 편성시 일반조사로 조사해야 하는 것으로 옳지 않은 것은?

① 작업종   ② 산림의 공공성
③ 산림의 지리적 위치   ④ 지위

   note ④ 지위는 지황조사에 속한다.

54 산림경영계획 편성시 일반조사에 대한 설명으로 옳지 않은 것은?

① 산림의 공공성을 조사해야 한다.
② 각 부락의 면적, 인구, 작업상황 등을 조사한다.
③ 산림경영계획 작성 전에 기본적인 방침을 정하는 것을 말한다.
④ 현재 산림을 구성하는 수종, 연령, 축적량 등을 전반적으로 관찰한다.

   note ③ 예비조사에 대한 설명이다.

55 다음 중 법률에 의하여 경영을 제한하는 임지로 볼 수 없는 것은?

① 보안림   ② 명승지
③ 채종림   ④ 초생지
⑤ 시업지

   note ④ 제지에 해당한다.

제3편 임업경영계획

산림조사

1 지황조사와 임황조사

① 지황조사

(1) 산림의 위치

산림의 행정 구역상의 위치, 위도, 경도, 해발고도, 교통, 주요 목재시장과의 위치와 거리 등을 답사 전에 조사한다.

(2) 기후

① 10년 이상 오랜 기간의 기상자료를 이용한다.

② 조사내용

  ㉠ 기온 : 최저기온, 최고기온, 연평균기온, 월평균기온 등

  ㉡ 습도 : 최대습도, 최저습도, 연평균습도, 계절에 따른 습도의 차이 등

  ㉢ 강우량 : 월평균강우량, 연평균강우량, 생장기의 강우량, 계절별 강우량의 분포, 건조기와 우기에 있어서의 특징 등

  ㉣ 서리 : 첫서리와 끝서리가 내리는 시기, 서릿발의 성질 등

  ㉤ 바람 : 폭풍의 계절과 방향, 사계절의 바람의 방향과 속도, 폭풍에 의한 피해, 폭풍의 강도와 빈도 등

  ㉥ 적설량 : 강설의 시기, 최대적설량, 평균적설량, 적설에 의한 피해상황 등

(3) 지세

① 산림 전체의 상황은 산맥과 하천의 상태, 산맥의 방향, 주요 산봉우리의 해발고를 조사한다.

② 소반에 따라 경사도와 방위를 확인한다.

③ **경사도**

　㉠ 완 : 15도 이하

　㉡ 중 : 15 ~ 30도 미만

　㉢ 급 : 30도 이상

④ **방위** ··· 8방위를 기준하여 동, 서, 남, 북, 북동, 북서, 남동, 남서로 나눈다.

(4) 임지의 구성과 성질

① **토성**

　㉠ 모래흙(사토) : '샤'로 표기하며, 점토함량이 12.5% 이하이다. 흙을 손으로 쥐었을 때 대부분이 모래로 구성된 토양이다.

　㉡ 모래참흙(사양토) : '사양'으로 표기하며, 점토함량이 12.6 ~ 25%이다. 모래가 1/3 ~ 2/3 포함되어 있는 토양이다.

　㉢ 참흙(양토) : '양'으로 표기하며, 점토함량이 26 ~ 37.5%이다. 모래가 1/3 미만으로 포함되어 있는 토양이다.

　㉣ 질참흙(식양토) : '식양'으로 표기하며, 점토함량이 37.6 ~ 50%이다. 점토가 1/3 ~ 2/3 포함되어 있는 토양이다.

　㉤ 질흙(점토) : '점'으로 표기하며, 점토함량이 50% 이상이다. 점토가 대부분인 토양이다.

② **토심**

　㉠ 천 : 유효토심이 30cm 미만일 때

　㉡ 중 : 유효토심이 30 ~ 60cm 미만일 때

　㉢ 심 : 유효토심이 60cm 이상일 때

③ **지질** ··· 지질도를 이용하여 모암의 종류, 풍화의 정도, 지질의 계통 등을 조사한다.

④ **건습도**

　㉠ 건조

　　• 손으로 꽉 쥐면 수분에 대한 감촉이 거의 없다.

　　• 풍충지에 가까운 경사지에 해당한다.

　㉡ 습

　　• 손으로 꽉 쥐면 손가락 사이에 물방울이 맺힌다.

　　• 지하수위가 높은 곳에 해당한다.

　㉢ 약습

　　• 손으로 꽉 쥐면 손가락 사이에 약간의 물기가 비친 정도이다.

　　• 경사가 완만한 계곡 이나 평탄지에 해당한다.

    ② 약건

- 손으로 꽉 쥐면 손바닥에 습기가 약간 묻은 정도이다.
- 경사가 약간 급한 사면에 해당한다.

    ⑩ 적윤

- 손으로 꽉 쥐면 손바닥 전체에 습기가 묻고 물에 대한 감촉이 뚜렷하다.
- 평탄지, 산기슭, 계곡, 계곡 평지에 해당한다.

(5) 지위

① 토지의 생산능력을 말한다.

② 임지의 재적생산력을 표시하는 급수이다.

③ **지위사정의 방법**

    ㉠ 재적에 의한 방법

- 단위면적당 재적을 기준으로 하여 지위를 사정한다.
- 임업경영의 최대관심사인 재적수확을 기준으로 한다.
- 일정한 연령의 단위면적당 재적은 임지 이외의 요소인 임분밀도, 과거의 벌채방법, 수종구성상태 등에 많은 영향을 받는다.
- 재적을 계산하는 데 많은 경비와 시간이 소모된다.
- 무입목지에 적용할 수 없다.

    ㉡ **토지인자를 종합하여 판단하는 방법** : 무입목지에도 적용할 수 있는 방법으로 모암의 종류, 토층의 두께, 조직, 구조, 지하수의 위치, 지하층의 침투성, 암석의 광물질 성분함유량, 방위, 경사도, 부식함유량 등을 조사하여 종합적으로 판단한다.

    ㉢ **수고에 의한 방법**

- 가장 실용적이고 정확한 방법이다.
- 종류
  - 지위지수법 : 일정한 연령에서의 평균우세목의 수고로 표시된다.
  - 지위등급법 : 3급이나 5급으로 나타낸다.
- 장점 : 수고와 재적 사이에는 밀접한 관련이 있으며, 우세목과 준우세목의 수고는 입지의 영향을 많이 받으며, 수고의 측정이 비교적 쉽다.

    ㉣ **지표식물에 의한 방법**

- 비옥한 임지에만 살거나 토박한 곳에서만 생육할 수 있는 식물을 이용하여 지위를 사정한다.
- 기후가 한랭하여 지표식물의 종류가 적은 곳에 적용된다.

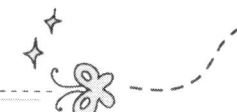

(6) 지리

① 편리한 교통망과 목재시장과의 거리, 운반비용 등 경제적 상황을 고려하여 등급을 나눈 것이다.

② **급수** ··· 임지에서 시장까지의 운반비용에 따라 급수를 정한다.

    ㉠ I 등지 : 간단한 반출시설로 개발할 수 있는 산림으로 차도로부터 500m 이내에 위치한다.

    ㉡ II 등지 : 개발이 가능한 산림으로 차도로부터 2km 이내에 위치한다.

    ㉢ III 등지 : 특별한 반출시설에 의해 개발할 수 있는 오지림으로 차도로부터 2km 이상에 위치한다.

(7) 지종

① 임지의 사용목적에 따라 나눈다.

② 면적은 ha로 표시하고, 소수점 아래 둘째자리까지 표기한다.

③ 목적에 따라 나눈 지종은 사업지, 사업제한지, 제지 등이 있다.

② 임황조사

(1) 임황조사의 개요

산림의 실정을 파악하고 앞으로의 수종, 작업종, 벌기령, 수확의 예정, 벌채순서 등을 결정하여 수확계획과 조립계획을 세울 자료를 얻기 위해 조사하는 과정이다.

(2) 임종

산림이 어떻게 성립되었는가에 따라 천연림과 인공림으로 구분한다.

(3) 임상

① **임목지** ··· 임분구성에서 수종의 수관 점유면적 또는 임목 그루 수 비율로 구분한다.

    ㉠ 활엽수림 : '활'로 표시하며, 75% 이상이 활엽수가 점유하고 있는 임분

    ㉡ 침엽수림 : '침'으로 표시하며, 75% 이상이 침엽수가 점유하고 있는 임분

    ㉢ 혼효림 : '혼'이라고 표시하며, 활엽수나 침엽수가 26 ~ 75% 미만 점유하고 있는 임분

② **무임목지**

    ㉠ 제지 : 임지 이외의 토지

    ㉡ 미임목지 : 임목도가 30% 이하인 임분

(4) 임령

① 수령이나 연령이라고 하는 나무의 나이를 말한다.

② **인공림**

    ㉠ 묘목의 나이는 계산하지 않는다.

    ㉡ 식재 연도를 1년생으로 계산한다.

    ㉢ 시험용 산림이거나 대묘를 조림할 때는 실제 연령을 사용하기도 한다.

③ **천연림** ··· 천연림의 임령은 지상 20cm 지점에서 벌채한 임목의 횡단면에 나타나는 나이테 수로 정한다.

④ **이령림** ··· 분자에는 평균수령을, 분모에는 임분의 최저에서 최고수령의 범위를 표시한다.

(5) 혼효율

① 혼효율은 침엽수와 활엽수의 주요 수종의 혼효상태를 나타내는 것이다.

② 수종에 따라 재적의 백분율로 나타낸다.

③ 치수림에서는 면적 점유비율이나 임목 그루 수로 나타낸다.

④ 재적의 혼효비율은 전체 임분에 대한 각 수종의 혼효정도를 백분율로 표시한다.

$$혼효율 = \frac{수종의\ 재적}{임분전체의\ 재적} \times 100$$

⑤ 중요하지 않은 수종은 유사한 수종과 묶어서 표시한다.

(6) 수고

① 임령의 경우와 같이 임분의 최저나무높이와 최대나무높이의 범위를 분모로 하고, 평균나무높이를 분자로 표시한다.

② 나무높이는 m로 나타내고, 1m 이하는 반올림한다.

(7) 영급

① 임령의 범위를 연속되는 몇 개의 임령을 묶어서 나타내는 것이다.

② 로마숫자로 표기하며, 하나의 영급은 10년으로 한다.

(8) 경급

① 임목의 가슴높이의 지름을 측정하여 크기에 따라 분류하는 것이다.

② 최저 가슴높이지름과 최고 가슴높이지름의 범위를 분모로 하고 평균 가슴높이지름을 분자로 한다.

③ 괄약은 2cm로 정한다.

④ **경급구분**

　ㄱ 치수 : 가슴높이지름 6cm 미만 임목이 50% 이상 자라는 임분상태

　ㄴ 소경목 : 가슴높이지름 6 ~ 16cm의 임목이 50% 이상 자라는 임분상태

　ㄷ 중경목 : 가슴높이지름 18 ~ 28cm의 임목이 50% 이상 자라는 임분상태

　ㄹ 대경목 : 가슴높이지름 30cm 이상의 임목이 50% 이상 자라는 임분상태

(9) 소밀도

① **개념** … 임목의 생립면적에 대한 수관의 투영면적의 비율을 나타내는 것으로 울폐도, 폐쇄도라고 말한다.

② **소밀도 측정** … 실제 수관의 투영면적을 계산하는 것은 어렵기 때문에, 임분에 들어가서 위를 보고 수관이 공간을 덮지 못하고 있는 비율이 20% 정도일 경우 소밀도를 80%로 본다.

③ **소밀도 공식**

　ㄱ 나무가 서 있는 면적 : A

　ㄴ 수관의 투사면적 : a_1, a_2, a_3, ……

　ㄷ 투사면적의 합계 : Σa

$$소밀도 = \frac{\Sigma a}{A}$$

④ **소밀도 구분**

　ㄱ 소 : 수관밀도 40% 이하의 임분

　ㄴ 중 : 수관밀도 41 ~ 70%의 임분

　ㄷ 밀 : 수관밀도 71% 이상의 임분

(10) **입목도**

① 기존임분의 축적에 정상임분의 축적을 백분율로 표시한다.

② 정상임분의 축적은 수확표를 이용한다.

③ 정상임분에 뒤떨어지는 임분상태는 비율이 낮을수록 나타난다.

④ 유령림이나 치수같은 재적산출이 곤란한 임분은 임목 그루 수에 의해 선정하고, 장령림은 축적에 의해 계산한다.

$$입목도 = \frac{해당\ 연령의\ 단위면적당\ 현재축적}{해당\ 연령의\ 단위면적당\ 정상축적}$$

⑤ 미입목지는 입목도가 30% 이하의 임분이다.

(11) **축적**

① **축적의 측정방법**

　㉠ m 단위로 나무높이를 측정하고 m 이하는 반올림한다.

　㉡ 가슴높이지름 6cm 이상인 임목을 측정대상으로 한다.

　㉢ 가슴높이지름 측정은 임목의 지상높이 120cm 지점의 지름이고, 2cm 괄약으로 측정한다.

② **표준지조사**

　㉠ 표준지조사는 전수조사라고도 하는데, 소반 안에서 평균임상을 가지는 곳을 표준지로 선정하여 실시한다.

　㉡ 최소한 0.04ha(20×20m, 10×40m, ……) 이상이 1개의 표준지 면적이 되어야 한다.

　㉢ 축적은 생장량조사 이외에 소수점 아래에서 반올림하여 m3로 표시하고, 표준지면적은 소반면적의 2% 이상으로 한다.

　㉣ **매목법에 의한 표준지축적**

$$임분의\ 축적 = 표준지의\ 축적 \times \frac{전체임분면적}{표준지의\ 면적}$$

(12) **생장량과 생장률**

① **연년생장량** ⋯ 보통 5년 간격으로 축적을 조사하고 그 차이를 기간으로 나눈 평균생장량을 말한다.

② 해마다 자란 생장량을 측정하려면 1년 전 축적을 측정한 값과 올해의 축적을 측정한 값으로 생장량을 계산할 수 있다.

③ **연년생장량과 생장률의 공식**

$$연년생장량 = \frac{V-v}{n}$$

$$생장률 = \frac{\dfrac{V-v}{n}}{v} \times 100$$

- V : 현재 축적
- v : n년 전 축적
- n : 경과 연수

④ **프레슬러 생장률 공식** … 생장률의 기준 축적을 n년 전의 축적 v로 하지 않고, 현재 축적 V와 n년 전 축적 v의 평균값인 $\dfrac{V+v}{2}$를 이용하여 구한다.

$$생장률(\%) = \frac{\dfrac{V-v}{n}}{\dfrac{V+v}{2}} \times 100 = \frac{V-v}{n} \times \frac{2}{V+v} \times 100 = \frac{V-v}{V+v} \times \frac{200}{n}$$

⑤ **슈나이더 공식** … n년 전의 측정한 축적값이 없을 때, 생장률을 구하는 방법이다.

$$생장률(\%) = \frac{K}{n \cdot D}$$

- n : 흉고지름에서 생장추로 뽑아 낸 목편 바깥쪽 1cm 내에 있는 나이테의 수
- D : cm로 표시된 흉고지름
- K : 상수(흉고지름이 30cm 이하일 때에는 550, 30cm 이상일 때에는 500을 사용)

⒀ 하층식생

① 하층식생은 임관의 구성요소가 아닌 식물을 총칭한 것이다.

② 주임목의 치수, 산죽, 관목, 초본류로 구분하고, 이 같은 식물의 지면을 피복한 정도를 조사하여 표시하도록 한다.

③ 앞으로 어떤 수종을 어떻게 조림할 것인가를 알 수 있도록 하기 위해 하층식생의 조사가 필요하다.

③ 앞으로의 산림사업 개요조사와 산림조사의 종합

(1) 앞으로의 산림사업 개요조사

① 산림조사는 소반별로 10년의 산림경영계획 기간동안 실시할 산림사업의 종류, 작업량, 시기 등을 조사하는 것이다.

② **조림**

    ㉠ 개념 : 벌채된 지역에서의 조림방법에 관한 것이다.

    ㉡ 파종에 따른 종자, 맹아갱신, 인공갱신, 천연하종갱신 등에 따른 사항을 조사한다.

    ㉢ 새로운 산림조성과 관계되는 면적, 보식, 식재장소 등의 사항을 조사한다.

    ㉣ 식재방법과 식재시기를 결정한다.

    ㉤ 묘목의 소요량을 조사한다.

③ **무육**

    ㉠ 개념 : 산림의 관리과정에서 실시해야 할 사항을 조사한다.

    ㉡ 조사내용 : 밑깎기, 덩굴치기, 제벌, 가지치기, 간벌 등의 방법과 횟수, 시기 등

④ **수확** … 사업지와 사업제한지로 나누어 작업종에 따라 간벌의 시기와 축적, 주벌의 시기와 축적, 간벌과 주벌의 대상면적 등을 조사한다.

⑤ **보호시설** … 경계선이나 방화선과 같은 보호시설이 설치되거나 수리되어야 할 장소와 시기, 작업량을 조사한다.

⑥ **운반 및 그 밖의 시설** … 영림사업에 필요한 작업로와 임도의 설치와 보수사항, 묘포시설이나 저목장 등의 부대시설에 대한 설치장소, 종류, 작업량 등을 조사한다.

(2) 산림조사의 종합

① 지황조사와 임황조사를 마치면 산림조사부라는 표를 만들어 조사의 결과를 종합하여 표에 기재한다.

② 수종별, 작업종별, 경급별 축적과 면적, 생장량 등의 합계를 산림조사부를 통해 집계할 수 있다.

2 **부표와 도면**

① 부표

(1) 경계부

경계측량을 바탕으로 소유경계를 확보하기 위한 부표로 각 경계표의 종류, 경계측간 거리, 경계소속의 행정구역명, 경계측점간 내각, 인접지, 소유자명 등을 기재한다.

(2) 영급별 면적부

① **면적표** ··· 임·소반별로 입목지, 미입목지, 지제, 개간 가능지 등을 나누어 면적을 기재한다.

② **지립 및 지리별 면적표** ··· 각 작업급의 지위나 지리별 면적분포상태를 나타낸다.

임반별 · 임상별 면적과 축적표

임반별		임목지								미입목지	개간가능지	기개간지	제지	합계	
		침엽수림		활엽수림		혼효림		계							
		면적	축적	면적	축적	면적	축적	면적	축적					면적	축적
1	시														
	제														
2	시														
	제														
3	시														
	제														
4	시														
	제														
5	시														
	제														
합계	시														
	제														

(3) 조림 · 벌채 계획부

① 지종 및 임상과 영급별 면적축적은 영급분배 상태를 수종별로 나누어 표시한다.

② 1영급은 10년을 단위로 만든다.

③ 미입목지, 제지 등의 면적을 표시하고, 축적과 면적을 각각 기재한다.

(4) 산림조사부

면적표에서 지황과 임황조사 결과를 종합하여 만든 것으로 조사된 내용의 종류와 합계 등을 집계할 수 있다.

② 도면

(1) 위치도

① 축적 1 : 25,000 의 지형도이다.

② 산림경영계획구의 각 부분면적을 계산하고, 지리적·경제적 위치를 정확히 나타내기 위한 도면이다.

③ 주요하천, 마을, 도로, 보도, 삼각점, 행정구역의 경계, 임·소반의 경계, 산림경영계획구의 경계 등을 기재한다.

(2) 사업계획도

① 축적 1 : 6,000의 임야도이다.

② 영림구의 위치를 표시하는 도면으로, 영림구의 면적이 작을 경우 임야도를 확대하여 사업계획도를 작성한다.

③ 영림구명, 영림구의 경계선, 다른 영림구와 관계, 임반과 소반의 경계선, 행정구역계, 조림 예정지, 주요 지명, 도로, 하천, 임도시설, 주벌, 간벌 등을 표시하고, 영림구와 경계선 내부는 착색으로 표시한다.

④ 사업계획도를 작성해야 하는 경우는 공유림, 사유림, 불요존 국유림 등이 있다.

(3) 산림경영계획도

① 축적 1 : 25,000의 지형도이다.

② 사업기간 중의 각종 계획이나 산림경영계획구의 임황을 표시한 도면이다.

③ 산림경영계획구 이름, 도면의 번호, 면적, 범례, 작성년월일, 작성자 이름 등을 정확히 적고, 산림경영계획구의 경계, 행정구역경계, 임·소반의 경계, 국유림 관리소, 도로와 하천 및 삼각점, 임상구분, 방위와 축적, 소밀도, 영급, 사업소, 주벌, 간벌, 지종, 임도, 방화선 등을 기재한다.

④ 영림현황을 도면만 보고도 알 수 있도록 작성해야 한다.

⑤ 요존 국유림은 위치도와 산림경영계획도를 작성해야 한다.

산림경영계획도의 범례

구분	기호	색채	구분	기호	색채
산림경영계획구계	▬▬▬ 1mm	흑색	삼각점	▲	흑색
일반계	1.5cm / 1mm / 1.5cm	흑색	침엽수	⇞	희색 평채
소반계	———	흑색	활엽수	♀	담록색 평채
도계	1mm /〈·〉 1cm〈·〉	흑색	혼효림	⇞♀	담갈색 평채
군계	1mm / 1cm	흑색	미입목지	미	담황색 평채
면계	1mm / 5mm	흑색	화전	화	담홍색 평채
공도	▬▬▬ 1mm	적색	제지	제	담적색 평채
기설임도	——— 1mm	적색	시업제한지	≡한≡	적색 평선
신설계획임도	2mm 4mm / 1mm	적색	영급	I II III IV	흑색
우마차도	2mm / 4mm 1mm	적색	보안림	보	—
보도	2mm 1mm ———	적색	채종림	채	—
소밀도	′ ″ ‴	흑색	육종림	육	—
주벌	▨(83)	연변청 사선	시험림	험	—
간벌	▤(85)	녹색청 평선	관리소	㉠	—
기설방화선	×××××××	적색	출장소	㉠	—
시설계획방화선	×××××××	적색	양묘장	㉠	—
조림예정지	┄(84)┄	적색 평점선	분소	㉠	—
수종갱신	┄(85)┄	청색 평점선	묘목	㉠	—
우량활엽수 종치무육	⬚	흑색점	저목장	㉠	—
하천	———〈	청색			

02 출제예상문제

1 지위사정 중 실용적이고 정확성에 있는 방법은?

① 수고에 의한 방법　　　　　　　　② 재적에 의한 방법

③ 지표식물을 이용하는 방법　　　　④ 토지인자를 종합하여 판단하는 방법

> **note**　② 입지 외적요인에 영향을 많이 받으며 측정시 많은 시간과 경비가 소요된다.
> ③ 임지에 발생한 지표식물로 임지의 지위를 판단한다.
> ④ 기준토지, 단기간의 변화요인, 수고생장인자에 의해 측정한다.

2 토양에서 양토의 점토 비율은?

① 12.5% 이하　　　　　　　　　　② 12.5 ~ 25%

③ 26 ~ 37.5%　　　　　　　　　　④ 37.5 ~ 50%

> **note**　양토는 모래가 1/3 미만 정도이고 점토의 함량은 26 ~ 37.5%이며 '양'으로 표기한다.

3 산림조사에서 지황조사에 들어가지 않는 것은?

① 하층식생　　　　　　　　　　　② 기후관계

③ 산림의 위치　　　　　　　　　　④ 임지의 구성과 성질

> **note**　지황조사
> ㉠ 산림위치
> ㉡ 기후관계
> ㉢ 지세
> ㉣ 지위
> ㉤ 지리
> ㉥ 지종
> ㉦ 임지의 구성과 성질

Answer　1.① 2.③ 3.①

4 경급의 범위가 잘못 짝지어진 것은?시

① 치수 – 6cm 미만
② 소경목 – 6 ~ 16cm
③ 중경목 – 18 ~ 30cm
④ 대경목 – 30cm 이상

> **note** 경급의 범위
> ㉠ 치수 : 6cm 미만 임목 50% 이상 생육하는 임분
> ㉡ 소경목 : 6 ~ 16cm 임목 50% 이상 생육하는 임분
> ㉢ 중경목 : 18 ~ 28cm 임목 50% 이상 생육하는 임분
> ㉣ 대경목 : 30cm 이상 임목 50% 이상 생육하는 임분

5 차도에서 2km 이내에 위치한 개발 가능한 오지림은?

① I 등지
② II 등지
③ III 등지
④ I, II 등지

> **note** ① 차도에서 500m 이내에 위치한 개발 가능한 오지림
> ③ 차도에서 2km 이상에 위치한 개발 가능한 오지림

6 다음 중 한랭한 지역에서의 지위사정법으로 옳은 것은?

① 재적에 의한 방법
② 토지인자를 종합해서 판단하는 방법
③ 지표식물에 의한 방법
④ 수고에 의한 방법

> **note** 지표식물에 의한 방법 … 하층식생인 고산 저목류, 고비류, 지의류, 이끼류 중에서 우세한 것과 준우세한 종의 지위지수를 통해 지위사정을 하는 것

7 다음 중 임지의 잠재적 임목 생산능력을 평가하는 기준은?

① 지종
② 지위
③ 지세
④ 지리

> **note** ① 사용목적에 따라 나누는 것
> ③ 산맥의 방향, 하천상태는 산림 전체상황을 조사하고, 경사도와 방위는 소반에 따라 조사하는 것
> ④ 도로까지의 거리를 100m 단위로 구분한 것

Answer 4.③ 5.② 6.③ 7.②

8 임지의 경제적 위치를 등급으로 나타내는 척도는?

① 지종　　　　　　　　　　　　② 지위

③ 지세　　　　　　　　　　　　④ 지리

> **note** ① 사용목적에 따라 나누며 면적은 ha로 소수점 둘째자리까지 기입한다.
> ② 생산능력을 말하며 상·중·하로 구분한다.
> ③ 산맥의 방향, 하천의 상태 등 산림 전체의 상황을 조사하고 경사도와 방위를 소반에 따라 조사한 것이다.

9 가슴높이지름 크기에 따라 나누는 방법은?

① 영급　　　　　　　　　　　　② 경급

③ 입목도　　　　　　　　　　　④ 소밀도

> **note** ① 연속되는 몇 개의 임령을 묶어 임령의 범위를 나타낸 것
> ③ 정상 임분축적에 대한 현존 임분축적을 백분율로 나타낸 것
> ④ 임목의 조사면적에 대한 임목의 수관면적 비율을 백분율로 나타낸 것

10 소밀도에 대한 설명으로 옳지 않은 것은?

① 임목의 조사면적에 대한 임목의 수관면적의 비율을 백분율로 나타낸 것이다.

② 수관의 밀도에 따라 3단계로 분류한다.

③ 수관밀도가 40% 이하이면 '소'라 한다.

④ 수관밀도가 70%이면 '밀'이라 한다.

⑤ 임분 내에서 위를 올려다 보았을 때 수관이 공간을 덮지 못하고 있는 비율이 20% 정도라면 소밀도를 80%로 간주한다.

> **note** 소밀도
> ㉠ 개념 : 임목의 조사면적에 대한 임목의 수관면적의 비율을 백분율로 나타낸 것이다.
> ㉡ 소밀도의 구분
> • 소 : 40% 이하
> • 중 : 41 ~ 70%
> • 밀 : 71% 이상
> ㉢ 소밀도 측정의 실제 : 임분 내에서 위를 올려다보고 수관이 공간을 덮지 못하고 있는 비율이 20%일 경우 소밀도는 80%로 한다.

Answer　8.④　9.②　10.④

11 침엽수가 몇 % 이상일 때 침엽수림이라 할 수 있는가?

① 60%

② 70%

③ 75%

④ 80%

> ✦ **note**   침엽수림 … 침엽수가 75% 이상 점유하고 있는 임분을 말하며 '침'으로 표기한다.

12 다음 중 산림조사에 대한 설명으로 옳지 않은 것은?

① 지리는 5등급으로 나눈다.

② 양토는 모래가 1/3 이하 함유한 것(점토함량 25 ～ 37.5%)을 말한다.

③ 토양의 습도는 천, 중, 심의 3단계로 나눈다.

④ 경사를 3단계로 완, 중, 급으로 나눈다.

> ✦ **note**   ① 지리는 10등급으로 분류한다.
> ※ 지리 … 도로까지의 거리를 100m 단위로 구분한 것을 말한다.

13 흉고지름이 6 ～ 16cm인 임목과 관계있는 것은?

① 치수

② 소경목

③ 중경목

④ 대경목

> ✦ **note**   경급 … 임목의 흉고지름을 측정하여 그 크기에 따라 나누는 방법
> ㉠ 치수 : 흉고지름 6cm 미만의 임목이 50% 이상 생육하는 임분
> ㉡ 소경목 : 흉고지름 6 ～ 16cm의 임목이 50% 이상 생육하는 임분
> ㉢ 중경목 : 흉고지름 18 ～ 28cm의 임목이 50% 이상 생육하는 임분
> ㉣ 대경목 : 흉고지름 30cm 이상의 임목이 50% 이상 생육하는 임분

14 임분 내에서 공간을 올려다보아 수관이 공간을 덮지 못하고 있는 비율이 20%이면 소밀도는?

① 20%

② 40%

③ 60%

④ 80%

> ✦ **note**   임분 내에 들어가서 위를 올려다보고 수관이 공간을 덮지 못하고 있는 비율이 20%라 하면 소밀도는 80%로 간주한다.

Answer   11.③ 12.① 13.② 14.④

15 산림조사시 지황조사에 대한 설명으로 옳은 것은?

① 기온은 최고, 최저기온을 조사한다.
② 경사의 방위는 4방위(동, 서, 남, 북)로 조사한다.
③ 경사도는 완, 경, 급, 험, 절의 다섯 등급으로 조사한다.
④ 적설량은 최대적설량을 조사한다.

> ✿note ① 기온은 연평균, 최고, 최저, 월평균, 임목생장에 필요한 평균기온 등을 조사한다.
> ② 방위는 동, 서, 남, 북, 남동, 남서, 북동, 북서 8방위로 구분한다.
> ④ 적설량은 평균, 최대 적설량 및 적설에 의한 피해를 조사한다.

16 임황조사에서 임종을 조사한 후 표시하는 방법은?

① 인공림 또는 천연림
② 침엽수림 또는 활엽수림
③ I 영급 또는 II 영급
④ 소경목 또는 대경목

> ✿note 임종 … 산림의 성립에 따라 인공림, 천연림으로 구분하며 인공림은 '인', 천연림은 '천'으로 표기한다.

17 산림에서 접근이 쉬운가 곤란한가에 따라 나눈 등급의 용어는?

① 지종
② 지위
③ 지리
④ 지질

> ✿note ① 임지를 사용목적에 따라 나누는 것
> ② 임지의 생산능력을 나타낸 것
> ④ 지질도를 사용하여 지질의 계통, 모암의 종류, 풍화의 정도 등을 조사하는 것
> ※ 지리등급
> ㉠ 1급지 : 100m 이하
> ㉡ 2급지 : 101 ~ 200m 이하
> ㉢ 3급지 : 201 ~ 300m 이하
> ㉣ 4급지 : 301 ~ 400m 이하
> ㉤ 5급지 : 401 ~ 500m 이하
> ㉥ 6급지 : 501 ~ 600m 이하
> ㉦ 7급지 : 601 ~ 700m 이하
> ㉧ 8급지 : 701 ~ 800m 이하
> ㉨ 9급지 : 801 ~ 900m 이하
> ㉩ 10급지 : 901m 이상

18 연속 또는 몇 개의 임령을 묶어서 임령의 범위를 나타내는 것은?

① 영급 ② 경급
③ 입목도 ④ 임종

> **note** ② 임목의 흉고 지름을 측정하여 그 크기에 따라 분류하는 방법
> ③ 정상 임분축적에 대한 현존 임분축적을 백분율로 나타낸 것
> ④ 산림의 성립에 따라 인공림과 천연림으로 분류하여 표시하는 것

19 지위등급 판정법과 관계가 먼 것은?

① 지리에 의한 방법
② 평균수고에 의한 방법
③ 토지인자를 종합·판정하는 방법
④ 지표식물에 의한 방법

> **note** 지위등급 판정법
> ㉠ 평균수고에 의한 방법
> ㉡ 재적에 의한 방법
> ㉢ 토지인자를 종합하여 판정하는 방법
> ㉣ 지표식물에 의한 방법

20 지황조사에서 임지를 사용목적에 따라 지종구분을 할 때 관계가 없는 것은?

① 시업 제한지 ② 시업지
③ 임지의 비옥도 ④ 제지

> **note** 지종구분에 따른 분류
> ㉠ 시업지 : 임산물 생산지
> ㉡ 시업 제한지 : 법률에 의해 국토보존, 공익을 목적으로 하는 경영 제한지
> ㉢ 제지 : 임목육성상 사용하지 못하는 임지
> ㉣ 개간 가능지 : 5년 이내 개간 가능한 임지

Answer 18.① 19.① 20.③

21 지위를 가장 잘 설명한 것은?

① 토지의 생산능력을 표준으로 한다.　　② 토지의 척박을 표준으로 한다.

③ 토심의 깊고 낮음을 표준으로 한다.　④ 교통의 편부를 표준으로 한다.

　　note 지위 … 임지의 생산능력을 말하는 것으로 해당되는 임분의 우세목 수령과 나무높이를 측정하여
　　같은 지위별 나무높이 지위지수에 의해 상·중·하로 분류한다.

22 임분에 대한 설명으로 옳은 것은?

① 침엽수림은 침엽수가 100%인 임분을 말한다.

② 활엽수림은 활엽수가 85% 이상인 임분을 말한다.

③ 혼효림은 침엽수와 활엽수가 각각 50%인 임분을 말한다.

④ 미입목지는 입목도가 30% 이하인 임분을 말한다.

　　note ① 침엽수림은 침엽수가 75% 이상인 임분을 말한다.
　　② 활엽수림은 활엽수가 75% 이상인 임분을 말한다.
　　③ 혼효림은 침엽수 또는 활엽수가 26 ~ 75% 미만 점유한 임분을 말한다.

23 다음 중 임황조사 항목에 들지 않는 것은?

① 임지　　　　　　　　　　　　　② 영급

③ 입목도　　　　　　　　　　　　④ 경급

　　note 임황조사 … 산림현황을 파악하여 산림사업의 내용을 결정하고 장래의 수종, 작업종, 벌기령 등을
　　정하여 수확계획 및 조림계획을 수립하기 위한 조사이다. 조사항목에는 임종, 임상, 임령, 혼효율,
　　나무높이, 영급, 경급, 소밀도, 입목도, 축적, 생장량 및 생장률, 하층식생을 들 수 있다.

24 유령림의 임분은 단위면적당 4,000그루가 정상인데 현재 1,800그루가 있다면 임분의 입목도는?

① 0.25　　　　　　　　　　　　　② 0.35

③ 0.45　　　　　　　　　　　　　④ 0.55

　　note 입목도 = 단위면적당 현재재적/단위면적당 정상재적 = 1,800/4,000 = 0.45

25 흉고직경이 6cm 미만인 임목의 경급 구분은?

① 치수
② 소경목
③ 중경목
④ 대경목

> ✿ note
> ② 6 ~ 16cm의 임목
> ③ 18 ~ 28cm의 임목
> ④ 30cm 이상의 임목

26 활엽수림은 활엽수가 몇 % 이상일 때인가?

① 50% 이상
② 65% 이상
③ 75% 이상
④ 80% 이상

> ✿ note 임상의 분류
> ㉠ 침엽수림 : 침엽수가 75% 이상인 임분
> ㉡ 활엽수림 : 활엽수가 75% 이상인 임분
> ㉢ 혼효림 : 침엽수 또는 활엽수가 26% 이상에서 75% 미만인 임분

27 차도에서 3km 떨어진 오지림의 지리는?

① I 등지
② II 등지
③ I 등지와 III 등지
④ III 등지

> ✿ note 지리 … 교통의 편의와 목재시장과의 거리 등을 고려한 경제적 위치를 등급으로 나눈 것이다.
> ㉠ I 등지 : 간단한 반출시설에 의하여 개발할 수 있는 산림으로 차도로부터 500m 이내이다.
> ㉡ II 등지 : 개발 가능한 오지림으로 차도로부터 2km 이내이다.
> ㉢ III 등지 : 특별한 반출시설에 의하여 개발할 수 있는 오지림으로 차도로부터 2km 이상이다.

28 산림의 개황조사 항목과 관련이 없는 것은?

① 산림의 경계
② 기후관계
③ 산림의 지리적 위치
④ 경영목적

> ✿ note 경영의 목적은 경영주체, 소유주에 대한 조사이다.

❣Answer   25.① 26.③ 27.④ 28.④

29 다음 중 지리의 등급표시방법으로 옳은 것은?

① A, B, C

② I, II, III

③ 1, 2, 3

④ 상, 중, 하

✦note 지리는 임지에서 시장까지의 운반비용에 따라 I, II, III의 3등지로 구분한다.

30 임지에 임목이 없는 경우에 이용되는 지위사정법으로 옳은 것은?

① 평균수고를 측정하여 정한다.

② 토지인자를 종합하여 정한다.

③ 한 나무의 재적을 기준으로 정한다.

④ 지피식물에 의하여 정한다.

✦note 임지에 임목이 없을 때에 지위사정을 위해서는 토지의 생산력과 관계있는 토층의 깊이, 토성, 부식의 함유량, 습도 등을 조사하여 종합적인 관점에서 지위를 판정한다.

31 임종에 의한 구분과 관련이 없는 것은?

① 맹아림

② 인공림

③ 경계림

④ 천연림

✦note 임종 … 산림의 성립 근거를 나타내는 것으로 천연림, 맹아림, 인공림 등으로 나눈다.

32 다음 중 지위사정에 대한 설명으로 옳은 것은?

① 땅을 재는 방법이다.

② 임지를 등급별로 구별하는 방법이다.

③ 임지의 생산능력을 구체적으로 표시하는 것이다.

④ 임지의 교통량을 조사하는 방법이다.

✦note 지위사정 … 임지의 생산능력을 구체적으로 표시하는 것으로, 우세목의 수령, 나무높이를 측정하여 지위별 나무높이 지위수위에 따라 상·중·하로 구분한다.

33 다음 중 지세조사의 항목이 될 수 없는 것은?

① 산맥의 방향　　　　　　　　② 지리

③ 방위　　　　　　　　　　　　④ 경사도

> ✎**note** 지리는 교통운반상황을 나타내는 것이다.

34 다음 중 유효토심의 깊이가 30cm 미만인 것은?

① 천　　　　　　　　　　　　　② 중

③ 심　　　　　　　　　　　　　④ 사

> ✎**note** 유효토심의 깊이에 따른 분류
> ㉠ 천 : 유효토심이 30cm 미만
> ㉡ 중 : 유효토심이 30 ~ 60cm 미만
> ㉢ 심 : 유효토심이 60cm 이상

35 임지의 생산능력을 나타내는 직접적 인자로 옳지 않은 것은?

① 임상의 지피식생　　　　　　② 토층구조

③ 지역의 일조량　　　　　　　④ 야생조수의 밀도

> ✎**note** 임지생산능력을 나타내는 직접적 인자 … 임상의 지피식생, 토층구조, 지역의 일조량, 토양의 비옥도 등이 있다.

36 다음 중 토양의 종류와 점토함량이 바르게 짝지어진 것은?

① 양토 – 12.5% 이하　　　　　② 점토 – 25 ~ 37.5%

③ 사토 – 50% 이상　　　　　　④ 식양토 – 37.6 ~ 50%

> ✎**note** 점토함량
> ㉠ 사토 : 12.5% 이하
> ㉡ 사양토 : 12.6 ~ 25%
> ㉢ 양토 : 25 ~ 37.5%
> ㉣ 식양토 : 37.6 ~ 50%
> ㉤ 점토 : 50% 이상

37 31 ~ 40년생의 영급의 표기로 옳은 것은?

① I 영급   ② II 영급
③ IV 영급   ④ VI 영급

✎❚note ① 1 ~ 10년생 ② 11 ~ 20년생 ④ 51 ~ 60년생

38 임분 전체의 재적이 200m^3, 소나무의 재적이 70m^{3}일 때 소나무의 혼효율은?

① 15%   ② 25%
③ 35%   ④ 50%
⑤ 55%

✎❚note 재적의 혼효비율은 임분 전체에 대한 각 수종의 혼효정도를 백분율로 나타낸 것이므로,

혼효율 $= \dfrac{70}{200} \times 100 = 35\%$

39 혼효율에 대한 설명으로 옳지 않은 것은?

① 재적의 혼효비율은 임분 전체에 대한 각 수종의 혼효정도를 백분율로 나타낸다.
② 활엽수와 침엽수의 주 수종에서 나타나는 혼효상태를 말한다.
③ 수종에 따라 백분율로 표기한다.
④ 치수림의 경우 임분 전체에 대한 각 수종의 혼효정도를 백분율로 표기한다.

✎❚note ④ 치수림의 경우 임목의 그루 수 혹은 면적점유비율로 표기한다.

40 지리에 대한 설명 중 옳지 않은 것은?

① I 등지는 간단한 반출시설에 의해 개발이 가능한 산림이다.
② II 등지는 차도로부터 500m 이내에 위치한 오지림을 말한다.
③ III 등지는 차도로부터 2km 이상에 위치한 오지림이다.
④ 교통과 시장의 거리를 고려하여 등급을 나눈 것을 의미한다.

✎❚note ② II 등지는 차도로부터 2km 이내에 위치한 개발 가능한 오지림을 의미한다.

🌷🌱Answer   37.③ 38.③ 39.④ 40.②

41 임황조사에서 임상에 대한 설명으로 옳지 않은 것은?

① 임목의 성립 여부에 따라 입목지와 무입목지로 분류할 수 잇다.

② 미입목지는 입목도가 30% 이하인 임분을 뜻한다.

③ 활엽수가 75% 이상 점유한 임분을 혼효림이라 한다.

④ 입목지는 임종구성수종의 수관 점유면적 혹은 임목 그루 수 비율로 구별할 수 있다.

✿note   ③ 혼효림은 침엽수 또는 활엽수가 26 ~ 75% 미만을 점유한 임분으로 우리나라의 대표적 혼효림 수종으로 소나무류와 참나무류를 들 수 있다.

42 입목도에 대한 설명으로 옳지 않은 것은?

① 정상임분의 축적은 수확표를 이용한다.

② 현존임분의 축적에 대한 정상임분의 축적을 백분율로 표기한다.

③ 비율이 낮을수록 정상임분에 뒤떨어지는 임분상태를 나타낸 것이다.

④ 입목도가 30% 이상인 임분을 미입목지라고 한다.

⑤ 치수나 유령림은 임목 그루 수에 의해 입목도를 산정한다.

✿note   ④ 입목도가 30% 이하인 임분을 미입목지로 본다.

43 지위에 대한 설명으로 옳지 않은 것은?

① 임지의 생산능력을 의미한다.

② 임분에서 우세목의 수령, 수고를 측정하여 지위별 수고 지위지수에 따라 상·중·하로 분류한다.

③ 단위재적당 운반비에 따라 결정한다.

④ 침엽수의 임분의 경우 소나무림을 기준으로 지위를 측정한다.

✿note   ③ 지리에 대한 설명이다.

44 다음 중 지질도를 사용하여 조사할 수 없는 것은?

① 지질계통 　　　　　　　　　② 풍화정도
③ 모암종류 　　　　　　　　　④ 토양깊이

　　🌸▌note　지질도를 사용하여 지질계통, 풍화정도, 모암종류 등을 조사할 수 있다.

45 지세조사시 경사도가 15° 이하인 것을 나타내는 말은?

① 완 　　　　　　　　　　　② 중
③ 급 　　　　　　　　　　　④ 천

　　🌸▌note　경사도의 분류
　　　　　　　㉠ 완 : 15° 이하
　　　　　　　㉡ 중 : 15 ～ 30° 미만
　　　　　　　㉢ 급 : 30° 이상

46 축적의 측정기준에 대한 설명으로 옳지 않은 것은?

① 수고 측정은 m 단위로 측정한다.
② 흉고는 임목의 지상으로부터의 높이 120cm 되는 지점의 지름을 말한다.
③ 대상 임목은 흉고 직경 2cm로 한다.
④ 흉고 측정은 2cm 괄약으로 측정한다.

　　　🌸▌note　③ 특정 대상임목은 흉고 직경 6cm 이상으로 한다.

47 앞으로 실시해야 할 밑깎기, 덩굴치기, 제벌, 간벌 등의 시기 및 방법, 횟수 등에 대한 사항을 조사하는 것은?

① 수확 　　　　　　　　　　② 조림
③ 무육 　　　　　　　　　　④ 산림조사

　　🌸▌note　① 사업지, 사업 제한지별 작업종에 따라 주벌, 간벌의 시기, 축적, 대상 면적을 조사하는 것
　　　　　　② 식재장소, 면적, 보식작업 등 새로운 산림조성과 관계되는 사항을 조사하는 것
　　　　　　④ 산림사업의 종류, 시기, 작업량을 소반별로 조사하는 것

🌸🌸Answer　　44.④　45.①　46.③　47.③

48 다음 중 지상 20cm 지점에서 벌채한 임목의 횡단면에 나타나는 나이테 수를 조사하여 임령을 정하는 것은?

① 인공림

② 보안림

③ 이령림

④ 천연림

> note ① 식재 연도를 1년생으로 계산하며, 나이는 계산하지 않는다.
> ② 법률에 의해 국토보존과 공익증진을 목적으로 경영을 제한하는 곳이다.
> ③ 임분의 최고 · 최저 수령범위를 분모로 평균 수령을 분자로 표기한다.

49 경사가 약간 급한 사면지역에 해당하며 손으로 쥐었을 때, 손바닥에 습기가 약간 묻는 정도의 토양수분상태는?

① 적윤상태

② 약건상태

③ 약습상태

④ 건조상태

> note ① 손으로 쥐었을 때 물에 대한 감촉이 뚜렷하며 계곡, 산기슭 등에 해당한다.
> ③ 손으로 쥐었을 때 약간의 물기가 비치는 정도로 평탄지나 경사가 완만한 계곡에 해당한다.
> ④ 손으로 쥐었을 때 수분에 대한 감촉이 거의 없으며 풍충지에 가까운 경사지에 해당한다.

50 조림에 관한 조사에서 필요없는 사항은?

① 묘목 소요량

② 식재시기

③ 작업종

④ 갱신방법

⑤ 식재장소

> note 조림에서는 갱신방법, 묘목 소요량, 식재시기 및 방법, 식재장소, 면적 등의 사항을 조사한다.

Answer 48.④ 49.② 50.③

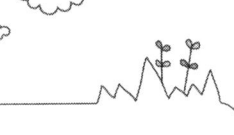

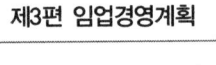

Chapter 03

제3편 임업경영계획

산림사업의 내용

1 산림경영계획내용의 조직

① 수종의 선정

(1) 선정방법

① 조림하려는 지역에서 잘 자랄 수 있는 수종을 선택하는 것이 가장 중요한 일이다.

② 그 지역에서 잘 자라지 못하는 나무는 경제적으로 유리한 수종일 경우라도 선택할 수 없다.

③ 외래수종이나 다른 지방의 수종은 산지에 적응성 시험을 한 후 타당한 경우에만 조림해야 한다.

④ 제일 바람직한 수종 선정방법은 그 지역에서 잘 자라는 향토수종을 식재하는 것이다.

(2) 우리나라의 조림수종 선정방법

① 우리나라는 경영목적에 따라 수종을 결정한다.

② 산림입지도와 산림토양도에 적합한 나무를 결정한다.

③ 현재 산림에서 자라고 있는 지역조림수종의 생육생태 및 향토수종을 참고하여 선정한다.

④ 제1차 치산녹화 10개년 계획 당시에 10개 수종을 정하여 보급, 장려하던 것을 1985년에 21개 수종으로 확대하였다.

(3) 조림 장려수종 21종

① **활엽수 장기수**(4개 수종) ··· 느티나무, 물푸레나무류, 자작나무류, 참나무류

② **침엽수**(10개 수종) ··· 버지니아소나무, 리기다소나무, 강송, 해송, 잣나무, 스트로브잣나무, 전나무, 삼나무, 낙엽송, 편백

③ **유실수**(2개 수종) ··· 호두나무, 밤나무

④ **속성수**(5개 수종) ··· 오동나무, 수원포플러, 양황철나무, 현사시나무(3호, 4호), 이태리포플러(1호, 2호)

⑤ 그 외에 아카시아나무, 피나무류, 대나무류나 오리나무류도 주요한 수종의 종류이다.

② 작업종의 선정

(1) 개요

① 작업종의 결정은 사업체계의 기초가 되는 것으로 같은 임분을 하나의 작업급으로 결정하여 총괄하는 것이다.

② 우리나라에서는 작업종을 지황, 임황, 사업의 집약도, 사업제한의 여부 등에 따라 개벌작업, 택벌작업, 모수작업, 왜림작업으로 나눈다.

(2) 개벌작업(소구역 개벌작업)

① 임분을 한꺼번에 벌채하여 동령림이 조성된다.

② 천연갱신을 할 때, 햇빛을 많이 요구하는 양수인 경우 개벌작업을 하면 치수의 발생과 생육에 좋다.

③ 소나무와 같이 종자가 떨어져 자연적 갱신이 잘 되는 작업에는 적당하다.

④ 인공조림에 의한 산림산업을 할 때도 대부분 개벌작업을 선택한다.

⑤ 산림의 황폐 우려가 있는 산림은 대면적의 개벌작업보다는, 소면적의 개벌작업을 적용해야 한다.

⑥ 자본이 많지 않은 경우, 한번에 많은 자본이 들지 않는 소면적의 개벌작업을 선택하는 것이 좋다.

(3) 택벌작업

① 나무를 골라 벌채하는 작업으로, 한번에 전부를 벌채하는 개벌작업과는 다르다.

② 모두베기 한 자리에 후생 치수가 잘 발생할 수 있는 음수나 개벌작업을 하면 황폐해지기 쉬운 임지에 적용한다.

③ **벌채방법**
ㄱ 벌구식 택벌 : 산림을 몇 개의 구역으로 나누어 차례로 돌아가면서 실시하는 방법이다.
ㄴ 전림택벌 : 전체 면적에 걸쳐 매년 실시하는 방법이다.

(4) 모수작업

① 종자를 공급하기 위한 약간의 나무를 남기는 것으로, 모수(어미나무)를 임목을 벌채할 때 남겨 사용한다.

② 개벌작업과 비슷하지만, ha당 모수를 몇 주씩 남긴다는 것이 다르다.

③ 모수의 수

　　㉠ 종자가 무거운 수종이나 키가 작은 수종 : 1ha당 25 ~ 30그루 정도

　　㉡ 종자가 가벼운 수종 : 1ha당 3 ~ 5그루 정도

(5) 왜림작업

① 사유림에서 채택할 수 있고, 맹아력이 왕성한 수종이 유리하게 이용될 수 있는 곳에서 실시한다.

② 벌기령이 짧아 자본의 순환이 빠르다.

③ 맹아가 잘 나오지 않는 침엽수에는 적용이 안 되며, 땅이 많이 소모되는 단점이 있다.

③ 윤벌기의 결정

(1) 벌기령의 결정

① 벌기령은 임목의 생산목표에 일치하는 벌채연령을 말하는데, 수종에 따라 일정한 것이 아니라 경영목적에 따라 달라진다.

② 벌기령을 수종별로 정할 때, 경제적 여건이나 공익적 여건, 재적평균생장량이 최대인 연령 등을 고려해야 한다.

③ **주요 수종의 기준벌기령**

수종	벌기령	수종	벌기령
소나무	50 ~ 70년(30년)	잣나무	60 ~ 70년(40년)
리기다소나무	25 ~ 35년(40년)	낙엽송	40 ~ 60년(20년)
삼나무	40 ~ 60년(30년)	편백	50 ~ 70년(30년)
참나무류	50 ~ 70년(20년)	포플러류	15년

　㉠ 산업비림 영림구는 괄호 안의 벌기령을 적용시킬 수 있다.

　㉡ 국유림의 경우는 뒤의 벌기령을 사용하고, 공·사유림의 경우는 앞의 벌기령을 사용한다.

　㉢ 기준벌기령 미만으로는 계획할 수 없다는 규정은, 입지 여건을 감안하여 땅힘 증진과 축적을 증대시킨다는 원칙을 따른다.

④ 현재 목재 소비구조는 원료재로 쓰이는 양이 건축용 구조재보다 많기 때문에 단위면적당 평균 적인 목재생산이 가장 많을 때를 벌기령으로 정하는 경향이 있다.

⑤ **벌기령의 종류**

　㉠ 생리적 벌기령

- 조림적 벌기령이라고도 하며, 천연갱신이나 자연적 고사하는 연령에 가장 적절한 시기를 벌기령으로 하는 것이다.
- 수종에 따라 임목이 썩거나 수관이 텅비어 잡목이 침입하고, 일정한 연령이 되어 종자의 생산이 적어진다든지 맹아력이 약해지므로, 이런 연령이 되기 전에 갱신을 하는 것이다.
- 적용대상은 천연갱신림, 풍치림, 보안림 등이 있다.

　㉡ 재적수확 최대의 벌기령

- 벌기령의 시기는 재적 평균생장량이 가장 클 때이다.
- 연간 목재생산량이 단위면적당 가장 많이 생산되도록 벌기령을 정하는 것이다.
- 목재가 섬유나 펄프 등의 원료로 많이 사용되는 경우가 재적수확 최대의 벌기령이 적당하다.
- 우리나라에서는 산림자원이 부족하므로 재적수확 최대의 벌기령을 시행하고 있다.

　㉢ 공예적 벌기령

- 임목을 어떤 용도에 맞게 가장 알맞은 크기로 가꾸는 데 걸리는 기간을 벌기령으로 하는 것이다.
- 적용대상은 철도침목, 펄프용재 생산, 전주의 생산 등이 있다.

　㉣ 산림 순수입 최대의 벌기령

- 해마다 일정한 수입과 지출이 있는 영림구에서는, 총수입에서 총지출을 공제한 평균액수가 가장 크도록 벌기령을 정하는 것이 옳다.
- 매년 일정한 수확과 조림을 계속할 수 있도록, 산림의 임령구성을 유령림, 장령림, 성숙림 등으로 한다.
- 산림 순수입은 매년 수입에서 지출을 공제한 것인데, 이 산림 순수입의 평균액이 벌기령을 어느 때로 정했을 경우가 가장 큰가를 계산하여 벌기령으로 정한다.

$$산림\ 순수입의\ 평균액 = \frac{Y_r + T_a + T_b + \cdots\cdots - C - R_v}{R}$$

- R : 벌기령
- Y_r : R년을 벌기령으로 하는 단위면적당 주벌수확
- T_a, T_b $\cdots\cdots$: a년생, b년생의 간벌수확
- C : 조림비
- v : 관리비의 평균액

　㉤ 토지 순수입 최대의 벌기령

- 미입목지에 투자하여 조림, 무육관리, 수확하는 것으로, 한 벌기 동안의 수입과 지출을 그 시기에 따라 복리로 계산한다.
- 토지 기망가의 값이 가장 클 때를 벌기령으로 정하는 것이다.

　★🔍**TIP** 토지 기망가 … 토지 순수입을 영구히 얻는 것으로 해서 현재가를 계산하는 것이다.

$$S_e = \frac{Y_r + T_a(1+p)^{r-a} + T_b(1+p)^{r-b} + \ldots\ldots - C(1+p)^r}{(1+p)^r - 1} - V$$

◦ S_e : 토지 기망가

◦ r : 벌기연수

◦ Y_r : r을 벌기로 하는 단위면적당 주벌(벌기)수확

◦ T_a, T_b, …… : a년도, b년도의 간벌수확

◦ C : 조림비

◦ V : 해마다 드는 관리비의 평균액인 v의 관리자본

◦ p : 소수로 표시한 이율(이율 5%이면, 0.05)

(2) 윤벌기의 결정

① 윤벌기는 작업급에 나누어진 임분의 벌기령의 평균적인 성숙기이고, 벌기령은 각 임분의 성숙기이다.

② 일반적으로 작업급에 속하는 임분을 차례대로 벌채하고 다시 처음 벌채한 임분까지 돌아오는데 소요되는 기간이다.

③ 윤벌기(U)는 작업급에서 각 임분의 평균벌기령(h)에 해당하는 기간(U=h)으로 되지만, 벌채휴한기(v)를 갖는 작업급에서는 U=h+v가 되며, 일반적으로 갱신과 성림의 안전을 고려한 연수를 가산하여 5 또는 10의 배수가 되도록 윤벌기를 정한다.

④ 작업급의 설정

(1) 작업급

산림작업의 수종, 작업종, 벌기령 등 작업내용이 비슷하여 공통적인 시업을 실시할 수 있는 임분단지이다.

(2) 작업급의 편성

① 작업의 표준과 통일성을 주기 위하여 편성하며, 산림규모가 큰 경우 수확조절의 단위로 보속적 수확을 얻고자 하기도 한다.

② 산림의 변화와 시업의 집약도에 따라 한 영구림 안에서 하나의 작업급을 편성하거나, 몇 개의 작업급을 편성할 수 있다.

⑤ 개량기의 설정

(1) 개량기

임분의 효율적 관리를 위해 경제적 희생을 최소화하고 균등한 수확을 지속시킬 수 있는 규칙적 주기를 설정해야 한다.

(2) 개량기 설정

① 신속한 개량을 요하는 노령임분이나 불량임분이 많은 작업급에는 윤벌기보다 짧은 기간을 설정한다.

② 유령임분이 많은 임분에서는 윤벌기보다 긴 기간을 일시적으로 설정한다.

③ 개량기는 한정한 기간에 윤벌기 대신 사용되는 것이기 때문에 윤벌기를 필요로 하는 수확 조절법에는 적용되지만, 직접 생장량을 수확의 기초로 여기는 수확 조절법에는 적용하기 힘들다.

⑥ 회귀년의 결정

(1) 회귀년의 개념

① 회귀년은 해마다 한 구역씩 택벌하여 처음에 택벌한 구역으로 다시 돌아올 때까지 걸리는 기간이다.

② 회귀년의 길이는 시업의 수종, 입지조건, 집약도 등에 따라 달라지며, 회귀년이 길어지면 택벌작업의 본질에서 벗어난다.

(2) 회귀년의 결정

① 택벌림에 윤벌기를 채용한 경우 윤벌기가 회귀년의 정수배(3 ~ 6배)가 되도록 회귀년을 정한다.

② 집약적 시업경영으로 회귀년을 짧게 하면 매년 택벌면적을 넓게 하는 것이 유리하다.

③ 작업급 면적이 넓을 경우에는 회귀년을 길게 하는 것이 유리하다.

① 산림경영계획

(1) 산림경영계획의 개념

산림경영계획은 일정 기간동안 총체적 사업계획을 수립하고 산림의 수확, 조림, 기타 사업량을 총괄 지정하는 계획이다.

(2) 계획기간

나라의 경영방침에 따라 다르지만 사회·경제적 발전에 따라 단기화되어 가고 있다.

② 수확계획

(1) 평분법

① 몇 개의 분기로 나눈 윤벌기를, 각 분기마다 재적이나 벌채면적을 같도록 만드는 방법이다.

② 평분법은 분기의 벌채면적을 같게 하는 면적평분법, 분기의 재적을 같게 하는 재적평분법, 이 둘을 절충한 절충평분법이 있다.

③ **평분법의 종류**

    ㉠ 면적평분법
- 벌채면적이 각각의 분기마다 같은 것이다.
- 수확조절순서
  - 산림을 작업급으로 나누고, 작업급은 윤벌기를 정한다.
  - 10년 기간의 분기로 윤벌기를 나눈다.
  - 산림은 임분배치를 고려하여 적당한 크기의 임반으로 나눈다.
  - 임반의 수확분기를 정하되, 임목의 연령과 앞으로의 임분배치를 고려한다.
  - 구분된 산림은 각 분기마다 면적이 같도록 산림의 소속 분기를 정한다.
  - 제1분기에 속한 임반을 대상으로 수확량을 정하는데, 현재 재적과 분기 중앙까지의 생장량을 계산한다.
  - 제2분기 이후 수확량은 계산없이 10년마다의 수확량을 예정한다.

- 생산량을 계산할 때 임반이 속한 분기의 중앙까지만 계산하는 것은, 현재 각각의 임분 벌채시기를 알 수 없기 때문에 평균적인 생장기간을 분기중앙까지로 한 것이다.
- 임분배치에서 제1분기에 소속시켜야 할 임분의 연령이 너무 어리면, 첫 번째 윤벌기 동안은 벌채하지 않고, 두 번째 윤벌기에서 제1분기에 소속시키는 정리기외 편입조치를 한다.
- 임분배치에서 가장 나중 분기에 소속될 임분의 임령이 많으면 일단 제1분기에 소속시켜 벌채하고, 다시 돌아오는 맨 나중 분기에 또 소속시켜 복벌조치를 취한다.

　ⓛ 재적평분법
- 면적평분법과 비슷한 실행순서로 진행된다.
- 각 분기마다 수확량을 같도록 하는 것이지만, 면적이 아니라 재적을 같게 하는 것이다.
- 각 분기마다 수확량에 차이가 나면 소속분기를 변경하여 수확량 조절을 한다.
- 임목의 연령을 위주로 임반과 소반의 분기를 정한다.

(2) 구획윤벌법

① 14세기 중엽에서 18세기 후반까지 사용된, 가장 오래된 수확예정방법이다.

② 해마다 같은 면적의 양만큼 벌채와 수확을 하는데, 이것은 한 윤벌기가 지나는 동안 각 연령의 임목이 같은 면적을 차지하기 때문이다.

③ 전체 산림면적을 윤벌기로 나누고 매년 그 면적만큼 벌채를 할 수 있도록 조절하는 것으로 단순구획윤벌법과 비례구획윤벌법이 있다.

(3) 임분경제법

① 산림의 임분을 경제적으로 벌채하여 산림 전체까지 유리한 경제성을 갖도록 수확을 조절하는 방법이다.

② **임분경제법의 수확조절순서**
　㉠ 작업급을 편성한다.
　ⓛ 벌채순서는 임반을 임황에 따라 소반으로 구분하여 결정한다.
　㉢ 제1사업기(10년)에 벌채할 임분의 선정기준
- 성숙기(윤벌기)가 된 임분
- 성숙 여부가 불확실하지만 벌채 순서상 빨리 벌채 해야하는 임분
- 벌채 순서를 조절하기 위해 희생적 벌채를 해야하는 임분
- 방화선 설치, 임도 등 사업상 필요에 의해 벌채할 임분

　㉣ 토지 기망가가 제일 큰 토지 순수입 최대의 벌기령을 기준으로 윤벌기를 정한다.
　㉤ 보속수확을 하기 위해 계산된 면적보다 벌채 예정임분의 면적이 아주 크거나 작으면 조절한다.
　㉥ 제1사업기에 벌채할 수확량은 선정된 임분의 생장량을 계산하여 결정하는데, 개벌작업에 적용한다.

(4) 조사법

① 조사법은 집약적인 경영산림에 주로 적용하는데, 이것은 산림축적을 조사하는데 많은 경비와 시간이 소요되기 때문이다.

② 일정한 경영기간의 초기와 말기의 축적을 측정하여, 그 기간동안 이용한 벌채나 고사한 임목의 재적을 측정해서 생장 상태를 파악하는 방법이다.

$$I = V_2 - V_1 + N$$

- I : 기간 생장량
- V_1 : 기간 초 축적
- V_2 : 기간 말 축적
- N : 벌채이용 및 고사량

③ 기간생장량 I가 그 기간동안 벌채 이용되었거나, 고사된 N에 비하여 크거나 작음에 따라 산림의 축적이 증가 · 감소된다.

④ 장기간의 계속적 조사를 통해 산림의 축적과 경급이 어떤 경우 I가 가장 커지는가를 조사한 다음, I가 가장 커지도록 산림의 축적과 경급의 구성상태를 대경목, 중경목, 소경목이 5 : 3 : 2가 되도록 조절한다.

(5) 생장량 할인법

① 현실 산림의 축적이 정상적 축적에 비해 적을 때 1년 동안의 생장량 중 일부만 벌채하고 나머지는 임목의 조성을 위해 남겨두는 방법이다.

② 연간벌채량은 연간생장량 I에 일정한 할인율(0.5 ~ 0.7)을 곱하여 정한다.

$$I = V_a \times 0.0p$$
$$Y_a = I \times 할인율(0.5)$$

- I : 연간생산량
- a : 현실축적
- p : %로 나타난 생장률
- Y_a : 연간벌채량

③ 이 같은 생장량 할인법은 우리나라 국유림에서 주로 적용하고 있다.

(6) 법정축적법

① 현실의 산림이 정상적이지 못한 축적을 가진 우리나라와 같은 경우 적용하여, 점차 정상적인 축적이 되도록 하는 방법이다.

② 작업급에 대한 현실림 축적, 정상적 축적, 생장량 조사를 통해 연간표준벌채량을 결정한다.

$$Y_a = I_a + \frac{V_a - V_n}{a}$$

  ° Y_a : 연간표준벌채량
  ° I_a : 현실연간생장량
  ° V_a : 현실축적
  ° V_n : 정상적인 축적(대상 임분이 벌기령에 달했을 때 가질 수 있는 축적합계의 1/2)
  ° a : 정리기(갱정기라고도 하며, 20 ~ 30년 또는 벌기령과 같이 정한다)

③ 연간생장량을 연간벌채량의 기준으로 삼고, 현실림과 정상림의 축적 차이를 조절한다.

③ 조림계획 및 무육

(1) 조림계획

① 과거의 조림실적이나 각 임분의 입지조건 등을 고려하여 꼭 필요한 곳에 경제적·사회적 사정에 맞게 실시한다.

② 작업급마다 조림 종목별 실행기준으로 조림 지정계획을 세운다.

(2) 조림지정

① 산림의 현황과 집약도에 따라 다르다.

② 대체적으로 천연림, 인공림별로 무육, 보식, 갱신, 보호 등의 개소별 면적과 방법을 지시하는 것이다.

③ 미입목지의 면적, 예전부터 있었던 벌채 적지와 기간 안에 실시할 벌채 예정면적에 따라 결정된다.

(3) 조림실행

① 조림계획은 조림연도, 수종, 면적 그루 수, 조림지의 종류, 보식·무육작업의 종류(덩굴치기, 가지치기, 제벌, 간벌, 밑깎기)와 시기, 횟수 등을 포함한다.

② 모든 조림계획은 조림·벌채 계획부에 기입해야 한다.

③ 조림실행 기준은 종묘의 공급방법, 식재 및 파종방법, 시기와 보식, 무육방법, 회수시기 등을 정하여 종목별로 수량을 산정하는 것이다.

(4) 무육

① 수종에 따라 갱신하거나 식재 및 보식(덧심기)에 필요한 묘목의 규정, 양, 실행연도와 횟수등 사업량을 산정한다.

② 무육의 종류는 가지치기, 제벌작업, 덩굴치기, 밑깎기로 나뉜다.

◎ 조림·무육 표준표 ◎

종별		수종	실행표준			비고
항목			실행횟수	실행연도	1ha당 식재 그루 수	
갱신보식	식재보식	잣나무	1회	벌채 다음해	3,000	묘목은 3년생
		잣나무	1회	새로 심은 다음해	600	새로 심은 나무의 20%
무육	밑깎기	잣나무	3회	새로 심은 다음부터 3년간 해마다 1회		
	덩굴치기	잣나무	1회	밑깎기가 끝난 후		밑깎기가 끝난 후 제벌 사이에 실시
	제벌	잣나무	1회	새로 심은 후 12년째		
	가지치기	잣나무	2회	재벌이 끝난 후		제벌이 끝난 후 5년마다 실시

④ 산림시설계획 및 산림보호

(1) 운반시설

① **임도**

　㉠ 임산물의 반출, 조림, 보호관리상 아주 중요한 기본적인 시설이다.

　㉡ 산림의 생산성을 개발하고 경제적 가치를 높이기 위해 하는 시설투자이다.

　㉢ 산림의 벌채 순서를 생각하여 조림·벌채 순서와 관련되도록 임도설치계획을 세운다.

　㉣ 임도설치와 유지를 위해서는 많은 자본투자가 필요하므로, 공공단체나 국가의 보조나 융자로 시설되는 경우가 대부분이다.

② **임도의 종류** … 산림철도, 임마도, 우마차, 자동차도, 가공삭도 등이 있고, 운반과 관련된 저목장과 창고 등이 있다.

③ **임도계획** … 신설, 개량, 보수와 소요경비 등으로 나누어 생각하고, 각 노선별로 이용구역이나 대상임분을 반드시 기재하고, 위치, 착공순서, 연장, 노폭 등을 설정하여 수립한다.

④ **시설계획에 대한 고려사항**

　㉠ 지형, 지질, 토양에 따른 공사의 어려움

　㉡ 대상 산림지역의 목재가격, 벌채량, 면적과 축적

　㉢ 산림지역외 시장과의 연락관계

　㉣ 수확, 조림, 관리, 보호에 미치는 영향

　㉤ 자연보호, 풍치유지, 임지의 황폐나 기타 재해에 미치는 영향

(2) 종묘시설

① 종묘의 생산과 수급은 수종에 따라 종묘의 생산량과 수급량, 수급방법과 모표의 정비상황 등을 계획해야 한다.

② 산림경영계획의 근본을 이루고 있는 종묘수급계획과 확보에 대한 결정은 구입묘목으로 할 것인가, 자가생산모목으로 할 것인가를 결정하고, 연차별 소요량에 대한 구체적 수급계획을 세운다.

③ 조림사업의 방향과 분량에 의해 묘목의 면적이 결정되기 때문에, 묘목의 면적, 위치, 경비, 퇴비장, 방품림, 부속건물, 인부숙소, 기계기구의 종류와 가격 등 여러가지를 고려해야 한다.

(3) 산림이용

① 산림을 입목상태로 처분할 경우 별 문제가 없지만, 경영자가 직접 벌채하여 제품으로 처분할 경우 운반시설, 목공소, 저목장, 제품창고, 간이 제재소 등 시설계획을 해야 한다.

② 입지여건으로 볼 경우 목재생산 외의 산림부산물의 생산 즉, 임간방목이나 약초재배, 관상수 재배와 같은 소득사업으로 이용이 용이한 경우는 공익기능을 크게 간과하지 않는 범위 내에서 산림소득사업시설을 계획하는 것이 바람직하다.

(4) 산림보호시설

① 산림피해가 가장 큰 산불을 예방하기 위해 방화선에 대한 계획을 확실히 해야 한다.

② 설치된 방화선은 상태를 점검하고, 앞으로 설치할 방화선의 신설계획을 수립한다.

③ 큰 면적의 조림지는 산불예방을 위한 산불감시소나 산불감시탑, 전화시설과 같은 방화설비에 대한 계획을 세우고 경비도 예산한다.

④ 종자 채취를 위한 수목의 관리시설비용이 포함되기도 한다.

(5) 국토보안

산림의 훼손과 황폐상태에 따라, 치산설비의 신설, 보수, 사방식재와 무육 등 치산사업의 종류와 수량을 조사하여 시설설계를 해야 한다.

(6) 보건휴양 시설

도로, 주차장, 보도, 등산로, 대피소, 휴게소, 광장, 벤치, 안내소, 설명판, 공중화장실 등의 필요시설에 대한 신설, 수선, 증축 등을 계획하고, 수량과 경비를 예산한다.

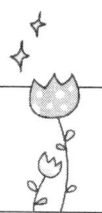

03 | 출제예상문제

1 벌기령에 관한 설명 중 옳지 않은 것은?

① 벌기령에는 경영목적에 따라서 여러가지 벌기령의 종류가 있을 수 있다.

② 벌기령의 종류 중에서 일반적으로 가장 길다고 생각되는 것은 산림 순수확 최고의 벌기령이라 할 수 있다.

③ 산림 순수확 최고의 벌기령이라 함은 임지 기망가의 최고의 연령을 벌기로 하자는 것이다.

④ 벌기령은 절대적으로 어느 것이 좋다라고 말할 수 없다.

> ✿▌note 산림 순수확 최대 벌기령 … 산림의 순수익이 최대가 되는 연령을 말하며 같은 연령의 임목들이 같은 면적을 차지하고 있다는 것을 전제로 한다.

2 다음 중 이율의 크기에 따라 가장 예민한 반응을 보이는 벌기령은?

① 공예적 벌기령

② 토지 순수입 최대의 벌기령

③ 산림 순수입 최대의 벌기령

④ 재적수확 최대의 벌기령

> ✿▌note ① 임목을 일정한 용도에 가장 적당한 크기로 가꾸는 데 걸리는 기간을 벌기령으로 결정한다.
> ③ 총수입에서 총지출을 공제한 액수의 평균액이 가장 큰 시기를 벌기령으로 결정한다.
> ④ 재적 평균생장량이 가장 큰 시기를 벌기령으로 결정하는 것으로 우리나라에서 채택하고 있다.

3 법정축적법 공식 $Y = I + (V_1 - V_2)/a$에서 I가 나타내는 것은?

① 연간생장률

② 연간생장량

③ 갱정기

④ 현실축적

> ✿▌note 법정축적법 … $Y = I + \dfrac{V_1 - V_2}{a}$
>
> (Y : 연간표준벌채량, I : 현실연간생장량, V_1 : 현실축적, V_2 : 정상축적, a : 갱정기)

4 다음 중 영림기간 초기의 축적과 기간 말의 축적을 측정하여 다음 기간 동안의 벌채수확량을 조절하는 방법은?

① 평분법
② 법정축적법
③ 임분경제법
④ 조사법

✿note ① 윤벌기를 몇 개의 분기로 나누고 각 분기의 벌채면적 혹은 재적을 같게 하는 방법
② 작업급에 대한 정상축적과 현실림 축적 및 생장량을 조사한 후 연간표준벌채량을 결정하여 현실림의 축적을 정상축적이 되도록 하는 방법
③ 모두베기작업에 적용하며, 임분을 경제적으로 벌채하면 산림 전체가 경제적으로 경영된다는 생각에서 수확을 조절하는 방법

5 산림면적을 윤벌기 연수로 나눈 면적만큼 해마다 벌채하는 방법은?

① 법정축적법
② 면적평분법
③ 임분경제법
④ 구획윤벌법

✿note ① 작업급에 대한 정상축적과 현실림의 축적, 생장량을 조사하여 연표준벌채량을 결정하고 현실림의 축적을 정상축적이 되도록 하는 방법
② 각 분기의 벌채면적이 같은 것으로 수확량을 조절하는 방법
③ 산림의 구성임분을 가장 경제적으로 벌채하면 산림 전체가 경제에 유리하도록 경영된다는 생각에서 수확을 조절하는 방법

6 구획윤벌법에 대한 설명으로 옳지 않은 것은?

① 가장 오래된 수확예정방법이다.
② 전체 산림면적을 윤벌기로 나누어 해마다 그 면적만큼 벌채한다.
③ 우리나라의 국유림에서도 적용하고 있다.
④ 면적배분법이라고도 한다.

✿note **구획윤벌법** … 수확예정방법 중 가장 오래된 것으로 전체 산림면적을 윤벌기로 나누어 해마다 그 면적만큼 벌채를 하는 방법이다. 한 윤벌기가 지나는 동안 각 연령의 임목이 같은 면적을 차지하므로 매년 같은 면적만큼 벌채·수확을 할 수 있다. 구획면적법, 면적배분법이라고도 하며 단순구획윤벌법, 비례구획윤벌법으로 분류할 수 있다.

7 다음 중 특수한 용도의 목재를 생산하는 경우에 적용하는 벌기령은?

① 생리적 벌기령
② 재적수확 최대의 벌기령
③ 산림 순수입 최대의 벌기령
④ 공예적 벌기령

> note ① 임목이 자연적으로 고사하는 연령이나 천연갱신을 하는 데 적합한 시기를 벌기령으로 정한 것
> ② 재적 평균생장량이 가장 클 때를 벌기령으로 정하는 것
> ③ 총수입에서 총지출을 공제한 액수의 평균액이 가장 큰 시기를 벌기령으로 정한 것

8 작업종에 대한 설명 중 옳지 않은 것은?

① 왜림작업은 벌기령이 짧기 때문에 자본회전의 순환은 빠르지만, 지력이 많이 소모된다.
② 모수작업에서 모수의 수는 종자가 무거운 수종일 경우엔 적게 남긴다.
③ 골라베기작업은 우량 임목만을 골라베기 때문에 부분적인 파괴적 벌채가 될 수 있다.
④ 모두베기작업은 임분을 한꺼번에 벌채하므로 동령림이 조성된다.

> note ② 모수작업에서 모수의 수는 종자가 가벼운 수종일 때에만 적게 남기고 그렇지 않을 경우 모수의 수를 늘린다.

9 재적평분법에서 분기결정에 고려해야 할 사항 중 옳지 않은 것은?

① 임령의 차이
② 임목의 상황
③ 벌채순서
④ 법정면적상태

> note 재적평분법 … 임반과 소반의 분기결정시 임목의 연령을 위주로 한다. 분기의 수확량은 같게 하되 면적을 같게 하는 것이 아니고 재적을 같게 한다.

10 다음 중 간단작업에 적용하기 곤란한 벌기령은?

① 생리적 벌기령
② 재적수확 최대의 벌기령
③ 공예적 벌기령
④ 산림 순수입 최대의 벌기령

> note 산림 순수입 최대의 벌기령 … 이상적 연년 보속작업에 적용되며 수확시기에 대한 이자가 고려되지 않기에 간단작업에는 적용이 곤란하다.

Answer 7.④ 8.② 9.④ 10.④

11 벌림을 몇 개의 구획으로 나누어 매년 한 구역씩 택벌을 할 때, 처음 택벌을 한 구역으로 다시 돌아올 때까지 걸리는 시간은?

① 작업급   ② 벌기령

③ 회귀년   ④ 윤벌기

> **note** ① 산림작업을 동일한 방침으로 실시할 수 있는 임분의 집단
> ② 임목 벌채시 경제적 성숙기를 계획적으로 결정한 것
> ④ 작업급에 편성된 각 임분의 벌기령을 평균으로 구한 것

12 우리나라에서 적용하고 있는 낙엽송의 벌기령은?

① 15년   ② 25 ~ 35년

③ 40 ~ 60년   ④ 50 ~ 70년

> **note** 낙엽송의 기준 벌기령 … 우리나라의 낙엽송 기준 벌기령은 40년 이상으로 공 · 사유림은 40년, 국유림은 60년 정도이며, 산업비림 영림구의 경우에는 20년을 적용할 수 있다.

13 다음 중 작업급의 편성과 관계가 없는 것은?

① 작업종   ② 작업단

③ 벌기령   ④ 수종

> **note** 작업급 … 산림작업을 같은 방침으로 실시할 수 있는 임분의 집단을 말한다. 작업급은 수종, 벌기령, 작업종 등 작업내용이 비슷한 임분으로 구성되어 있다.

14 재적 평균생장량이 최고인 시기로 삼는 벌기령은?

① 생리적 벌기령   ② 공예적 벌기령

③ 재적수확 최대의 벌기령   ④ 토지 순수확 최대의 벌기령

> **note** ① 임목이 자연고사하는 연령 혹은 천연갱신하는데 가장 적절한 시기
> ② 임목을 일정 용도에 가장 알맞은 크기로 가꾸는 데 걸리는 시기
> ④ 토지 기망가의 값이 최대한 되도록 정한 것

Answer   11.③   12.③   13.②   14.③

15 다음 중 수종을 선택할 때 유의해야 할 점이 아닌 것은?

① 향토수종 중에서 주수종을 선택할 것

② 각 임지에 적합한 수종을 한 가지만 선택할 것

③ 일시에 새로운 수종을 대량으로 변경하지 말 것

④ 조림기술에 맞는 수종을 선택할 것

✎**note** ② 각 임지에 여러가지 수종을 선택해야 한다.

16 임목에서 몇 개의 분기로 나뉘어 수확하는 것은?

① 구획윤벌법

② 평분법

③ 법정축적법

④ 생장량할인법

✎**note** ① 전체 산림면적을 윤벌기로 나누어 해마다 같은 면적만큼 벌채하는 방법으로 한 윤벌기가 지나는 동안 각 연령의 임목이 같은 면적을 차지하므로 매년 같은 면적만큼 수확·벌채할 수 있다.

③ 작업급에 대한 정상축적과 현실림의 축적·생장량을 조사하여 연표준벌채량을 결정한 후 현실림축적을 정상축적이 되도록 한다.

④ 현실림축적이 정상축적에 비해 적을 경우 1년 동안의 생장량 중 일부만 벌채하고 나머지는 임목축적 조성을 위해 남겨 두는 방법이다.

17 공예적 벌기령에 대한 설명으로 옳은 것은?

① 토지 기망가의 값이 최대가 되도록 벌기령으로 정하는 것이다.

② 임목이 천연갱신하는데 가장 적절한 시기를 벌기령으로 하는 것이다.

③ 해마다 단위면적에서 평균적으로 가장 많은 목재를 생산하도록 벌기령을 정하는 것이다.

④ 총수입에서 총지출을 공제한 액수의 평균액이 가장 큰 시기를 벌기령으로 정하는 것이다.

⑤ 임목을 일정한 용도에 가장 적당한 크기로 가꾸는 데 걸리는 기간을 벌기령으로 하는 것이다.

✎**note** ① 토지 순수입 최대의 벌기령

② 생리적 벌기령

③ 재적수확 최대의 벌기령

④ 산림 순수입 최대의 벌기령

※ 공예적 벌기령 … 펄프용재, 철도침목 등 일정한 용도에 알맞은 크기로 가꾸는 데 걸리는 시간을 벌기령으로 하는 것으로 임목의 크기와 재질면 등을 고려하여 계산한다.

❧**Answer** 15.② 16.② 17.⑤

18 정상적인 축적과 현실림의 축적을 조사하여 연간표준벌채량을 결정하며 현실림의 축적을 점차 정상적인 축적이 되도록 하는 방법은?

① 법정축적법　　　　　　　　　　② 평분법
③ 구획윤벌법　　　　　　　　　　④ 조사법

✿ note　② 윤벌기를 몇 개의 분기로 나누고 각 분기의 벌채면적이나 재적을 같게 하는 방법이다.
　　　　③ 전체 산림면적을 윤벌기로 나누어 해마다 그 면적만큼만 벌채를 하는 방법으로 한 윤벌기가 지나는 동안 각 연령의 임목이 같은 면적을 차지하므로 해마다 같은 면적만큼 수확·벌채할 수 있다.
　　　　④ 일정한 경영기간 초의 축적과 경영기간 말의 축적을 측정하고 그 기간 동안 벌채이용 혹은 고사한 임목의 재적을 측정하여 경영기간에 생장상태를 파악하는 방법이다.

19 같은 숲땅에 교림과 왜림을 동시에 세워두는 작업은?

① 택벌작업　　　　　　　　　　② 중림작업
③ 산벌작업　　　　　　　　　　④ 개벌작업

✿ note　① 우량 임목만을 골라베기 때문에 부분 파괴적 벌채가 될 수 있으나 치수의 보호라는 점에서 고도의 기술이 필요한 작업이다.
　　　　③ 몇 차례 걸친 벌채로 천연하종갱신을 유도함과 동시에 원래 임분을 수확하여 갱신과 수확에 모두 중점을 두는 작업이다.
　　　　④ 조방적·집약적 산림경영을 모두 적용할 수 있는 작업이다.

20 택벌림의 회귀년에 대한 설명으로 옳지 않은 것은?

① 교통이 불편한 곳에서는 20년으로 한다.　② 일반적인 곳에서는 10년으로 한다.
③ 집약적 산림은 5년으로 한다.　　　　　④ 대부분의 5의 배수로 한다.

✿ note　회귀년
　　　　㉠ 벌구식 택벌작업에서 해마다 한 구역씩 택벌작업을 하여 처음 택벌작업을 실시한 구역으로 다시 돌아올 때까지의 기간을 말한다.
　　　　㉡ 교통이 불편한 산림에서는 회귀년을 20년 정도로 하나 보통 10년으로 한다.
　　　　㉢ 집약적 산림에서는 회귀년을 5년으로 하며 근래의 택벌림에는 회귀년에 의한 벌구식 택벌작업을 하지 않고 전체 산림에서 택벌작업을 하는 전림택벌작업을 한다.
　　　　㉣ 회귀년이 길면 벌채구역면적이 작아지므로 택벌작업에 의한 한 벌구의 재적은 많아지고 회귀년이 짧으면 벌구가 커져 택벌률은 작아진다.

✿ Answer　18.① 19.② 20.④

21 임목이 고사하게 되는 연령 또는 천연갱신에 가장 알맞은 시기의 벌기령은?

① 생리적 벌기령   ② 공예적 벌기령

③ 재적수확 최대의 벌기령   ④ 산림 순수입 최대의 벌기령

> **note** ② 임목을 일정 용도에 적당한 크기로 가꾸는데 걸리는 기간을 기준으로 한 것
> ③ 재적 평균생장량이 가장 큰 시기를 정한 것
> ④ 산림의 총수입에서 총지출을 공제한 액수의 평균액이 가장 큰 시기를 정한 것

22 임목을 예비벌, 하종벌, 후벌 등의 과정을 통하여 갱신을 완료하는 방법으로 갱식기간이 긴 작업종은?

① 산벌작업   ② 개벌작업

③ 모수작업   ④ 택벌작업

> **note** ② 동령림 조성에 사용하며 소나무류의 작업에 적당하지만, 인공조림 산림사업에도 사용된다. 가장 기본적인 산림작업방법이다.
> ③ 임목 벌채시 임지에 약간의 나무를 남겨 종자를 공급하기 위한 모수로 사용하는 방법이다.
> ④ 벌채시 우량나무만 골라서 베는 작업으로 치수의 보호라는 점에서 고도의 기술이 필요한 방법이다.

23 작업급에 대한 설명으로 옳지 않은 것은?

① 수종, 작업종, 벌기령이 비슷한 임분을 한 데 모으는 계획상의 집단이다.

② 비슷한 임분에서 작업을 통일하기 위하여 편성한다.

③ 큰 산림의 경영에서는 작업급을 수확예정의 단위로 하여 택벌적 수확을 한다.

④ 법정상태의 실현과 임분배치를 정돈하는 단위로 삼는다.

> **note** 작업급 … 산림작업을 동일한 방식으로 시행할 수 있는 임분의 집단을 말한다. 작업급은 수종, 벌기령, 작업종이 비슷한 임분으로 구성되며, 작업의 표준과 통일성을 주기 위해 편성한다. 산림규모가 큰 경영에 있어서는 수확조절 단위로 하여 보속적 수확을 한다.

Answer   21.①   22.①   23.③

24 벌기령을 결정할 때 고려할 점으로 옳지 않은 것은?

① 벌채 및 조림 관계   ② 시장상태
③ 임업경영의 목적   ④ 산림무육관계

> **note** 벌기령 결정시 고려할 사항 … 임목에 있어서 어린 임목에서부터 큰 임목에 이르기까지 수종과 재종에 따라 그 이용가치가 다르고 수익률 또한 차이가 있으므로 경영목적과 경제사정 및 환경요인 등 종합적인 판단에 의한 결정이 이루어져야 한다.

25 다음 작업종 중 이령림으로 구성된 것은?

① 모수베기작업   ② 개벌작업
③ 택벌작업   ④ 중림작업
⑤ 모수작업

> **note** 택벌작업 … 한 번에 임목을 모두 베는 것이 아니라 벌기령에 달한 임목만을 대상으로 벌채하므로 산림의 임상이 이령림으로 구성된다.

26 황폐화의 우려가 있는 임지에 적합한 작업종은?

① 개벌작업   ② 왜림작업
③ 택벌작업   ④ 모수작업
⑤ 산벌작업

> **note** 택벌작업은 벌채할 나무를 골라서 벌채하는 것으로 황폐화되기 쉬운 임지나 모두베기한 자리에 후생 치수가 잘 발생할 수 있는 음수에 적용된다.

27 작업급에서 처음 벌채된 임분을 또 벌채하기까지 걸리는 기간은?

① 벌기령   ② 갱신기
③ 윤벌기   ④ 개량기
⑤ 회귀년

> **note** 윤벌기 … 작업급에서 최초에 벌채된 임분을 다시 벌채하기까지 걸리는 기간으로 보통 5의 배수로 정한다.

Answer   24.④   25.③   26.③   27.③

28 임목의 벌기령으로 가장 적당한 시기는?

① 평균생장량이 연년생장량보다 클 때
② 평균생장량이 연년생장량과 일치할 때
③ 연년생장량이 평균생장량보다 클 때
④ 연년생장량이 최대가 될 때

☆note 평균생장량이 극대가 되는 시기는 연년생장량과 교차하는 시점이다.

29 회귀년을 결정할 때 고려할 사항으로 옳지 않은 것은?

① 갱신에 미치는 영향   ② 잔존 임목과 임지에 미치는 영향
③ 실생상의 편부   ④ 시장의 목재수요

☆note 회귀년을 결정할 때의 고려사항
　　　ㄱ 갱신에 미치는 영향
　　　ㄴ 잔존 임목과 임지에 미치는 영향
　　　ㄷ 실생상의 편부
　　　ㄹ 사업의 집약도

30 갱신기는 어떤 작업종에서 가장 중요시 되는 것인가?

① 택벌작업   ② 개벌작업
③ 모수작업   ④ 산벌작업
⑤ 중림작업

☆note 산벌작업 … 갱신기가 중요시 되는 작업종으로 예비벌에서 종벌까지의 기간이 갱신기가 된다.

31 택벌림에 적용되는 수확조절법은?

① 법정축적법   ② 평분법
③ 구획윤벌법   ④ 조사법

☆note 조사법 … 영림기간 초의 축적과 기간 말의 축적을 측정하여 다음 기간 동안의 벌채수확량을 조절하는 방법으로 택벌림에 주로 적용되고 있다.

Answer　28.②　29.④　30.④　31.④

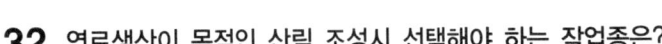

32 연료생산이 목적인 산림 조성시 선택해야 하는 작업종은?

① 산벌작업
② 택벌작업
③ 왜림작업
④ 중림작업
⑤ 개벌작업

> **note** 왜림작업 … 벌기를 짧게 할 수 있고 갱신이 용이한 방법으로 제탄용재나 소경재, 연료재를 생산하는 것이 목적일 때 산림을 조성하기 위해 선택한다.

33 다음 중 임목을 벌채할 경우 임지에 소정의 나무를 남겨두어 종자 공급을 위한 모수로 사용하는 방법은?

① 택벌작업
② 개벌작업
③ 왜림작업
④ 모수작업
⑤ 산벌작업

> **note** 모수작업
> ㉠ 임목벌채시 임지에 소정의 나무를 남겨두어 종자공급을 위한 모수로 사용하는 방법이다.
> ㉡ 개벌작업과 거의 같은 방법이지만, ha당 모수를 몇 주씩 남긴다는 점이 다르다.
> ㉢ 모수의 수는 종자가 가벼운 수종일 경우 적게 남기고 그렇지 않거나 키가 작은 수종일 경우에는 모수의 수를 늘린다.

34 다음 중 조림장려수종에 해당하지 않는 것은?

① 삼나무
② 호두나무
③ 오동나무
④ 단풍나무

> **note** 조림장려수종
> ㉠ 유실수 : 밤나무, 호두나무
> ㉡ 활엽수 : 참나무, 자작나무, 물푸레나무, 느티나무
> ㉢ 침엽수 : 강송, 잣나무, 전나무, 낙엽송, 해송, 삼나무, 리기테다소나무, 버지니아소나무, 편백, 스트로브잣나무
> ㉣ 속성수 : 이태리포플러 1·2호, 현사시 3·4호, 양황철나무, 수원포플러, 오동나무
> ㉤ 기타 : 피나무, 아카시아나무, 오리나무, 대나무

35 작업종의 선정조건에 해당하지 않는 것은?

① 재적관계 ② 운반설비
③ 천연적 요소 ④ 보호설비

✎▌note 작업종의 선정조건 ··· 천연적 요소, 지방적 수요관계, 재적관계, 축적관계, 운반설비 등

36 개벌작업에 대한 설명으로 옳지 않은 것은?

① 소나무류나 인공조림으로 인한 산림사업에 적당하다.
② 큰 면적의 개벌작업은 산림을 황폐화시킬 우려가 있으므로 황폐 우려가 있는 곳은 소면적의 개벌작업을 적용한다.
③ 소면적의 개벌작업은 자본이 많이 소요되지 않는다.
④ 개벌작업은 조방적 혹은 집약적 산림경영에는 적용될 수 없다.

✎▌note ④ 개벌작업은 조방적 · 집약적 산림경영에도 적용될 수 있는 산림작업의 기본적 방법이다.

37 왜림작업에 대한 설명으로 옳지 않은 것은?

① 맹아력이 왕성한 수종으로서 유리하게 이용될 수 있는 때에 적용한다.
② 왜림의 수요가 없는 곳에서 실시한다.
③ 활엽수에만 적용된다.
④ 벌기령이 짧아 자본순환이 빠르다.

✎▌note ② 왜림의 수요가 있는 곳에서 실시해야 한다.

38 다음 중 면적평분법과 재적평분법을 절충한 것을 가리키는 것은?

① 단순구획윤벌법 ② 비례구획윤벌법
③ 재적평분법 ④ 절충평분법

✎▌note ① 전체 산림면적을 윤벌기로 나누어 해마다 같은 면적만큼 벌채하는 방법
② 토지생산력에 따라 개위면적을 산출하여 벌구면적을 조절하여 연수확장을 균등하게 하는 방법
③ 임반 · 소반의 분기결정시 임목의 연령을 위주로 결정하는 방법

Answer 35.④ 36.④ 37.② 38.④

39 표준지 조사에 의해 단위면적당 임목의 평균지름, 평균수고, 재적 등을 표시한 것은?

① 산림수확　　　　　　　　　　　② 수확표
③ 조사법　　　　　　　　　　　　④ 수확조절

> **note** ① 산림에서 생산되는 모든 재화의 수량
> ③ 경영기간 초의 축적과 말기의 축적을 측정하여 그 기간동안 벌채에 이용하였거나 고사한 임목의 재적을 측정하여 그 기간의 생장상태를 파악하는 것
> ④ 일정한 기간동안 경영의 대상이 되는 산림에서 수확량을 예측하고 경영목적에 부합되도록 조정하는 것

40 재적수확 최대의 벌기령에 대한 설명으로 옳지 않은 것은?

① 수확표가 있어 응용할 경우 다른 벌기령보다 쉽게 사정할 수 있다.
② 변동이 없는 산림시업방법을 사용할 경우 항상 일정한 연수를 유지한다.
③ 다른 벌기령에 비하여 빨리 오는 경향이 있다.
④ 이론적으로 평균생장량이 최대일 경우에 결정되어 진다.
⑤ 10 ~ 20년 빨리 혹은 늦게 벌채하면 재적생산에 큰 영향을 끼쳐 목적을 달성할 수 없다.

> **note** ⑤ 재적수확 최대 벌기령은 최대점 부근의 평균생장량 변화가 크지 않기 때문에 주변사정을 고려하여 10 ~ 20년 빨리 혹은 늦게 벌채를 하여도 재적생산에는 큰 영향을 끼치지 않으므로 목적을 달성할 수 있다.

41 목재의 운반시설계획시 고려해야 할 사항으로 옳지 않은 것은?

① 지질, 토양, 지형에 따른 공사의 난이도
② 산림지역의 면적, 축적, 벌채량, 목재가격
③ 도로와 목재시장과의 연락관계
④ 자연보호, 풍치유지, 그밖의 재해에 미치는 영향
⑤ 방화선 신설계획 수립·검토

> **note** ⑤ 산림의 보호시설계획시 유의해야 할 사항이다.

Answer 39.② 40.⑤ 41.⑤

42 산림수확 중 물질수확에 해당하지 않는 것은?

① 주산물수확　　　　　　　② 순수확

③ 간벌수확　　　　　　　　④ 부산물수확

⑤ 주벌수확

　　✦note　② 순수확은 화폐수확에 해당한다.

43 다음 중 경제적 희생을 최소화하고 균등한 수확을 지속시키기 위해 설정하는 것은?

① 윤벌기　　　　　　　　　② 개량기

③ 회귀년　　　　　　　　　④ 벌기령

　　✦note　① 작업급의 평균적 성숙기
　　　　　　③ 처음 택벌작업을 한 구역으로 돌아올 때까지 걸리는 시간
　　　　　　④ 임목벌채에 가장 알맞은 시기

44 산림의 시설계획시 종묘시설에 대한 설명으로 옳지 않은 것은?

① 종묘생산·수급에 대해서는 수종에 따른 종묘의 생장량·수급량을 계획해야 한다.

② 종묘의 수급·확보는 산림경영계획의 근본이 된다.

③ 묘포의 크기는 조림사업의 방향과 양에 따라 결정된다.

④ 설치·유치에는 많은 투자가 필요하므로 국가 및 공공단체의 보조로 시설된다.

　　✦note　④ 운반시설에 대한 설명이다.

45 윤벌기에 대한 설명으로 옳지 않은 것은?

① 일반적으로 5의 배수로 정한다.

② 작업급에 편성된 각 임분의 벌기령을 평균한 것을 말한다.

③ 임분을 순서대로 벌채하여 최초로 벌채한 임분까지 돌아오는 데 걸리는 기간이다.

④ 점벌작업에서는 예비벌부터 종벌까지의 기간을 말한다.

　　✦note　④ 갱신기에 대한 설명이다.

46 조사법에서 기간생장량 I가 가장 큰 경급의 구성비율은? (단, 소경목 : 중경목 : 대경목 순으로 한다)

① 1 : 4 : 5
② 2 : 3 : 5
③ 3 : 4 : 3
④ 5 : 3 : 2
⑤ 4 : 3 : 3

> ✿note 소경목 : 중경목 : 대경목의 비율이 2 : 3 : 5일 때 기간생장량이 가장 커진다.

47 회귀년의 연결이 잘못 짝지어진 것은?

① 교통이 불편한 산림 – 20년
② 보통산림 – 10년
③ 집약적 산림 – 10년
④ 조방적 산림 – 10년

> ✿note ③ 집약적 산림의 회귀년은 5년으로 한다.

48 다음 중 임도의 종류로 볼 수 없는 것은?

① 철도
② 차도
③ 창고
④ 주차장
⑤ 저목장

> ✿note 임도의 종류 … 산림철도, 우마차, 가공삭도, 차도, 저목장, 창고 등이 있다.

49 제1 사업기에 벌채할 임분의 선정기준으로 옳지 않은 것은?

① 윤벌기에 도달한 임분이어야 한다.
② 벌채 순서상 속히 벌채를 해야 할 임분이어야 한다.
③ 선정된 임분의 생장량을 계산하여 결정한다.
④ 토지 기망가 제일 작은 임분을 결정한다.

> ✿note ④ 윤벌기에 도달한 임분 결정시 토지 기망가가 가장 큰 토지 순수입 최대의 벌기령을 기준으로 한다.

50 조림계획의 방법에 대한 설명으로 옳지 않은 것은?

① 산림경영계획기간은 일반적으로 5 ~ 10년인데 우리나라는 5년으로 하고 있다.

② 한 영림기간에 대한 수확예정안이 작성되면 조림계획안을 작성하여야 한다.

③ 조림면적은 산림경영계획 작성시에 있었던 벌채적지, 미입목지, 수확벌채지를 합계한 것이다.

④ 조림면적, 보식면적, 수종, 묘목 수, 식재시기, 장소 등을 상세히 기록해야 하는 것은 조림계획서이다.

> **note** ① 산림경영계획기간은 일반적으로 5 ~ 10년인데 우리나라는 10년으로 하고 있다.

51 조사법 공식 $I = V_2 - V_1 + N$에서 N이 의미하는 것은?

① 기간생장량 ② 기간축적

③ 벌기령 ④ 고사량

⑤ 생장률

> **note** $I = V_2 - V_1 + N$
> (I : 기간생장량, V_2 : 기간 말 축적, V_1 : 기간 초 축적, N : 기간 내 벌채이용 및 고사량)

52 산림보호시설에 대한 설명으로 옳지 않은 것은?

① 산불의 피해를 방지하기 위해 방화선 계획을 세워야 한다.

② 대면적의 조림지에는 산불감시탑이나 산불감시소를 설치해야 한다.

③ 불량상태의 방화선은 보수계획을 세워야 한다.

④ 치산설비의 보수 · 신설계획도 세워야 한다.

> **note** ④ 국토보안시설에 대한 설명이다.

산림경영계획의 총괄과 운용

1 산림경영계획의 총괄

① 도면

(1) 경영계획도

① 영림구의 임황과 사업기간 중의 여러가지 사업계획을 표시한 도면이다.

② 축적은 1:6,000 ~ 1:25,000의 지형도이다.

③ 사업계획과 임상을 색칠하여 표시하는 것이 특징이다.

④ 산림경영계획구의 명칭과 산림경영계획구계, 행정구역계, 임도, 임·소반 및 그 번호, 축적, 도표, 삼각점, 지종, 영급, 작업종, 임상구분, 소밀도, 벌채예정장소, 조림, 방화선, 하천, 삼각점, 범례, 작성년월일, 작성자 등을 기재한다.

(2) 기본도

① 산림구획이나 면적계산, 영림구 경계의 기초적인 도면이다.

② 축적은 1:6,000의 지형도이다.

③ 영림구계, 임반·소반계 및 번호, 영급, 지종, 임상구분, 하천, 도로 등을 기재한다.

(3) 위치도

① 영림구의 위치를 표시한 도면이다.

② 축적은 1:25,000의 지형도이다.

③ 영림구 경계선의 안쪽에 색을 달리 표시하여 영림구를 쉽게 구별할 수 있도록 한다.

④ 영림구의 명칭, 영림구계, 행정구계, 임반·소반계 및 번호를 기재한다.

② 부책

(1) 산림조사부

산림구획, 산림의 현황, 지황·임황의 현황, 면적 등을 산림조사 결과에 따라 임·소반별로 기재한 것이다.

❀ 산림조사부 ❀

구획						⑦작업종	면적						⑬합계	지황										임황																⑪비고
							⑧지종	⑨입목지	무입목지					지세		토지			19지위	⑳지리	㉑적요	㉒임종	㉓임상	㉔수종	㉕혼효율	㉖임령	㉗수고	㉘영급	㉙경급	㉚입목도	㉛소밀도	㉜하충식생	㉝적요	축적				연년생장률		
①도	②군	③면	④리	⑤임반	⑥소반				⑩미입목지	⑪제지	⑫계			⑭방위	⑮경사	⑯토양	⑰심도	⑱습도							(%)									㉞ha당(m²)	㉟건전량	㊱불(m²)	㊲총(m²)	㊳ha당(m²)	㊴총(m²)	㊵생장률(%)	
				반	반	종	(ha)	(ha)	(ha)	(ha)	(ha)	계		위	사	양	도	도	위	리	요	종	상	종	령	고	급	급	도	도	생	요								고

(2) 조림벌채 계획부

산림조사 결과를 조림계획, 무육계획, 소반별, 연차별 벌채계획과 시설계획 등의 식재계획을 구체적으로 기재한 부책이다.

❀ 조림벌채 계획부 ❀

〈요존 국유림〉

①임반	②소반	③면적(ha)	④수종및혼효율	⑤임령	축적(m³)				벌채				재적(m²)				⑱적요	조림										무육			시설			소득사업		㊶비고
					⑥ha당	⑦건전량	⑧불	⑨총	⑩연도	⑪구분	⑫벌채종	⑬벌채율(%)	⑭면적(ha)					갱신				보식				㉙연도	㉚종별	㉛면적(ha)	㉜횟수(회)	㉝적요	㉞연도	㉟종류	㊱구분	㊲수량(m)	㊳적요	㊴구분	㊵면적(불량)	
														⑮침엽수	⑯활엽수	⑰계		⑲연도	⑳종별	㉑수종	㉒면적(ha)	㉓본수(본)	㉔적요	㉕연도	㉖면적(ha)	㉗본수(본)	㉘적요											
																																					소득사업의 구분란에는 임간방목·부산물 생산 등을 기재한다.

(3) 산림경영계획 설명서

① 사업의 기본방침과 계획수립의 주지와 내용을 명확히 하기 위해 사업실행담당자 지침서를 작성한다.

② 계획의 실행과정에서 실행담당자가 바뀌거나, 앞으로의 계획변화가 있더라도 수립된 계획의 내용이 제대로 전달될 수 있도록 하는 것이다.

③ **기재사항**

　㉠ 영림구 위치, 경계 및 영림구 설정의 취지와 목적

　㉡ 자연조건과 인접지의 전체적 개요

　㉢ 산림주변 주민의 실정

　㉣ 산림소유규모와 관리경영의 연혁, 교통시설과 임산물 시장상황

　㉤ 시업목적

　㉥ 지황·임황조사사항

　㉦ 시업제한지에 대한 시업개요

　㉧ 산림구획설정 및 지종구분에 대한 전체적 개요

　㉨ 작업종, 윤벌기, 회귀년, 갱신기 등의 결정

　㉩ 조림, 벌채의 순서, 방법, 실행시기

　㉪ 수지개산에 관한 사항

　㉫ 임도, 방화선 등 시설에 관한 사항

　㉬ 작성기간과 작성자의 자격증번호, 이름 및 인원 등

---

2 산림경영계획의 운용과 변경

① 산림경영계획의 실행

(1) 산림경영계획의 확정

① 산림과 관계된 판단자료와 경영자의 의견을 충분히 반영하여 최적의 산림경영계획을 작성한다.

　㉠ 국유림 : 국유림 관리소장이나 도지사가 작성하여 산림청장의 승인을 받거나, 다른 부처의 국유림일 경우 관리청장에게 승인을 받는다.

　㉡ 공·사유림 : 임야 소재지 관할 시장이나 군수에게 산림소유자가 인가를 받는다.

② 산림청장이나 시장, 군수는 산림경영계획이 합리적으로 수립되었는지 검토하고 인가 여부를 결정하여 통지한다.

③ 인가를 받은 후 산림경영계획이 실행되는데, 일정기간이 지나면 사업실행을 검정하고 다음 계획기간에 대한 계획을 다시 작성한다.

④ **산림경영계획의 종류**

　㉠ **전업** : 예비조사, 산림조사, 일반조사 등 산림경영계획작성을 위한 조사업무

　㉡ **본업** : 벌기령, 수종, 작업종 등의 조사에 의한 사업내용을 결정하는 업무

　㉢ **후업** : 연차계획, 사업예정, 작업실행, 조사업무 등 산림경영계획을 실행하는 업무

(2) 연차계획

① 경영자가 산림경영계획을 연도별로 나누어 작성하는 것으로, 이에 따라 계획실행을 확실히 할 수 있다.

② 산림의 상황, 노동사정, 경제사정, 시설현황 등에 맞게 사업실행을 원활히 할 수 있도록 계획한다.

(3) 사업의 예정 및 실행

① 해당 지역의 실행할 사업량과 연차계획을 정확한 실측수치를 이용하여 조림 예정부, 수확 예정부, 무육 예정부, 종묘 예정부, 시설 예정부, 소득사업 예정부 등을 기재한다.

② **수확 예정부**

　㉠ 장소별로 활엽수와 침엽수, 주벌과 간벌별, 직영생산과 임목처분별로 벌채량을 정해야 한다.

　㉡ 벌채예정 합계는 시, 군 관리소의 그 연도의 사업지시량과 표준벌채량을 초과하면 안 된다.

③ 다음해의 예정부를 작성할 때, 연차계획과 실행은 이 예정부에 의해 실시되기 때문에 조림, 수확, 임도 외 기타 중요한 사업의 예정부에는 모두 실측치수를 사용한다.

④ **실행부** ··· 사업실행의 결과를 조림실행부, 수확실행부, 무육실행부, 종묘실행부, 시설실행부, 소득사업실행부 등을 기록하여 산림청장이나, 다른 부처일 경우 시장이나 군수, 관리청장에게 보고한다.

⑤ **임반 연혁부**

　㉠ 시업기록부, 기록업무, 보수업무라고도 하며, 각 임반이나 소반별로 갱신에서 벌채까지의 사업량, 육림 및 피해상황 등의 추이를 기록한 것이다.

　㉡ 매년 사업의 실행과정을 기록하여 임반의 역사를 명백히 하여, 다음 산림경영계획의 작성시에도 참고가 되도록 한다.

② 산림경영계획의 변경

(1) 개요
산림경영계획을 수립하고 실행에 옮기는 가운데 영림구 안팎의 경영과 관련된 많은 변화가 생겨 계획의 변경을 요하는 경우 정기검정, 임시검정으로 계획을 재편성한다.

(2) 정기검정
① 사업이 끝날 때 정기적으로 이루어지는 산림경영계획의 개편을 말하는 것이다.

② 영림계획의 적부 즉, 산림구획, 산림조사 등의 예업을 검토하여 필요한 부분만 수정한다.

③ 전기계획의 시업체계를 검토하고, 변경이 필요할 경우에만 근거를 명확히하고 변경한다.

(3) 임시검정
① **개념** … 산림경영계획의 실행 중에 특별한 사정으로 긴급하게 시업방침의 중요한 변경을 해야 하는 경우에 하는 검정이다.

② **임시검정을 하는 경우**
　㉠ 영림구의 사업계획량이 20% 이상 차이가 생긴 경우
　㉡ 천재지변 등으로 인한 대규모 자연재해
　㉢ 지역산림 계획이 변경된 경우
　㉣ 사업지시량이나 표준벌채량을 초과하여 사업진행을 하고자 하는 경우
　㉤ 정부 시책상 변경이 불가피한 경우
　㉥ 임도시설 등 사업여건이 양호하여 집약적 경영이 필요한 경우
　㉦ 산림경영계획상 사업계획이 없는 곳에 사업할 경우나, 사업연도의 변경이 필요한 경우
　㉧ 산림경영계획상 다른 임반에 임도시설계획을 세우고자 하는 경우

(4) 일부 수정
시업기간 중에 변경이 생겨도 간단한 수정만으로 사업실행이 가능할 경우 새로 도면이나 부책 작성 없이, 필요한 부분만 일부 수정하는 것이다.

04 출제예상문제

1 산림경영계획의 변경 사유에 해당되지 않은 것은?

① 산림경영계획상 사업계획이 없는 곳에 사업하고자 할 때

② 사업지시량 또는 표준벌채량을 초과하여 사업을 실행하고자 할 때

③ 산림경영계획상 사업연도의 변경이 필요한 경우

④ 산림 경영자가 변경하고 싶을 때

> **note** 산림경영계획의 변경 사유
> ㉠ 산림기본계획 및 지역산림계획의 변경시
> ㉡ 천재지변으로 임상의 차이가 현저할 경우
> ㉢ 산림경영계획상 시업계획이 없는 개소에 시업하고자 할 경우
> ㉣ 사업지시량을 초과하여 사업을 실행할 경우
> ㉤ 표준벌채량을 초과하여 사업을 실행할 경우
> ㉥ 산림경영계획상 사업연도의 변경시
> ㉦ 영림구의 사업계획량과 사업연도의 계획량이 20% 이상 오차 발생시
> ㉧ 정부시책상 변경이 불가피할 경우
> ㉨ 산림경영계획상 임도시설계획을 다른 임반에 시설하고자 할 경우
> ㉩ 임도시설 등으로 사업 여건이 양호하여 집약적 산림경영이 필요한 경우

2 영림구의 사업계획도를 작성할 때 쓰이는 도면의 축적은?

① 1:3,000

② 1:6,000

③ 1:25,000

④ 1:5,000

> **note** 사업계획도
> ㉠ 1:6,000의 임야도를 사용한다.
> ㉡ 영림구 면적이 작을 경우 임야도를 확대하여 작성한다.
> ㉢ 사업계획도에는 영림구 경계선, 임반·소반의 경계선, 조림예정지, 주벌, 간벌, 임도시설, 도로, 하천 등을 기입해야 한다.

Answer 1.④ 2.②

3 다음 중 산림경영계획 설명서에 포함되는 사항이 아닌 것은?

① 산림경영 개선을 위한 시설의 필요성
② 산림경영계획의 재편성
③ 사업내용의 결정
④ 산림의 일반조사

> ✿ note ② 산림경영계획 재편성은 산림경영계획 기간이 끝나면 그 동안의 사업계획, 사업실적 등을 분석, 검토하여 다음 사업기에 새로운 산림경영계획을 작성하는 것으로 산림경영계획 설명서에 포함되지 않는다.

4 도면에 대한 설명으로 옳지 않은 것은?

① 신설계획 임도는 적색으로 표시한다.
② 산림경영계획은 적색으로 표시한다.
③ 조림 예정지는 적색 평점선으로 표시한다.
④ 수종갱신은 청색 평점선으로 표시한다.
⑤ 영급은 I, II, III, … 으로 표시한다.

> ✿ note ② 산림경영계획구계는 흑색으로 표기한다.
> ※ 도면 … 위치도, 사업계획도, 산림경영계획도가 있으며 요존 국유림의 경우 위치도와 산림경영계획도를 작성하고, 공·사유림 및 불요존 국유림의 경우 사업계획도를 작성한다.

5 산림경영계획에서 일반적으로 사용되는 도면의 축적은?

① $\dfrac{1}{3,000}$ 　　　　　　② $\dfrac{1}{6,000}$

③ $\dfrac{1}{25,000}$ 　　　　　　④ $\dfrac{1}{50,000}$

> ✿ note 산림경영계획에 필요한 도면 … 위치도는 $1:25,000 \sim 1:50,000$, 사업계획도는 $1:6,000$의 임야도, 영림계획도는 $1:25,000$의 지형도를 사용한다.

6 다음 중 산림경영계획 후의 사업에 속하지 않는 것은?

① 연차계획   ② 작업의 실행

③ 조사업무   ④ 산림경영계획의 도면작성

> ✿▎note 산림경영계획 이후 사업내용
>   ㉠ 연차계획
>   ㉡ 작업의 실행
>   ㉢ 조사업무
>   ㉣ 사업의 예정

7 계획안과 몇 % 이상 차이가 있을 때 산림경영계획을 변경하는가?

① 10%   ② 20%

③ 30%   ④ 40%

⑤ 50%

> ✿▎note 산림경영계획의 변경은 사업연도, 사업계획량 등이 사업상 계획과 20% 이상 차이가 생길 때 실시한다.

8 부표의 종류에 해당하지 않는 것은?

① 산림조사부   ② 조림 · 벌채 계획부

③ 영급별 면적부   ④ 위치도

> ✿▎note 부표의 종류 … 산림조사부, 조림 · 벌채 계획부, 영급별 면적부, 경계부 등이 있다.

9 도면의 종류 중 위치도에 대한 설명으로 옳지 않은 것은?

① 산림경영계획구의 지리 · 경제적 위치를 나타내는 것이다.

② 축척 1:6,000의 임야도를 사용한다.

③ 행정구역의 경계, 산림경영계획구의 경계 등을 표기한다.

④ 요존 국유림의 경우 작성해야 한다.

> ✿▎note ② 1:25,000~1:50,000의 지형도를 사용한다.

10 산림경영계획에 필요한 도면의 종류로 옳지 않은 것은?

① 위치도　　　　　　　　　　　② 산림경영계획도

③ 입목도　　　　　　　　　　　④ 사업계획도

✿note 산림경영계획에 필요한 도면으로는 산림경영계획도, 사업계획도, 위치도가 있다.

11 영림구의 경계선, 임반·소반 경계선, 조림예정지, 주벌, 간벌, 도로, 하천 등을 기입해야 하는 도면은?

① 위치도　　　　　　　　　　　② 입목도

③ 산림경영계획도　　　　　　　④ 사업계획도

✿note 사업계획도 … 축적은 1 : 6,000의 임야도를 사용하며 영림구 면적이 작을 경우 임야도를 확대하여 사업계획도를 작성한다. 영림구 경계선, 임반·소반 경계선, 조림예정지, 주벌, 간벌, 임도시설, 하천, 도로 등을 기입해야 한다.

12 다음 중 산림경영계획도에서 흑색으로 표기해야 하는 것은?

① 산림경영계획구계　　　　　　② 침엽수

③ 사업제한지　　　　　　　　　④ 우마차도

✿note ② 회색　③ 적색　④ 적색

13 산림경영계획 사업의 후업내용으로 옳지 않은 것은?

① 연차계획　　　　　　　　　　② 사업예정

③ 작업실행　　　　　　　　　　④ 작업종 결정

✿note ④ 본업에 해당하는 내용이다.
　　　※ 산림경영계획 사업시 후업의 내용
　　　　㉠ 조사업무
　　　　㉡ 작업실행
　　　　㉢ 연차계획
　　　　㉣ 사업예정

Answer 10.③ 11.④ 12.① 13.④

14 산림경영계획시 경영자가 산림경영계획의 사업량을 연도별로 나누어 작성하는 것은?

① 산림경영계획 작성　　　　　② 사업예정
③ 연차계획　　　　　　　　　　④ 사업실행
⑤ 수확예정

> ✿**note** 연차계획 … 경영자가 산림경영계획의 사업량을 연도별로 나누어 작성하는 것으로 연도별 사업
> 량은 산림상황, 경제사정, 노동사정, 시설현황 등을 고려하여 계획해야 한다.

15 다음 중 산림경영계획을 작성할 경우 참고가 되도록 하기 위한 것으로 사업량, 사업실행 결과를 기록한 것은?

① 조림 실행부　　　　　　　　② 시설 시행부
③ 임반 연혁부　　　　　　　　④ 종묘 실행부

> ✿**note** 임반 연혁부 … 임반 · 소반별로 갱신에서 벌채까지의 사업량, 육림, 피해상황 추이 및 사업실행
> 결과를 기록한 것으로 다음 영림계획을 작성할 경우 참고하도록 하는 것이다.

16 산림경영계획의 재편성에 대한 설명으로 옳지 않은 것은?

① 정기적으로 산림경영계획을 다시 작성하는 것을 말한다.
② 산림경영계획 기간이 끝나면 그 동안의 사업계획, 사업실행 실적을 검토 · 분석하여 다음 사업시기에 새롭게 작성하는 것을 말한다.
③ 산림경영계획의 검정이라고도 한다.
④ 특별한 변동이 없는 한 산림구획과 지황조사는 생략하면 안 된다.

> ✿**note** ④ 산림경영계획 재편성시 특별한 변동이 없는 한 산림구획 및 지황조사는 생략해도 된다.

17 산림경영계획시 관리비에 포함되지 않는 것은?

① 봉급　　　　　　　　　　　② 사무비
③ 영선비　　　　　　　　　　④ 세금
⑤ 토목비

> ✿**note** ⑤ 사업비에 해당한다.

🌱**Answer**　14.③　15.③　16.④　17.⑤

18 산림경영계획의 실행절차에 대한 설명으로 옳지 않은 것은?

① 산림청장 및 시장, 군수는 승인 신청된 산림경영계획을 검토한 후 승인 여부를 통지한다.

② 산림경영계획을 작성하기 위한 예비조사, 일반조사, 산림조사 등의 업무를 전업이라 한다.

③ 산림경영계획은 절차를 거쳐 승인을 받은 후 사업을 실행하게 된다.

④ 국유림의 경우 산림경영계획이 작성되면 도지사 및 국유림 관리소장이 관할시장에게 승인 신청을 해야 한다.

> ✿note ④ 산림경영계획이 작성되면 국유림의 경우 도지사 및 국유림 관리소장이 산림청장 및 지방산림청장에게 승인신청을 해야 한다.

19 연착계획이 제대로 실행되지 않았을 경우 원인을 분석하여 다음해의 사업예정량을 조정하는 것은?

① 사업예정　　　　　　　　　　② 조사업무

③ 조정업무　　　　　　　　　　④ 계획검정

> ✿note ① 산림경영계획상 해당 지역에 실측한 수치를 사용하여 연차계획과 사업량을 기재하는 것
> ② 연차산림경영계획, 예정부의 사업계획량·사업실행량을 대조하여 계획기간 안에 예정한 사업을 완료할 수 있는 가를 검토하여 판단하는 일
> ④ 사업계획과 사업실행 실적을 분석·검토하는 것

20 경영성과를 짐작할 때 사용되는 수입에 해당하지 않는 것은?

① 세금　　　　　　　　　　　　② 부산물대

③ 잡수입　　　　　　　　　　　④ 제품대

> ✿note 경영성과 짐작시 수입견적에 해당하는 것으로는 잡수입, 부산물대, 제품대, 임목대가 있다.

21 다음 중 부표의 면적부에 기재할 내용이 아닌 것은?

① 입목지면적　　　　　　　　　② 미입목지면적

③ 경계부면적　　　　　　　　　④ 제지면적

> ✿note 면적부 … 임·소반별로 입목지, 미입목지, 제지, 개간 가능지의 면적을 각각 기재한다.

✿Answer　18.④　19.③　20.①　21.③

22 산림경영계획 작성 후 사유림의 소유주가 승인신청을 받아야 할 사람은?

① 도지사　　　　　　　　　　　② 시장

③ 산림청장　　　　　　　　　　④ 지방산림청장

⑤ 국유림 관리소장

> **note** 국유림은 도지사 및 국유림 관리소장이 산림경영계획을 작성하고 산림청장 및 지방산림청장의
> 승인신청을 받아야 하며, 사유림의 경우에는 산림 소유주가 산림경영계획을 작성하고 시장·
> 군수의 승인신청을 받아야 한다.

23 산림경영계획도의 표시방법으로 옳지 않은 것은?

① 임상을 착색한다.

② 농담식으로 영급을 표기한다.

③ 영급은 높을수록 진한 색채를 사용한다.

④ 영급, 소밀도, 임도는 흑색으로 표기한다.

> **note** ④ 영급, 소밀도는 흑색, 임도는 적색으로 표기한다.

24 수종과 작업종에 따른 종묘의 규격·공급법, 식재의 방법·시기 및 보식의 시기와 정도 등을
구체적으로 정해 놓은 표는?

① 수확표　　　　　　　　　　　② 조림·무육 표준표

③ 수지대조표　　　　　　　　　④ 재무상태표

> **note** ① 표준지 조사자료에 의해 단위면적당 임목의 평균수고, 평균지름, 흉고단면적, 재적 등을 표
> 시한 것
> ③ 수입과 지출액이 산정된 후 각 수입·지출을 합계하여 대조표로 작성, 계획기간 중 수입초
> 과액과 연평균액 및 경영면적의 ha당 값을 산출한 것
> ④ 기업의 재산상태를 명확하게 나타내기 위하여 한 시점에서 기업이 가진 모든 재산, 부채,
> 자본을 항목별로 기록해 놓은 결산서

Answer　22.② 23.④ 24.②

25 산림경영계획의 총괄에 대한 내용으로 옳지 않은 것은?

① 산림경영사업에 필요한 시설계획이 확정되면 경영계획기간 동안의 수지를 계산한다.

② 산림경영계획에 수반되는 부표 및 도면을 정리하여야 한다.

③ 수지계산을 하기 위해 수입과 지출을 산정한 재무상태표를 작성한다.

④ 산림경영계획 설명서를 작성함과 동시에 산림경영계획편성 과정은 마무리가 된다.

✿**note** ③ 수지계산을 위해 수입과 지출을 산정한 것을 수지대조표라 한다.

26 수확표의 용도로 볼 수 없는 것은?

① 지위판정　　　　　　　　　　　② 경영기술의 지침

③ 경영성과의 판정　　　　　　　　④ 경영관리시설 지침

⑤ 장래 생장량 예측

✿**note** 수확표의 용도
ㄱ 지위판정
ㄴ 육림보육의 지침
ㄷ 경영성과 판정
ㄹ 경영기술 지침
ㅁ 장래 수확량 예측
ㅂ 장래 생장량 예측

28 산림경영계획실행의 내용 중 조사업무에 대한 설명으로 옳지 않은 것은?

① 계획한 기간 내에 예정한 사업을 완료할 수 있는 지의 여부를 판단·검토하는 일을 말한다.

② 다음해 산림경영계획의 작성자료로 이용된다.

③ 벌채·조림 사업에 대하여 중심적으로 실시한다.

④ 연차계획이 예정대로 진행되지 않았을 경우 차기 사업예정량을 조정한다.

⑤ 임반·소반사업의 역사를 정확히 알 수 있다.

note ⑤ 사업실행의 내용에 해당한다.

29 다음 중 조림계획서에 기입하여야 할 사항이 아닌 것은?

① 조림면적   ② 식재시기

③ 임분의 무육   ④ 보식면적

⑤ 수종

note ③ 조림·벌채계획부에 기입하여야 한다.

PART 04

임업경영의 관리

제4편 임업경영의 관리

경영분석과 생산관리

1 비용 및 임업경영의 분석

① 비용과 수익

(1) 비용

① **개념** … 수익을 남기기 위해 소비되거나 지출된 원가나 소비액을 말하는 것이다.

  ㉠ 조림비는 회계기간의 임목 매상수익을 위한 비용이 아니기 때문에, 이 경우 지출은 비용이 아니다. 자본적 지출이다.

  ㉡ 상점에서 매출원가나 보험료, 종업원의 급료, 지급이자, 여비, 교통비 등이 비용에 해당한다.

  ㉢ 비용과 지출이 반드시 일치하는 것은 아니다.

② 임목판매를 위한 재적조사비는 수익을 남기기 위한 것이다. 그러므로 수익적 지출인 비용에 해당한다.

(2) 수익

① 일정 기간동안 기업이 고객에게 제공한 재화나 용역 즉, 경제활동을 통한 수입을 화폐액으로 표시한 것이다.

② 수입과 수익은 반드시 일치하지 않는다.

③ 수익은 실현 수익과 미실현 수익으로 구별된다.

④ **임목생산에서의 실현수익과 미실현수익**

  ㉠ 실현수익 : 주벌목 매상수익과 간벌목 매상수익이다.

  ㉡ 미실현수익 : 임목의 가치성장액이다.

② 육림비의 구성과 분석

(1) 육림비

① **개념** ··· 임목생산에 들어간 비용의 원리합계이다.

② **육림비의 구성**

  ㉠ 물재비 : 자재의 소비가치인데, 고정재의 소모가치와 유동재의 소비가치를 포함한다.
  - 고정재 : 기계, 구축물, 건물 등의 유지관리비와 감가상각비
  - 유동재 : 종자, 묘목, 농약, 거름 등에 들어가는 비용

  ㉡ 노동비 : 고용노동비와 가족노동비가 이에 속한다.

③ **자본이자** ··· 자기자본 및 차입자본이 포함된다.

④ **임지지대** ··· 자기임지나 차입지의 지대와 자본이자가 이에 속한다.

(2) 육림비의 비교

① **상호비교** ··· 같은 기간의 다른 임업경영의 육림비와 한 임업경영의 육림비를 비교하는 방법이다.

② **기간비교** ··· 같은 기간의 육림비를 과거와 비교하고, 그 변화상태를 파악하는 방법이다.

③ **표준실제비교** ··· 표준 육림비를 수종별로 미리 계산하고 실제 육림비와 비교하는 방법이다.

(3) 육림비의 절감

① 육림비에서 가장 많은 비중을 차지하는 것은 이자이므로, 이자를 줄이는 것이 육림비를 절감하는 가장 빠른 방법이다.

② 낮은 이자율의 자본을 이용한다.

③ **자본 회수기간의 단축방법**

  ㉠ 중간 부수입 증대 : 간벌, 약초재배, 표고재배, 임내채초, 산나물, 부산물 채취, 방목 등 입체적 산림이용

  ㉡ 벌기령 단축 : 임목생장을 촉진하는 기술도입 및 개발과 소경목의 판로개척

③ 임업경영의 분석과 성과

(1) 임업경영분석

① **임업경영 상태의 분석 목적** … 일정한 기간에 이루어진 임업경영 활동을 전체적으로 판단하고 앞으로 경영개선을 위한 자료를 얻는 데 있다.

② **임업경영의 재산**

　㉠ 재산 : 소극적 재산(부채)와 적극적 재산(자산)으로 구성되어 있다.

　㉡ 자산 : 경영목적을 달성하기 위해 경영자가 가지고 있는 여러가지 재화와 권리이다.

　　• 고정자산

　　－1년 안에 현금화할 수 없는 자산

　　－임지, 임도, 건물, 가공삭도, 기구, 기계, 임업용 대동물 등

　　• 유동자산

　　－1년 안에 현금화할 수 있는 자산

　　－묘목, 약제, 거름, 미처분 임산물, 현금, 저금, 대부금, 유가증권 등

　㉢ 부채 : 차입금이나 외상 매입금, 재정 융자금 등 다른 사람에게 앞으로의 어느 시기에 자산으로 갚아야 할 채무를 말한다.

③ **임목자산의 구성**

　㉠ 질적 지표

　　• 개념 : 인공림을 위주로 임업경영이 발전할 것이기 때문에, 인공림의 임령구성 상태나 인공림의 임목자산이 차지하는 비율 등이 지표가 된다.

　　• 인공림 임령구성 상태는 임목자산의 기별과 평균 면적량 구성비로 이루어진다.

　　• 임목자산의 기별 구성비 : 임업경영의 안전성을 임목자산 장비율만으로 판단내리기가 쉽지 않을 경우인 나무의 나이가 너무 어리거나 너무 많을 때 산림을 기별로 나누어 임목자산의 구성상태를 판단한다.

　　－무육기 : 10년 미만 치수

　　－보육기 : 10 ~ 30년생 유 · 장령목

　　－이용기 : 30년 이상 성숙목

　　• 평균 면적량

　　－개념 : 임목자산의 충실도를 나타낸다.

　　－공식 : 임분의 나이를 a_1, a_2, ……, a_n으로 하고, 각 임분의 면적은 f_1, f_2, ……, f_n으로 해서 평균 면적량을 구하면 다음과 같다.

$$평균\ 면적량 = \frac{f_1\,a_1 + f_2\,a_2 + \cdots\cdots + f_n\,a_n}{f_1 + f_2 \cdots\cdots + f_n} \times 100$$

ⓛ 양적 지표

- 임목자산 장비율, 전체산림면적 등을 이용한다.
- 임목자산 장비율 : 임목자산이 균형있게 구성되어 있는지를 판단하는 지표

$$임목자산\ 장비율(\%) = \frac{임목자산}{임업경영자산} \times 100$$

④ **임업경영의 자산**

ⓐ 임목축적 : 고정자산과 유동자산의 성질을 함께 가지고 있기 때문에, 임목자산으로 별도 취급한다.

ⓛ 임업경영 자산의 현황

- 자산 하나하나에 대하여 수량과 성능을 조사하여 가치를 평가한다.
- 경영자산의 가치는 산림평가 이론에 의해 결정되지만, 경영분석에서는 원가방법을 적용하는 것이 일반적이다.
- 원가방법
 - 경영자산의 평가액으로 취급하며, 자산의 조성이나 구입에 들어간 비용을 계산하는 것이다.
 - 오래 전에 심은 나무에 대한 비용을 알 수 없을 경우에는 그것을 지금 다시 조성할 경우 드는 비용을 견적 내어 사용한다.
- 임목자산 평가 표준표 : 임령별, 수종별, 지역별 단위면적당 임목자산의 평가액을 표시한 것이다. 평가시점까지 들어간 여러가지 육림비용과 이자를 계산한 육림비 누적액을 말한다.
- 각 연도별 육림비 누적액

금년도 초의 육림비 누적액 = 전년도 초의 육림비 + 전년도 육림비

 - 육림비 = 유동비(현금지불) + 감가상각비 + 자본이자 + 지대(고정자산세의 평균액)
 - 유동비 = 유동물자비 + 노무비
 - 자본이자 = 고정자본이자 + 유동자본이자 + 임목자본이자(임업이율 3 ~ 5%로 계산)
- 임업경영이 정상적일 때 임목자산이 가장 가치 있는 것이다.

⑤ **임목자산의 변화**

ⓐ 성장성 분석 : 경영자산이나 규모가 전년도와 비교하여 어느 정도 변하였는지를 분석하는 것이다.

ⓛ 임목자산의 성장성을 판단할 경우 성장액의 내부 보유율, 임목성장액, 임목자산 증감률 등을 평가기준으로 이용한다.

임목자산의 변화상태 분석

계층별 면적(ha)	연초 재고 (천원)	연말 재고 (천원)	성장액 (천원)	매각액 (천원)	연내 증감 (천원)	증감률 (%)	성장액의 내부 보유율(%)
5 미만	2,244	2,325	147	63	81	3.6	56
5 ~ 10	4,659	4,837	291	110	178	3.8	62
10 ~ 20	8,812	9,112	520	219	300	3.4	58
20 ~ 30	18,113	18,378	1,081	810	265	1.5	25

ⓒ 임목자산의 변화상태 분석
- 성장액 : 한 해 동안 성장한 모든 임목의 가치를 원가방법에 근거하여 평가하는 것이다.
- 매각액 : 임목의 육림비 누적액으로, 매각한 임목의 실제 판매가격은 아니다.
- 연내 증감액 : 성장액에서 매각액과 자가 소비된 임목의 가치를 뺀 나머지 금액이다. 연말 재고에서 연초 재고를 뺀 나머지 금액과도 같다.
- 증감률 : 임목자산이 늘어나는 속도를 보여 주는 것이다.

$$임목자산\ 증감률(\%) = \frac{연내\ 증감액}{연초\ 재고액} \times 100$$

- 성장액의 내부 보유율 : 한 해 동안 성장한 임목자산 중에서 판매되지 않고 남은 임목자산의 비율이다.

$$성장액의\ 내부\ 보유율(\%) = \frac{연도\ 내\ 성장액 - 연도\ 내\ 매각액}{연도\ 내\ 성장액} \times 100$$

⑥ **임업경영의 분석**
- ㉠ 생산물의 단위당 생산비를 조사하고 능률을 검토한다.
- ㉡ 연간 달성한 경영결과를 그 해에 실시한 경영요소와 관련하여 적절히 운영되었는지 검토한다.
- ㉢ 수량과 성능을 조사하여 자료에 의한 합리적인 경영조직이 세워졌는지 검토한다.

(2) 임업경영의 성과

① **개요** … 경영 개선을 위하여 한 해 동안의 경영성과를 분석하는 것은 중요한 일이다. 해마다 경영성과를 분석하여, 변화하는 경제 여건에 적응할 수 있는 새로운 방침을 세워야 한다.

② **임업소득과 임업순수익**
- ㉠ 임업소득
  - 임업소득은 임업경영의 결과인 직접적 소득이므로, 임업경영의 성과를 나타내는 가장 큰 지표가 된다.

- 임업조수익에서 임업경영비를 뺀 나머지가 임업소득이다.

> 임업소득 = 임업조수익 − 임업경영비
>
> 임업순수익 = 임업조수익 − 생산비

- 임업소득률은 임업조수익 중에서 임업소득이 차지하는 비율이다.

$$임업소득률(\%) = \frac{임업소득}{임업조수익} \times 100$$

ⓒ 임업조수익

- 임업조수익은 한 해 동안 얻어진 임산물과 부산물의 성과를 평가한 총액이다.
- 임업조수익의 구성내용
  - 임산물 판매의 현금 수입
  - 자가소비된 임산물의 평가액
  - 생산 자재의 증가액
  - 미처분 임산물의 증가액
  - 임목의 성장액 등

ⓒ 임업경영비

- 임업경영비는 임업조수익을 얻기 위해 경영활동에 투입된 모든 비용이다.
- 임업경영비 내용
  - 자재구입을 위한 현금지출
  - 생산자재의 감소액
  - 미처분 임산물의 감소액
  - 감가상각액
  - 주벌 임목의 감소액 등
- 경영비에 포함되지 않는 내용 : 자기임지에 대한 지대, 자기자본에 대한 이자, 가족노동력에 대한 보수

ⓔ 임업소득 가계 충족률

- 임업경영이 순수익의 최대화를 목표로 하는 자본가적 경영이 이루어졌을 때 임업순수익을 얻을 수 있다.
- 임업소득 가계 충족률에 의해 임가의 소비경제가 임업소득으로 유지되는 정도를 알 수 있다.

$$임업소득 가계 충족률(\%) = \frac{임업소득}{가계비} \times 100$$

③ **임업소득의 구성**

    ㉠ 임업소득을 얻는 데 작용하는 자본, 임지, 노동의 세 가지 생산요소가 어느 정도 기여했는가를 알아보는 것이다.

    ㉡ 임업자본 수익률, 10a당 임지소득, 1일당 가족노동 보수를 정확히 계산해야 자본, 임지, 가족노동의 보유량이 서로 다른 임가의 경영성과를 비교할 수 있다.

       • 임업자본 수익률 : 자본의 운용 이자율을 결정하는 자료가 되며, 연간 서로 다른 경영의 자본효율을 비교하는 데 이용된다.

       • 10a당 임지소득 : 지대와 임지의 가격을 평가하는 자료가 되며, 임지의 효율을 수익면에서 측정할 수 있는 지표가 된다.

       • 1일당 가족보수 : 노임을 결정하는 척도로 각각 다른 경영의 노동효율을 비교하는 자료가 된다.

    ㉢ 생산요소에 귀속되는 임가소득

       • 자본에 귀속하는 소득 = 임업소득 − (지대 + 가족노임 평가액)

       • 임지에 귀속하는 소득 = 임업소득 − (자본이자 + 가족노임 평가액)

       • 가족노동에 귀속하는 소득 = 임업소득 − (지대 + 자본이자)

       • 경영관리에 귀속하는 소득 = 임업순수익 − (지대 + 자본이자)

④ **임가소득**

    ㉠ 임가소득은 연간 임업경영으로 여러가지 소득을 얻은 성과를 합계한 것이다.

    ㉡ 어떤 임가의 전체 소득수준과 임업의 상대적 중요성을 알아볼 때 효과적으로 이용될 수 있다.

    ㉢ 생산 자원의 소유상태가 다른 임가 사이의 임업경영 성과를 직접 비교하기 위한 지표로는 이용될 수 없다.

    ㉣ 구성은 임업경영으로 얻은 소득과 농업이나 겸업, 부업 등 임업이 아닌 부분의 소득으로 이루어진다.

$$임가소득 = 임업소득 + 농업소득 + 기타소득$$

    ㉤ **임업 의존도** : 임가소득에서 임업소득이 차지하는 비율을 말하는 것이다.

$$임업\ 의존도(\%) = \frac{임업소득}{임가소득} \times 100$$

(3) 임업경영의 수익성

① 우리나라에서는 주요 수종에 대한 조림사업의 수익성을 조림사업의 경제적 타당성을 판단 내리기 위해 분석하고 있다.

② 임가에 대한 경제조사가 제대로 이루어지지 않아, 전국적 임업경영 분석실태를 알기가 쉽지 않다.

③ 임업을 정상적으로 경영하는 임가가 많지 않아 임업경영의 현황과 성과분석의 시도에 어려움을 겪고 있다.

④ 조림사업의 수익성 분석에는 여러가지 이자계산이 들어감으로 실제 계산은 아주 복잡하다.

⑤ 포플러 묘목생산의 수익성 분석양식에 표시된 여러가지 지표들로 임업경영의 수익성과 조림사업의 수익성을 판단할 수 있다.

2 생산의 관리와 시장의 육성

① 생산관리의 원칙과 내용

(1) 생산관리

① 경영 목표를 이룰 수 있도록 생산활동을 능률화하고 최대의 생산력을 발휘하기 위한 하나의 시책이다.

② 좋은 품질의 제품을 저렴한 가격으로 생산할 수 있도록 생산과정이나 생산활동 전체를 관리·조정한다.

③ 3S원칙

　㉠ 전문화(Specialization)
　　• 한가지 기능만을 가지고 있는 노동자가 고유 기능을 발휘할 수 있도록 작업을 분담시켜 집중성을 높인다.
　　• 정밀도와 생산효율이 높은 한가지 목적의 기계나 기구를 사용하여 작업을 실시한다.
　㉡ 표준화(Standardization)
　　• 제품의 대표적 기준을 세우고 그 것을 바탕으로 규격화된 제품만 집중적으로 생산하여 생산능률을 높인다.
　　• 제품이나 부품의 규격을 제한, 통일시켜 생산능률을 높이는 것이다.
　㉢ 단순화(Simplification)
　　• 작업의 단순화 : 노동자가 한가지의 일만 집중적으로 담당하여 능률을 높인다.
　　• 제품의 단순화 : 생산제품의 종류를 한가지 정도로 제한하여 집중적으로 생산하는 것인데, 생산원가를 낮추고 대량생산을 할 수 있다.

(2) 생산관리의 내용

① **생산계획** … 생산할 상품에 관한 여러가지 사항을 체계적으로 예정하고 확립하는 것이며, 장기생산계획, 종합생산계획, 일정계획 등의 주요 업무가 있다.

② **공장입지**

　㉠ 노동비, 동력비, 수송비 등 생산비용이 최소화될 수 있는 곳으로 선정해야 한다.

　㉡ 노동력의 공급원, 원자재의 공급원, 공업용수의 공급원, 소비시장과의 거리, 그 지역의 법적 제한 등 여러 요인을 종합적으로 검토한다.

③ **작업관리**

　㉠ 작업에 나쁜 영향을 끼치는 요인이나 낭비적인 요인을 제거해 나가는 것이다.

　㉡ 작업방법의 연구, 작업측정 등이 확실히 조사되어야 효과적인 작업관리가 이루어진다.

　　• 작업방법의 연구 : 각종 작업의 불필요한 동작을 제거하고, 효과적 작업방법을 찾아내기 위해 작업을 과학적으로 분석하는 것

　　• 작업측정 : 노동자의 여러가지 작업 수행시간을 측정하여, 표준 작업시간을 설정하는 것

④ **품질관리**

　㉠ 과학적 원리를 바탕으로 제품의 질을 유지, 향상시키기 위한 체계적인 관리를 말한다.

　㉡ 수시로 품질검사를 실시해야 품질의 수준을 파악할 수 있다.

　㉢ 가장 중요한 것은 품질의 최종 판정자는 소비자라는 것이며, 소비자의 동향을 표준기준에 반영해야 한다.

　㉣ 품질검사는 품질의 검사 및 보정, 품질 표준설정으로 구성된다.

　㉤ 원자재, 기계설비, 인적요소는 품질에 영향을 끼치는 요소이므로 잘 관리해야 한다.

⑤ **재고관리**

　㉠ 개념

　　• 재고는 경제적 가치를 지니고 있는 모든 것의 저장을 가리키는 것이다.

　　• 생산활동의 계속성과 능률성을 위해 필요한 원자재, 제품, 반제품 등의 최적 보유량을 계획, 조직, 통제하는 기능이다.

　㉡ 필요성

　　• 생산관리에서 아주 중요한 과제는 원자재나 제품의 재고를 알맞게 유지시키는 것이다.

　　• 너무 많은 재고는 자본을 원활하게 활용할 수 없게 하므로 여러가지 비용을 더 발생시킨다.

　㉢ 기능

　　• 원자재나 반제품을 항상 보유하는 것으로 생산의 지연을 막고 일정한 생산수준을 유지시킬 수 있다.

　　• 알맞은 시기에 적당한 수준의 재고를 최소비용으로 유지한다.

② 목재시장과 유통

(1) 시장의 종류

① **구체적 시장**

　㉠ 특정의 장소에 위치한 시장을 가리킨다.

　㉡ 종류 : 소매시장, 중앙도매시장, 공설시장, 상품거래소, 증권거래소 등이 있다.

　㉢ 경제가 발달하기 전, 장이나 장터와 같이 교환 또는 매매가 이루어지던 곳이다.

② **추상적 시장**

　㉠ 통신기술과 신용거래가 발달한 현재, 구체적 장소의 필요없이 공급자와 수요자 사이 수급관계가 성립되어 형성되는 것이다.

　㉡ 종류 : 국내시장, 국제시장, 세계시장 등이 있다.

③ **생산물 시장**

　㉠ 생산물이나 각 재화와 용역이 거래되는 시장이다.

　㉡ 생산물의 종류에 따라 농산물, 수산물, 임산물 시장 등이 있고, 제품종류에 따라 청과, 생선, 목재시장 등이 있다.

④ **생산요소시장** … 토지, 자본, 노동과 같은 생산요소가 거래되는 시장이다.

⑤ **중심지와의 거리** … 지역시장, 중앙시장 등으로 분류된다.

⑥ **제조과정** … 제품시장, 원료시장 등이 있다.

⑦ **유통기구** … 소매시장, 도매시장 등이 있다.

⑧ **수요자와 공급자의 수와 연관방법** … 독점시장, 과점시장, 완전경쟁시장 등이 있다.

(2) 임목산지의 단지화

① **단지화의 필요성**

　㉠ 농·산촌의 임금이 높아져 산림경영에 많은 비용이 들게 되면서 흩어져 있는 임목의 벌채, 수집, 판매가 어려워지고 있다.

　㉡ 간벌목이나 소경목, 낮은 질의 목재라도 한 곳에서 많이 생산되면 펄프재, 지주목 등으로 판매할 수 있다.

② 단지화의 기능

ㄱ 임목의 생산지를 가능한 집단화 한다.

ㄴ 일정한 장소에 많은 양의 목재를 모이게 하여 판매를 촉진하고, 벌채와 하산, 반출비용을 줄인다.

(3) 목재 유통의 경로와 유통의 합리화

① 목재의 유통경로

ㄱ 다른 농산물의 유통경로 체계와 비교하면 목재 유통경로는 아주 단순하다.

ㄴ 목재는 다른 농산물과 달리 최종 수요자가 개인의 소비가 아니라 생산자재로서 공급되는 것이기 때문이다.

ㄷ 근래에 생산되는 목재는 천연갱신, 피해목 벌채 등의 지름 20cm 미만의 소경재가 대부분이며, 갱목용이나 펄프용으로 이용된다.

ㄹ 목재는 분산기능은 별로 필요하지 않고, 수집이나 중재기능만이 필요하다.

ㅁ 산림 소유자가 직접 벌채하여 판매하는 경우보다 목상에게 임목상태 그대로 판매하는 경우가 많다.

ㅂ 산림 소유자들은 가격에 대한 정보나 정확한 물량기준이 없어 불공정한 거래가 이루어지고 있는 실정이다.

② 목재 유통의 합리화

ㄱ 경영의 주체가 이윤 극대화와 비용 최소화의 경제원리를 실현함과 동시에, 전국민이나 공공이익에 부합될 수 있는 유통구조의 확립을 의미한다.

ㄴ 유통 합리화는 목재 가격의 안전성, 목재 거래의 공정성, 목재 수급의 균형, 유통효율 등으로 그 성과에 대한 판단기준을 갖는다.

ㄷ 목재는 다른 농수산물과 달리 형상이 단순하고 잘 썩지 않아 크기별로 제재하여 규격과 가격을 통일하고 실수요자의 주문에 맞게 직접 가공 공급한다면, 생산자와 실수요자 사이의 중간상인이 배제되기 때문에 다같이 이익을 얻게 된다.

ㄹ 목재의 유통과정을 합리화하기 위해서는 생산자가 직접 벌채하고, 간단한 제재시설을 갖추어 반제품을 만들어 판매하는 것이 좋다.

ㅁ 유통 합리화를 위해 일반적으로 정부가 간섭하는 형태

• 조직의 개선

• 유통효율의 절감

• 행정 조치 등

(4) 새로운 용도의 목재개발

① 목재는 대체재가 나오면 그 수요가 줄기 때문에 항상 대체재와 경쟁을 하고 있다.

② 항상 새로운 용도를 개발하고 추진해야만 임업경영이 활성화되어 유지될 수 있다.

③ 잘 자란 나무는 여러가지 방면에서 효율적으로 이용되도록 용도를 개발하고 판로를 확대시키는 것이 가장 중요하다.

01 출제예상문제

1 임업조수익을 구성하는 내용으로 옳지 않은 것은?

① 생산자재의 증가액
② 자재 구입용 현금
③ 미처분 임산물의 증가액
④ 자가소비된 임산물의 평가액

✿**note** 임업조수익 … 1년 동안 임업을 경영한 성과로 얻어진 임산물과 부산물을 평가한 총액으로, 임업조수익을 구성하는 것으로는 임산물 판매에 의한 현금수입, 미처분 임산물의 증가액, 자가소비된 임산물의 평가액, 생산자재의 증가액, 임목성장액 등이 있다.

2 다음 중 임목자산의 변화를 나타내는 것으로 옳지 않은 것은?

① 내부보유율
② 임목성장액
③ 임목자산증감률
④ 연간생장량

✿**note** 임업경영의 자산 중 임목자산의 성장성을 판단할 경우 임목성장액, 임목자산증감률, 성장액의 내부보유율을 이용한다.

3 다음 육림비 중 가장 많은 비중을 차지하는 것은?

① 이자
② 노동비
③ 감가상각비
④ 기계 구입비

✿**note** 육림비 구성별 비중
ⓐ 이자 : 80%
ⓑ 노동비 : 12 ~ 15%
ⓒ 재료비 : 3 ~ 5%
ⓓ 감가상각비 : 0.3 ~ 0.6%

❣❣**Answer** 1.② 2.④ 3.①

4 다음 중 임목자산의 변화라고 할 수 없는 것은?

① 임목전환   ② 벌채의 감소
③ 토지의 이용전환   ④ 수목 자체의 증식

✿▌note 임목자산 … 산림축적을 말하는 것으로 임업자산 중 가장 가치가 크다. 벌채의 감소, 임목의 전환, 수목 자체의 증식 등은 임목자산의 변화로 볼 수 있다.

5 다음 중 임업소득의 구성에서 가족노동에 귀속하는 소득은?

① 임업순수익 − (지대 + 자본이자)
② 임업소득 − (지대 + 가족노임 평가액)
③ 임업소득 − (자본이자 + 가족노임 평가액)
④ 임업소득 − (지대 + 자본이자)

✿▌note 임업소득의 구성
　　ⓣ 경영관리에 귀속하는 소득 : 임업순수익 − (지대 + 자본이자)
　　ⓛ 자본에 귀속하는 소득 : 임업소득 − (지대 + 가족노임 평가액)
　　ⓒ 임지에 귀속하는 소득 : 임업소득 − (자본이자 + 가족노임 평가액)
　　ⓔ 가족노동에 귀속하는 소득 : 임업소득 − (지대 + 자본이자)

6 다음 중 벌채, 운반, 판매 등의 사업비로서, 간접비에 해당하는 것은?

① 집재비
② 벌채비
③ 매목조사비
④ 기계 · 기구의 감가상각비

✿▌note ①②④ 직접비에 해당한다.
　　※ 직 · 간접비의 종류
　　　　ⓣ 직접비 : 집재비, 벌채비, 조재비, 운반비, 하산비, 기계 · 기구의 감가상각비 등
　　　　ⓛ 간접비 : 사업감독비, 매목조사비, 사업소 등의 건축비와 유지비, 사무용품비, 노무자의 위생비, 세금, 수수료, 기타 잡비 등

7 임업경영자산에 있어서 고정자산으로 옳지 않은 것은?

① 임지
② 가공삭도
③ 벌채된 임목
④ 임업용 대동물

> ✿**note** 임업경영자산
> ㉠ 고정자산 : 건물, 임지, 기구, 기계, 가공삭도, 임도, 임업용 대동물 등
> ㉡ 유동자산 : 묘목, 미처분 임산물, 약제, 거름, 저금, 현금, 유가증권, 대부금 등
> ㉢ 임목자산 : 임목축적

8 다음 중 임가소득에 대한 설명으로 옳은 것은?

① 임업소득
② 임업조수익 − 생산비
③ 임업소득 + 농가소득 + 기타소득
④ 임업조수익 − 임업경영비

> ✿**note** 임가소득 … 임가에서 한 해에 여러가지 소득행위로 얻은 성과를 모두 합계한 것으로 임업소득과 농가소득 이외에 기타소득으로 구성된다.

9 다음 중 생산관리의 일반원칙으로 옳지 않은 것은?

① 전문화
② 근대화
③ 표준화
④ 단순화

> ✿**note** 생산관리의 일반원칙 … 표준화, 전문화, 단순화의 원칙에 있으며 3S 원칙이라고 한다.

10 다음 중 생산에 드는 비용은?

① 관리비
② 유동비
③ 고정비
④ 한계비용

> ✿**note** 유동비 … 생산에 필요한 유동자본재(약재, 종묘, 거름, 노임 등)에 대한 비용을 말하고, 지출금액은 생산량의 함수가 된다. 이 비용은 생산이 있을 경우에 생긴다.

11 다음의 설명 중 옳지 않은 것은?

① 임업순수익 = 임업조수익 − 생산비

② 임업소득 = 임업조수익 − 임업경영비

③ 자본이자 = 유동자본이자 + 고정자본이자 + 임목자본이자

④ 유동비 = 노동비 − 유동물자비

> **note** ④ 유동비는 노동비와 유동물자비의 합으로 나타낸다.

12 다음 중 생산량의 증감에 따라 변화하지 않는 비용은?

① 종묘비용
② 부동산에 대한 세금

③ 기계의 유지관리비
④ 노임

> **note** 부동산에 대한 세금은 고정비로 생산량의 증감에 따라서 변하지 않는다.

13 한 해 동안 얻어진 임산물·부산물을 평가한 총액은?

① 임업소득
② 임업순수익

③ 임업조수익
④ 임업경영비

> **note** ① 임업조수익에서 경영비를 차감한 금액
> ② 임업조수익에서 생산비를 차감한 금액
> ④ 임업조수익을 얻기 위해 경영활동에 투입한 비용

14 임업소득의 구성 중 경영관리에 귀속하는 소득을 나타낸 것은?

① 임업소득 − (지대 + 가족노임 평가액)

② 임업순수익 − (지대 + 자본이자)

③ 임업소득 − (자본이자 + 가족노임 평가액)

④ 임업소득 − (지대 + 자본이자)

> **note** ① 자본에 귀속하는 소득
> ③ 임지에 귀속하는 소득
> ④ 가족노동에 귀속하는 소득

Answer 11.④ 12.② 13.③ 14.②

15 임업경영자산에서 임목자산에 속하는 것은?

① 가공삭도   ② 임목축적

③ 묘목   ④ 현금

⑤ 유가증권

> ✿note 임업경영자산
> ㉠ 유동자산 : 묘목, 약재, 미처분 임산물, 거름, 유가증권, 저금, 현금 등
> ㉡ 고정자산 : 건물, 기계, 기구, 임지, 가공삭도, 임도, 임업용 대동물 등
> ㉢ 임목자산 : 임목축적

16 다음 중 영업비로 옳지 않은 것은?

① 판매수수료   ② 매출원가

③ 포장운반비   ④ 급여료

> ✿note 영업비 … 판매비 및 일반 관리비를 포괄한 내용으로 매출원가에 속하지 않는 모든 영업비용을 말한다. 여기에는 일반 관리직 및 판매직의 급여료, 보관료, 견본비, 광고선전비, 포장운반비, 판매수수료, 기술개척비 등이 있다.

17 다음 중 임업경영의 직접비에 해당하는 것은?

① 견본비   ② 사무용품비

③ 사업감독비   ④ 운반비

> ✿note 직접비 … 운반비, 조재비, 벌채비, 집재비, 하산비, 기계와 기구의 감가상각비 등이다.

18 육림비용의 내용으로 옳지 않은 것은?

① 지대   ② 부채

③ 현금지출   ④ 자본이자

> ✿note 육림비는 유동비(현금지출)와 감가상각액과 자본이자, 지대의 합이다.

19 다음 중 손실의 최소화를 위해 생산을 중지해야 하는 시점은?

① 총비용을 회수하지 못할 때
② 평균고정비용을 회수하지 못할 때
③ 평균비용과 한계비용이 같을 때
④ 평균유동비용을 회수하지 못할 때

✿**note** 손실의 최소화를 위해서는 생산물의 단위당 판매가격의 수준이 평균유동비율을 회수하지 못하는 시점에서 생산을 중지한다.

20 다음 육림의 방법 중 노동량을 절감하기 위한 방법으로 옳지 않은 것은?

① 제초제를 사용한다.　　　　② 기계화시킨다.
③ 작은 묘목을 심는다.　　　　④ 밀식을 한다.

✿**note** ③ 노동량을 절감하기 위해서는 큰 묘목을 심는 것이 좋다.

21 다음 중 산림의 수확에서 나무껍질, 버섯, 수지 등을 수확하는 것은?

① 부산물수확　　　　　　　　② 금원수확
③ 밀원수확　　　　　　　　　④ 간벌수확

✿**note** 부산물수확…산야의 야생사료, 약초, 칡뿌리, 유실수 종실 이외의 열매, 버섯, 퇴비원료, 산나물, 나뭇가지, 토석, 야성조수 등의 산림부산물을 수확하는 것을 말한다.

22 다음 중 자본회수기간을 단축할 수 있는 방법으로 옳지 않은 것은?

① 표고재배를 한다.　　　　　② 부산물 채취를 한다.
③ 대경목의 판로를 개척한다.　④ 벌기령을 짧게 한다.

✿**note** 자본회수기간 단축방법
　　　㉠ 벌기령 단축 : 생장을 촉직하는 기술의 개발·도입, 소경목의 판로 개척
　　　㉡ 부수입 증대 : 표고재배, 간벌·부산물 채취·약초재배, 산나물 채취 등

23 다음 중 최대의 수익을 얻을 수 있는 조건으로 옳은 것은?

① 한계수익이 평균비용과 같아야 한다.
② 총수익이 총비용과 같아야 한다.
③ 한계수익이 한계비용과 같아야 한다.
④ 평균수익이 한계비용과 같아야 한다.

✿▌note 총수익과 총비용이 같을 때에 수익이 최대가 된다.

24 다음 중 임업의 순수익을 나타낸 것은?

① 임업소득 – 임업조수익
② 임업조수익 – 임업소득
③ 임업소득 – 임업경영비
④ 임업소득 – 가족임금 견적액

✿▌note 임업의 순수익은 임업소득에서 가족임금 견적액을 차감한 금액이다.

25 다음 중 임업의 조수익에 포함되지 않는 계산요소는?

① 감가상각비
② 미처분 임산물 증가액
③ 임목생장액
④ 생산자재의 증가액

✿▌note 임업조수익 … 한 해 동안의 임업경영 성과로 얻어진 임산물과 부산물의 총액으로, 임업현금수입 + 미처분 임산물 증가액 + 임업생산물 가계소비액 + 임목생장액 + 임업생산자재의 재고 증가액으로 계산한다.

26 인공림의 경우 임업소득이 비례하는 것은?

① 입목도
② 산림면적
③ 노동량
④ 자본비

✿▌note 임업조수익과 경영비가 산림면적(인공림)에 따라 거의 같은 비례로 증가하기 때문에 임업소득은 산림면적에 비례한다.

❧❧Answer 23.② 24.④ 25.① 26.②

27 순수익에 대한 표현으로 옳은 것은?

① 총수입 − 순비용

② 총수입 − 가계비

③ 총수입 − 총비용

④ 순수입 − 가계비

> ✰**note** 순수익은 총수입에서 그 때까지 들어간 총비용을 뺀 값이다.

28 다음 임업경영자산 중 고정자산으로 옳지 않은 것은?

① 유가증권

② 가공삭도

③ 임도

④ 임업용 대동물

> ✰**note** ① 유동자산에 속한다.
> ※ 유동자산 … 미처분 임산물, 거름, 약재, 묘목, 현금, 유가증권 등이다.

29 다음 중 육림비용으로 옳지 않은 것은?

① 물재비

② 가족노동비

③ 고용노동비

④ 임지지대

⑤ 주벌임목 감소액

> ✰**note** 육림비 … 고용노동비와 가족노동비, 물재비(고정재비와 유동재비), 임지지대, 자본이자 등이 있다.

30 다음 중 임업경영비의 내용으로 옳지 않은 것은?

① 미처분 임산물의 감소액

② 생산자재의 감소액

③ 주벌임목의 감소액

④ 자가소비된 임산물의 평가액

> ✰**note** ④ 임업조수익을 구성하는 내용이다.
> ※ 임업경영비
> ㉠ 주벌임목의 감소액
> ㉡ 미처분 임산물의 감소액
> ㉢ 생산자재의 감소액
> ㉣ 감가상각액
> ㉤ 자재구입용 현금지출

Answer   27.③   28.①   29.⑤   30.④

31 다음 중 임목자산 장비율식으로 옳은 것은?

① $\dfrac{임업경영자산}{임목자산} \times 100$　　② $\dfrac{임목자산}{임업경영자산} \times 100$

③ $\dfrac{유동자산}{임업경영자산} \times 100$　　④ $\dfrac{고정자산}{임업경영자산} \times 100$

>⭐note 임목자산 장비율은 임업경영의 안정성의 지표로, $\dfrac{임목자산}{임업경영자산} \times 100$으로 구한다.

32 임업소득 구성에서 임지에 귀속하는 소득은?

① 임업소득 − (자본이자 + 가족노임 평가액)　　② 임업소득 − (지대 + 자본이자)

③ 임업소득 − (지대 + 가족노임 평가액)　　④ 임업순수익 − (지대 + 자본이자)

>⭐note ② 가족노동에 귀속하는 소득
>　　　 ③ 자본에 귀속하는 소득
>　　　 ④ 경영관리에 귀속하는 소득

33 다음 중 임업경영의 수익성 분석에 대한 설명으로 옳지 않은 것은?

① 조림사업의 경제적 타당성을 판단하기 위해 주요 수종의 수익성을 분석한다.

② 조림사업의 수익성은 포플러 묘목생산의 수익성 분석양식으로 분석할 수 있다.

③ 전국적인 임업경영의 분석실태를 알기 쉽다.

④ 수익성 분석에서 여러가지 이자계산 때문에 실제 계산은 복잡하다.

>⭐note ③ 임가의 경제조사를 정확히 할 수 없기 때문에 전국적 임업경영의 분석실태를 알기 어렵다.

34 다음 중 품질에 영향을 미치는 요소로 옳지 않은 것은?

① 인적요소　　② 기계설비

③ 원자재　　④ 동력비

>⭐note 품질에 영향을 미치는 요소에는 인적요소, 기계설비, 원자재 등이 있으며, 수시로 품질검사를 실시해야 한다.

🌱Answer　31.② 32.① 33.③ 34.④

35 다음 중 생산관리의 설명으로 옳지 않은 것은?

① 생산관리의 3S 원칙은 표준화, 복잡화, 전문화이다.

② 단순화는 제품과 작업의 두 가지 측면에서 이루어진다.

③ 전문화는 정밀도와 생산효율이 높은 한 가지 목적의 기구·기계를 사용해서 작업한다.

④ 작업의 단순화는 노동자가 한 가지 일만 담당함으로써 능률이 높아진다.

✩▌note ① 생산관리의 3S 원칙은 표준화, 단순화, 전문화이다.

36 다음 중 수익의 설명으로 옳지 않은 것은?

① 현금의 유입을 말한다.

② 실현수익과 미실현수익으로 구별된다.

③ 일정 기간동안 기업이 고객에게 제공한 용역이나 재화를 화폐액으로 표시한다.

④ 임목생산에서의 실현수익은 간벌목 매상수익과 주벌목 매상수익을 말한다.

✩▌note ① 수입은 현금의 유입을 말하지만 수익은 반드시 그런 것은 아니다.

37 다음 중 공장 입지선정시 검토요인으로 옳지 않은 것은?

① 소비시장과의 거리 ② 노동력 공급원

③ 제품의 품질 ④ 수송시설

✩▌note 공장입지 선정시 검토요인에는 원자재 공급원, 수송시설, 소비시장과의 거리, 공업용수의 공급원, 노동력 공급원, 그 지역 법적제한 등이 있다.

38 다음 중 부채에 속하지 않는 것은?

① 장기차입금 ② 재정융자금

③ 미지급금 ④ 대부금

✩▌note 부채에는 단기 및 장기 차입금, 미지급금, 재정융자금 등이 있다.

39 다음 중 수종별 표준 육림비와 실제 육림비를 서로 비교하는 것은?

① 기간비교   ② 수익비교

③ 상호비교   ④ 표준설계비교

☆▌note   육림비의 비교방법
          ⊙ 기간비교 : 과거에 육림비와 같은 기간동안의 육림비를 비교해서 변화상태를 파악하는 방법을 말한다.
          ⓛ 상호비교 : 한 임업경영의 육림비를 동일한 기간의 다른 육림비와 비교하는 방법을 말한다.
          ⓒ 표준설계비교 : 수종별 표준 육림비와 실제 육림비를 서로 비교하는 방법을 말한다.

40 다음 중 구체적인 시장의 종류로 옳지 않은 것은?

① 중앙도매시장   ② 소매시장

③ 세계시장   ④ 상품거래소

☆▌note   ③ 추상적 시장의 한 종류이다.

41 다음 중 임목자산의 질적 지표에 속하지 않는 것은?

① 임목자산 장비율   ② 평균면적령

③ 인공림의 임령구성상태   ④ 임목자산의 기별구성비

☆▌note   ① 임목자산의 양적 지표에 속한다.

42 다음 중 유통합리화의 성과판단기준으로 옳지 않은 것은?

① 작업관리   ② 목재가격의 안정성

③ 목재수급의 균형   ④ 유통효율

☆▌note   유통합리화의 성과판단기준 … 목재가격의 안정성, 유통효율, 목재거래의 공정성, 목재수급의 균형 등이 있다.

43 다음 중 기준림의 기별구성비로 옳은 것은?

① 15 : 55 : 30

② 20 : 55 : 25

③ 20 : 45 : 25

④ 25 : 50 : 25

> **note** 임목자산의 기별구성비 … 무육기 : 보육기 : 이용기 = 25 : 50 : 25

44 다음 중 생산관리의 내용으로 옳지 않은 것은?

① 생산계획

② 작업관리

③ 재고관리

④ 유통관리

> **note** 생산관리의 내용에는 생산계획, 작업관리, 공장입지, 품질관리, 재고관리가 있다.

45 다음 중 유통합리화를 위한 정부간섭의 세 가지 형태로 옳은 것은?

① 행정조치, 품질관리, 임목산지의 단지화

② 행정조치, 유통효율의 절감, 조직의 개선

③ 유통효율의 절감, 조직의 개선, 임목산지의 단계화

④ 행정조치, 품질관리, 조직의 개선

> **note** 유통합리화를 위한 정부간섭의 형태에는 행정조치, 조직의 개선, 유통효율의 절감이 있다.

46 생산물 시장을 분류하는 방법이 다른 하나는?

① 임산물시장

② 수산물시장

③ 농산물시장

④ 청과시장

> **note** ①②③ 생산물의 종류에 따른 분류
> ④ 제품의 종류에 따른 분류

노무 · 재무관리와 임업기술

1 노무관리 및 재무관리

① 노무관리

(1) 노무관리의 개념

① 노무관리는 인사관리와 비슷한 의미로 쓰인다.

② 경영관리의 한 부분으로 노동력을 가장 효율적으로 쓰기 위한 총괄적인 시책이다.

(2) 노무관리의 내용

① 생산의 기계화 등의 결과로 나타나는 비인간화를 막고 노동의욕을 향상시키기 위한 시책이다.

② 생산과정 외의 노동자의 인격에 작용하는 것으로, 고용, 노동의 동기 부여, 노동의 안전위생, 노동력의 적소배치, 산업훈련, 노사관계, 인사고과, 휴양관리 등이 포함된다.

③ 경영규모가 크면 경영자와 종업원 사이의 접촉 기회도 줄고, 의사소통도 원활히 이루어지기 힘들기 때문에 노무관리가 중요하다.

④ 경영규모가 작으면 종업원의 수도 적고, 경영자도 함께 일을 하므로 서로 간의 의견교류와 접촉의 기회가 많아 노무관리가 크게 문제되지 않는다.

(3) 노동자의 교육

① **노동자 교육의 정의**

　㉠ 노동자의 자질을 발전시키고 작업 기술을 높이기 위해 지속적으로 훈련을 받는 것이 필요하다.

　㉡ 노동자 교육이란 노동과 관계하는 특수한 분야에 발생하는 제반 문제를 노동자에게 주지시키고 계몽하는 것이다.

　㉢ 행정관청, 노동단체, 사용자측이 교육의 주체가 되고, 이에 따라 교육대상이 달라진다.

　　ⓔ 교육의 종류
　　　• 노동교육 : 노동자의 지위와 자질향상을 위한 필요한 지식을 쌓는 훈련
　　　• 기능교육 : 노동자의 작업기술과 기능을 높이기 위하여 실시하는 교육
　　　• 교양교육 : 노동자의 인격향상과 정서를 위하여 정치·사회 전반에 관한 교양을 쌓도록 하는 교육
　　ⓜ 임업기계 훈련원에서는 새로운 작업기술의 보급에 필요한 훈련을 실시하고, 임업전문 노동자를 양성하고 있다.
　　ⓗ 임업연수원에서는 임업직 공무원과 임업협동조합 직원, 사유림 소유자에 대한 교육을 실시하고 있다.

(4) 노사관계

① 노사관계의 이중성
　　㉠ 노사관계는 노동자와 자본가 사이에 노동력의 매매를 통한 계약이 이루어지는 사회관계이다.
　　㉡ 노동력의 매매라는 관점에서 노동자와 자본가 사이는 서로 대립적 관계에 있지만, 생산 활동의 공동 담당자로서 생산적 협력관계에 있다.

② 노사관계 관리
　　㉠ 노사관계 관리는 노동자나 노동조합과 자본가 사이의 관계가 원만하며 건설적인 관계를 유지할 수 있도록 하는 것이다.
　　㉡ 자발적으로 협력할 수 있도록 노사협의제도를 마련하거나, 노동조합의 대표를 경영에 참여시키는 등의 활동을 계획한다.

② 임업노동자의 확보와 육성

(1) 노동과 임업노동시장

① 노동
　　㉠ 일반적으로 인간생활의 유지발전에 필요한 생활자료를 얻는 것으로, 인간이 목적의식을 가지고 의식적으로 행하는 것이다.
　　㉡ 노동의 성립요건
　　　• 노동력
　　　• 노동대상(원자재 등)
　　　• 노동수단(기계, 도구) 등
　　㉢ 자본주의 사회에서는 노동대상과 노동수단인 생산수단이 자본가의 소유이기 때문에, 노동자는 노동력의 대가로 자본가에게 임금을 받는 임금노동 형태를 가진다.

② **임업노동시장**

　　㉠ 농촌과 산촌 등의 인구가 급격히 감소하여 농업노동과 임업노동의 양적인 부족현상과 고령화와 같은 질적 저하로 임업노동시장이 점점 더 열악해 가는 실정이다.

　　㉡ 1960년대 이후 농·산촌의 심한 인구유출현상으로 1980년 1,083만명에서 연평균 42만명씩 감소하여 1990년 666만명, 1994년 517만명 수준으로 감소하고 있다.

(2) 벌채노동과 육림노동

① **벌채노동**

　　㉠ 임도의 설치, 조재, 집재, 운재, 벌목 등의 벌채와 반출작업에 종사하는 노동력이다.

　　㉡ 대규모 경영을 제외하고는 작업의 계속성이 적어 전문화된 벌채노동자를 확보하기 어렵다.

　　㉢ 지형이 험한 급경사지에서 임목의 벌채와 반출작업이 이루어진다.

　　㉣ 임목의 크기가 크고 무겁기 때문에 남자 노동력이 필요하다.

　　㉤ 특별한 경험을 가진 숙련된 노동자여야만 작업을 안전하게 실시할 수 있다.

② **육림노동**

　　㉠ 임목의 육성과정에 필요한 노동력으로 나무심기, 거름주기, 땅고르기, 가지치기, 덩굴치기, 제벌 등의 작업을 한다.

　　㉡ 식물의 생장과정을 다루기 때문에 정해진 시기에 적절한 작업을 실시해야 한다.

　　㉢ 별다른 전문적 기능이 필요하지 않기 때문에 부녀자나 고령자라도 고용될 수 있다.

　　㉣ 농업에 종사하는 마을 사람들에 의해 이루어지는 경우가 많아, 그들의 임금 수입을 올리는 좋은 기회가 된다.

(3) 노동력의 확보와 육성

① **노동력 확보 대책 방법**

　　㉠ **상용노동자를 산림경영 단위 안에 고정적으로 배치하는 방법**

　　　• 식재, 무육, 특수임산물 재배, 산림부산물 채취, 임도건설 등의 작업이 하나의 경영단위 안에서 연중 계속되어야 한다.

　　　• 국유림이나 공유림, 대규모 사유림 경영에 이용할 수 있다.

　　　• 상용노동자를 고용해야 한다.

　　　• 상용노동자를 위한 사회보장제도, 복지시설 등 생활안정과 향상을 신경써야 한다.

　　㉡ **일정한 지역에 작업반을 편성하고, 산림작업을 돌아가면서 실시하는 방법**

　　　• 작은 규모의 산림이나 협업경영지역에 적용한다.

　　　• 작업의 전반적 교육과 기계, 기구의 취급에 대한 훈련을 받은 특수노동자 작업반을 조직한다.

　　　• 조직된 작업반으로 정해진 지역을 순회하면서 노동력을 사용한다.

② **노동력 육성**

    ㉠ 임업 전문학교를 설립하고 자영자와 같은 중간기술자를 육성한다.

    ㉡ 임업기계 훈련원의 투자를 확대하여 현장 위주의 기능인을 양성한다.

③ 재무관리와 포괄손익계산서

(1) 재무관리의 정의

① 재무관리는 자본과 관련되는 활동을 효율적으로 수행하기 위한 경영활동 중의 하나이다.

② **재무관리 내용**

    ㉠ **자본의 조달** : 주식과 사채, 자본액 산정 등 자본조달 방법과 현금수지와 보관 등에 관한 재무활동이 대상이다.

    ㉡ **자본의 운용**

      • 자본의 조달과 관리까지 포함된다.

      • 예산관리, 원가관리, 경영관리 분석, 이익관리 등을 주요 내용으로 하는 관리회계이다.

      • 재무상태나 경영성과 등을 재무제표로 나타낸다.

      • 자본운용의 가장 중요한 것은 포괄손익계산서와 재무상태표이다.

(2) 장부 기록장(기장)

① **임업부기**

    ㉠ 임업자산, 부채와 자본가치의 변동내용을 일정한 법칙에 따라 숫자로 기록하는 것이다.

    ㉡ 경영자는 기록 정리를 바탕으로 자기 재산관리와 경영성과를 확실히 알 수 있다.

② **부기의 종류**

    ㉠ **단식부기**

      • 수입을 재산의 증가로, 지출을 재산의 감소로 기입하는 것으로 간단한 지식 없이도 기장하고 계산할 수 있다.

      • 단점

        – 재산의 손익이 발생하는 원인을 알 수 없다.

        – 장부가 없어 기록상의 잘못을 손쉽게 찾아 낼 수 없다.

    ㉡ **복식부기**

      • 거래의 이중성을 파악하고, 가치의 감소를 대변에, 그 증가를 차변에 기장 원리에 따라 기록하는 방법이다.

      • 만일 현금으로 기계장비를 구입했을 때 기계장비의 자산은 증가하고, 동시에 현금자산은 감소하게 된다.

      • 거래는 항상 이중성을 가지므로, 대변과 차변에 각각 기입한다.

(3) 포괄손익계산서

① 일정 기간의 수익과 비용을 비교한 영업 성적표 또는 기업의 경영성과를 나타내는 회계 보고서이다.

② 경영성과는 순손익으로 표시되는데 수익과 비용의 차액으로 나타난다.

$$순손익(또는 순손실) = 총수익 - 총비용$$

③ **총수입과 총비용을 수익과 비용으로 바꾼 식**

$$수익 = 비용 + 순이익$$

(4) 재무상태표

① 기업의 재산 상태를 명확히 나타내기 위한 재무상태표이다.

② 기업이 가지고 있는 모든 자산, 부채, 자본을 항목별로 기록해 놓은 결과서이다.

③ 부기에서 자본과 자산에 대한 등식이 성립되는데 이것을 자본등식이라고 한다.

$$자본(순이익) = 자산 - 부채$$

④ **재무상태표 공식**

$$자산 = 부채 + 자본$$

⑤ **재무상태표의 특징**
- ㉠ 재무상태표는 왼쪽 차변에는 자산, 오른쪽 대변에는 부채와 자본을 기입한 표이다.
- ㉡ **차변과 대변**
  - 차변 : 자금이 어떻게 운영되었는지를 나타낸다.
  - 대변 : 일정기간 내에 어디서 자금이 조달되었는지를 나타낸다.
- ㉢ **작성되는 시기에 따른 종류**
  - 개시 재무상태표 : 부기의 기점에서 작성된다.
  - 결산 재무상태표 : 회계 연도 말 결산시에 작성된다.
  - 청산 재무상태표 : 기업 해산시에 작성된다.

2 임도 및 임업기술의 형태

① 임도의 종류와 기능

(1) 임도의 종류

① **기능에 의해**

　㉠ 사업임도 : 경영임도라고도 하며, 산림사업에 필요한 임도이다.

　㉡ 도달임도

　　• 수송임도라고도 한다.

　　• 임산물의 수송이나 사람과 일반물자의 수송에 편리하도록 산림과 시장을 연결한 임도이다.

② **이용차량에 의해**

　㉠ 차도 : 화물차 등 일반차량이 통행하는 도로를 말한다.

　㉡ 우마차도 : 우마차가 통행할 수 있는 도로를 말한다.

③ **보조 제도의 구분에 의해**

　㉠ 자력임도 : 본인 자본으로 개설된 임도이다.

　㉡ 융자임도 : 장기간 저금리의 융자를 받아 개설된 임도이다.

　㉢ 보조임도 : 국가나 지방자치단체 등의 보조금을 받아 개설된 임도이다.

(2) 우리나라 임도시설

① 임도는 임업경영의 기반시설 즉, 조림과 육성, 병충해 방제, 임목생산, 산불진화, 임산물의 수송 등으로 이용된다.

② 나아가 지역교통의 개선, 발전과 관광자원의 개발 등 농·산촌 지역발전에 기여한다.

　　　　　　　　　　🐢 우리나라의 연도별 임도시설 현황 🐢

(단위 : km)

연도	1984	1985	1986	1987	1988	1989	1990	1991	1994	1995
국유림	11.60	26.82	41.05	47.32	100.01	168.71	202.87	484	497	560
민유림	65.72	133.92	189.55	258.20	276.82	378.05	447.92	563	717	600
계	77.32	160.74	230.60	305.52	376.83	546.76	650.79	1,047	1,214	1,160

③ **나라별 ha당 임도밀도 현황**

    ㉠ 우리나라 : 3.1m

    ㉡ 미국 : 9.5m

    ㉢ 일본 : 13m

    ㉣ 독일 : 46m

④ **임도의 개설**

    ㉠ 생산성의 향상과 생산비의 절감에 직결되므로 연차적으로 확대한다.

    ㉡ 사업의 기계화로 여러가지 작업이 합리적이고 능률적으로 이루어 질 수 있다.

②　임업의 기계화

(1) 임업기계의 종류

① 조림, 보호용 기계

② 임도, 치산 공사용 기계

③ 산림관리, 연락용 기계

④ 벌목 · 조재, 집재 · 운재, 적재용 기계

(2) 임업기계화 추진

① **임업기계화의 필요성**

    ㉠ 노동력의 부녀자화, 노령화

    ㉡ 산업화에 따른 농촌이나 산촌의 노동력 감소

    ㉢ 낮은 수익성과 도시화

    ㉣ 임업의 장기성 등

② 임업의 균형적 발전을 위해 지형에 맞는 기계의 개발과 보급에 힘써야 한다.

③ 국가에서는 임업기계화 작업단을 조직한다.

④ 기술개발의 방안과 목재 생산작업을 지원한다.

⑤ 각 사업 분야별 기계화를 정부차원에서 적극 추진해야 한다(임업기계 훈련원에서는 집 · 운재 기계화 작업단을 시험적으로 운영하고 있다).

③ 임업기술

(1) 임업생산성의 증대

임지생산성과 노동생산성을 높이면서 이루어진다.

(2) 임업기술

① **노동절약적 기술**

   ㉠ 개념 : 작업의 노동생산성을 높일 수 있고, 물리학적, 기계적 지식에 의해 개발할 수 있다.

   ㉡ 방법

   • 작업에 있어 노동생산을 높이기 위한 기계 개발

   • 임도건설

   • 작업방법의 개선 등

② **임지절약적 기술**

   ㉠ 개념 : 임지의 생산성을 높일 수 있고, 화학적, 생물학적 지식을 이용하여 개발할 수 있다.

   ㉡ 방법

   • 병충해 방지

   • 거름주기 기술개발

   • 새로운 품종의 선정과 육종 등

③ 도시화와 인구의 도시 이동으로 노동자의 임금 수준이 높아진 우리나라에서는, 노동절약적 기술 중에서도 산림작업의 기계화가 매우 필요하다.

02 출제예상문제

1 다음 재무제표 중 가장 기본이 되는 것은?

① 재무상태표, 자금운영표
② 포괄손익계산서, 재무상태표
③ 포괄손익계산서, 자금운영표
④ 자금운영표, 잉여금계산서

✿**note** 재무제표 … 경영의 성과나 재무상태를 나타내는 것으로 재무상태표와 포괄손익계산서가 중요한
요소이다.

2 다음 중 일정 기간동안의 기업 경영실적을 나타내는 것은?

① 결산제표
② 재무상태표
③ 잉여금계산서
④ 포괄손익계산서
⑤ 제조원가 보고서

✿**note** 포괄손익계산서 … 일정 기간동안의 영업성적표로 기업의 경영성과를 나타내는 회계 보고서를
말한다. 여기에서 경영성과는 수익과 비용의 차액으로 나타낸 순손익으로 표시한다.

3 다음 중 육림노동의 설명으로 옳지 않은 것은?

① 육림노동은 임목육성과정에서 필요한 노동력이다.
② 산림작업은 농업종사자들에 의해 이루어지는 경우가 대부분이다.
③ 식물의 생장과정 시기에 따라 적절한 작업을 한다.
④ 노동시기가 고르게 분포되어 있고 전문적인 기능을 필요로 한다.

✿**note** ④ 노동시기가 어느 시기에 집중되어 있고 전문적인 기능을 필요로 하지 않기 때문에 나이 많은
사람이나 부녀자도 고용될 수 있다.

Answer 1.② 2.④ 3.④

4 육림의 과정에서 가장 적은 노동량을 필요로 하는 작업은?

① 식재
② 식재준비
③ 가지치기
④ 밑깎기

> ✎**note** 육림과정의 노동량 크기 순서 … 밑깎기(48%) > 가지치기(11%) > 식재(9%) > 식재준비(8%)

5 다음 중 포괄손익계산서의 대변에 기록하여야 할 내용은?

① 재료비
② 부산물 판매금
③ 자본용역비
④ 감가상각비

> ✎**note** 포괄손익계산서에서 대변은 수익비, 차변은 비용이 기록된다.
> ①③④ 차변에 기록된다.

6 다음 중 임업노동의 특성으로 옳지 않은 것은?

① 다칠 위험성이 많다.
② 육체적 노동이 많다.
③ 문화혜택이 적다.
④ 작업 표준화가 쉽다.

> ✎**note** ④ 임업노동은 작업의 표준화가 어렵다.

7 다음 중 노동이 성립되기 위한 요건으로 옳지 않은 것은?

① 노동력
② 자본가
③ 노동수단
④ 노동대상

> ✎**note** 노동의 성립요건
> ㉠ 노동력
> ㉡ 노동수단(도구 · 기계)
> ㉢ 노동대상

8 다음 중 작업시간 차이가 발생하는 원인은?

① 노동 이동의 빈번한 발생　　　　　② 주식, 사채

③ 주식, 부동산　　　　　　　　　　④ 긴급 작업을 위한 고임금의 지급

　　✿note　노동장소가 일정하지 않아 노동의 이동이 계속해서 발생하기 때문에 작업시간의 차이가 난다.

9 다음 중 보조제도의 구분에 의한 임도의 종류로 옳지 않은 것은?

① 도달임도　　　　　　　　　　　　② 보조임도

③ 자력임도　　　　　　　　　　　　④ 융자임도

　　✿note　임도의 종류
　　　　　㉠ 이용차량에 의한 분류 : 차도, 우마차도
　　　　　㉡ 보조제도의 구분에 의한 분류 : 보조임도, 융자임도, 자력임도
　　　　　㉢ 기능·구분에 의한 분류 : 도달임도, 사업임도

10 육림과정에서 노동량이 가장 많이 투입되는 기간으로 옳은 것은?

① 식재 후 10년까지　　　　　　　　② 식재 후 20년까지

③ 식재 후 40년까지　　　　　　　　④ 식재 후 60년까지

　　✿note　식재 후 10년까지는 밑깎기, 덩굴치기, 가지치기 등의 무육작업이 계속되어야 하기 때문에 노동량이 가장 많이 투입된다.

11 경영자가 노동자의 작업기술과 기능을 높이기 위해 실시하는 교육은?

① 노동교육　　　　　　　　　　　　② 기능교육

③ 노동자교육　　　　　　　　　　　④ 교양교육

　　✿note　① 노동자의 지위와 자질을 높이기 위해 지식과 훈련을 쌓게 하는 교육을 말한다.
　　　　　③ 노동관계의 특수분야에서 발생하는 문제에 대해서 노동자를 계몽하고 주지시키기 위해서 하는 교육을 말한다.
　　　　　④ 노동자의 인격향상과 정서함양을 위해 실시하는 교육을 말한다.

Answer　8.① 9.① 10.① 11.②

12 다음 중 임지절약적 기술로 옳지 않은 것은?

① 거름주기 기술의 개발 ② 작업방법의 개선

③ 병충해 방제 ④ 새로운 품종의 선발과 육종

✿note ② 노동절약적 기술방법이다.

13 다음 중 노사관계의 관리로 옳지 않은 것은?

① 노동자가 스스로 협력하도록 한다.

② 노사간의 협의제도를 만든다.

③ 노동자는 자신의 이익추구를 위해 고용주와 어떤 상황에서도 격렬이 대립한다.

④ 노동조합의 대표를 경영에 참여시킨다.

✿note ③ 노사관계는 경제적으로는 대립관계에 있지만 생산활동에선 협력관계에 있기 때문에 관계가 건설적이고 원만하게 유지될 수 있도록 노력해야 한다.

14 다음 중 노동절약적 기술에 속하지 않는 것은?

① 임도건설

② 병충해 방제

③ 작업방법의 개선

④ 노동생산성을 높이기 위한 임업기계개발

✿note ② 임지절약적 기술이다.
　　※ 임업기술
　　　　㉠ 임지절약적 기술
　　　　　• 거름주기 기술의 개발
　　　　　• 새로운 품종의 선발과 육종
　　　　　• 병충해 방제
　　　　㉡ 노동절약적 기술
　　　　　• 작업방법의 개선
　　　　　• 임도건설
　　　　　• 노동생산성을 높이기 위한 임업기계 개발

❀❀Answer　12.② 13.③ 14.②

임목의 측정

Chapter 01 임목의 재적측정

1 임목의 재적측정 단위와 측정법

① 재적측정의 단위

(1) 우리나라(m 단위)

① **나무의 높이와 길이** … 측정 단위로 m(미터)를 쓴다.

② **나무의 지름** … 일반적으로 그 크기가 1m를 넘지 않으므로 cm(센티미터)로 측정한다.

③ **임목의 단면적**

　　㉠ 계산할 때에는 지름을 m(미터)로 환산하여 구한다.

　　㉡ 단면적의 단위 : m^2(제곱미터)로 사용한다.

④ **재적** … m^3(세제곱미터)를 사용한다.

⑤ **산림의 면적**

　　㉠ ha(헥타르) 또는 a(아르)를 사용하여 측정한다.

　　㉡ 1ha = 10,000m^2 ≒ 약 3,000평

(2) 수입목재(미, 영식)

① **큐빅푸트**(Cubic foot, c.f.) … 실적과 충적단위로 사용되는 단위이다.

$$1c.f. = 1ft. \times 1ft. \times 1ft.$$

② **보드푸트**(Board foot, b.f.)

　　㉠ 보드푸트는 실적단위이다.

　　㉡ 1제곱푸트는 판자 1인치 두께의 재적이다.

$$1b.f. = \frac{1}{12} c.f.$$

③ **코드**(Cord)

ㄱ 코드는 층적단위이다.

ㄴ 펄프 원료재와 같이 짧게 자른 것을 측정할 때 사용한다.

$$1cord = 4ft. \times 4ft. \times 8ft. = 128ft.^3$$

④ **펜**(Pen) ⋯ 펄프재의 재적을 측정하는 단위로 쓴다.

$$1pen = \frac{1}{5}cord$$

(3) 상거래에서의 사용단위(척관법)

① **재**

$$1재 = 1치 \times 1치 \times 1치 = 120세제곱치$$

② **속**

ㄱ 대나무나 땔감과 같이 묶음의 단위로 사용한다.

ㄴ 1속은 3자 길이를 한 묶음으로 한다.

③ **평**

ㄱ 1평은 6자 × 6자로 나타내는데, 판자의 표면적이 된다.

ㄴ 층적에 있어서의 평

• 부피를 나타내는 단위다.

• 부피를 나타낼 때에 1평 = 6자 × 6자 × 장작의 길이가 된다.

(4) 재적의 구분

① **실적** ⋯ 순수 목재만의 부피를 나타낸다.

② **층적** ⋯ 목재를 쌓아 올렸을 때 목재와 공간을 포함한 부피로 주로 펄프용재나 장작을 쌓아 두었을 때가 해당된다.

③ **임목의 측정단위**

ㄱ 지방과 나라에 따라서 달라진다.

ㄴ 우리나라는 m(미터)를 측정 단위로 기준한다.

ㄷ 수입목재를 측정할 때에는 미영식을 사용한다.

ㄹ 시장에서의 거래시에는 척관법을 사용한다.

② 임목의 재적측정법

(1) 지름측정

① 지름측정시의 특징
　㉠ 나무지름의 측정은 나무줄기의 횡단면을 원으로 보고 측정한다.
　㉡ 나무줄기가 일정한 것이 아니라 변화가 많으므로 실제 지름값과 측정한 지름값 사이에는 오차가 생긴다.
　㉢ 오차의 범위를 줄이기 위하여 지름이 평균되는 곳을 측정하거나, 긴 지름과 짧은 지름 양방향에서 측정하여 평균값을 구한다.
　㉣ 임분과 같이 많은 수의 나무를 측정해야 할 때에는 오히려 오차가 상쇄되어 문제가 되지 않게 된다.

② 가슴높이지름
　㉠ 임목의 땅 위 1.2m되는 위치의 지름을 가슴높이지름이라고 한다.
　㉡ 측정이 정밀해야 하는 경우는 정확히 1.2m 높이의 지름을 측정하고, 나머지는 대개 가슴높이에서 측정한다.
　㉢ 우리나라는 가슴높이를 1.2m를 기준으로 하고, 서양의 경우는 1.3m를 기준으로 한다.
　㉣ 경사진 지면에서는 가슴높이지름의 측정위치와 같이 한다.

③ 괄약
　㉠ 지름측정에서 측정과 계산의 편리를 위하여 괄약한다.
　㉡ 우리나라에서는 2cm 괄약을 보통 사용하고 있다.
　㉢ 2cm 괄약은 3~5 범위의 지름을 모두 4cm로, 5~7 범위의 지름을 6cm 등으로 기록하는 방식이다.

④ 지름측정에 이용되는 기구, 기계
　㉠ 윤척(Caliper)
　　• 지름측정에 가장 많이 사용되는 기구로, 휴대가 간편하며 사용이 편리하다.
　　• 목재와 금속제가 있으나 목재가 많이 쓰인다.
　　• 두 다리가 서로 평행하며, 눈금자와는 직각이다.
　　• 수직으로 붙어 있는 두 개의 다리 중 고정되어 있는 다리는 고정각이라 하고, 다른 움직이는 다리는 유동각이라고 한다.
　　• 두 다리 간격이 나무줄기의 지름이 되기 때문에 사용 전 정밀한 검사가 필요하다.
　　• 윤척의 단점은 나무지름의 크기에 제한을 받는 것이다.

- 윤척으로 지름을 측정할 경우 자와 고정각, 유동각 두 다리는 나무에 꼭 닿아야 하며, 자는 나무 줄기에 직각이 되도록 한다.
- 자를 나무에 댄 채 눈금을 읽어야 하며, 측정 위치에 마디, 혹, 가지 등이 있으면 그 위와 아래를 재어 평균한다.
- 지름측정값은 괄약으로 기록하므로, 사용하기 전에 괄약을 한 눈금 넣어 두면 편리하다.

ⓒ **빌트모어스틱**(Biltmore stick)

- 길이 30cm 정도의 자를 빌트모어스틱이라 한다.
- 간단하고 비교적 정확하여 개략적인 측정을 할 경우 많이 사용된다.
- 빌트모어스틱 공식

$$S = \frac{D}{\sqrt{1 + \dfrac{D}{50}}}$$

    ◦ D : 나무지름
    ◦ S : 시준선이 자와 교차되는 거리

- 눈에서 50cm 정도 떨어진 나무의 지름과 평행하게 자를 대고 눈에서 나무줄기의 양 끝을 연결하는 선을 그었을 때, 자와 두 선이 교차되는 곳의 길이로 지름을 측정하도록 눈금을 넣은 막대모양의 기구이다.

◎ 빌티모어스틱의 이론 ◎

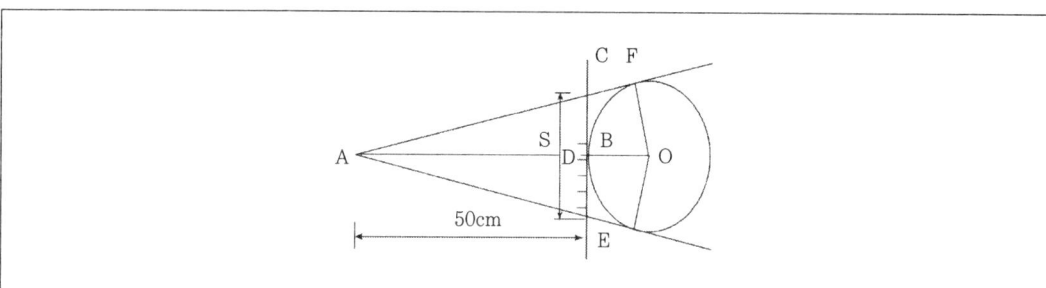

ⓒ **지름테이프**(Diameter tape)

- 지름테이프는 나무둘레를 측정하여 직접 지름을 구할 수 있도록 만든 기구이다.
- 나무둘레가 '지름 × 3.14159'인 원리를 이용하여, 눈금의 간격이 3.14159로 되어 있다.
- 휴대하기 편리하며 지름의 크기에 제한을 받지 않는다.
- 나무줄기가 불규칙한 나무를 측정하는데 편리하다.
- 수평으로 잘 당겨 감아서 측정해야 한다.

ⓔ **수피측정구**(Swedish back gauge)

- 수피는 나무껍질을 말하며, 수피측정구는 나무껍질의 두께를 측정하는 기구이다.
- 나무지름은 껍질의 안지름과 바깥지름으로 나누는데, 안지름은 바깥지름에서 나무껍질의 두께를 뺀 것이다.

나무껍질 안지름 = 나무껍질 바깥지름 − (수피두께 × 2)

• 나무줄기에 직각이 되도록 들이 밀면서 나무껍질의 두께를 측정한다.

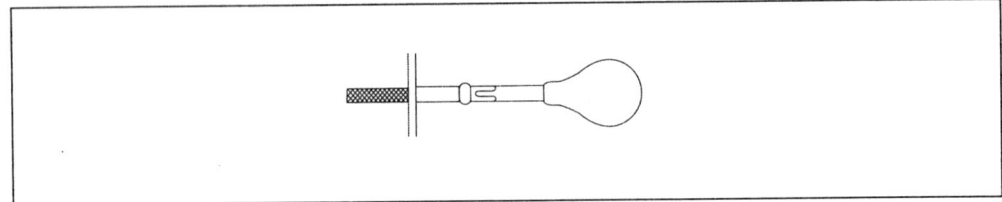

(2) 나무높이측정

① 원리

㉠ 임목재적의 측정을 위해서는 나무의 높이를 알아야 한다.

㉡ 나무의 높이측정은 지름측정처럼 직접하는 것보다 기하학적 원리나 삼각법의 원리를 응용한 간접측정 기구를 사용하는 경우가 많다.

② 방법

㉠ 키 큰 나무

• 나무높이 측정기를 사용한다.

• 나무높이 측정기 : '측고기'라 하며, 닮은꼴 삼각형을 응용한 것과 삼각법 원리를 이용한 것이 있다.

㉡ 키 작은 나무 : 줄자나 측고기, 측량용 폴 등을 이용하여 측정한다.

③ 기구

㉠ 와이제(Weise) 측고기

• 닮은꼴 삼각형의 원리를 응용한 것이다.

• 구조

− 금속제 원통에 시준공이 있고, 원통에 나무높이를 표시하는 눈금자가 붙어 있다.

− 눈금자의 다른 면은 추를 끼울 수 있도록 톱니로 되어 있다.

− 측정할 나무와 관측점까지의 수평거리를 표시할 수 있는 수평거리 눈금자가 있고, 눈금자에는 추가 연결되어 있다.

🌸 와이제 측고기의 구조 🌸

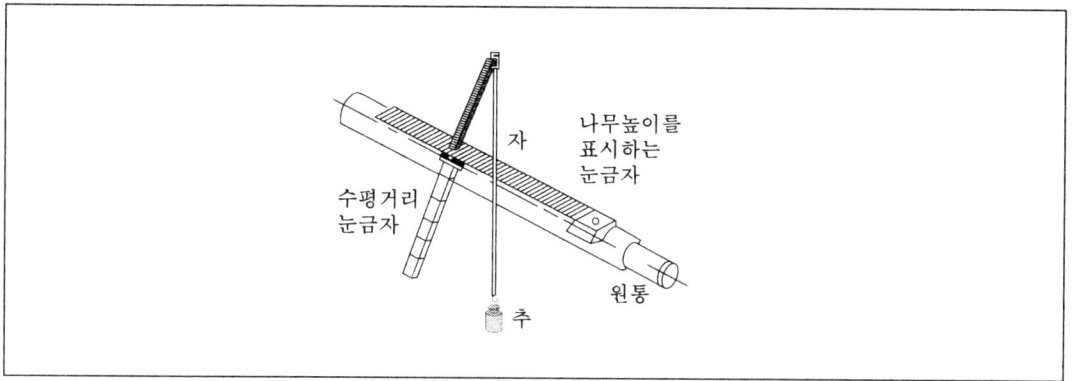

- 수평거리 눈금자와 추는 사용이 없을 시에는 원통 안에 넣어 보관한다.
- 측정법
 - 측정할 나무높이를 대강 눈짐작으로 재어보고, 그 거리만큼 떨어진 곳에서 관측점을 정한다.
 - 관측점에서 나무중심까지의 수평거리를 줄자로 잰 다음 그 거리를 수평거리 눈금자에 맞춘다.
 - 추를 자연스럽게 움직이게 한 후, 시준공을 통해 나무의 끝을 보고 십자선에 맞춘다.
 - 그 다음 측고기를 약간 옆으로 기울이면 나무높이를 표시한 눈금자에 추가 끼게 된다.
 - 관측자의 눈을 통과하는 수평선에서 나무 끝까지의 높이가 추가 가리킨 곳의 측정값이다.
 - 눈의 위치에서 나무 밑동까지의 높이를 합하면 전체 나무높이가 된다.
 - 장점 : 휴대가 편리하고 나무높이 눈금자가 톱니로 되어 있어 읽기 편리하다.
 - 단점 : 수평거리를 측정해야 하고 추가 흔들릴 수 있으며, 두 번 측정을 해야 한다.

ⓛ 크리스튼(Christen) 측고기

- 크리스튼 측고기는 측정점에서 나무까지의 거리를 측정할 필요가 없으며, 사용과 휴대가 간편하다.
- 30cm 정도 길이의 막대에 불규칙한 눈금이 표시되어 있다.
- 사용시에는 2m나 3m 길이의 폴과 함께 사용한다.
- 단점으로는 나무높이가 높을수록 눈금이 작게 측정되어 오차가 생기기 쉽다.

ⓒ 메리트(Merrit) 측고기

- 메리트 측고기는 눈에서 50cm 떨어진 곳에 측고기를 수직으로 세우고, 나무에서 20m 떨어진 곳에서 나무높이를 측정하는 것이다.
- 간단한 기구로 편리하게 이용할 수 있어 많이 사용된다.

메리트 측고기의 이론

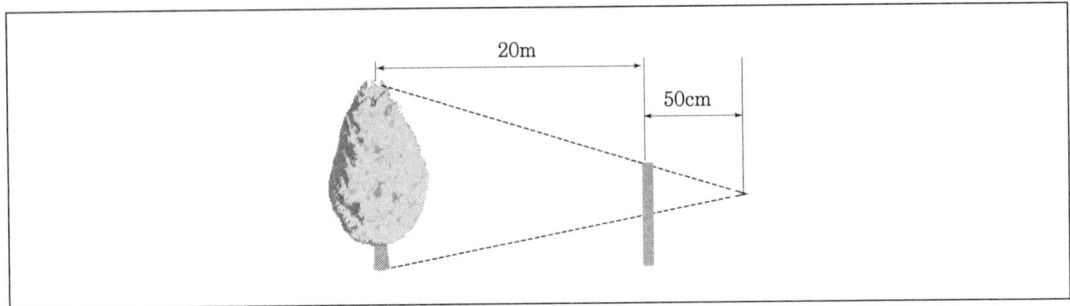

ㄹ 하가(Haga) 측고기

- 하가 측고기는 15cm, 20cm, 30cm 떨어지 위치에서 높이를 측정하는 기구이다.
- 모양이 간단하여 쉽게 측정할 수 있다.
- 회전나사를 돌려 원하는 눈금을 맞춰서 수평거리를 맞춘다.
- 수평거리를 맞춘 다음에는 손잡이 위의 동나사를 눌러 나무높이 지시바늘이 움직이게 한다.
- 지시바늘이 움직일 때 지동나사를 눌러 바늘이 멈추는 곳의 수치를 측정한다.
- 그러나 측정값은 눈높이 이상의 나무높이가 되므로, 다시 자동나사를 누르고, 남은 밑부분을 시준하여 지동나사를 누른 후 나온 값을 더한다.

하가 측고기

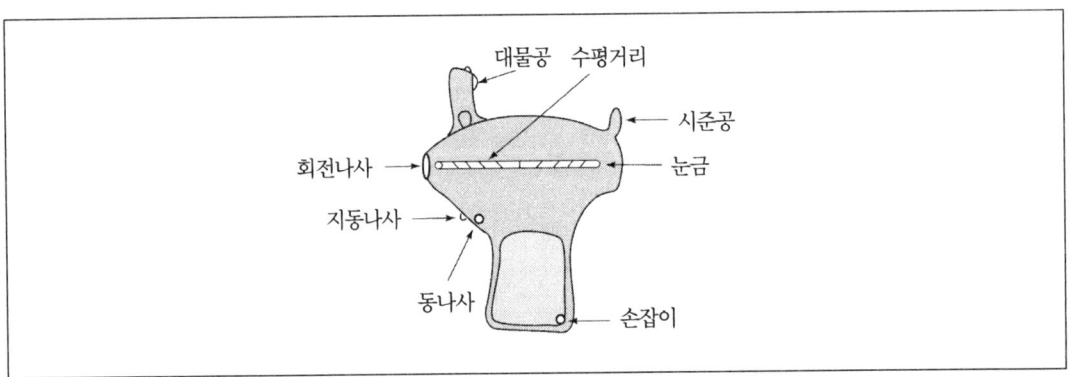

ㅁ 미임야청 측고기

- 모양이 원반으로 되어 있어 사용하기 간편하며, 우리나라에서 많이 사용되고 있다.
- 원반 안에 각도의 눈금을 넣어 위의 단추를 누르면 수평을 유지하려고 눈금이 움직인다.
- 각도 대신 탄젠트를 퍼센트로 눈금한 것과 시준공을 통해 나무의 윗부분과 아랫부분을 시준하여 경사각을 읽을 수 있게 된 것이 있다.
- 측고기로는 탄젠트를 퍼센트로 눈금한 것이 사용된다.
- 수평거리를 100으로 만든 숫자이므로, 나무높이를 m로 나타내려면 100m 전방에서 측정해야 한다. 100m 내에서 측정하면 시준 때 나온 값에서 m를 백분해서 곱한다.

◎ 미임야청 측고기 ◎

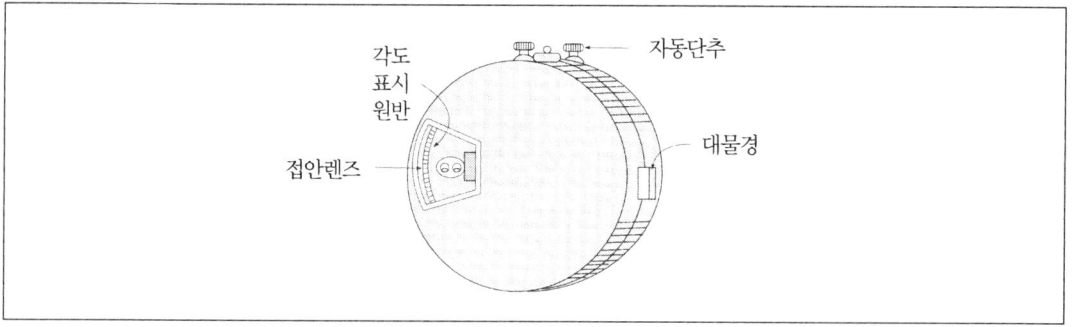

ⓗ 아브네이 핸드레블(Abney hand level)

- 아브네이 핸드레블은 휴대와 구조가 간단하며, 정확도도 비교적 높다.
- 통 내부 반사경에 의해 수준기의 기포를 수평 위치에 오도록 하여, 수준기 축과 시준선이 만드는 각이 호에 나타나도록 한다.
- 호에 탄젠트를 표시하면 수직거리, 각을 표시하면 고저각을 측정할 수 있다.
- 호에는 탄젠트를 %로 표시한다.
- 나무의 끝과 밑동의 두 눈금을 합하여 구할 수 있다.

ⓢ 순또 측고기

- 순또 측고기는 휴대가 간편하고 나무높이뿐만 아니라 지형의 경사 등에도 사용할 수 있다.
- 실제 조사에서 많이 사용된다.
- 나무에서 측정 위치까지의 거리를 잰 다음, 두 눈을 뜬 상태에서 시공을 통하여 나무의 맨 윗부분과 측고기의 눈금이 일치하는 값을 읽는다.
- 오른쪽 눈금
  - 수평거리가 15m일 경우에 사용한다.
  - 각도값으로 계산하여 수고를 측정한다.
- 왼쪽 눈금
  - 수평거리가 20m일 경우에 사용한다.
  - 수평거리에 대한 퍼센트 값의 계산이다.

(3) 임목의 재적측정 방법

① 형수법

ⓐ 임목의 재적을 측정하는 데는 나무줄기의 형상과 원기둥과의 사이에 어떤 관계가 있는지 알아야 한다.

ⓑ 벌채목의 재적측정에 쓰이는, 어느 특정 부분의 지름을 측정하는 구적식이 적용되지 않는다.

ⓒ 어떠한 특정한 부분의 지름을 측정하는 것이 매우 어렵다.

ⓔ 나무줄기의 가슴높이지름과 같은 지름이며, 같은 높이의 원기둥 부피와 나무줄기 재적과의 관계를 생각한다.

ⓜ 형수는 나무줄기 재적과 원기둥 부피의 비를 말하는 것이다.

ⓗ 나무줄기 재적은 원기둥에 형수를 곱하여 측정하는데 이를 형수법이라 한다.

ⓢ 형수식

$$V = g \cdot h \cdot f \quad \therefore \ f = \frac{V}{g \cdot h}$$

- ° f : 형수
- ° g : 단면적
- ° g · h : 원기둥의 부피

◎ 형수의 종류

- 정형수
  - 비교할 원기둥의 지름 위치를 나무높이의 1/n이 되는 위치에 있는 지름과 같도록 정한 것이다. 보통 1/20이 된다.
  - 나무높이에 따라 지름 위치가 달라져 이용가치는 적다.

- 가슴높이형수
  - 재적계수라고도 하며 임목재적 계산시 많이 사용되고 있다.
  - 원기둥의 지름 위치가 가슴높이 위치에 있도록 정한 형수이다.
  - 나무높이, 수종, 수령, 가슴높이지름, 수관밀도, 지위, 지하고 등에 따라 달라진다.
  - 형수값은 보통 0.4 ~ 0.6이고, 우리나라에서는 0.45를 주로 사용한다.

- 단목형수
  - 모양과 크기가 비슷한 나무를 모아 각각의 형수를 구한 값을 평균한 것이다.
  - 임목재적표를 만드는 데 사용된다.
  - 일반적으로 형수는 단목형수를 말한다.

- 임분형수
  - 임분의 재적을 측정하고자 할 때 사용되는 형수이다.
  - 여러가지 임목의 구성에서 임분을 대표할 수 있는 것이다.

$$F = \frac{V}{G \cdot H}$$

- ° F : 임분형수
- ° G : 임분 가슴높이 단면적 합계
- ° V : 임분 전체 재적
- ° H : 임분의 평균 나무높이

  - 임분의 전체 재적을 그 임분의 가슴높이 단면적 합계에 평균 나무높이를 곱한 값으로 나눈 것이다.

② **덴진법**(Denzin)

   ㉠ 약산법에 속하며, 나무높이를 꼭 측정해야 하는 형수법과 달리 가슴높이지름만으로 재적을 구할 수 있다.

   ㉡ cm 단위로 가슴높이지름을 측정하고 그 제곱값을 1,000으로 나누면 m^3 단위의 재적을 계산할 수 있다.

   ㉢ 덴진법의 임목재적 측정방법

$$V = g \cdot h \cdot f = \frac{\pi}{4} \cdot d^2 \cdot h \cdot f = \frac{d^2}{4} \cdot \pi \cdot h \cdot f$$

③ **망고법**

   ㉠ 가슴높이지름의 1/2인 지름을 가리키는 곳을 망점, 벌채점에서 망점까지의 높이를 망고라 한다.

   ㉡ 가슴높이지름의 1/2되는 지름을 가진 곳의 나무높이와 가슴높이지름으로 재적을 구하는 방법이다.

   ㉢ 보통 목측으로 구하지만 스피겔 릴라스코프를 이용하여 구하기도 한다.

   ㉣ 보통 나무높이의 60 ~ 80%의 값이 많아 평균 70% 정도이므로, 약산법으로는 망고를 0.7H로 계산한다.

   ㉤ 벌채점 이상의 임목 간재적

$$V = \frac{2}{3} \cdot \left(H + \frac{m}{2} \right)$$

   ∘ V : 재적(m^3)

   ∘ g : $\frac{\pi}{4} \cdot d^2$

   ∘ d : 가슴높이지름

   ∘ H : 망고

   ∘ m : 벌채점에서 가슴높이까지 높이

④ **목측법**

   ㉠ 목측법은 임목의 재적을 눈으로 측정하는 것이므로 숙련된 경험이 필요하다.

   ㉡ 목측법의 종류

   • 직접 목측법

   - 임목을 보고 바로 재적을 추정하는 방법이다.

   - 숙련이 필요하며, 다시 실제 측정을 하여 측정결과를 실측값과 비교하는 것이 옳다.

   • 간접 목측법 : 임목재적 계산에 필요한 수치들을 공식에 대입하여 계산하는 방법이다.

   • 주의사항

   - 경사지에서는 경사면 위에서 측정해야 오차가 적다.

- 측정할 나무와의 거리는 항상 일정하게 정한다.
- 나무껍질에 따라, 선명하고 매끄러운 것은 크게 보이고, 검고 거친 것은 작게 보인다.
- 맑은 날 측정할 때 햇볕을 향하면 높게 보이고, 등지면 낮게 보인다.

⑤ **임목 재적표법**

㉠ 임목 재적표는 지름과 나무높이, 형수 등 재적을 산출하는 요소를 사용하여 수종별로 미리 재적을 계산하여 알기 쉽도록 만든 표이다.

㉡ 재적표는 임목 분류기준에 따라 여러 종류가 있지만, 가슴높이지름과 나무높이의 함수로 만든 것이 일반적으로 많이 사용되고 있다.

㉢ 복잡한 계산 없이 지름과 나무높이만으로 필요한 재적을 쉽게 구할 수 있어 편리하다.

㉣ **수종에 따른 분류기준**
- 수종별로 나무줄기 형상이 다르기 때문에 주로 수종별로 임목 재적표를 만든다.
- 비슷한 수종끼리 모아 활엽수나 침엽수 등으로 만들어 표시하는 것이 있다.

㉤ **재적 종류에 따른 분류기준**
- 이용재적
- 이용이 가능한 임목에서의 재적을 말한다.
- 말구지름 6cm 이상을 대상으로 하고, 이용률로 표시한다.
- 나무줄기재적
- 임목재적이라고 한다.
- 생산량과 축적에 이용되며, 임목재적을 표시하는 데 사용하고 있다.

㉥ **측정인자에 따른 분류기준**
- 지름과 나무높이의 함수 : 일반적 재적표에 가장 많이 쓰인다.
- 가슴높이지름의 함수 : 미국에서 많이 쓰이며, 지방적 재적표라고 한다.
- 가슴높이지름, 나무높이 및 형수의 함수 : 정확도는 아주 높지만 계산이 복잡하여 많이 이용되지 않는다.

㉦ **나무 부분에 따른 분류기준**
- 나무 전체 재적 : 나무줄기재적, 근주재적, 지조재적을 합한 재적이다.
- 성재재적 : 말구지름이 6cm 이상인 나무 줄기재적을 말한다.
- 나무줄기의 성재재적 : 말구지름이 6cm 미만인 부분도 포함한 나무줄기 전체 재적을 말한다.

㉧ **자료수집 구역에 따른 분류기준**
- 일반적 재적표 : 자료를 아주 넓은 구역에서 수집하여 만든 재적표로 오차의 한계가 크다.
- 지방적 재적표
- 어느 한 지방의 자료를 가지고 만든 재적표이다.
- 정확하나 그 지방 외에 다른 지방에서는 사용할 수 없다.

ⓩ 임목 재적표

- 벌채목에서 임목의 재적을 측정할 시 많은 통나무의 재적을 정확히 측정하여 구할 수 있도록 만들어진 재적표이다.
- 만드는 방법에는 형수법, 곡선도법(재적 곡선법), 수식법 등이 있다.

2 임분의 재적측정

① 전림법

(1) 전림법의 특징

① 측정하려는 임분의 모든 나무를 측정하여 구하는 방법이다.

② 면적이 작은 임분, 정밀을 요하는 실험이나 연구를 위한 조사, 산림을 매매하는 경우 등에 이용된다.

③ 재적측정의 인자를 정확히 파악할 수 있지만, 많은 시간과 경비가 소모된다.

(2) 전림법의 사용방법

① 매목 조사법

  ㉠ 측정 예정지를 미리 답사하여 지형과 지세를 파악하여 측정에 필요한 구체적 계획을 세운다.

  ㉡ 대상 임목을 하나하나 측정하는 경우와 지름만 측정하는 경우가 있다(주로 임목의 지름만을 측정하는 것을 말한다).

  ㉢ 정밀한 측정을 요하는 경우가 아니면 한쪽 방향의 지름만 측정한다.

  ㉣ 측정 위치는 정확히 땅에서 1.2m 지점을 측정하고, 경사지일 경우 위쪽에서 측정한다.

  ㉤ 등고선 방향으로 측정을 진행하는 것이 능률적이고 피로가 적다.

  ㉥ 윤척을 사용하여 조사한다.

  ㉦ 측정값은 괄약하여 기록하기 때문에 괄약 눈금을 미리 표시해 두면 편리하다.

  ㉧ 조사인원은 기장자 1명과 측정자 2~3명이 적당하다.

  ㉨ 기록자는 측정에 빠진 나무를 찾을 수 있도록 측정자가 잘 보이는 경사지 위에서 살핀다.

  ㉩ 측정값은 오기를 막기 위해 기록자가 복창하며, 측정자가 2명 이상일 경우 교대로 부른다. 측정자는 기록자의 복창을 들은 후 다음 나무를 측정한다.

ㅋ 측정값은 수종을 먼저 부르고, 지름을 부른다.

ㅌ 측정값은 지름계별로 그루 수를 야장에 기록하며, 우리나라에서는 '바를 정(正)'자를 사용한다.

ㅍ 측정에 빠진 것이나 2중 측정을 막기 위해 측정이 끝난 나무는 페인트, 분필, 박피기, 낫 등으로 표시를 해둔다.

ㅎ 측정이 끝나면 각 지름계의 그루 수에 지름을 곱하는데, 이 값을 모두 합한 다음 전체 그루수로 나누면 평균 지름이 구해진다. 이를 표준목의 지름이라 한다.

• 혼효림의 경우

⑧ 제 ○ 임반, 제 ○ 소반, 수종, 측정 연월일 ⑧

수종 지름계(cm) / 그루 수	소나무		잣나무		낙엽송		총계
	그루 수	합계	그루 수	합계	그루 수	합계	
12	正正下	13	正正下	18	正正正下	18	49
14	正正正正	20	正正正正正	25	正正正正正	25	70
16	正正正正下	23	正正正正下	23	正正正正下	23	69
⋮	⋮	⋮	⋮	⋮	⋮	⋮	⋮
⋮	⋮	⋮	⋮	⋮	⋮	⋮	⋮
계		166		251		226	643

• 단순림의 경우

⑧ 제 ○ 임반, 제 ○ 소반, 수종, 측정 연월일 ⑧

지름계(cm)	그루 수	합계	비교
12	正正正正正正正下	43	
14	正正正正正正正正正	55	
16	正正正正正正正	40	
⋮		⋮	
⋮		⋮	
계		548	

② **매목 목측법**

㉠ 임목의 재적을 목측에 의해 추정하는 방법이다.

㉡ 임목의 개성을 파악하고 시간과 경비를 절약하기 위해 이용된다.

③ **재적표 이용** … 임목재적 계산에 필요한 높이나 지름 등을 직접 측정한 다음 임목 재적표를 이용하여 재적을 산출하는 방법이다.

④ **항공사진 이용** ⋯ 임분의 제적을 직접 현지에서 측정하려면 시간과 경비가 많이 소모되므로, 항공사진에서 필요한 자료를 측정하여 재적을 산출하는 방법이다.

② 표본조사법

(1) 표본조사법의 특징

① 전체 임분 중 작은 구역이나 적은 그루 수를 선발하여 조사하는 방법이다.

② 표본조사법 비교

표본조사법	표본점 수(개소 수)	추정 오차율(%)	전림 추정 재적과 실측 재적과의 오차율(%)
계통적 추출법	57	8.36	4.18
임의 추출법	57	9.24	7.92
부차 추출법	40	7.54	0.39

㉠ 표본조사법 중 계통적 추출법, 임의 추출법, 부차 추출법의 표본을 선정하여 추정 오차율과 추정 재적, 실측 재적과 오차율로 비교, 검토한 결과표이다.

㉡ 시간과 경비가 제한되어 있을 때, 작은 구역을 대상으로 측정하고 전체 임분의 재적을 추정해 간다.

㉢ 표본점
- 표본조사를 위해 선정된 구역이며, 영구적 표본점과 일시적 표본점이 있다.
- 영구적 표본점 : 생장량이나 수확량과 같은 일정한 자료를 얻기 위해 고정적으로 설치되어 있는 표본점
- 일시적 표본점 : 재적조사와 같은 일시적인 필요에 의해 설치된 표본점

㉣ 표본목 : 표본조사를 위해 선정된 임목이다.

(2) 표본조사법의 종류

① **계통적 추출법**

㉠ 측정자가 일정한 계통을 추출 대상에 정해 놓고 추출하는 방법이다.

㉡ 대규모 산림을 조사하는 경우 어떤 계통을 세워 표본을 추출한다.

㉢ 추출방법이 간단한다.

㉣ 추출 대상 지역 안에 있을 수 있는 주기적인 경향이나 어떠한 추세가 있을 때는 많은 오차가 생긴다.

② **임의 추출법**

　㉠ 추출하려는 임분을 표본단위와 같은 크기의 격자로 구분한다.

　㉡ 격자로 구분한 교점에 일련번호를 붙인다.

　㉢ 조사 대상물에 번호를 매겨 리스트를 작성하여 기록한다.

　㉣ 필요한 수만큼 리스트에서 난수표와 난수기를 통해 표본을 추출한다.

　㉤ 난수표는 무작위로 0에서 9까지 숫자를 배열한 것이다.

③ **부차 추적표**

　㉠ 임분을 여러 개의 집단으로 나눈 다음, 그 집단 중에서 몇 개를 추출하고 추출된 집단에서 다시 표본점을 추출하는 방식이다.

　㉡ 두 단계로 추출하는 방식이므로 2단 추출법이라고도 한다.

　㉢ 3가지 표본조사방법 중 추정 오차가 7.54%로 가장 적다.

　㉣ 전림에서 1차로 모집단 5개소, 2차로 4개소, 3차로 2개소를 추출하여 5 × 4 × 2 = 40 개소를 선정한다.

　㉤ 시간과 경비 등이 다른 방법에 비해 절감되어 표본점이 가장 적게 소요된다.

④ **층화 추출법**

　㉠ 임분을 여러 개로 나누고 각각의 임분에 표본을 추출하는 방법이다.

　㉡ 층화는 임분을 몇 개로 나누는 것이다.

　㉢ 층화할 때는 구성요소를 수종, 연령 등과 같이 동질적인 것으로 해야 한다.

　㉣ 층화 추출법은 동질적 요소가 아니면 의미가 없다.

⑤ **이중 추출법**

　㉠ 항공사진을 같이 이용해서 표본조사에 사용하는 방법이다.

　㉡ 항공사진 재적표가 있을 경우 사진에 많은 표본점을 조사하고, 그 중 몇 개를 선정하여 지상조사를 한다.

　㉢ 지상조사의 결과와 사진상의 측정값에 의해 회귀계수를 구하여 전체를 추정하는 방법이다.

③ 표준목법

(1) 표준목법의 특징

① 표준목법은 표준목을 골라 평균재적을 구하고, 임분 전체 그루 수를 곱해서 전체 임분재적을 추정하는 것이다.

② **표준목** … 임분 전체 재적을 임분 전체 임목 그루 수로 나누어 평균재적이 나온 나무다.

③ **표준목의 평균재적**

$$\upsilon = \frac{V}{N}$$
$$\therefore V = N \cdot \upsilon$$

◦ υ : 표준목 평균재적
◦ N : 임분 전체 그루 수
◦ V : 임분재적

④ 전체 임분재적을 구할 때는 평균재적을 가지는 표준목을 찾아야 한다.

⑤ 표준목을 구할 때는 평균지름을 가진 나무를 찾아야 하는데, 전 임목의 매목조사를 통해 찾아 낸다.

(2) 표준목 결정

① **방법** … 나무높이와 가슴높이형수, 가슴높이지름 등과 같은 재적 계산요소를 구하여 표준목의 재적을 계산한다.

② **표준목의 나무높이**

㉠ 평균지름을 가진 나무를 임분에서 찾아 그 나무높이를 표준목의 나무높이로 한다.

㉡ 그러나 시간과 경비가 많이 소모되므로 나무높이 곡선법에 의해 나무높이를 정한다.

㉢ 나무높이곡선

- 가슴높이지름에 대한 나무높이의 크기를 나타내는 곡선이다.
- 현재와 앞으로의 나무높이와 지름의 관계를 추정하는 데 아주 중요한 것이다.
- 곡선은 자유 곡선법과 최소 곡선법 두 가지가 있으며, 주로 계산이 간단한 자유 곡선법이 많이 사용된다.
- 곡선표를 그릴 때 세로축은 나무높이, 가로축은 가슴높이지름으로 정한다.
- 가슴높이지름에 해당하는 나무높이의 위치에 점을 찍고 점들을 연결하면 불규칙 곡선이 된다.
- 이것을 각 점들의 평균점을 통과하도록 하여 평활한 곡선으로 연결해 준다.

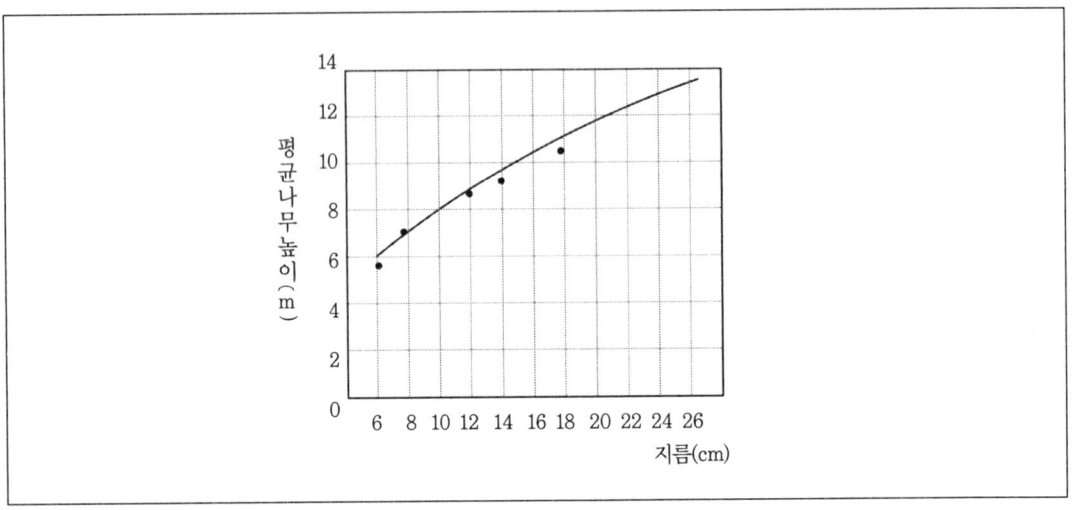

◎ 나무높이곡선 ◎

③ **가슴높이지름**

　㉠ 가슴높이 단면적법

　　• 매목조사에서 얻어진 지름으로 가슴높이 단면적을 계산하여 그 평균을 가슴높이 단면적으로 한다.

　　• 표준목의 가슴높이 단면적으로 표준목의 가슴높이지름을 구한다.

$$d = \sqrt{\frac{4}{\pi} \cdot g} \fallingdotseq 1.1287 \sqrt{g}$$

　　◦ g : 표준목의 가슴높이 단면적

　㉡ 산술 평균지름법

　　• 계산이 간편하고 우리나라에서 대부분이 사용하는 방법이다.

　　• 매목조사에서 얻은 지름 합계를 임목 그루 수로 나누어 가슴높이지름을 구한다.

$$d = \frac{\sum d}{n}$$

　　◦ d : 표준목의 가슴높이지름
　　◦ $\sum d$: 전 임목 가슴높이지름 합계
　　◦ n : 임목 그루 수

　㉢ 와이제법

　　• 임상이 고른 임분에 적용할 수 있다.

　　• 지름이 작은 것부터 늘어놓을 경우, 작은 지름에서부터 60%까지의 나무지름을 표준목의 지름으로 하는 방법이다.

④ **가슴높이형수의 결정** … 각 지름급마다 평균적인 형수를 산출하여 사용하기 때문에 복잡하여 수종 및 지름별 가슴높이형수표로 사용한다.

(3) 표준목법 종류

① **단급법**(Single class)

ⓐ 단급법은 전체 임분을 1개의 급으로 취급하기 때문에 간편하여 많이 쓰인다.

ⓑ 임상과 형상고(h · f)가 균일한 임분에 많이 사용된다.

ⓒ 실시 순서

- 매목조사로 전체 임목의 가슴높이 단면적 합계를 계산한다.
- 합계를 전체 그루 수로 나누어 표준목의 가슴높이 단면적을 산출한다.
- 표준목의 가슴높이지름을 산출한다.
- 표준목을 지정하여 나무높이를 측정하고, 재적을 계산한다.
- 계산에 의해 전체 임분의 재적을 산출한다.

ⓓ 단급법의 공식

$$V = \frac{G}{g} \cdot v$$

  ∘ V : 전체 임분의 재적
  ∘ G : 단면적 합계
  ∘ g : 표준목의 가슴높이 단면적
  ∘ v : 표준목의 재적

② **우리히법**(Urich)

ⓐ 우리히법은 전림재적을 추정하는 방법을 세 가지 발표했는데 가장 많이 사용되고 있는 방법은 제2법이다.

ⓑ 우리히 제2법은 임분을 임목의 그루 수가 같은 몇 개의 계급으로 나누고, 나눈 계급 각각에서 같은 수의 표준목을 선정하여 임목재적을 계산하는 것이다.

ⓒ 실시 순서

- 나무의 상태에 따라 계급 수를 정한다.
- 각 계급에 속하는 나무의 수를 같도록 한다.
- 매목조사를 통해 가슴높이 단면적의 합계를 구한다.
- 각각의 계급에서 같은 수의 표준목을 정한다.
- 표준목의 가슴높이 단면적과 재적을 구한다.

$$V = v \cdot \frac{G}{g}$$

  ∘ V : 전체 임분의 재적
  ∘ g : 표준목의 가슴높이 단면적 합계
  ∘ v : 표준목의 재적 합계

ⓓ 우리히 제2법의 공식

③ **드라우드법**(Draudt)

    ㉠ 임분을 구성하고 있는 지름계에 따라 표준목을 선정하여 재적을 산출한다.

    ㉡ 장점

      • 표준목이 각 지름계에 골고루 배분되어 있기 때문에 비교적 정확하다.

      • 표준목의 선정도 간단하다.

    ㉢ 매목조사로 각 임목의 가슴높이지름을 측정하여, 지름계의 임목 수에 따라 표준목을 구한다.

    ㉣ 정해진 표준목을 각 지름계에 선정하여 재적을 구하고, 전림재적을 구한다.

    ㉤ 각 지름계의 표준목 수는 전체 표준목 수를 전 임목 수로 나눈 값에 각 지름계의 임목 그루 수를 곱하여 산출한다.

    ㉥ 드라우드법의 공식

$$V = v \cdot \frac{N}{n}$$

    ◦ V : 전림재적
    ◦ v : 배정된 표준목의 재적합계
    ◦ N : 전 임분의 임목 그루 수
    ◦ n : 표준목 수

④ **하르티히법**(Hartig)

    ㉠ 각 계급의 가슴높이 단면적을 같게 한 것이다.

    ㉡ 단점 : 계산이 복잡하다.

    ㉢ 장점 : 정확한 결과를 산출할 수 있다.

    ㉣ 실시 순서

      • 계급 수를 정한다.

        ★TIP 각 계급에 속하는 나무의 수를 같게 한다.

      • 매목조사로 전체 임분의 가슴높이 단면적 합계를 측정한다.

      • 전체 임분의 가슴높이 단면적 합계를 계급 수로 나누고 각 계급의 가슴높이 단면적의 합계를 산출한다.

      • 각각의 계급에서 표준목의 크기를 계산하여 결정하여 표준목의 재적을 산출한다.

    ㉤ 하르티히법의 공식

$$V = v \cdot \frac{G}{g}$$

    ◦ V : 전림재적
    ◦ G : 임분 가슴높이 단면적 합계
    ◦ v : 표준목의 재적 합계
    ◦ g : 표준목의 가슴높이 단면적 합계

④ 표준지법

(1) 표준지법의 특징

① 산림면적이 넓거나 지세가 험해 측정이 어려울 때나 정밀한 측정이 필요하지 않을 때 사용된다.

② 표준지는 조사대상이 되는 임지를 말한다.

③ 임분에서 일정한 면적의 임지를 선택하여 재적을 조사한 다음 면적비율에 의해 전체 임분의 재적을 구하는 방법이다.

$$V = \frac{A}{a} \cdot v$$

◦ A : 전체 임분면적
◦ a : 표준지 면적
◦ v : 표준지 재적

④ 표준지는 대상 임지를 답사한 결과에 따라 측정자의 주관에 의해 선정되므로 정밀한 측정이 어렵다.

⑤ **표준지 선정기준**

　㉠ 표준지는 길이가 3m인 폴의 한쪽 끝을 잡고, 몸을 중심으로 한 바퀴 돌아 만들어진 원으로 정한다.

　㉡ 표준지의 간격은 보통 20 ~ 25걸음 간격으로 1개씩 설정한다.

　㉢ 나무높이는 각 표준지로 정한 원에서 1그루씩 표준목을 선정하고 측정한다.

(2) 각산정 표준지법

① 임분재적 측정시 매목조사를 하지 않고, 임분의 가슴높이 단면적 합계를 구할 수 있다.

② 각산정 표준지법은 표준지가 필요하지 않다.

③ **각산정 표준지법의 공식**

$$V = G \cdot H \cdot F$$
◦ G : 임분의 가슴높이 단면적 합계(m^2/ha)
◦ H : 임분의 평균나무높이
◦ F : 임분형수

④ 릴라스코프를 이용하여 임분의 가슴높이 단면적 합계를 구할 수 있다.

⑤ **릴라스코프 종류**

㉠ **스피겔 릴라스코프**

- 임분의 가슴높이 단면적, 수평거리, 나무높이, 임목의 상부지름, 경사각과 지름 등을 측정할 수 있다.
- 경사지에서도 자동조절장치가 있어 경사에 따라 측정할 수 있다.

⑧ 스피겔 릴라스코프의 구조 ⑧

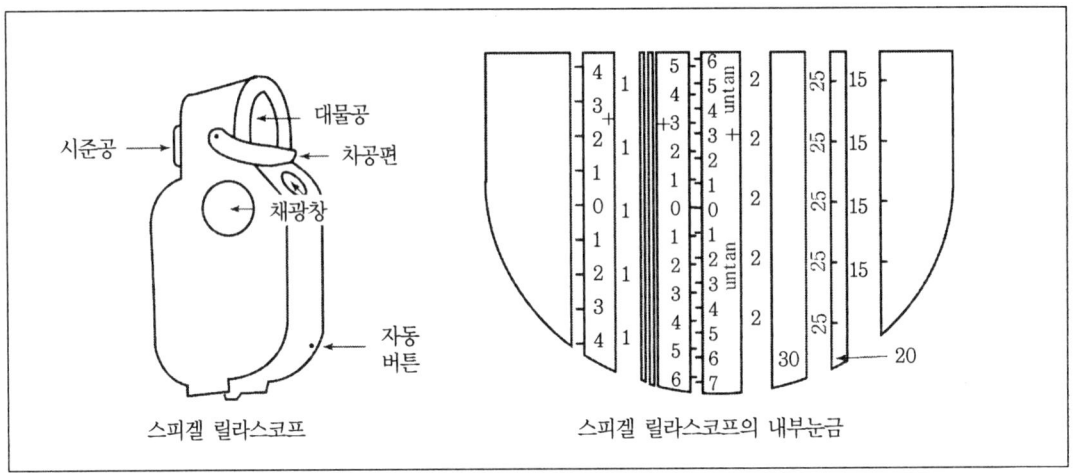

스피겔 릴라스코프 | 스피겔 릴라스코프의 내부눈금

- 내부눈금의 구조
  - 20m 나무높이측정 띠(band)
  - 띠 1
  - 흑백의 좁은 띠(4개)
  - 25m 나무높이측정 띠
  - 30m 나무높이측정 띠
  - 띠 2
  - 거리 측정기
- 면적당 가슴높이 단면적 합계의 측정
  - 가슴높이 단면적 합계를 구하는 것이 릴라스코프를 만든 주목적이다.
  - 측정지는 수풀을 순시하여 임목의 지름과 밀도, 형상 등이 평균되는 곳으로 정한다.
  - 측정은 가슴높이 단면적 측정기로 띠 1보다 굵게 나타나는 것을 센다.
  - 측정지에서 한 바퀴를 돌아 측정한 것을 세어 합하면 ha당 가슴높이 단면적 합계가 나온다.
  - 띠 2를 사용할 경우, 띠 2보다 굵게 나타난 숫자에 2배한다.
- 수평거리의 측정
  - 수평거리측정은 거리 측정기에 표시된 숫자가 측정한 곳에서 나무까지의 거리이다.
  - 측정에는 2m 길이의 표적판을 나무에 걸어 기계를 시계방향과 90° 반대로 돌려 조절한다.
  - 거리조절은 띠 2의 경계와 그림에 표시된 untan이라는 곳을 표적판의 밑에 일치시켜 앞뒤로 움

직이면서 목표한 거리를 표시한 띠의 경계와 표적판의 위 끝이 일치하도록 한다.

- 나무높이의 측정
- 표시된 거리에서 측정할 수 없는 경우는 2배 떨어진 곳에서 측정하여, 나무높이측정 눈금에서 그 값을 2로 나누어 준다.
- 나무높이 측정눈금은 20m, 25m, 30m를 사용한다.
- 지름의 측정
- 띠 1과 4개의 좁은 띠가 지름측정에 쓰이는 눈금이며, 모두 합해 띠 4라 부른다.
- 가슴높이지름과 높은 부위의 지름도 쉽게 측정이 가능하다.
- 나무거리가 20m인 곳에서 시준하여 띠 1의 나무줄기가 꽉 찼을 경우 지름은 40cm이다.
- 좁은 띠 4개의 각각의 폭은 띠 1의 $\frac{1}{4}$로 10cm이다.

> 20m 거리에서 나무줄기를 측정했을 때, 띠 1과 3개의 좁은 띠와 네번째 좁은 띠의 반이었을 때 지름을 구하는 방법
> 띠 1 = 40(cm)
> 좁은 띠 3 = 10 + 10 + 10 = 30(cm)
> 좁은 띠 $\frac{1}{2}$ = 5(cm)
> 그러므로, 40 + 30 + 5 = 75(cm)

- 눈금은 경사에 따라 회전하고, 수평으로 보았을 때의 폭에 대해 시준선 경사각의 코사인에 비례하여 아래위가 좁게 되어 있다.

ⓒ 그로센바흐 릴라스코프

- 50cm 길이의 각재의 한 쪽 끝에 시준공을 붙이고, 다른 쪽 끝에는 2cm의 차단편을 단 기구이다.
- 측정기의 계수는 4이다.
- 수풀 안에서 시준공으로 한 바퀴 돌면서 측정 대상의 모든 나무줄기를 시준한다.
- 측정은 나무줄기의 폭에 따라 폭이 차단편보다 작으면 세지 않고, 일치하면 0.5로, 크면 1로 센다.

그로센바흐 릴라스코프

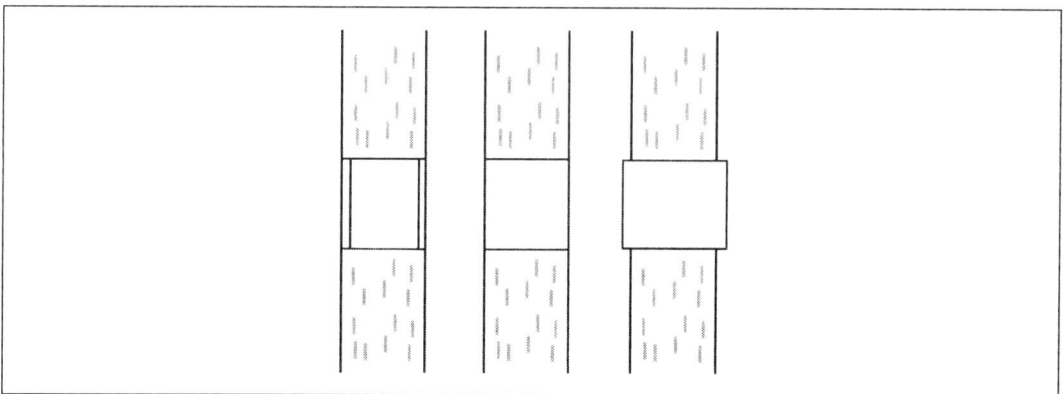

(3) 대상 표준지법

① 대상 표준지는 일정한 나비 띠모양으로 된 긴 표준지를 말한다.

② 일정한 간격으로 임분을 나누고, 중심선의 길이를 정확히 측정한다.

③ 중심선의 양쪽을 5 ~ 10m 간격으로 계속 나가면 표준지의 나비가 10 ~ 20m가 된다.

④ 중심선에서 방향이 직각이 되도록 측정하면 편리하다.

⑤ 면적이 넓고 임상의 변화가 심한 산림에서 많이 사용된다.

---

3 통나무 재적측정

① 나무줄기형상과 단면적의 측정

(1) 나무줄기형상

① 엄밀히 말해 나무줄기의 중심선이 반듯이 직선인 것은 아니며 수종이나 입지환경 등의 여러 조건에 따라 줄기형상이 다르다.

② **수간축** … 재적을 측정할 경우, 줄기의 중심선을 편의상 직선으로 생각하는데, 이때의 줄기의 중심선을 말한다.

③ **간곡선**
  ㉠ 수간축을 가진 평면이 나무줄기의 표면과 만나는 곡선을 말한다.
  ㉡ 간곡선 모양은 여러가지 조건에 따라 다르지만, 나무줄기의 형상 같이 직선, 포물선, 나일로이드선 등으로 구분한다.

④ **줄기의 형상**
  ㉠ 줄기는 간곡선이 수간축을 중심으로 한 바퀴 돈 원구체 모양을 하고 있다.
  ㉡ 원뿔, 포물선체, 원기둥, 나일로이드체의 모양으로 구분할 수 있다.

⑤ 수간축과 수직으로 만나는 평면이 간곡선과 만나는 면을 단면 또는 횡단면이라 한다.

⑥ 횡단면의 가지와 밑동을 제외하고 줄기의 대부분이 원과 비슷한 모양이기 때문에 특별한 경우를 제외하고는 편의상 원으로 여긴다.

나무줄기의 형상

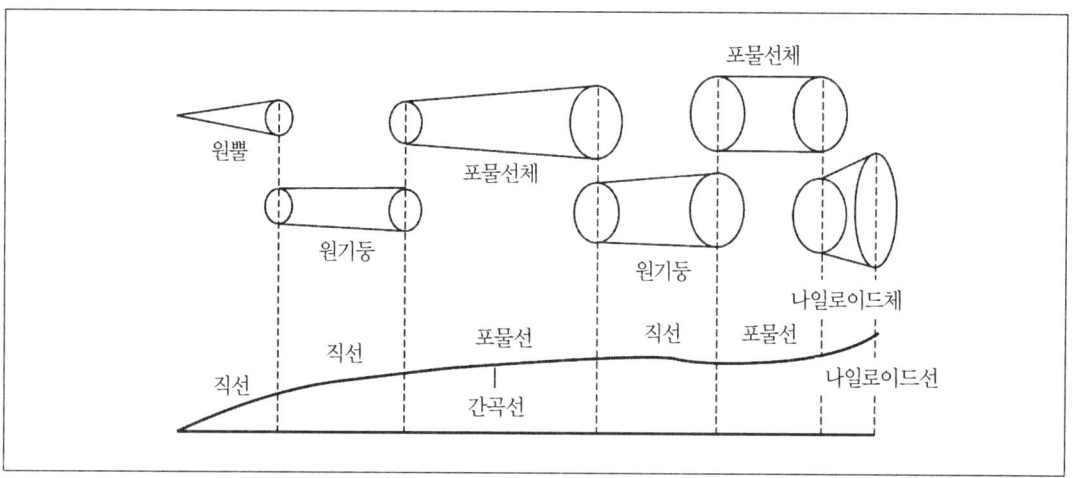

(2) 단면적의 측정

① 통나무의 단면을 원모양으로 보고 지름을 측정하고 다음 식으로 계산한다.

$$g = \frac{\pi}{4} \cdot d^2$$

- °g : 단면적
- °d : 지름

② 단면을 원으로 생각하기 때문에 지름을 사용하는 $\frac{\pi}{4} \cdot d^2$이 반지름을 사용하는 원면적 공식($\pi \cdot r^2$) 보다 편리하다.

③ 정확한 원이 아닌 나무의 단면적은 여러 방향에서 측정해야 평균지름을 내거나, 최대지름과 최소지름을 재어 평균지름을 내는 것이 정확도를 높일 수 있다.

④ 단면적은 통나무 재적측정에 가장 먼저 알아야 하는 것이다.

⑤ 단면적 측정은 말구 제곱법과 4분주식을 뺀 나머지는 모두 구해야 한다.

② 재적의 측정

(1) 통나무의 재적측정

① 통나무의 재적을 측정하기 위해서는 통나무의 단면적과 길이를 알아야 한다.

② 재적을 계산할 때는 입방데시미터(dm^3)로 구하거나, 소수점 아래 넷째자리에서 반올림해서 셋째자리까지 구한다.

③ **각 부분의 명칭과 기호**

　㉠ **원구** : 단면의 지름이 큰 부분으로 주로 d_o(원구지름), g_o(원구단면적)으로 나타낸다.

　㉡ **말구** : 단면의 지름이 작은 부분으로 주로 d_n(말구지름), g_n(말구단면적)으로 나타낸다.

　㉢ **중앙** : $d_{1/2}$(중앙지름), r(중앙단면적)로 보통 표시한다.

　㉣ **길이** : L로 표시한다.

◎ 통나무의 측정 ◎

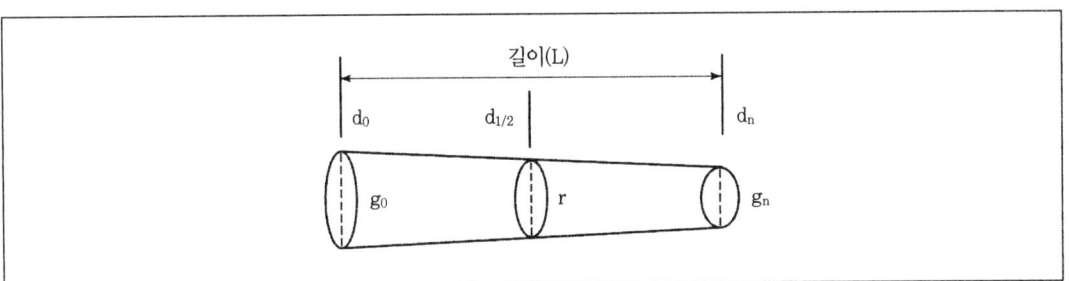

④ 통나무 재적측정의 공식

　㉠ **후버식**(Huber's formula)

　• 중앙 단면적식이라고 하며, 간편한 방법으로 비교적 많이 쓰인다.

　• 보통의 통나무가 원구와 말구의 지름이 다르므로 중간 부분의 지름을 평균값으로 보고, 중간 부분의 단면적을 구하여 길이를 곱하는 계산방법이다.

　• 원뿔과 나일로이드체에서는 실제보다 작은 재적이 계산된다.

　• 긴 목재를 측정할 경우 오차가 커지기 때문에 짧은 목재에 사용하는 것이 좋다.

$$V = r \cdot L = \frac{\pi}{4} \cdot d^2 \cdot L = 0.785 d^2 \cdot L (m^3)$$

　◦ V : 통나무 재적
　◦ r : 중앙단면적
　◦ L : 통나무 길이
　◦ d : 중앙지름

ⓛ 스말리안식(Smalian's formula)

- 원구와 말구지름의 단면적을 평균하는 것이므로 평균 양 단면적식이라고도 한다.
- 원구와 말구의 단면적을 계산하여 평균단면적을 구하고, 구한 값에 통나무 길이를 곱하여 재적을 계산한다.
- 짧은 나무길이에 비교적 정확하다.
- 원뿔이나 나일로이드체에서는 실제 재적보다 값이 크다.

$$V = \frac{g_0 + g_n}{2} \cdot L = \frac{(\frac{\pi}{4}d_0{}^2 + \frac{\pi}{4}d_n{}^2)}{2} \cdot L = \frac{\pi}{4} \cdot \frac{d_0{}^2 + d_n{}^2}{2} \cdot L\,(\text{m}^3)$$

ⓒ 구분구적법

- 길이가 긴 통나무의 재적을 구하는데 쓰인다.
- 각 부분의 변화가 심한 긴 통나무는, 간단한 구적식으로는 오차의 범위가 커져 정확한 측정이 어렵기 때문에 짧게 구분하여 측정한다.
- 맨 끝 부분을 원뿔로 간주하여 원뿔공식($\frac{1}{3}g \cdot L$)을 적용한다.
- 2m의 길이로 보통 구분하며 각각의 재적을 구해 합산하는 방법이다.

ⓔ 말구지름 제곱법

- 우리나라에서 주로 사용하는 것이다.
- 길이는 m 단위로 측정하고, 말구지름은 cm 단위로 측정한다.

$$V = d_n{}^2 \cdot L(\text{m}^3)$$

  ◦ V : 통나무 재적
  ◦ $d_n{}^2$: 말구지름의 제곱
  ◦ L : 통나무 길이

- 통나무의 길이에 따라 짧으면 과소값, 길면 과대값이 나오기 때문에 6m를 기준으로 계산한다.
- 6m 미만의 통나무 길이 측정

$$V = d_n{}^2 \times L \times \frac{1}{10,000}\,(\text{m}^3)$$

- 6m 이상의 통나무 길이 측정

$$V = \left(d_n + \frac{L' - 4}{2}\right)^2 \times L \times \frac{1}{10,000}\,(\text{m}^3)$$

  ◦ L' : m 단위의 통나무 길이로 1 미만의 수를 버린 수(예 7.3m → 7m)

ⓜ 4분주식(Quarter-girth measurement)

- 영국에서 주로 사용되며 뉴질랜드와 말레이시아 등에서도 이용된다.
- 통나무의 중앙둘레를 4로 나눈 값을 제곱하여 길이를 곱하는 계산방법이다.

$$V = (\frac{n}{4})^2 \cdot L$$

  ◦ V : 통나무 재적
  ◦ n : 중앙둘레
  ◦ L : 통나무 길이

ⓑ 브레레톤식(Brereton measurement)

- 미국, 필리핀, 인도네시아 등에서 사용된다.
- 원구지름과 말구지름을 cm 단위로 하고 길이를 m 단위로 측정한다.
- cm로 측정한 지름을 m로 환산하기 위해서 $\frac{1}{10,000}$ 을 곱한다.

$$V = \frac{(d_0 + d_n)^2}{2} \times \frac{\pi}{4} \times L \times \frac{1}{10,000} (m^3)$$

ⓢ 리케식(Riecke's formula)

- 복잡한 측정과 계산으로 널리 쓰이고 있지 않다.
- 그러나 정확한 값이 계산된다.
- 뉴턴(Newton)이 연구하여 만든 식이며 리케가 나무측정에 응용하였다.

$$V = \frac{L}{6}(g_0 + 4r + g_n)(m^3)$$

  ◦ V : 통나무 재적
  ◦ g_0 : 원구단면적
  ◦ g_n : 말구단면적
  ◦ r : 중앙단면적
  ◦ L : 길이

(2) 제재목의 재적측정

① 각재나 판재와 같은 제재목은 육면체의 부피를 구하는 요령과 같다.

② 가로·세로의 단위는 cm로 측정하므로 m로 환산한다.

③ 재적을 평으로 나타낼 때는 넓이와 두께를 붙여서 '몇 푼 판재 몇 평'으로 표시한다.

$$V = a \cdot b \cdot L$$

- V : 통나무 재적
- a : 판재의 두께
- b : 판재의 나비
- L : 길이

(3) 불규칙한 통나무의 재적측정

① 측용기법

㉠ 물체를 물에 넣었을 때, 물체의 양과 같은 양의 물이 넘친다는 원리를 응용한 것이다.

㉡ 측용기에 목재를 넣은 다음 넣기 전과 비교한 눈금의 차이를 m^3로 계산한다.

㉢ 측용기는 용기의 크기가 작아 나무를 작게 잘라서 측정해야 하는 단점이 있다.

㉣ 나무껍질과 지조재의 측정, 실험식을 만들기 위한 자료 등의 측정법 외엔 널리 쓰이지 않는다.

② 비중법

㉠ 비중 : 4℃ 물의 무게와 어떤 물질의 무게 비율이다.

㉡ 물체를 물 속에서 측정하면, 일반 공기 중에서 측정한 양보다 물체로 인해 넘친 물의 양만큼 가벼워진다는 원리를 이용하여 측정하는 방법이다.

㉢ 물 1kg이 4℃에서 1ℓ, 1ℓ = $\dfrac{1}{1,000}$ (m^3)이므로, 공기 중에서 측정한 무게와 물 속에서 측정한 무게의 차이를 1,000으로 나누어 m^3 단위로 구한다.

③ **무게 비중법**

　⊙ 측정하는 목재가 많은 양일 경우에 적용한다.

　ⓒ 전체 목재의 무게 측정 후, 그 중에서 평균이 될 만한 표본을 선정하여 표본의 재적을 구하여 전체 재적을 구한다.

$$V = \frac{G}{g} \times \upsilon$$

　∘ V : 전체 재적
　∘ G : 전체 무게
　∘ g : 표본의 무게
　∘ υ : 표본의 재적

(4) 층적재적의 측정

① 불규칙한 목재인 장작이나 펄프 용재는 일정한 모양으로 쌓아 목재와 공간을 포함한 전체 부피로 목재의 양을 나타낸다.

② 이때 목재만의 부피는 실적, 목재와 공간을 합한 부피는 층적이라고 한다.

③ 전체 층적에서 실적이 차지하는 비율을 실적계수라고 한다.

④ **실적계수**

　⊙ 수종 : 활엽수가 침엽수보다 2 ~ 3% 작다.

　ⓒ 쌓는 방법 : 조밀하게 쌓은 것이 그렇지 않은 것 보다 실적계수가 크다.

　ⓒ 길이와 지름 : 길이가 짧은 나무는 긴 나무보다 작고, 지름이 작은 나무는 지름이 큰 나무보다 실적계수가 작다.

　ⓔ 모양과 크기 : 침엽수와 짧은 목재가 활엽수와 긴 목재보다 실적계수가 크다.

⑤ 실적계수는 실적을 층적으로 나눈 비율로, 실적계수를 알면 층적계산과 실적을 쉽게 구할 수 있다.

⑥ 단위는 층적이 평과 붕을 사용했지만, m^3을 사용하는 것이 편리하다.

01 출제예상문제

1 우리나라에서 벌채목의 재적을 측정하는데 있어서 관행으로 많이 쓰이는 측정법은?

① 후버식

② 말구지름 제곱법

③ 구분구적법

④ 스말리안식

> **note**
> ① 통나무의 중간부분 지름의 평균값으로 단면적을 구한 후 길이를 곱하여 계산하는 방법
> ③ 긴 통나무나 정밀한 재적측정시 2m의 길이로 구분하여 각각의 재적을 구한 후 합하는 방법
> ④ 원구지름과 말구지름을 측정한 후 원구단면적과 말구단면적을 계산하고 평균단면적을 구한 다음 통나무의 길이를 곱하는 방법

2 가슴높이지름 50cm, 높이 18m, 형수 0.45인 경우의 임목의 재적은?

① 1.590

② 2.420

③ 2.590

④ 3.100

> **note** 가슴높이지름이 있으므로 덴진법을 사용한다.
> $$V = g \cdot h \cdot f = \frac{\pi}{4} \cdot d^2 \cdot h \cdot f = \frac{d^2}{4} \cdot \pi \cdot h \cdot f$$
> (g : 단면적, h : 높이, f : 형수, d : 지름)
> $$V = \frac{\pi}{4} \times 0.5^2 \times 18 \times 0.45 = 1.590\,m^3$$

3 일반적으로 매목조사에서 측정하는 것은?

① 부피

② 지름

③ 입목도

④ 나무높이

> **note** 매목조사는 각 임목의 지름만을 측정하는 것이다.

Answer 1.② 2.① 3.②

4 벌채목의 통나무 재적측정시 오차가 가장 적은 방법은?

① 후버식

② 구분구적법

③ 4분주식

④ 스말리안식

> ☆note ① 통나무의 중간부분의 지름으로 단면적을 구한 후 길이를 곱하는 것으로 짧은 목재에 사용하는 것이 좋다.
> ③ 통나무의 중앙둘레를 4로 나눈 값을 제곱하고 길이를 곱하여 재적을 구한다.
> ④ 원구지름과 말구지름을 측정한 후 원구단면적과 말구단면적을 계산하고 평균 단면적을 구한 다음 통나무의 길이를 곱한다.

5 다음 중 임목의 재적을 구하는 방법으로 옳지 않은 것은?

① 형수법

② 목측법

③ 표준지법

④ 재적표법

> ☆note 임목의 재적측정법으로는 형수법, 덴진법, 망고법, 임목재적표법, 목측법이 있다.

6 1m³를 재(才)로 환산한 것으로 옳은 것은?

① 100재

② 200재

③ 300재

④ 400재

> ☆note $1m^3 = 1m \times 1m \times 1m = 33$치 $\times 33$치 $\times 33$치 $= 35,937$세제곱치이고,
> 1재 $= 120$세제곱치이므로, $35,937 \div 120 = 299.47 ≒ 300$ ∴ 300재

7 다음 중 나무둘레를 측정하는 눈금간격 3.14159의 기구는?

① 윤척

② 수피측정구

③ 지름테이프

④ 빌트모어스틱

> ☆note ① 지름측정에 사용되는 기구
> ② 나무줄기에 직각되는 방향으로 들이밀어 나무껍질의 두께를 측정하는 기구
> ④ 길이 30cm 정도의 자로 지름을 측정하는 기구

❤❤ **Answer** 4.② 5.③ 6.③ 7.③

8 말구지름이 30cm이고, 길이가 4m인 통나무의 재적은?

① $0.12m^3$

② $0.24m^3$

③ $0.36m^3$

④ $0.48m^3$

> **note** 말구지름 제곱법을 이용하여 계산하면 $V = d_n^2 \times L = 0.3^2 \times 4 = 0.36m^3$

9 다음 중 임목재적을 측정하는 척관법으로 옳지 않은 것은?

① 재

② 속

③ 평

④ m^3

> **note** 척관법
> ㉠ 재 : 1재 = 1치 × 1치 × 12자 = 120세제곱치
> ㉡ 속 : 3자 길이의 끈으로 묶은 1다발을 말한다.
> ㉢ 평 : 보통 판자의 두께를 붙여서 쓰고, 판자의 표면적은 6자 × 6자 = 1평으로 나타낸다.

10 우리나라에서 사용하는 형수의 값은?

① 0.35

② 0.40

③ 0.45

④ 0.50

> **note** 가슴높이형수(재적계수)
> ㉠ 비교하는 원기둥의 지름위치를 가슴높이에 정한 것을 말한다.
> ㉡ 임목재적 계산에 쓰이고 보통값이 0.4 ~ 0.6이나 우리나라는 0.45를 쓴다.

11 매목조사에서 용재림의 경우에 몇 cm 미만의 지름을 측정하지 않는가?

① 2

② 3

③ 6

④ 10

> **note** 매목조사 … 모든 나무의 지름을 측정하는 일을 말하나 용재림에서 지름측정시 흉고지름 6cm 미만인 어린 나무는 측정하지 않는다.

Answer 8.③ 9.④ 10.③ 11.③

12 다음 벌채목에 적용되는 방법 중 양단면의 직경을 측정하여 구하는 방식은?

① 리케식   ② 후버식

③ 스말리안식   ④ 구분구적법

> ✿ **note**   스말리안식 … 말구지름과 원구지름을 측정해서 말구단면적과 원구단면적을 구하고, 평균단면적을 구한 값에 통나무의 길이를 곱하는 방법이다.

13 다음 중 중앙둘레와 길이를 측정하여 통나무의 재적을 구하는 공식은?

① 브레레톤식   ② 후버식

③ 4분주식   ④ 리케식

> ✿ **note**   4분주식 … 통나무의 중앙둘레를 4로 나누어 제곱한 후 길이를 곱하여 재적을 구하는 방법으로 영국에서 주로 사용한다.

14 다음 중 벌채목의 재적측정방법으로 옳지 않은 것은?

① 리케식   ② 후버식

③ 망고법   ④ 스말리안식

> ✿ **note**   벌채목의 재적측정방법에는 후버식, 스말리안식, 리케식, 4분주식, 브레레톤식, 말구지름 제곱법, 구분구적법 등이 있다.

15 다음 중 항공사진을 병용한 표본조사에서 사용되는 방법은?

① 임의 추출법   ② 층화 추출법

③ 이중 추출법   ④ 계통적 추출법

> ✿ **note**   이중 추출법
>   ㉠ 항공사진을 병용한 표본조사에서 사용한다.
>   ㉡ 항공사진 재적표가 있을 경우 사진에서 표본점을 조사한 뒤, 몇 개를 뽑아서 지상조사를 한다.
>   ㉢ 사진상의 조사값과 지상조사의 결과로 회귀계수를 구해서 전체를 추정하는 방법을 말한다.

❤❤Answer   12.③   13.③   14.③   15.③

16 나무높이의 측정에서 나무로부터 100m 떨어진 곳에서 측정하는 측정은?

① 하가 측고기

② 아브네이 핸드레블

③ 와이제 측고기

④ 메리트 측고기

> **note** 아브네이 핸드레블
> ㉠ 수고를 측정할 때 사용하는 것으로 통 내부의 반사경에 의해 수준기의 기포를 수평위치에 오게 하면 수준기의 축과 시준선이 만드는 각이 호에 나타난다.
> ㉡ 호의 눈금은 수평거리를 100으로 만들었기 때문에 나무로부터 100m 떨어진 곳에서 측정한다.
> ㉢ 측정을 나무로부터 50m, 25m 떨어진 곳에서 한 경우는 나온 값에 1/2, 1/4을 곱해야 한다.

17 다음 중 눈금이 있는 자에 1개는 고정되어 있고 다른 한 개는 유동각인 기구는?

① 윤척

② 지름테이프

③ 수피측정구

④ 빌트모어스틱

> **note** 윤척
> ㉠ 눈금자에 2개의 다리가 붙어있는데 고정된 1개의 다리는 고정각, 움직이는 나머지 다리는 유동각이라고 한다. 이 두 다리는 눈금자와 직각을 이루고 서로 평행한다.
> ㉡ 사용이 편리하고, 구조가 간단하며, 휴대가 간편하다.
> ㉢ 나무지름의 크기에 제한을 받는다.

18 1에서 K까지의 숫자 중 하나를 무작위 추출한 후, 이 숫자에다 K씩을 가산한 숫자를 추출하는 표본 추출법은?

① 층화 추출법

② 부차 추출법

③ 계통적 추출법

④ 임의 추출법

> **note** 계통적 추출법
> ㉠ 개념 : 측정자가 추출대상에 일정한 계통을 정해서 추출하는 방법으로 대규모 산림을 조사할 경우 어떤 계통을 세워 표본을 추출한다.
> ㉡ 장점 : 추출방법이 간단하다.
> ㉢ 단점 : 모 집단 내에 주기적인 경향이나 어떤 추세가 있을 경우 만족스러운 표본을 얻기 힘들다.

Answer 16.② 17.① 18.③

19 우리나라 척관법에서 1평에 해당되는 것은?

① 1치 × 1치

② 1자 × 1자

③ 6치 × 6치

④ 6자 × 6자

✎▌note 평 ⋯ 보통 판자의 두께를 붙여서 쓰고 표면적은 6자 × 6자 = 1평으로 나타낸다.

20 원구면적이 0.04m², 말구단면적이 0.02m², 재장이 7m인 통나무의 재적은?

① 0.11m³

② 0.21m³

③ 0.31m³

④ 0.41m³

⑤ 0.51m³

✎▌note 원구면적과 말구면적이 있으므로 스말리안식을 이용한다.

$$V = \frac{g_0 + g_n}{2} \cdot L = \frac{0.04 + 0.02}{2} \times 7 = 0.21\,(m^3)$$

(단, g_0 : 원구면적, g_n : 말구단면적, L : 재장)

21 우리나라에서는 지름측정시 보통 몇 cm로 괄약하여 사용하는가?

① 1.5cm

② 2cm

③ 2.5cm

④ 3cm

✎▌note 괄약 ⋯ 일정한 지름의 범위를 정해서 그 범위 안에 들어있는 지름을 전부 범위의 중앙값과 같게 취급하는 것으로 우리나라에서는 일반적으로 2cm 괄약을 사용한다.

22 우리나라에서 주로 사용하고 있는 재적측정의 단위는?

① m³

② 평

③ 재

④ 코드

✎▌note 임목의 측정단위
ⓐ 우리나라 : m(미터) 단위
ⓑ 수입목재 : 미영식 단위
ⓒ 상거래 : 척관법

❦❦Answer　19.④　20.②　21.②　22.①

23 임분의 매목조사 결과 표준목의 평균재적이 $0.2m^3$였고 임분 전체의 본 수가 500본인 경우 A 임분의 재적은?

① $10m^3$

② $5m^3$

③ $100m^3$

④ $150m^3$

> ✦note 표준목법을 이용하면 V = 500톤 × $0.2m^3$ = $100m^3$이다.
>
> ※ 표준목법
>   ㉠ 개념 : 표준목을 선정해서 평균재적을 구하고, 그 값에 임분의 전체 그루 수를 곱하여 전체 임분재적을 구하는 방법을 말한다.
>   ㉡ 공식 : V = N · A (단, V : 임분재적, N : 임분전체의 그루 수, A : 표준목의 평균재적)

24 형수법으로 임목의 재적을 측정하려고 할 때는 형수를 구해야 하는데 수고의 1/n(보통 1/20 지점)되는 곳의 지름을 형수로 정하는 형수법은?

① 정형수

② 절대형수

③ 가슴높이형수

④ 단목형수

> ✦note ② 비교하는 원기둥의 지름위치를 맨 아래부분에 정하는 것을 말하며, 모양이 불규칙하고 단면 측정이 어렵기 때문에 이용가치가 적다.
>   ③ 비교하는 원기둥의 지름위치를 가슴높이에 정한 것을 말하여, 임목재적 계산에 쓰이고 보통 값이 0.4~0.6이지만 우리나라는 일반적으로 0.45를 쓴다.
>   ④ 모양과 크기가 비슷한 나무의 형수를 평균한 것을 말한다.

25 다음 중 매목조사에서 측정할 사항은?

① 평균수고

② 원구지름

③ 흉고지름

④ 전체본 수

> ✦note 매목조사
>   ㉠ 일반적으로 각 임목의 지름만 측정하는 것을 말한다.
>   ㉡ 조사할 때에는 우선 예정지의 지세와 지형을 답사하고 구체적인 계획을 세운다.
>   ㉢ 신속 · 정확하게 측정해야 하며, 정확히 측정해야 하는 경우가 아니면 한쪽 방향의 지름만 측정한다.

26 판자의 표면적 0.5평에 해당하는 것은?

① 1치 × 1치

② 3자 × 3자

③ 6치 × 6치

④ 6자 × 6자

✿note 판자의 표면적을 6자 × 6자 = 1평으로 나타내므로 0.5평은 3자 × 3자이다.

27 다음 중 수목의 흉고직경으로 옳은 것은?

① 일반적으로 지상 1.0m의 직경을 말한다.

② 일반적으로 지상 1.2m의 직경을 말한다.

③ 일반적으로 지상 1.4m의 직경을 말한다.

④ 일반적으로 지상 1.6m의 직경을 말한다.

✿note 가슴높이지름 … 임목의 땅 위 1.2m되는 곳의 지름을 말하는 데 가슴높이는 사람의 키에 따라
달라서 우리나라와 일본의 경우 1.2m, 서양의 경우 1.3m이다.

28 다음 중 형수를 설명한 것으로 옳은 것은?

① 나무줄기 재적과 원기둥 무게의 비

② 나무줄기 길이와 원기둥 부피의 비

③ 나무줄기 길이와 원기둥 무게의 비

④ 나무줄기 재적과 원기둥 부피의 비

✿note 형수 … 나무줄기 재적과 원기둥 부피의 비를 말하고 대개 보통 0.4 ~ 0.6이며, 산림청은 0.45를
사용하고 있다.

29 다음 중 불규칙한 통나무의 재적을 측정할 때 쓰이는 방법은?

① 간편법

② 측용기

③ 윤척

④ 덴진법

✿note ① 측정기 없이 임목의 수고를 추정할 수 있는 방법이다.
③ 지름측정에 사용되는 도구이다.
④ 가슴높이지름만으로 임목의 재적을 측정하는 방법이다.

30 다음 중 중앙 단면적식이라고도 하는 통나무의 재적측정 방법은?

① 비중법

② 리케식

③ 스말리안식

④ 후버식

⭐note 후버식…중앙 단면적식이라고도 하는데, 통나무의 말구와 원구의 중앙부분의 지름값을 평균하여 구한 단면적에 길이를 곱하는 방법이다.

31 다음 중 임목의 재적을 측정할 때 필요한 요소는?

① 단면적, 지름, 나무높이

② 지름, 나무높이, 형수

③ 부피, 나무높이, 형수

④ 지름, 형수, 단면적

⭐note 임목재적 측정요소…지름, 나무높이, 형수를 알면 재적을 측정할 수 있다.

32 임목재적 측정방법 중 흉고직경으로만 재적을 구하는 방법은?

① 목측법

② 비중법

③ 덴진법

④ 간편법

⭐note 덴진법…약산법에 속하고 가슴높이지름만으로 재적을 구한다.

33 다음 중 매목조사에 대한 설명으로 옳지 않은 것은?

① 조사 전에 측정 예정지를 미리 답사하여 지형과 지세를 살펴야 한다.

② 각 임목의 말구지름을 측정하는 것을 매목조사라고 한다.

③ 매목조사에는 윤척을 주로 사용하고 측정값은 괄약하여 기록한다.

④ 경사지에서는 위쪽에서 측정하고 등고선 방향으로 진행한다.

⭐note ② 매목조사는 각 임목의 흉고지름만을 측정하는 것이다.

Answer   30.④ 31.② 32.③ 33.②

34 다음 중 전체 임분을 1개의 급으로 취급하여 임분의 재적을 측정하는 방법은?

① 우리히법

② 드라우드법

③ 하르티히법

④ 단급법

✿ note   단급법 … 전체 임분을 1개의 급으로 취급하여 임분의 재적을 측정하는 방법으로 임상과 형상고가 균일한 임분에서 많이 사용된다.

35 임분의 재적측정에서 표준목의 수를 각 계급에 비례배분하는 방법은?

① 하르티히법

② 드라우드법

③ 우리히법

④ 단급법

✿ note   우리히법 … 표준목을 선정하고 전체 임분의 재적을 추정하는 세 가지 방법으로, 그 중 제2법이 보편적으로 사용된다. 전체 임분을 임목의 그루 수가 같은 몇 개의 계급으로 나누어 각 계급에서 같은 수의 표준목을 선정하여 임목재적을 계산하는 방법이다.

36 다음 중 표준지 설정이나 매목조사를 하지 않고 단면적 합계를 구하는 방법은?

① 원형 표준지법

② 대상 표준지법

③ 무작위적 표준지법

④ 각산정 표준지법

✿ note   각산정 표준지법 … 임분의 재적을 측정할 때 매목조사를 하지 않고, 임분의 흉고직경의 단면적 합계를 구할 수 있는 방법이며 표준지가 필요하지 않다.

37 다음 중 임목을 지름계에 따라 3 ~ 5개의 급으로 취급하는 방법은?

① 우리히법

② 드라우드법

③ 하르티히법

④ 단급법

✿ note   드라우드법 … 임분을 구성하고 있는 지름계에 따라 표준목을 선정하고 임분재적을 측정하는 방법으로, 표준목의 선정이 간단하고, 각 지름계에 표준목이 골고루 배분되므로 비교적 정확한 측정법이다.

❤ ❤ Answer   34.④ 35.③ 36.④ 37.②

38 다음 중 지름을 측정하는 기구로 옳지 않은 것은?

① 지름테이프

② 윤척

③ 빌트모어스틱

④ 메리트 측고기

> **note** 지름측정기구 … 지름테이프, 수피측정구, 자, 윤척, 빌트모어스틱 등
> ④ 나무높이 측정시 이용하는 기구이다.

39 다음 표준목법 중 흉고단면적을 같게 하는 방법은?

① 우리히법

② 단급법

③ 하르티히법

④ 드라우드법

> **note** 하르티히법 … 각 계급의 가슴높이단면적을 같게 한 것으로, 정확한 결과를 얻을 수 있는 장점이
> 있지만, 계산이 복잡하다.

40 다음 중 통나무의 재적을 측정하는 방법으로 옳은 것은?

① 덴진법

② 말구제곱법

③ 임목재적표법

④ 망고법

> **note** ①③④ 임목의 재적을 측정하는 방법이다.

41 물체를 물 속에 넣을 경우 같은 용적의 물을 배출하는 원칙을 이용한 방법은?

① 측용기법

② 말구지름 제곱법

③ 무게비법

④ 구분구적법

⑤ 후버식

> **note** 측용기법
> ㉠ 측용기에 목재를 넣고, 넣지 않았을 경우와 눈금의 차이를 구해서 m^3로 표시해서 재적을
> 구하는 방법을 말한다.
> ㉡ 물체를 물 속에 넣으면 같은 용적의 물을 배출한다는 원리를 이용한 방법이다.
> ㉢ 나무를 작게 잘라야 하고 용기의 크기가 작다.

Answer 38.④ 39.③ 40.② 41.①

42 다음 중 불규칙한 통나무의 재적측정법으로 옳지 않은 것은?

① 비중법
② 구분구적법
③ 측용기법
④ 무게비법

✿note 불규칙한 통나무 재적측정법 … 비중법, 측용기법, 무게비법
② 긴 통나무의 정밀한 재적을 측정하는 경우 짧게 구분하여 각각의 재적을 구해 합치는 방법이다.

43 다음 중 실적계수에 영향을 미치는 요소로 옳지 않은 것은?

① 수종
② 모양
③ 무게
④ 쌓는 방법

✿note 실적계수에 영향을 미치는 계수에는 모양과 크기, 쌓는 방법, 수종 등이 있다.

44 다음 중 실적계수의 설명으로 옳지 않은 것은?

① 침엽수보다 활엽수가 2 ~ 3% 정도 작다.
② 조밀하게 쌓은 것이 그렇지 않은 것보다 실적계수가 크다.
③ 지름이 큰 나무보다 작은 나무가 실적계수가 크다.
④ 길이가 긴 나무가 짧은 나무보다 실적계수가 크다.

✿note ③ 지름이 큰 나무보다 작은 나무가 실적계수가 작다.

45 다음 중 윤척을 사용할 때의 주의점으로 옳지 않은 것은?

① 자를 나무줄기에 직각이 되도록 한다.
② 두 다리와 자를 나무에서 떨어지게 한다.
③ 유동각과 고정각이 자에 직각이 되도록 한다.
④ 측정 위치에 혹이나 마디가 있으면 위, 아래를 재서 평균값을 낸다.

✿note ② 두 다리와 자를 나무에 닿게 한다.

Answer 42.② 43.③ 44.③ 45.②

46 다음 중 통나무 재적측정시 단면적을 구하지 않는 방법은?

① 구분구적법 ② 노말리안식

③ 말구지름 제곱법 ④ 브레레톤식

☆note 통나무 재적측정시 단면적을 구하지 않는 방법은 4분주식, 말구지름 제곱법이 있다.

47 우리나라 척관법에서 1재에 해당하는 것은?

① 1자 × 1자 ② 6자 × 6자

③ 1자 × 1치 × 12자 ④ 6자 × 6치

☆note 1재 = 1치 × 1치 × 12자 = 120세제곱치

48 다음 중 나무껍질두께 측정기구는?

① 와이제 측고기 ② 순또 측고기

③ 수피측정구 ④ 하가 측고기

⑤ 메리트 측고기

☆note 수피측정구 … 나무껍질의 두께를 측정하기 위한 기구로 나무줄기에 직각방향으로 들이밀어서 측정한다. 나무껍질 안지름은 나무껍질 바깥지름 − (수피두께 × 2)이다.

49 말구지름 39cm, 길이 6.5m인 통나무의 재적은?

① $0.81m^3$ ② $0.95m^3$

③ $1.04m^3$ ④ $1.15m^3$

⑤ $1.32m^3$

☆note 말구지름 제곱법에서 통나무의 길이가 6m 이상이므로,

$$V = \left(d_n + \frac{L'-4}{2}\right)^2 \times L \times \frac{1}{10,000}$$

(단, d_n : 말구지름, L : 길이, L' : m 단위의 길이에서 1 미만의 수를 버린 수)

$$V = \left(39 + \frac{6-4}{2}\right)^2 \times 6.5 \times \frac{1}{10,000} = 1.04 \quad \therefore 1.04m^3$$

50 다음 중 와이제 측고기의 단점으로 옳지 않은 것은?

① 추가 흔들릴 수 있다.　　　　　② 휴대하기 어렵고 읽기 불편하다.
③ 두 번 측정해야 한다.　　　　　④ 수평거리를 측정해야 한다.

☆note ② 와이제 측고기는 휴대하기 쉽고 수치를 읽기에 편하다.

51 다음 중 측고기를 눈에서 50cm 떨어진 곳에 수직으로 세워 측정하는 것은?

① 메리트 측고기　　　　　　　　② 하가 측고기
③ 아브네이 핸드레블　　　　　　④ 크리스튼 측고기
⑤ 와이제 측고기

☆note 메리트 측고기…측고기를 눈에서 50cm 떨어진 곳에 수직으로 세우고, 나무로부터 20m 떨어진 곳에서 높이를 측정하는 기구로 방법이 간단하다.

52 다음 중 임분형수를 구하는 방법으로 옳은 것은? (단, F : 임분형수, V : 임분 전체재적, G : 임분 가슴높이단면적 합계, H : 임분의 평균 나무높이)

① $F = \dfrac{G \cdot H}{V}$　　　　　　　　② $F = \dfrac{G + H}{V}$

③ $F = \dfrac{V}{G \cdot H}$　　　　　　　　④ $F = \dfrac{V}{G + H}$

☆note 임분형수
　　ㄱ 개념 : 임분의 재적을 구할 때 사용하는 방법으로, 여러가지의 임목으로 이루어진 임분을 대표할 수 있다.
　　ㄴ 공식 : $F = \dfrac{V}{G \cdot H}$

53 일반적으로 형수라고 하면 뜻하는 것은?

① 임분형수　　　　　　　　　　② 절대형수
③ 정형수　　　　　　　　　　　④ 단목형수
⑤ 가슴높이형수

note 단목형수

ㄱ 모양과 크기가 유사한 나무를 모아 각각의 형수를 구한 후에 평균을 낸 것이다.

ㄴ 일반적으로 형수는 단목형수를 말하고, 임목재적표를 만드는 데 사용된다.

54 다음 중 재적표에서 측정인자로 분류한 것으로 옳지 않은 것은?

① 가슴높이지름의 함수로 분류

② 나무줄기재적으로 분류

③ 나무높이와 지름의 함수로 분류

④ 나무높이 및 형수, 가슴높이지름의 함수로 분류

note 측정인자에 의한 분류

ㄱ 가슴높이지름의 함수로 분류 : 미국에서 많이 쓰인다.

ㄴ 나무높이와 지름의 함수로 분류 : 일반적 재적표에 쓰인다.

ㄷ 나무높이 및 형수, 가슴높이지름의 함수로 분류 : 정확도는 높으나 계산이 복잡하다.

55 다음 중 목측법으로 재적측정시 주의할 사항으로 옳지 않은 것은?

① 경사지에서는 경사면 아래에서 측정해야 오차가 작다.

② 측정할 나무의 거리를 일정하게 유지한다.

③ 숙련되도록 해서 오차가 생기지 않도록 한다.

④ 햇볕을 향해 측정하면 높게 보이고 햇볕을 등지면 낮게 보이므로 주의한다.

note ① 경사지에서는 경사면 위에서 측정해야 오차가 작다.

56 다음 중 전림법의 사용방법으로 옳지 않은 것은?

① 항공사진을 이용하는 방법　　　② 임의 추출법

③ 재적표를 이용하는 방법　　　　④ 매목조사법

note ② 표본조사법에 속한다.

Answer　54.② 55.① 56.②

57 다음 중 표준목법의 종류로 옳지 않은 것은?

① 우리히법

② 단급법

③ 하르티히법

④ 계통적 추출법

⑤ 드라우드법

> ✿note 표준목법의 종류 … 단급법, 우리히법, 하르티히법, 드라우드법
> ④ 표준조사법으로 측정자가 추출대상에 대해 계통을 정해 추출하는 방법이다.

58 다음 중 가슴높이지름의 결정방법에 속하지 않는 것은?

① 산술평균지름법

② 우리히법

③ 가슴높이단면적법

④ 와이제법

> ✿note ② 표준목법의 종류 중 하나이다.

59 다음 중 표준목의 나무높이 결정의 설명으로 옳지 않은 것은?

① 임분에서 평균지름의 나무의 나무높이를 표준목의 나무높이로 한다.

② 나무높이 곡선을 그리는 방법에는 최소제곱법과 자유곡선법이 있다.

③ 나무높이 곡선에서 가로축은 가슴높이지름을, 세로축은 나무높이로 정한다.

④ 임업에서는 최소제곱법이 많이 쓰인다.

> ✿note ④ 임업에서 많이 사용하는 곡선 그리는 방법은 자유곡선법이다.

60 다음 중 임분의 가슴높이단면적 합계를 구할 수 있는 기구는?

① 하가 측고기

② 윤척

③ 릴라스코프

④ 빌트모어스틱

⑤ 아브네이 핸드레블

> ✿note 릴라스코프 … 임분의 가슴높이단면적 합계를 구하도록 만들어진 기구로 그로센바흐 릴라스코프와 스피겔 릴라스코프가 있다.

61 다음 중 임분을 몇 개로 구분한 것에서 표본을 추출하는 방법은?

① 층화 추출법 ② 임의 추출법
③ 부차 추출법 ④ 이중 추출법
⑤ 계통적 추출법

　✍note 층화 추출법 … 임분을 몇 개로 구분한 것에서 표본을 추출하는 방법으로 층화할 때 구성요소를
연령, 수종 등과 같이 동질적인 것으로 해야 이 방법의 의미가 있다.

62 후버식으로 다음 통나무의 재적을 구하면 얼마인가?

• 중앙지름 : 20cm	• 길이 : 5m

① $0.085m^3$ ② $0.157m^3$
③ $0.214m^3$ ④ $0.321m^3$

　✍note 후버식으로 계산하면

$V = \gamma \cdot L = \dfrac{\pi}{4} \times d^2 \cdot L$ (단, d : 중앙지름, γ : 중앙단면적, L : 길이)이므로,

$V = 0.785 \times 0.2^2 \times 5 = 0.157$ ∴ $0.157m^3$

63 원구지름 50cm, 중앙지름 30cm, 말구지름 24cm, 길이 2m인 통나무의 재적은?

① $0.1557m^3$ ② $0.1657m^3$
③ $0.1747m^3$ ④ $0.1825m^3$
⑤ $0.1937m^3$

　✍note 리케식으로 구하면

$V = \dfrac{L}{6}(g_0 + 4\gamma + g_n)$

(단, g_0 : 원구단면적, g_n : 말구단면적, γ : 중앙단면적, L : 길이)이므로,

$V = \dfrac{2}{6} \times 0.785(0.5^2 + 4 \times 0.3^2 + 0.24^2) ≒ 0.1747$ ∴ $0.1747\,m^3$

❦❦Answer　　**61.① 62.② 63.③**

64 다음 중 스피겔 릴라스코프로 측정할 수 없는 것은?

① 나무높이　　　　　　　　② 수직거리
③ 수평거리　　　　　　　　④ 경사각
⑤ 상부지름

✎**note** 스피겔 릴라스코프로 측정할 수 있는 것은 임분의 가슴높이단면적, 수평거리, 나무높이, 지름과 상부지름, 경사각 등이다.

65 다음 중 약산법에서 재적을 구할 때 망고의 값은?

① 0.5H　　　　　　　　② 0.6H
③ 0.7H　　　　　　　　④ 0.8H
⑤ 0.9H

✎**note** 망고는 일반적으로 목측으로 구하고 나무높이의 60 ~ 80%의 값이 많으며 평균 70% 정도이다. 따라서 약산법에서는 0.7H로 계산한다.

66 다음 중 한 손으로 기구를 잡아 임목에 댄 후 시준공을 통해서 나무를 바라보고 측정하는 기구는?

① 섹터포크　　　　　　　　② 포물선 윤척
③ 빌트모어스틱　　　　　　　④ 지름테이프
⑤ 와이제 측고기

✎**note** 섹터포크…측정방법은 한 손으로 기구를 잡아서 임목에 댄 후에 시준공을 통해 나무를 바라본다. 그 때, 자에서 나무를 본 접선이 가리키는 눈금을 읽어서 지름을 알아낸다.

67 다음 중 측고기를 사용할 때의 주의점으로 옳지 않은 것은?

① 나무의 밑동이 잘 보이는 곳을 선택해서 측정한다.
② 경사지에서 뿌리 근처보다 낮은 곳에서 측정한다.
③ 평탄한 땅에서도 두 번 이상 측정해서 평균값을 구한다.
④ 나무로부터 측점까지의 거리가 가깝지 않도록 한다.

✎**note** ② 경사지에서는 뿌리 근처보다 높은 곳에서 측정해야 한다.

❣❣**Answer**　64.② 65.③ 66.① 67.②

68 중앙둘레 120cm, 길이가 3m인 통나무의 재적은?

① 0.27m^3

② 0.36m^3

③ 0.45m^3

④ 0.54m^3

> ✿note 4분주식으로 구하면
>
> $V = \left(\dfrac{u}{4}\right)^2 \times L$ (단, L : 길이, u : 중앙둘레)이므로,
>
> $V = \left(\dfrac{1.2}{4}\right)^2 \times 3 = 0.27 \quad \therefore 0.27\,\text{m}^3$

69 다음 중 층적과 실적 모두 측정이 가능한 단위는?

① 보드푸트

② 코드

③ 큐빅푸트

④ 펜

> ✿note 큐빅푸트 … 층적과 실적 단위로 사용되는 것이다. 1c.f. = 1ft. × 1ft. × 1ft. 이다.

70 임의 추출법, 계통적 추출법, 부차 추출법을 비교할 때 오차가 가장 작은 방법은?

① 임의 추출법

② 부차 추출법

③ 계통적 추출법

④ 서방법의 오차는 똑같다.

> ✿note 부차 추출법의 표본조사 방법별 추정오차는 7.54%, 전림의 실측재적과 측정재적의 오차율은 0.39로 가장 작았다. 또한 표본점도 가장 적게 소요된다.

71 다음 중 매목조사시 적당한 인원수는?

① 기장자 1명, 측정자 2 ~ 3명

② 기장자 1명, 측정자 3 ~ 4명

③ 기장자 2명, 측정자 2 ~ 3명

④ 기장자 2명, 측정자 3 ~ 4명

⑤ 기장자 3명, 측정자 3 ~ 4명

> ✿note 매목조사를 할 때는 임분의 밀도, 지형, 수종의 혼효도와 정밀도에 따라서 필요한 인원수가 달라지나 보통 기장자 1명, 측정자 2 ~ 3명이 적당하다.

❦Answer **68.① 69.③ 70.② 71.①**

72 다음 중 높은 위치의 지름측정시 사용하는 기구는?

① 자
② 지름테이프
③ 스피겔 릴라스코프
④ 빌트모어스틱
⑤ 수피측정구

> **note** 지름측정에 사용되는 기구에는 자, 윤척, 빌트모어스틱, 지름테이프 등이 있고, 높은 위치의 지름을 측정할 때에는 프리즘식 윤척, 스피겔 릴라스코프가 사용된다.

73 다음 중 표준목 선정시 주의할 점으로 옳지 않은 것은?

① 울폐한 곳을 선정한다.
② 평균 가슴높이지름과 같은 나무로 한다.
③ 성장을 정상적으로 한 나무로 한다.
④ 줄기가 가닥진 나무는 피한다.

> **note** ① 임연목이나 울폐한 곳은 선정할 때 피한다.

74 다음 중 윤척에 대한 설명으로 옳지 않은 것은?

① 지름측정값은 괄약으로 기록한다.
② 측정해야 하는 나무의 지름 크기에 상관없이 측정할 수 있다.
③ 자는 나무줄기에 직각이 되도록 해야 한다.
④ 휴대가 간편하고 사용이 편리하다.

> **note** 윤척
> ㉠ 지름측정에 가장 많이 사용되는 기구로, 휴대가 간편하고 사용이 편리하다.
> ㉡ 두 다리가 서로 평행하며, 눈금자와 직각이다.
> ㉢ 자와 고정각, 유동각 두 다리는 나무에 꼭 닿아야 하며, 자는 나무줄기에 직각이 되도록 한다.
> ㉣ 자를 나무에 댄 채 눈금을 읽어야 하며, 측정 위치에 마디, 혹, 가지 등이 있으면 그 위와 아래를 재어 평균한다.
> ㉤ 지름측정값은 괄약으로 기록하므로 사용하기 전에 괄약을 넣어두는 것이 좋다.
> ㉥ 나무지름의 크기에 제한을 받는다.

75 다음 중 측점으로부터 나무까지의 거리를 측정할 필요가 없는 측고기는?

① 하가 측고기
② 와이제 측고기
③ 메리트 측고기
④ 크리스튼 측고기
⑤ 아브네이 핸드레블

✦**note** 크리스튼 측고기는 측점으로부터 나무까지의 거리를 측정할 필요가 없고, 사용방법이 간단하지만 나무높이가 높을수록 오차가 생기기 쉽다.

76 다음 측고기 중 삼각법 이론을 이용한 것은?

① 와이제 측고기
② 아브네이 핸드레블
③ 메리트 측고기
④ 크리스튼 측고기

✦**note** ①③④ 가운데 상사 삼각형의 이론을 이용한다.

77 다음 중 하르티히법의 실시순서를 옳게 연결한 것은?

┌───┐
│ ㉠ 각 계급마다 표준목의 크기를 계산해서 정한다. │
│ ㉡ 계급수를 정한다. │
│ ㉢ 표준목의 재적을 구한다. │
│ ㉣ 매목조사를 해서 전체 임분의 가슴높이단면적 합계를 구한다. │
└───┘

① ㉠ - ㉡ - ㉢ - ㉣
② ㉡ - ㉢ - ㉣ - ㉠
③ ㉡ - ㉣ - ㉠ - ㉢
④ ㉢ - ㉡ - ㉠ - ㉣

✦**note** 하르티히법의 실시순서
㉠ 계급수를 정한다.
㉡ 매목조사를 해서 전체 임분에서의 가슴높이단면적 합계를 구한다.
㉢ 구한 가슴높이단면적 합계를 계급수로 나누어 각 계급마다 가슴높이단면적 합계를 구한다.
㉣ 각 계급마다 표준목의 크기를 계산한다.
㉤ 표준목의 재적을 구한다.

Answer 75.④ 76.② 77.③

Chapter 02

제5편 임목의 측정

연령과 생장량의 측정 및 항공사진 측정

1 임목의 연령과 생장량의 측정

① 연령측정

(1) 임목의 연령

① 싹이 터서 현재까지 자란 햇수이며, 대개 나이테 수로 나타난다.

② **나이테**

    ㉠ 나이테는 임목의 형성층이 세포분열하여 1년 1개씩 만들어진다.

    ㉡ 만들어지는 나이테는 춘재와 추재로 구분된다.

    ㉢ 이상기후나 해충의 피해로 나이테가 거짓으로 생기는 경우도 있다.

③ 임목의 연령은 지면과 접한 부위의 횡단면에 나타난 나이테의 수이다.

④ **수령의 구분**

    ㉠ 경제령 : 수확표에 의해 구하며, 나무가 아무런 장해를 받지 않고 현재의 크기로 크기까지의 햇수이다.

    ㉡ 현실령 : 싹이 트기 시작해서 현재까지의 실질적 햇수이다.

(2) 임분의 나이측정법

① **동령림의 임령**

    ㉠ 동령림의 나이는 임분에서 표준 크기의 나무를 골라 단목의 연령측정법으로 측정한다.

    ㉡ 다른 경우 표준목을 선정하여 벌채한 후 생장추를 이용하거나, 나이를 측정하여 구한다.

② **이령림의 임령**

    ㉠ 임분을 구성하는 나무의 나이가 각각 다르므로 평균임령을 구한다.

    ㉡ 평균임령을 구하는 방법

      • 평균임령의 개념 : 임분이 가진 재적과 같은 재적을 가진 동령림의 임령을 말하는 것이다.

- 재적령

$$A = \frac{v_1 a_1 + v_2 a_2 + ... + v_n a_n}{v_1 + v_2 + ... + v_n}$$

  - v : 각 영급의 재적
  - a : 영급

- 면적령

$$A = \frac{f_1 a_1 + v_2 a_2 + ... + v_n a_n}{v_1 + v_2 + ... + f_n}$$

  - f : 각 영급의 면적

- 본수령

$$A = \frac{n_1 a_1 + n_1 a_1 + ... n_n a_n}{n_1 + n_2 + ... n_n}$$

  - n : 각 영급의 그루 수

- 표준목령

$$\frac{a_1 + a_2 + ... + a_n}{m}$$

  - m : 표준목 그루 수

ⓒ 평균임령을 구하는 방법은 현실적으로 임분에 적용하기엔 어려운 점이 많기 때문에, 분모에는 임분 안의 임령의 범위를, 분자에는 평균임령을 표시하는 방법을 대개 사용한다.

(3) 단목의 연령측정

① **벌채목의 나이** … 벌채 단면의 나이테 수와 거기까지 자라는데 소요된 햇수를 더해 준다.

② **임목의 연령측정 방법**

ㄱ 개략적 측정을 할 경우 가슴높이지름을 이용하거나, 수령을 알고 있는 부근의 어린나무와 비교하여 측정한다.

ㄴ 인공림인 경우 조림기록, 조림기념비, 조림자의 기억 등에 따라 수령을 알 수 있으며, 가장 정확한 방법이다.

ㄷ 해마다 규칙적으로 가지를 발생하는 소나무류와 같은 나무는 가지의 마디 수를 세어 측정한다.

ㄹ 생장추로 목편을 빼 내어, 목편에 나타난 나이테 수를 세어 측정한다.

ㅁ 생장추 사용법

- 송곳을 나무줄기의 중심부 수(Pith)를 향해 직각으로 한다.

- 나무를 중심부까지 들어가도록 손잡이를 돌린다.
- 추출기를 넣은 다음 손잡이를 반대방향으로 돌려 추출기를 **빼면** 목편을 측정할 수 있다.
- 목편을 채취한 곳까지 자라는데 소요된 시간에 목편의 나이테 수를 더하면 수령이 계산된다.

⊚ 생장추 ⊚

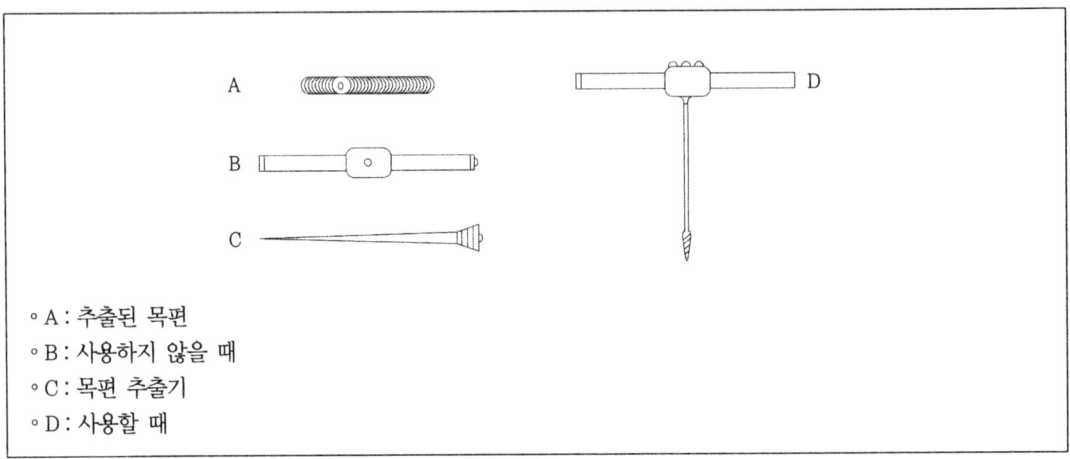

° A : 추출된 목편
° B : 사용하지 않을 때
° C : 목편 추출기
° D : 사용할 때

② 생산량 측정

(1) 생장과 생장량

① **생장의 개념** … 나무높이와 지름이 매년 자라서 단면적과 부피가 증가하는 것으로, 임목의 재적 생장은 임업에 투자된 자본의 이자가 늘어가는 것과 같다.

② 임목의 재적생장량을 측정하는 일은 임업경영에서 매우 중요하다.

③ **생장량 측정의 필요성**
  ㉠ 생산량을 측정함으로써 과거의 생장상태를 알 수 있고, 미래의 생장량도 예측할 수 있다.
  ㉡ 조림수종 선정이 잘 되었는지 판단할 수 있다.
  ㉢ 수익조사와 수확예정의 결정 등의 임업경영에 중요한 요소이다.

(2) 생장의 측정

① **가슴높이생장량**
  ㉠ 벌채목은 원판을 측정하여 구한다.
  ㉡ 임목은 생장추로 가슴높이 위치에서 목편을 구해 가슴높이생장량을 측정한다.

② **나무높이생장량**

    ㉠ 벌채목은 수간 해석으로 측정할 수 있다.

    ㉡ 임목은 총생장량과 총평균생장량 외에는 측정이 곤란하다.

    ㉢ 해마다 규칙적인 가지가 자라는 소나무류와 같은 나무는 측고기를 사용하면 정기생장량과 연년생장량도 알 수 있다.

③ **재적생산량**

    ㉠ 정확한 재적생산량을 위해서는 수간 해석을 해야 한다.

    ㉡ 직접 재적생산량을 구할 때는 임목의 생장률을 적용하여 계산하는 것이 편리하다.

    ㉢ 정기재적생산량 : 일정한 기간동안 가슴높이지름, 나무높이, 형수를 두 번 측정하여 그 차이를 구한다.

(3) 생장의 종류

① **생장내용을 통한 분류**

    ㉠ 재적생장 : 지름과 나무높이가 생장함에 따라 임목의 부피가 증가하는 것이다.

    ㉡ 형질생장 : 목재의 질에 따라 가격이 차이가 나는 것, 다시 말해서 목재 단위량에 대한 가격의 상승을 말하는 것이다.

    ㉢ 등귀생장 : 화폐가치의 하락이나 목재 공급량의 부족 등으로 목재가격이 오르는 것을 말한다.

② **생장기간을 통한 분류**

    ㉠ 현실생장량 : 일정한 기간동안 실제로 생장한 양을 말한다.

    • 연년생장량 : 1년 동안 실제로 생장한 양이다.

$$Z = V_{n+1} - V_n$$

◦ Z : 연년생장량

◦ V_n : 현재 재적

◦ V_{n+1} : 1년 후 재적

    • 정기생장량 : 5년이나 10년과 같이 일정한 기간동안 생장한 양이다.

$$Z_p = V_{n+p} - V_n$$

◦ Z_p : 정기생장량

◦ V_{n+p} : 현재 재적

◦ V_n : p년 후 재적

    • 총생장량 : 나무의 종자가 싹이 터서부터 지금까지 생장한 전체의 양이다. 현재생장량이 벌기에 도달한 경우 벌기생장량이라 한다.

     ⓛ **평균생장량**

       • 정기평균생장량 : 정기생장량을 그 기간의 연수로 나눈 1년간의 평균생장량이다.

$$\theta = \frac{V_{n+m} - V_n}{m}$$

       ∘ θ : 정기평균생장량
       ∘ V_n : 현재 재적
       ∘ V_{n+m} : m년 후 재적

       • 총평균생장량 : 총생장량을 생장기간의 총 연수로 나눈 것이다. 벌기 평균생장량은 벌기 총생장량을 벌기까지의 총연수로 나눈 것이다.

③ **생장부위를 통한 분류**

     ㉠ **나무높이생장** : 나무줄기의 길이가 자라는 것을 말한다.

     ㉡ **지름생산** : 부름켜의 세포 분열에 의해 나타나는 비대생장이다. 일반적인 지름생장은 가슴높이 지름의 생장을 말한다.

     ㉢ **단면적생장** : 줄기의 단면적이 증대된 것을 말하며, 보통가슴높이 단면적생장을 가리키는 것이다.

(4) 생장률

① 생장률은 생장하기 전과 일정기간에 생장한 양과의 비율이다.

② 일정기간에 생장한 양을 생장하기 전의 재적으로 나눈 백분율이다.

③ 일반적으로 생장률을 말하는 것은 재적생장률을 가리키는 것이다.

④ 과거의 생장과 앞으로의 생장량을 추측하는 데 중요하게 쓰이고, 임업경영에 있어 매우 중요한 것이다.

⑤ **생장률 계산 공식**

     ㉠ **프레슬러 공식** : 간단한 공식으로 많이 사용되며, 생장이 큰 임목에서는 과소값, 나이가 많은 임목은 과대값을 구한다.

$$P = \frac{V - \upsilon}{V + \upsilon} \times \frac{200}{n}$$

     ∘ P : 생장률
     ∘ V : 현재 재적
     ∘ υ : n년 전 재적
     ∘ n : 기간 연수

ⓛ 슈나이더 공식

- 가슴높이지름은 나무껍질 안지름을 측정한다.
- 가을에 측정할 경우 그 연도에 자란 부분은 제외한다.

$$P = \frac{K}{n \cdot D}$$

◦ P : 생장률
◦ n : 가슴높이에서 뺀 목편 바깥쪽 1cm 내의 나이테
◦ D : 가슴높이지름
◦ K : 상수(지름 30cm 미만 나무는 550, 30cm 이상 나무는 500 사용)

ⓒ 단리산 공식

$$P = \frac{V - v}{n + v} \times 100$$

◦ P : 생장률
◦ V : 현재 재적
◦ v : n년 전 재적
◦ n : 기간 연수

2 항공사진을 이용한 산림측정

① 항공사진과 사진의 종류

(1) 항공사진

① 항공사진을 통한 산림측정은 1926년 캐나다에서 임업분야에는 처음으로 적용되었다.

② 각각 다른 위치에서 일정한 높이로 같은 지점을 중복 촬영한 것이다.

③ 항공사진은 특수한 사진기로 입체를 지각할 수 있다.

④ 수종, 가슴높이지름, 수고, 지름, 재적, 지형, 면적 등과 같은 산림에 대한 여러가지 사항을 측정할 수 있다.

⑤ **항공사진의 종류**

ⓐ 연직사진 : 측정에 사용되며, 사진기의 축을 연직으로 해서 촬영한다.

ⓛ 경사사진 : 조감용으로 사용되며, 사진기 축을 연직으로 하지 않고 촬영한다.

(2) 사진의 종류

① 사진기

　㉠ 항공사진을 촬영할 수 있는 사진기는 구조에 따라 몇 가지로 나뉜다.

　㉡ 사진기의 종류

- 한 번의 노출로 한 장의 사진을 찍을 수 있는 것
- 한 번의 노출로 3장을 찍을 수 있는 것
- 한 번의 노출로 2~9장을 찍을 수 있는 것
- 셔터 없이 낮은 고도에서 촬영이 가능한 것

② 필름 … 색 필름과 흑색 필름이 항공사진촬영에 사용된다.

　㉠ 색 필름

- 천연색 필름
- ‒자연색이 그대로 나타나므로 수종 판독에 알맞다.
- ‒감광속도가 느리다.
- ‒높은 고도에서 촬영하므로 색이 대부분 청색으로 나타난다.
- 적외선 필름
- ‒적외선을 적색으로 발색시켜 나타낸다.
- ‒적외선을 많이 반사하는 물체는 적색, 나머지는 청록색을 띤다.

　㉡ 흑색 필름

- 운해의 영향을 적게 받는다.
- 클로로필 효과로 활엽수는 밝은색, 침엽수와 물은 검은색으로 나타난다.
- 적외선이 열선이기 때문에 열을 많이 흡수하는 물체는 밝고, 열을 반사시키는 물체는 어둡게 나타난다.
- 범색성 필름
- ‒청색에서 적색까지 감광이 가능하다.
- ‒눈으로 볼 수 있는 모든 광파에 대해 감광이 가능하다.
- 적외선 필름
- ‒가시광선에서도 예민하다.
- ‒필터를 사용하여 이 부분을 제거하고 적외선만 감광하도록 한다.

③ 필터

　㉠ 운해의 영향 방지와 단광파의 침입을 막는 데 사용된다.

　㉡ 특별한 광선이 감광되는 것을 막는다.

　㉢ 청색까지의 침입을 막는 황색 필터와 적외선 사진에 쓰이는 적색 필터 등이 주로 사용된다.

④ **사진촬영**

　㉠ **촬영 순간 잘못된 사진**

　　• 크랩(Crab) : 바람에 의해 바람부는 방향으로 비행기가 표류할 때 찍은 사진

　　• 드리프트(Drift) : 비행선과 직각을 이루는 방향으로 바람이 심하게 불어 비행기가 표류할 때 찍은 사진

　　• 틸트(Tilt) : 사진기의 축이 좌우로 움직일 때 찍은 사진

　　• 팁(Tip) : 사진기의 축이 앞뒤로 움직일 때 찍은 사진

　㉡ **중복촬영**

　　• 옆중복(Side lap)

　　－비행선 사이의 사진중복이다.

　　－사진크기의 15 ～ 45%, 평균 30%이므로 70%의 진전이 있게 된다.

　　• 내중복(End lap)

　　－연속된 사진의 중복이다.

　　－사진크기의 55 ～ 65%, 평균 60%이므로 40%의 진전이 있게 된다.

⑤ **사진기호**

　㉠ 사진에 필요한 여러가지 사항은 필름에 기록하고 인화한다.

　㉡ 기록사항은 사진의 기호, 촬영일자, 초점거리, 사진축적, 촬영코스, 비행고도, 사진번호 등이다.

❀ 사진의 기호 ❀

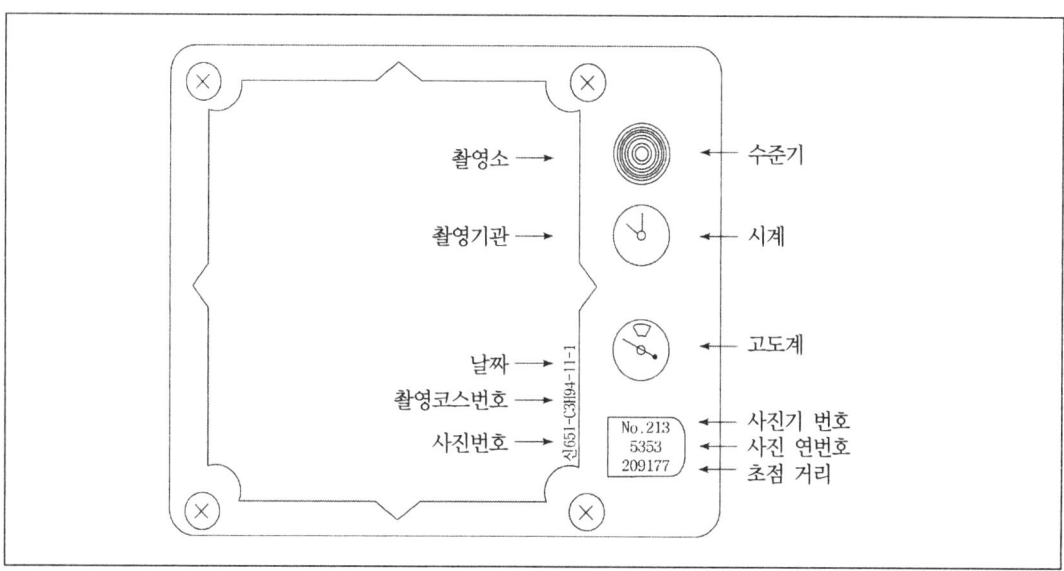

⑥ **사진축적** … 산림조사에 알맞은 축적은 1 : 15,000으로, 세계 많은 나라들이 표준축적으로 거의 사용한다.

(3) 입체시

① **시차**…두 눈의 망막 위에 생기는 상의 길이 차이를 시차라고 한다.
  ㉠ 시차에 의해 원근을 판단한다.
  ㉡ 같은 곳을 중복촬영한 사진의 항공사진으로 입체감을 나타낼 수 있다.
  ㉢ 두 장의 사진을 정확한 위치에 놓고 오른쪽 눈으로는 오른쪽 사진, 왼쪽 눈으로는 왼쪽 사진을 보면 입체가 된다.

② **입체시의 개념**…어떤 물체를 볼 때 사람의 두 눈에 들어오는 물체의 각도가 원근에 따라 조금씩 다른 것을 말한다.

③ **입체경**
  ㉠ 높은 고도에서 촬영하는 항공사진은 특수한 기구를 사용해야 입체를 지각할 수 있다.
  ㉡ 입체를 지각할 수 있도록 해주는 기구를 입체경이라 한다.

② 항공사진의 판독

(1) 판독
① 사진을 통해 수종, 지름과 소밀도, 나무높이 등 필요로 하는 사항을 알아내는 일이다.

② 입체경과 여러가지 스케일, 기본도 등 참고자료가 필요하다.

③ 상의 구성과 색, 모양과 크기, 그림자, 배열 등 주요 인자를 고려하여 판독해야 한다.

(2) 판독의 주요 인자
① **구성**
  ㉠ 사진에 나타나는 세부 모양의 상은 판독에서 중요한 특색을 가진다.
  ㉡ 평활, 미세, 조 및 조잡으로 모양의 구성상태를 나눈다.

② **색**
  ㉠ 나무는 수종에 의해 고유의 색이 나타나므로, 색깔에 의해 수종을 판단한다.
  ㉡ 수종이 같더라도 촬영시기와 필름에 따라 색의 변화가 다르다.
  ㉢ 최종 결정은 다른 판독요인을 감안하여 종합적으로 판단한다.
  ㉣ 색의 변화상태를 10가지로 만든 색조 스케일로 색의 변화를 측정한다.
  ㉤ 흑색 필름인 경우의 사진은 흰색에서 검은색까지의 많은 색의 변화를 나타낸다.

ⓑ 수확기의 논과 밭, 산림과 같이 기복이 심한 것은 검은색, 표면이 편편한 평지나 공지, 도로, 바위나 원야 등은 밝은색으로 나타난다.

③ **모양**

    ㉠ 사진에 나타나는 형상으로 대부분의 모양을 알 수 있다.

    ㉡ 입체경을 사용하면 더 쉽고 정확한 모양의 판독이 가능하다.

④ **그림자**

    ㉠ 판독에 중요한 역할을 한다.

    ㉡ 그림자의 길이로 물체 높이를 측정한다.

    ㉢ 강물에 비친 그림자에 의해 교량의 구조나 크기를 추측할 수 있다.

    ㉣ 그림자를 대조할 경우 선명도가 떨어지는 결점이 있다.

    ㉤ 지표물을 은폐하는 폐단이 되기도 한다.

⑤ **판독기준**

    ㉠ **낙엽송**

      • 회백색을 띠며, 침엽수 중 가장 밝아 활엽수와 비슷하다.

      • 원뿔모양의 소실되기 쉬운 끝 부분을 가지고 있다.

    ㉡ **소나무**

      • 회색에 가까운 색이며, 정형화되지 않은 원통형이다.

      • 원뿔모양으로 개개의 수관이 명확히 구분된다.

    ㉢ **전나무**

      • 색이 비교적 검다.

      • 원뿔모양의 수관을 가지고 있다.

    ㉣ **참나무류**

      • 색은 담색을 띤다.

      • 아주 큰 원통모양의 수관을 가지고 있다.

    ㉤ **오리나무류**

      • 가장 밝은색이다.

      • 수관이 작고 미세한 구성으로 이루어져 있다.

③ 임분의 측정

(1) 임목 그루 수의 측정

① 확대경에 붙어 있는 반사식 입체경을 사용한다.

② 단위면적을 4~5등분하고, 하나씩의 수관 수를 세어 합산한다.

③ 밀림인 경우 과소치를 가져오므로 측정값과 실제 밀도와 상관관계를 찾아, 그 계수를 사진상의 측정값에 곱해서 계산한다.

(2) 나무높이측정

① 시차차를 구해야 나무높이를 측정할 수 있다.

② 시차측정기, 시차간, 시차설 등의 기구를 사용하여 시차차의 측정을 쉽게 한다.

(3) 소밀도 측정

① 소밀도는 임지의 면적과 나무의 수관이 위에서 내리덮는 면적과의 비율이다.

② 수관밀도정규(Crown density scale)를 사용하여 측정한다.

③ 수관밀도정규는 단위면적에 임의로 단위면적의 1/100이 되는 점을 배치하여 백분율로 나타내도록 만든 것으로, 측정하려는 산림과 비교하여 측정한다.

④ 입체경을 사용하여 사진을 입체화한다.

⑤ 지상조사보다 더 정확한 측정이 가능하다.

(4) 수관지름측정

① 수관지름정규(Crown diameter scale)를 사용하여 측정한다.

② 수관지름정규는 점의 크기로 표시한 것과 쐐기모양으로 표시한 것이 있다.

③ 둘 중 어느 것이든 사진상의 수관크기와 비교하여 정규에서 크기를 읽고, 그 수치에 사진의 축적을 곱해 주는 것이다.

(5) 가슴높이지름측정

① 가슴높이지름은 항공사진에서는 수관 때문에 직접 측정할 수 없고, 추정할 수밖에 없다.

② 수관지름을 측정하여 가슴높이지름을 추정한다.

③ 수관의 지름과 가슴높이지름 사이에는 상관관계가 있으며, 몇 가지 수종은 그 관계가 거의 비례에 가까운 것도 있다.

(6) 재적의 측정

① 나무높이와 가슴높이지름을 측정하여 재적표에서 임목의 재적을 구한다.

② 재적계산과 관계되는 인자를 구하여 추정한다.

③ 소밀도, 수관지름, 나무높이 등의 3가지 함수로 표시된 사진재적표를 이용하여 구한다.

④ 항공사진 특유의 임분 종단면이라는 재적추정법도 사용된다.

02 출제예상문제

1 재적 총평균생장량의 최고점에서의 연년생장량은?

① 연년생장량보다 작다.
② 연년생장량보다 크다.
③ 연년생장량과 일치한다.
④ 항상 연년생장량보다 크다.

> **note** 재적 총평균생장량 … 총생산량을 생장기간의 총연수로 나눈 평균생장량으로 벌기 총생장량을 벌기까지의 총연수로 나누면 벌기 평균생장량이 된다. 장령기 전에는 연년생장량보다 작고, 최고점이 지난 후에는 연년생장량보다 크다. 평균생장량이 최고점에 도달했을 경우 연년생장량은 평균생장량과 같다.

2 가슴높이지름이 40cm이고, 1cm 내의 나이테 수가 3개일 때의 생장률은?

① 3.0%
② 3.2%
③ 4.0%
④ 4.2%

> **note** 생장률(P) = $\dfrac{K}{n \cdot D}$ = $\dfrac{500}{3 \times 40}$ = 4.166 ≒ 4.2%
>
> (K : 직경 30cm 미만은 550, 30cm 이상은 500, D : 가슴높이지름, n : 가슴높이에서 빼낸 목편 바깥쪽 1cm 내 나이테 수)

3 다음 중 물가상승과 도로, 철도 등의 개설로 인하여 운반비가 절약됨에 따라 상대적으로 임목 가격이 올라가는 것은?

① 형질생장
② 지름생장
③ 재적생장
④ 등귀생장

> **note** ① 목재의 질이 향상됨에 따라 가격이 오르는 것
> ② 부름켜의 세포분열의 결과로 나타난 것
> ③ 지름과 나무높이의 생장에 따라 임목의 부피가 증가하는 것

Answer 1.③ 2.④ 3.④

4 항공사진 촬영시 내중복의 중첩도는?

① 30%   ② 40%

③ 50%   ④ 60%

> ✿▌note 항공사진 촬영
> ㉠ 내중복 : 연속된 사진의 중복으로 사진 크기의 60%이다.
> ㉡ 옆중복 : 비행선 사이의 사진중복으로 30%이다.

5 다음 중 임목의 생장특성에 해당하는 것으로 옳지 않은 것은?

① 등귀생장   ② 재적생장

③ 형질생장   ④ 등위생장

> ✿▌note 생장내용에 따라 분류하면 재적생장, 형질생장, 등귀생장을 들 수 있다.

6 다음 중 항공사진으로 임분측정시 직접 측정할 수 없는 것은?

① 수고   ② 면적

③ 소밀도   ④ 흉고지름

> ✿▌note 항공사진으로 임분측정시 수고, 면적, 소밀도 등은 직접 측정할 수 있지만 흉고지름 등은 추정해서 측정해야 한다.

7 나이테 수가 4개, 가슴높이지름이 40cm일 때의 성장률은?

① 2.5%   ② 3.1%

③ 3.5%   ④ 4.1%

> ✿▌note 슈나이더 공식
>
> $P = \dfrac{K}{n \cdot D} = \dfrac{500}{4 \times 40} = 3.1(\%)$ (단, n : 나이테 수, D : 가슴높이지름, K : 상수로 지름
> 30cm 미만은 550, 30cm 이상은 500을 사용)

8 다음 중 생장이 왕성한 임목을 과소값, 나이가 많은 임목을 과대값으로 나타내는 생장률 공식은?

① 복리산 공식   ② 슈나이더 공식

③ 단리산 공식   ④ 프레슬러 공식

> **note** ① 로그의 어려움으로 사용이 되지 않는다.
>
> $$P = \left(\sqrt[n]{\frac{M}{m}} - 1 \right) \times 100 \ (M : 현재재적, \ m : n년 \ 전 \ 재적, \ n : 기간연수)$$
>
> ② 가슴높이지름은 나무껍질 안지름을 측정하여 사용한다.
>
> $$P = \frac{K}{n \cdot D} \ (D : 가슴높이지름, \ n : 가슴높이에서 \ 빼낸 \ 목편 \ 바깥쪽 \ 1cm \ 내 \ 나이테 \ 수, \ K :$$
> 상수로 직경 30cm 미만은 550, 30cm 이상은 500)
>
> ③ $P = \dfrac{V - v}{n \cdot v} \times 100 \ (V : 현재재적, \ n : 기간연수, \ v : n년 \ 전 \ 재적, \ P : 생장률)$

9 다음 중 연령사정에 사용되는 기구는?

① 생장추   ② 아브네이 레블

③ 측용기   ④ 빌티모어스

> **note** 생장추
> ㉠ 생장추를 이용해 목편을 빼낸 후 목편의 나이테 수를 세어 수령을 측정한다.
> ㉡ 목편 추출기, 송곳이 달린 삽입기 및 손잡이로 구성되어 있다.

10 항공사진의 평균중복률로 옳은 것은?

① 내중복 – 60%, 옆중복 – 30%

② 내중복 – 50%, 옆중복 – 40%

③ 내중복 – 40%, 옆중복 – 50%

④ 내중복 – 30%, 옆중복 – 60%

> **note** 항공사진 촬영
> ㉠ 내중복 : 연속된 사진의 중복으로 사진크기의 55 ~ 65% 정도이고, 평균 60%이다.
> ㉡ 옆중복 : 비행선 사이의 사진중복으로 15 ~ 45% 정도이고, 평균 30%이다.

Answer   8.④   9.①   10.①

11 다음 중 생장률 프레슬러 공식은?

① $P = \dfrac{V + m}{V - m} \times \dfrac{n}{200}$

② $P = \dfrac{V + m}{V - m} \times \dfrac{200}{n}$

③ $P = \dfrac{V - m}{V + m} \times \dfrac{200}{n}$

④ $P = \dfrac{V}{V + m} \times \dfrac{200}{n}$

⑤ $P = \dfrac{V - m}{V + m} \times \dfrac{n}{200}$

> **note** 생장률 프레슬러 공식 … 간단하여 널리 사용되는 방법으로 생장이 왕성한 임목은 과소값으로, 나이가 많은 임목은 과대값으로 나타내어 생장률을 구한다.
>
> $P = \dfrac{V - m}{V + m} \times \dfrac{200}{n}$ (단, P : 생장률, V : 현재의 재적, m : n년 전의 재적, n : 기간연수)

12 임목축적이 100m², 연간생장률이 3%일 때, 10년 후의 축적을 단리산 공식으로 계산하면?

① 100m²

② 110m²

③ 120m²

④ 130m²

⑤ 140m²

> **note** 단리산 공식
>
> $P = \dfrac{V - m}{n \cdot m} \times 100$ (단, P : 생장률, V : 현재의 재적, m : n년 전의 재적, n : 기간연수)
>
> $0.03 = \dfrac{V - 100}{10 \times 100}$ ∴ $V = 130\,m^2$

13 다음 중 슈나이더 공식에서 흉고직경이 30cm 미만인 나무의 상수 K로 사용하는 것은?

① 400

② 500

③ 550

④ 600

> **note** 슈나이더 공식의 상수
> ㉠ 지름 30cm 미만인 나무 : 550
> ㉡ 지름 30cm 이상인 나무 : 500

Answer 11.③ 12.④ 13.③

14 다음 중 평균임령을 구하는 방법의 종류로 옳지 않은 것은?

① 재적령 ② 본수령
③ 표준목령 ④ 연년생장량

✿❚note 평균임령을 구하는 방법에는 재적령, 본수령, 표준목령, 면적령이 있다.

15 다음 중 일반적으로 생장의 최고점이 가장 빨리 나타나는 것은?

① 수고생장 ② 재적생장
③ 흉고단면적생장 ④ 직경생장

✿❚note 수고생장 … 수간의 길이가 생장하는 것으로 생장의 최고점이 가장 빨리 나타나게 된다.

16 다음 중 단목의 연령측정 방법으로 옳지 않은 것은?

① 지절에 의한 방법 ② 점·격자에 의한 방법
③ 기록에 의한 방법 ④ 생장추에 의한 방법

✿❚note 단목의 연령 측정방법 … 지절에 의한 방법, 기록에 의한 방법, 목측에 의한 방법, 생장추에 의한 방법 등이 있다.

17 8년 전의 재적이 150m³, 현재의 재적이 210m³일 경우의 재적생장률은?

① 3% ② 4.3%
③ 5% ④ 5.7%
⑤ 6.2%

✿❚note 단리산 공식으로 구하면

$p = \dfrac{V-v}{n \times v} \times 100$ (V : 현재의 재적, v : n년 전의 재적, n : 기간연수)이므로,

$p = \dfrac{210-150}{8 \times 150} \times 100 = 5$ ∴ $p = 5\%$

18 다음 중 나무가 장해 없이 현재까지 이르는 데 걸린 햇수는?

① 평균임령 ② 경제령

③ 나무높이생장 ④ 현실령

> ✿ note ① 임분이 가지는 재적과 동일한 재적의 동령림의 임령을 말한다.
> ③ 나무줄기의 길이가 생장하는 것이다.
> ④ 싹이 터서 현재까지 실질적으로 자란 햇수를 말한다.

19 다음 중 연년생장량의 양이 적어서 측정이 힘들 때 대신 사용할 수 있는 것은?

① 총생장량 ② 정기생장량

③ 총평균생장량 ④ 정기평균생장량

> ✿ note 정기평균생장량은 정기생장량을 그 기간의 연수로 나눈 1년 동안의 평균생장량을 말하는 것으로 임업에서 연년생장량을 재는 것이 어려워 대신 사용하는 방법이다.

20 다음 중 임목의 나이 측정법으로 옳지 않은 것은?

① 소나무류는 지절법으로 측정한다.

② 인공림의 경우는 조림 기념비나 조림 기록으로 측정할 수 있다.

③ 개략적인 수령을 측정할 때에는 나이테 수를 세어본다.

④ 생장추로 목편을 빼낸 후, 목편에 나타난 나이테 수를 세어본다.

> ✿ note ③ 나이테 수로 나이를 측정하려면 임목을 벌채하여야 한다.

21 다음 중 벌채목의 나이를 구하는 방법은?

① 벌채 단면의 나이테 수를 구한다.

② 벌채 단면의 나이테의 비율로 구한다.

③ 벌채 단면의 나이테 수에 벌채부위까지 자라는 데 걸린 햇수를 더한다.

④ 벌채 단면의 나이테 수에서 벌채부위까지 자라는 데 걸린 햇수를 뺀다.

> ✿ note 벌채목의 나이는 벌채 단면의 나이테 수에다가 벌채 부위까지 자라는 데 걸린 햇수를 더해서 구한다.

Answer 18.② 19.④ 20.③ 21.③

22 단면의 나이테 수가 36개이고, 벌채부위까지 자라는 데 5년이 걸린 나무의 수령은?

① 31년 생

② 36년 생

③ 41년 생

④ 46년 생

✿note 나이테 수와 벌채부위까지 자라는 데 걸린 시간을 더하면 수령은 41년 생이다.

23 14년생의 재적은 0.02m^3, 18년생의 재적은 0.044m^{3}일 경우 4년간의 정기생장량은?

① 0.01m^3

② 0.015m^3

③ 0.019m^3

④ 0.021m^3

⑤ 0.024m^3

✿note 정기생장량을 구하면
$Z_p = V_{n+p} - V_n$이므로, $Z_p = 0.044 - 0.02 = 0.024$ ∴ $Z_p = 0.024$m^3

24 다음 중 생장내용에 따른 분류로 옳은 것은?

① 재적생장

② 지름생장

③ 단면적생장

④ 나무높이생장

✿note 재적생장은 생장내용에 따른 분류로 나무높이와 생장에 따라서 임목의 부피가 증가하는 것을 말한다.
②③④ 생장부위에 따른 분류이다.

25 수령이 48년이고, 2m의 나무에서 벌채한 단면의 나이테 수가 37개이면 이 나무가 2m 자라는 데 소요된 햇수는?

① 5년

② 7년

③ 9년

④ 11년

⑤ 13년

✿note 수령에서 나이테 수의 연수를 빼면 2m 자라는 데 소요된 햇수는 48 − 37 = 11이므로 11년이 소요됐다.

26 다음 중 정기평균생장량을 나타내는 공식은?

① $V_{n+p} - V_n$

② $V_{n+1} - V_n$

③ $\dfrac{V_n}{n}$

④ $\dfrac{V_{n+m} - V_n}{m}$

> ⭐**note** 정기평균생장량
> ㉠ 개념 : 정기생장량을 그 기간의 연수로 나눈 1년 동안의 평균생장량을 말한다.
> ㉡ 공식 : $\theta = \dfrac{V_{n+m} - V_n}{m}$
> (V_{n+m} : m년 후의 재적, θ : 정기평균생장량, V_n : 현재의 재적)

27 다음 중 생장량을 측정할 수 있는 대상으로 옳지 않은 것은?

① 엽면적

② 재적

③ 수고

④ 흉고직경

> ⭐**note** 생장량의 측정방법에는 수고생장량, 재적생장량, 흉고지름생장량이 있다.

28 다음 중 나무줄기의 단면적 증대를 나타내는 것은?

① 지름생장

② 형질생장

③ 단면적생장

④ 나무높이생장

> ⭐**note** 단면적생장 … 나무줄기에서의 단면적 증대를 말하고, 보통 흉고단면적생장을 나타낸다.

29 다음 중 육안으로 볼 수 있는 어떤 광파도 감광이 가능한 필름은?

① 흑백 적외선 필름

② 천연색 필름

③ 색 적외석 필름

④ 범색성 필름

> ⭐**note** ① 가시광선에 예민하기 때문에 필터를 사용해 가시광선을 제외시키고 적외선만 감광시킨다.
> ② 색이 자연의 색으로 나타나 수종의 판독에 알맞은 필름이다.
> ③ 적외선을 적색으로 발색시키는 필름이다.

🌱🌱**Answer** 26.④ 27.① 28.③ 29.④

30 다음 중 흑백필름에서 나타나는 색상으로 옳은 것은?

① 물은 밝은색으로 나타난다.

② 활엽수는 검은색으로 나타난다.

③ 침엽수는 밝은색으로 나타난다.

④ 열을 많이 흡수하는 물체는 밝게 나타난다.

> **note** ① 물은 검은색으로 나타난다.
> ② 활엽수는 밝은색으로 나타난다.
> ③ 침엽수는 검은색으로 나타난다.

31 다음 항공사진에 사용되는 필름의 설명 중 옳지 않은 것은?

① 범색성 필름은 육안으로 볼 수 있는 모든 광파에 감광이 가능하다.

② 천연색 필름은 감광속도가 빠르다.

③ 흑백필름은 클로로필 효과가 있고, 운해영향을 적게 받는다.

④ 광파 $420\,m\mu$ 에서 $675\,m\mu$ 까지 감광할 수 있는 필름을 사용한다.

> **note** 천연색 필름
> ㉠ 색이 자연의 색으로 나타나므로 수종의 판독에 알맞다.
> ㉡ 고도가 높은 곳에서 촬영하면 청색처럼 나타나고 감광속도가 느리다.

32 다음 중 정기생장량을 나타내는 공식은?

① $\dfrac{V_{n+m} - V_n}{m}$

② $V_{n+p} - V_n$

③ $V_{n+1} - V_n$

④ $\dfrac{V_n}{n}$

> **note** 정기생장량
> ㉠ 개념 : 일정한 기간동안 생장한 양을 말한다.
> ㉡ 공식 : $Z_p = V_{n+p} - V_n$ (V_n : 현재의 재적, Z_p : 정기생장량, V_{n+p} : p년 후의 재적)으로 구한다.

Answer 30.④ 31.② 32.②

33 다음 중 생장추의 측정방법으로 옳지 않은 것은?

① 입목인 경우에 사용한다.

② 수심에 통과시킨다.

③ 목편을 빼낼 때 수간축에 평행하게 한다.

④ 목편을 빼내 나이테 수를 세어서 측정한다.

> ✍note   ③ 목편을 빼낼 때에는 수간축에 직각이 되도록 해야 한다.

34 현재의 재적이 320m³, 4년 전의 재적이 280m³일 때 생장률은?

① 1.07%

② 2.13%

③ 3.33%

④ 4.17%

⑤ 4.46%

> ✍note   프레슬러 공식으로 구하면
>
> $$p = \frac{V - v}{V + v} \times \frac{200}{n} \text{ (단, } V : \text{현재의 재적, } v : n\text{년 전의 재적, } n : \text{기간연수)이므로,}$$
>
> $$p = \frac{320 - 280}{320 + 280} \times \frac{200}{4} \fallingdotseq 3.333 \quad \therefore p = 3.33\%$$

35 현재의 재적이 0.02m³, 4년 후의 재적이 0.052m³일 경우 정기평균생장량은?

① 0.005m³

② 0.006m³

③ 0.007m³

④ 0.008m³

⑤ 0.009m³

> ✍note   정기평균생장량을 구하면
>
> $$\theta = \frac{V_{n+m} - V_n}{m} \text{ 이므로, } \theta = \frac{0.052 - 0.02}{4} = 0.008$$
>
> $$\therefore \theta = 0.008\,\text{m}^3$$

36 다음 중 산림조사에 알맞은 사진축적의 크기는?

① 1/10,000　　　　　　　　　② 1/15,000

③ 1/20,000　　　　　　　　　④ 1/25,000

⑤ 1/30,000

　　✿▌note　사진축적 … 크기의 결정은 이용목적에 따라서 달라지지만 산림조사에 알맞고 세계 여러 나라
　　　　에서 표준축적으로 사용되는 크기는 1/15,000이다.

37 다음 중 임목이 발아해 현재까지 생장한 전체의 생장량은?

① 정기생장량　　　　　　　　② 연년생장량

③ 총생장량　　　　　　　　　④ 총평균생장량

⑤ 정기평균생장량

　　✿▌note　생장량 … 나무의 종자가 발아해서 현재까지 성장한 전체생장량을 말하고, 그 중에서 현재의 벌
　　　　기에 도달했을 경우를 벌기생장량이라고 한다.

38 다음 중 임업목적으로 사용되는 항공사진 한 장의 알맞은 크기는?

① 13cm × 13cm　　　　　　　② 18cm × 18cm

③ 23cm × 23cm　　　　　　　④ 28cm × 28cm

　　✿▌note　임업목적으로 쓰이는 사진의 크기는 23cm × 23cm가 알맞다.

39 다음의 설명 중 옳지 않은 것은?

① 틸트 – 사진기의 축이 좌·우로 움직인 사진

② 팁 – 사진기의 축이 위·아래로 움직인 사진

③ 드리프트 – 바람이 비행기와 수직하는 방향으로 불어서 비행기가 표류할 때 찍은 사진

④ 크랩 – 비행기의 방향을 바람 부는 쪽으로 돌리는 순간 촬영한 사진

　　✿▌note　② 사진기의 축이 앞·뒤로 움직인 사진을 말한다.

❤❤**Answer**　36.② 37.③ 38.③ 39.②

40 다음 중 사진의 기록사항으로 옳지 않은 것은?

① 촬영일자 ② 초점거리
③ 사진번호 ④ 비행시간
⑤ 촬영코스

> ✦note 사진의 기록사항 ⋯ 촬영일자, 초첨거리, 촬영코스, 비행고도, 사진번호, 사진축적 등이 있다.

41 다음 생장률에 대한 설명 중 옳지 않은 것은?

① 슈나이더 공식이 가장 많이 사용된다.
② 1년간의 생장량을 생장전의 재적으로 나눈 비율을 말한다.
③ 미래의 생장량을 추정하는 데 사용된다.
④ 크기가 다른 두 생장량을 비교하는 데 사용된다.

> ✦note ① 가장 많이 사용되는 공식은 프레슬러 공식이다.

42 다음 중 주요 수종의 판단기준으로 바르게 짝지어진 것은?

① 낙엽송 – 수관이 둥글고 색은 담색이다.
② 참나무류 – 원통형이고 색은 회색에 가깝다.
③ 소나무 – 수관모양이 원뿔이고 색이 비교적 검다.
④ 오리나무류 – 수관이 작고 가장 밝은색이다.

> ✦note ① 참나무류 ② 소나무 ③ 전나무

43 다음 중 항공사진을 촬영하기 좋은 시기는?

① 7:30 ~ 9:30 ② 10:30 ~ 15:30
③ 12:00 ~ 17:00 ④ 14:00 ~ 16:00
⑤ 16:00 ~ 18:00

> ✦note 항공사진은 태양의 고도가 45° 이상일 때 촬영하기 좋다.

Answer 40.④ 41.① 42.④ 43.②

PART **06**

산림평가

Chapter 01

산림의 평가

1 산림평가의 기초

① 산림평가의 개요

(1) 산림평가의 개념

① 산림평가는 임지와 임목, 생산물 등의 산림의 경제적 가치를 화폐액수로 나타내는 것이다.

② 산림은 특수한 성질을 가지고 있기 때문에 일반적인 경영계산이나 부동산 감정평가와 같이 취급하기 어렵다.

③ 근대적 교환경제나 화폐경제를 전제로 산림의 특수 성질을 고려한다.

④ 계산은 관리회계 분야의 평가방법을 주로 적용한다.

⑤ 임업회계나 임업부기 등 재무회계의 과거에 관한 사후계산과는 달리 산림평가에서는 대부분 장래에 관한 사전계산을 한다.

(2) 산림평가의 구성내용

① 산림평가의 구성내용은 산림에 대한 가치관이 변하면 따라서 달라지게 된다.

② 구성내용의 유형은 임지, 임목, 부산물, 시설, 공익적 기능 등으로 나눌 수 있다.

③ 구성내용을 종합한 산림의 환경과 경관 등을 고려하여 평가한다.

④ 다양한 구성내용을 통한 산림평가에서 주로 임지와 임목의 평가를 중심으로 한다.

② 산림평가의 대상 및 용어

(1) 산림평가대상

① 산림소유자가 임업을 경영하거나 산림개발과 이용에 관련하여, 국가나 지방자치단체에 행정적 처리를 할 경우 산림의 가격을 합리적으로 평가할 필요성을 가진다.

② 임지를 임목의 생산지로만 평가하지 않고, 다양성을 인정하며 산림에 대한 가치관도 달라져 공익적 기능에 대한 계량적 평가를 요구하게 되었다.

③ **산림평가의 이용분야**

　㉠ 산림에 대한 세금산정

　㉡ 산림분할과 병합시 가격산정

　㉢ 산림매매와 교환시 가격산정

　㉣ 산림대차시 가격산정

　㉤ 산림 피해액과 보상액 산정

　㉥ 산림 손해액과 보험액 산정

　㉦ 산림저당시 담보액 결정

　㉧ 임업경영시 자산평가와 경영계산

　㉨ 법정제한림 편입시 보상액 결정

　㉩ 국가나 공공단체의 임지 수용시 보상액 결정

④ **대상이나 목적에 따른 산림의 평가**

　㉠ 산림의 전체나 일부를 대상으로 하는 경우

　㉡ 산림을 구성하는 개개의 임지나 임목만 대상으로 하는 경우

　㉢ 판매를 목적으로 하는 임목의 경우 : 벌채가 가능한 성숙목만 골라 주로 평가한다.

(2) 산림평가용어

① **수익과 수입**

　㉠ 수익 : 경영을 통해 일정한 기간동안 생긴 가치액

　㉡ 수입 : 경영의 일정 기간동안 들어오는 화폐액수

② **비용과 지출**

　㉠ 비용 : 수익의 반대로 경영의 일정 기간동안 소모된 현금과 감가상각비를 포함한 가치액

　㉡ 지출 : 수입의 반대로 경영의 일정한 기간동안 나간 화폐액수

③ **생산물** … 경영의 성과

④ **원가** … 생산물을 얻기 위해 소비된 가치

① 임업경영요소

(1) 경비

① 조림비
- ㉠ 산림조성을 위해 장기적으로 지출되는 경비이다.
- ㉡ 조림비의 대부분은 노임이다.
- ㉢ 원료비와 묘목대 등과 같은 재료비는 사실상 큰 비중을 차지하지 않는다.
- ㉣ 인공 조림시에는 재벌비, 간벌비, 덩굴치기, 가지치기, 풀베기, 식재비, 정지비, 보식비 등이 포함된다.

② 채취비
- ㉠ 채취비는 주벌, 간벌, 부산물 수확을 제품화하는 데 사용되는 경비이다.
- ㉡ 산림평가에서 채취비는 비용으로 취급하지 않는다.
- ㉢ 원목생산시 조사비, 집재비, 벌목 조재비, 운반비, 판매비, 기업이윤, 위험부담금, 잡비 등이 포함된다.

③ 관리비
- ㉠ 관리비는 산림의 경영과 관리에 사용되는 경비이다.
- ㉡ 관리비는 일반적인 경상비이다.
- ㉢ 산림평가에서는 관리비의 연간평균액을 계산하여, 해마다 같은 액수의 경비가 지출되는 것으로 취급한다.
- ㉣ 관리비는 인건비, 시험연구비, 조세공과금, 보험료, 노동자 복지시설비, 산림경영계획비, 기자재비, 소모품의 물건비, 수선비 등 조림비와 채취비에 속하지 않는 모든 경비를 말한다.

④ 지대
- ㉠ 비용계산시, 보통 땅값에 이율을 곱한 것을 지대로 간주한다.
- ㉡ 지대는 직접 지출되는 비용은 아니다.

(2) 수확

① 주수확
  ㉠ 주벌수확 : 임지를 임업 이외의 다른 용도로 전환하기 위한 벌채수확으로, 갱신을 수반한다.
  ㉡ 간벌수확 : 주벌수확을 제외한 목적의 벌채수확이다.

② 부수확
  ㉠ 주수확이 이루어지는 산림 이외의 임지에서 생산물을 수확하는 것이다.
  ㉡ 부수확은 수확의 대상이 되는 임산물에 따라 주산물과 부산물로 나누기도 한다.

② 산림평가방법

(1) 평정가격
① 비용가(원가)
  ㉠ 임목의 생산이나 산림의 취득 등에 필요한 순수경비이다.
  ㉡ 즉, 임목비용가는 조림 시작부터 현재까지 소요된 조림비, 채취비, 관리비 등의 일체 경비를 말한다.
  ㉢ 일반상품의 판매가격은 원가를 기준으로 결정되므로, 원가계산은 기업회계에 아주 중요하다.
  ㉣ 산림평가에서는 계산기간이 긴 경우가 많아 유령임목을 평가할 때 사용된다.
  ㉤ 비용가의 장점
   • 평가자의 주관이 배제되어, 재생산이 가능한 건물이나 기계장치 등의 평가에 효과적이다.
   • 과거의 비용을 기준으로 평가하므로 생산자, 판매자에게 손해가 없다.
  ㉥ 비용가의 단점
   • 재생산이 불가능한 임지와 같은 자산에는 거의 적용할 수 없다.
   • 가격변동이 생길 때, 비용가에 의해 평가된 가격과 실제 거래가격과의 차이가 크게 나타날 수 있다.
   • 취득이나 생산기간이 길 경우 과거의 비용을 모르기 때문에 적용하기 힘들다.

② 기망가(현재가)
  ㉠ 기망가는 산림에서 앞으로 얻을 수 있다고 예상되는 수익을 현재 시점으로 할인한 평가액이다.
  ㉡ 수익을 얻는 시기가 정기적이지 않거나 수익액이 일정하지 않아도 상관없다.
  ㉢ 수익을 얻는 기간이 계속적으로 지속되지 않아도 상관없다.
  ㉣ 산림평가에서 기망가가 차지하는 의미는 아주 크다.
  ㉤ 기망가의 특수한 경우로 자본가나 환원가라는 것이 있는데, 어떤 경영이나 재화가 매년 일정한 수익을 영구적으로 얻는다고 가정할 경우, 연간 수익액의 현재가를 합한 것이다.

ⓗ 기망가의 장점

- 가까운 미래에 수익을 얻을 수 있는 장려 임목과 유실수의 평가에 자주 이용된다.
- 평가자료가 정확할 때 가격이 정확하게 평가된다.

ⓐ 기망가의 단점

- 기망가는 앞으로 거두어들일 수익을 예측하기 어렵다.
- 이율에 따라 달라지는 평가가격으로 인해 적당한 계산이율을 결정하기 어렵다.

③ **매매가**(시장가 = 시가)

ⓐ 현재 평가하려는 산림과 흡사한 성질을 가진 다른 산림이 실제로 거래된 가격을 기준으로 가치를 결정하는 방법이다.

ⓑ 산림의 거래 이외에 산림에 대한 과세, 손실을 보상할 경우 등에도 이용된다.

ⓒ 장령기 이상의 임목은, 생산되는 원목의 시장가격에서 임목의 벌채와 운반에 쓰인 여러 경비를 공제하여, 간접적으로 매매가를 계산하는 시장역산가 방법을 많이 사용한다.

ⓓ 재화의 매매가는 자유경쟁시장에서 같은 재화가 거래될 때 성립되나, 산림의 경우 시장가격이 형성될 수 없는 특성을 가지고 있다.

ⓔ 따라서 매매가를 적용할 경우, 재화의 내용이나 거래시기와 장소, 거래자의 사정을 고려해야 한다.

ⓕ 매매가의 장점

- 평가방법이 간단하다.
- 임지와 임목뿐만 아니라 건물이나 토지 등의 평가에도 적용 가능하다.
- 실재로 거래되는 가격으로 평가하기 때문에 현실성이 있다.

ⓖ 매매가의 단점

- 특수 목적의 임지나 매매자의 특수 사정에 의해 성립된 거래는 공정가격으로 거래되지 않는 경우가 많다.
- 거래사례가 적은 지역은 매매가를 적용하기 힘들다.
- 평가자의 경험이나 지식, 판단력 등에 의해 결정하므로 가격의 편차가 크다.
- 경제나 사회적 여건의 변화가 심한 지역에서는 객관적, 안정적 평가가 어렵다.

(2) 복리산 공식

① **이자와 이율**

ⓐ 이자

- 화폐자본의 이용자가 자본을 사용한 대가로 자본주인에게 지불하는 사용료이다.
- 임업이자는 1년 단위로 계산한다.

ⓛ 이율
- 일정한 기간동안의 자본운용에 대한 이자의 비율이다.
- 백분율을 사용하여 월이율이나 연이율로 표시한다.

ⓒ 이율의 종류
- 성질에 따른 분류
  - 주관적 이율 : 사업경영에 있어 특수한 사정에 의해 정해지는 이율이다.
  - 객관적 이율 : 보편적이며 타당성을 갖는 이율이다.
  - 기타 이율 : 명목적 이율, 실질적 이율, 공정이율, 예금이율, 대부이율, 시중이율 등이 있다.
- 현실성에 따른 분류
  - 현실이율 : 사업경영의 결과 실제로 얻는 이율로 실제적 이율이라고도 하며 금융이율이 이에 속한다.
  - 평정이율 : 이자와 자본액 중 어느 하나가 불분명할 경우 추정에 의해 정하는 이율로 명목적 이율 또는 계산이율이라고도 하며, 임업이율이 이에 속한다.
- 용도별 분류
  - 경영이율 : 사업의 결과 실제로 획득한 수익률과 비교하여 수익성을 판단하는 데 사용하는 이율을 말한다.
  - 환원이율 : 자본가를 정할 때 사용되는 이율로 평정이율의 한 종류이다.
- 업종별 분류
  - 보통이율, 공업이율, 상업이율, 농업이율, 임업이율 등이 있다.
  - 보통이율 : 안전하게 운용되는 평균이율로 국가에서 발행하는 은행이율이나 채권, 우편저금이율 등을 평균한 이율이다. 사업이율의 평정기준으로 사용된다.
- 기간별 분류
  - 장기이율 : 수 년에서 수 십년을 기한으로 정한 이율이다.
  - 단기이율 : 수 개월에서 1년 이내의 기한부 이율이다.

ⓔ 임업이율
- 임업이율은 임업의 특성을 고려하여 정해진 이율이다.
- 국채나 신용도가 가장 높은 은행과 우체국 등에서 적용하는 이율을 평균한 것이다.
- 보통이율과 같거나 약간 낮다.
- 우리나라에서는 3 ~ 5%의 연이율을 많이 쓰고 있다.
- 산림평가와 임업경영계산에 이용된다.
  - 임업경영에서 지출은 경영 초에 많이 이루어지고, 수입은 오랜 시간 후에 이루어지는 것이 대부분이다.
  - 산림평가의 이차계산에서 적당한 계산이율을 결정하는 것이 중요하다.
- 자기자본의 경영이 대부분인 임업에서 적용할 수 있는 이율은 따로 정해져 있지 않다.
- 비용가, 기망가, 매매가의 계산에 적용할 수 있는 이율은, 임업경영의 성질을 충분히 고려해야 한다.

② **복리산 공식**

    ㉠ 이자계산방법에는 단리산과 복리산이 있다.

    ㉡ 간단한 작업과 같이 일정한 생산기간마다 이자를 계산할 때는 복리산으로 한다.

    ㉢ 복리산의 개념 : 일정한 기간마다 얻어지는 이자를 원금에 더해 원리합계를 구하고, 이것을 다음 기의 원금으로 하여 원금과 이자액을 증식시키는 방법이다.

    ㉣ 산림평가에서는 복리산을 주로 사용한다.

    ㉤ 연년 작업과 같이 해마다 이자를 계산할 경우 단리산으로 한다.

    ㉥ 산림평가에서 임업경영과 관련된 수입과 지출의 시기와 횟수에 따라 후가와 전가를 계산하기 위해 복리산 공식이 이용된다.

◎ 복리산 공식의 기본용어 ◎

◦ V : 원금, 현재가치	◦ r : 매년의 수익(연등가액), 즉 연금
◦ P : 계산이자율, 연이율	◦ R : 일정기간마다 들어오는 수익
◦ n : 연 수, 기간 수	◦ N : n년 후의 가치, 원리합계, 후가

    ㉦ **후가식(종가식)**

$$N = V \cdot 1.0P^n$$

    • $1.0P^n$은 임업에서 후가계수이며, 복리합계수, 복리종가율, 일괄불복리계수, 복리율이라고 한다.

    • 후가식 계수표를 이용하면 P와 n이 달라질 때마다 그 값을 일일이 계산하지 않아 편리하다.

    ㉧ **전가식**

    • n년 후의 후가가 N원이 되기 위해 현재 있어야 하는 원금 V를 구하는 식이다.

$$V = N \cdot \frac{1}{1.0P^n}$$

    • 위의 식과 같이 후가에서 전가를 구하는 것을 할인이라고 한다.

    • 전가식 계수표를 이용하여 직접 곱해서 계산하면 쉽게 전가 V를 구할 수 있다.

    ㉨ **무한 연년이자 계산식**

    • 매년 말 r씩 영구적으로 얻은 수입이자의 전가합계

$$V = \frac{r}{0.0P}$$

    • 위 식은 $V = r/(1 + 0.0P) + r/(1 + 0.0P)^2 + r/(1 + 0.0P)^3 \cdots$에서 초항 $1/1.0P$, 공비 $1/1.0P$, 연 수 n이 ∞(무한대)인 등비급수이므로, $\dfrac{1/1.0P}{1 - (1/1.0P)} = \dfrac{1}{1.0P - 1} = \dfrac{1}{0.0P}$ 따라서, $V = \dfrac{r}{0.0P}$

- 매년 r씩 균등하게 수익을 영구적으로 얻을 수 있는 현재가치이므로 자본가 또는 환원가의 식이라고 한다.
ⓧ 무한 정기이자 계산식
- 현재로부터 n년마다 R씩 영구적으로 구할 수 있는 이자의 전가합계

$$V = \frac{R}{(1.0P)^n - 1}$$

- $\dfrac{1}{(1.0P)^n - 1}$ 은 무한정기수입의 전가계수로, 무한정기수입의 전자계수표에서 찾아 곱한다.
- 벌기마다 정기적으로 일정한 수입을 영구히 얻을 경우의 현재가를 계산한다.
- 첫 회의 수입은 m년 후에, 이후 n년마다 영구적으로 얻을 수 있는 이자의 전가합계

$$V = \frac{R}{1.0P^m} + \frac{R}{1.0P^{m+n}} + \frac{R}{1.0P^{m+2n}} + \cdots\cdots$$

$$= \frac{R}{1.0P^m}\left(1 + \frac{1}{1.0P^n} + \frac{1}{1.0P^{2n}} + \cdots\cdots\right)$$

$$= \frac{R}{1.0P^m} \times \frac{1}{1 - (1/1.0P^n)} = \frac{R}{1.0P^m} \times \frac{1.0P^n}{1.0P^n - 1}$$

$$\therefore V = \frac{R \cdot 1.0P^{n-m}}{1.0P^n - 1}$$

- 첫 회의 수입은 현재, 이후 n년마다 수입될 이자의 전가합계

$$V = \frac{R + R}{(1.0P)^n - 1} = \frac{R \cdot (1.0P)^n}{(1.0P^n) - 1}$$

ⓥ 유한 연년이자 계산식
- 매년 말 r원씩 n회 얻을 수 있는 후가합계

$$N = r + r \cdot 1.0P + r \cdot 1.0P^2 + \cdots\cdots + r \cdot 1.0P^{n-2} + r \cdot 1.0P^{n-1}$$

$$= \frac{1.0P^n - 1}{1.0P - 1} = \frac{r}{0.0P}(1.0P^n - 1) = r\left[\frac{1.0P^n - 1}{0.0P}\right]$$

$$\therefore N = \frac{r}{0.0P}(1.0P^n - 1)$$

★TIP [ ] 안의 계산식은 연금종가계수, 연금복복리계수, 연금종가표라고 하며, 표를 사용하여 계산한다.

- 매년 말 r씩 n회에 얻을 수 있는 이자의 전가합계

$$V = \frac{r}{0.0P} \times \frac{1.0P^n - 1}{1.0P^n} = r \left[\frac{1.0P^n - 1}{0.0P \times 1.0P^n} \right]$$

★TIP [ ] 안의 계산식은 연금불현가계수, 연금한가수, 연금현가율이라 한다.

ⓔ 유한 정기이자 계산식

- m년마다 R씩 n회 얻을 수 있는 이자의 후가합계

$$N = \frac{R(1.0P^{mn} - 1)}{1.0P^m - 1}$$

- m년마다 R씩 n회 얻을 수 있는 이자의 전가합계

$$V = \frac{R(1.0P^{mn} - 1)}{1.0P^{mn}(1.0P^m - 1)}$$

- 첫 회는 현재부터 a년 후, 그 후 m년마다 합계 n회 얻을 수 있는 이자의 전가의 합계

$$K = \frac{R(1.0P^{mn} - 1)}{1.0P^{a+(n-1)m}(1.0P^m - 1)}$$

01 출제예상문제

1 임지와 임목의 가격산정 방법으로 옳지 않은 것은?

① 매매가

② 비용가

③ 기망가

④ 교환가

📝 **note** 산림평가의 방법

㉠ 매매가 : 같거나 비슷한 산림의 실제 거래 가격을 기준으로 가치를 결정하는 방법이다.

㉡ 비용가 : 산림의 취득, 임목의 생산 등에 필요한 순수한 경비를 말한다.

㉢ 기망가 : 산림에서 앞으로 얻게 될 거라고 기대되는 수익을 현재 시점에서 평가한 금액을 말한다.

2 해마다 연말에 연료를 채취하여 200만원의 수입을 올리는 임지가 있을 때, 그 임지의 자본가는? (단, 이율은 5%이다)

① 20,000,000

② 30,000,000

③ 40,000,000

④ 50,000,000

📝 **note** $V = \dfrac{r}{p} = \dfrac{2,000,000}{0.05} = 40,000,000$ (V : 자본가, r : 연말수입, p : 이율)

3 다음 중 임업이율의 특징으로 옳은 것은?

① 대부분 자기자본이율이다.

② 이율결정의 근거가 불분명하다.

③ 단기이율이 아니라 장기이율이다.

④ 평정이율이 아닌 현실이율이다.

📝 **note** 임업이율

㉠ 임업의 특성을 고려해서 정해진 이율이다.

㉡ 임업경영이 대부분 자기자본으로 이루어져 임업에 적용하는 이율이 따로 정해져 있지 않다.

㉢ 자본이자이고 평정이율·명목적 이율·장기이율이다.

Answer 1.④ 2.③ 3.④

4 어린 나무의 가격을 평가하는 데 사용되는 방법은?

① 매매가법   ② 기망가법
③ 비용가법   ④ 수익가법

> ✿❚note 비용가 … 임목을 생산하거나 산림을 취득하였을 경우 과거의 순수한 비용을 기준으로 하여 가치를 결정하는 방법으로 원가라고도 한다. 일반적으로 유령림을 평가할 때 사용한다.

5 다음 중 매매가의 단점으로 옳지 않은 것은?시

① 평가방법이 간단하다.
② 가격의 편차가 크다.
③ 평가자의 경험, 지식 등에 대한 의존도가 높다.
④ 투기지역에서는 객관적이며 안정적인 평가가 어렵다.

> ✿❚note 매매가 방법의 단점
> ㉠ 평가자의 지식 판단력, 경험 등의 의존도가 높아 가격편차가 크다.
> ㉡ 거래사례가 적은 지역의 산림에 적용하기 힘들다.
> ㉢ 특수목적의 임지나 매매자의 특수한 사정에 의한 거래는 임지의 공정가격으로 거래되지 않을 때가 많다.
> ㉣ 투기지역과 같이 사회·경제적 여건변화가 심할 경우 안정·객관적인 평가가 힘들다.

6 다음 중 산림평가에서 비용가에 대한 설명으로 옳지 않은 것은?

① 간벌수확을 얻는 해는 전년보다 약간 감소한다.
② 윤벌기초는 조림비와 같으며 다음 연차적으로 증대한다.
③ 임목의 육성에 쓰인 일체의 생산비의 후가합계에서 그 연도에 이르기까지 얻은 수확의 후가합계를 뺀 것이다.
④ 성숙림 이후의 평가에 주로 적용된다.

> ✿❚note 비용가
> ㉠ 임목을 생산하거나 산림을 취득하였을 경우 과거의 순수한 비용을 기준으로 하여 가치를 결정하는 방법으로 유령림을 평가할 때 사용된다.
> ㉡ 판매자나 생산자에게 손해가 없고, 재생산이 가능한 기계장치나 건물의 평가에 효과적이다.
> ㉢ 생산·취득 기간이 길 경우 적용이 어렵고, 가격변동이 있으면 비용가로 평가된 가격이 실제 가격과 차이가 생길 수 있다.

7 다음 중 법정림의 산림평가 방법으로 사용되지 않는 것은?

① 매매가

② 비용가

③ 기망가

④ 재산가

✿**note** 법정림의 산림평가 방법 … 환원가, 매매가, 기망가, 비용가 등에 의한 방법이 있다.

8 다음 중 조림비 항목으로 옳은 것은?

① 파종비, 간벌비, 제벌비

② 지대, 보식비, 식재비

③ 묘목비, 집재비, 가식비

④ 정지비, 풀베기 비용, 보험료

✿**note** 조림비
　ㄱ 산림을 조성하기 위해 장기적으로 지출되는 비용이다.
　ㄴ 식대비, 정지비, 풀베기 비용, 보식비, 제벌비, 간벌비, 파종비, 덩굴치기 비용, 가지치기 비용 등이 있다.
　ㄷ 거의 노임이 조림비를 차지하고 재료비는 얼마되지 않는다.

9 벌도용 자동톱을 200만원에 구입하였다. 이 기구의 내용연수는 5년, 폐기가는 20만원일 때 감가상각비는?

① 16만원

② 26만원

③ 36만원

④ 40만원

✿**note** 감가상각비 = (취득원가 − 잔존가치) ÷ 추정내용연수이므로 대입하여 계산하면,
감가상각비 = (200 − 20) ÷ 5 = 36　∴　36만원

10 다음 임업경영의 비용항목 중 비중이 가장 큰 것은?

① 비료비

② 조세공과금

③ 노임 및 시설비

④ 운반비

✿**note** 노임과 시설투자비가 임업경영의 비용항목 대부분을 차지해서 비중이 가장 크다.

Answer 7.④ 8.① 9.③ 10.③

11 다음 중 기망가법을 적용할 때 겪어야 할 어려움을 설명한 것으로 옳은 것은?

① 장래의 수익을 예측하기 어렵다.

② 임목의 거래사례를 찾기 어렵다.

③ 과거의 비용을 알아내기 어렵다.

④ 장령기의 임목이나 유실수에 적용하기 어렵다.

> ✿**note** 기망가의 단점
> ㉠ 평가된 가격이 이율에 따라 달라지므로 알맞은 계산이율을 결정하기가 어렵다.
> ㉡ 미래의 수익을 예측하기 힘든 유령임목에서는 적용이 어렵다.

12 임업에 쓰이는 이자계산의 단위는?

① 1개월　　　　　　　　　　② 3개월

③ 6개월　　　　　　　　　　④ 1년

⑤ 1년 6개월

> ✿**note** 이자 … 화폐자본을 사용한 사용자가 자본이용의 대가로 자본주에게 지불하는 사용료로 임업이
> 자는 1년 단위로 계산한다.

13 다음 임목의 가격 평가방법 중 현재가와 같은 것은?

① 자본가　　　　　　　　　② 매매가

③ 비용가　　　　　　　　　④ 기망가

> ✿**note** 기망가 … 앞으로 기대되는 수익을 현재로 할인한 평가액을 말하는데 현재가라고도 할 수 있다.

14 다음 산림평가의 방법 중 나머지 하나와 다른 것은?

① 매매가　　　　　　　　　② 시장가

③ 시가　　　　　　　　　　④ 비용가

> ✿**note** 매매가는 다른 말로 시가, 시장가라고도 한다. 비용가는 원가를 말한다.

15 다음 중 매매가의 장점으로 옳지 않은 것은?

① 현실성이 있고 설득력이 있다.

② 평가방법이 간단하다.

③ 임목과 임지, 건물, 토지 등의 평가에도 적용된다.

④ 거래 사례가 적은 지역의 산림은 적용이 어렵다.

> **note** ④ 매매가의 단점이다.
>
> ※ 매매가 방법의 단점
>
> ㉠ 평가자의 지식 판단력, 경험 등의 의존도가 높아 가격편차가 크다.
>
> ㉡ 거래사례가 적은 지역의 산림에 적용하기 어렵다.
>
> ㉢ 특수목적의 임지나 매매자의 특수한 사정에 의한 거래는 임지의 공정가격으로 거래되지 않을 때가 많다.
>
> ㉣ 투기지역과 같이 사회 · 경제적 여건 변화가 심할 경우 안정 · 객관적인 평가가 힘들다.

16 다음 중 임업이율이 낮아야 하는 이유로 옳지 않은 것은?

① 산림재산 및 임료수입의 고정성　　② 생산기간의 장기성

③ 문화발전에 따른 이율의 저하　　④ 산림의 관리경영의 간편성

> **note** 임업이율이 낮아야 하는 이유
>
> ㉠ 산림소유의 안정성
>
> ㉡ 산림의 관리경영의 간편성
>
> ㉢ 재적 및 금원수확의 증가가 산림 재산가치의 등귀
>
> ㉣ 생산기간의 장기성
>
> ㉤ 산림재산 및 임료수입의 유동성
>
> ㉥ 문화발전에 따른 이율의 저하
>
> ㉦ 기호 및 간접 이익의 관점에서 나타나는 산림소유에 대한 개인적 가치평가

17 다음 경비 중 관리비에 해당하지 않는 것은?

① 수선비　　　　　　　　　　② 조사비

③ 인건비　　　　　　　　　　④ 노동자에 대한 복지시설비

> **note** 관리비 … 인건비, 사무용 기자재, 소모 물건비, 사무소, 수선비 등 고정감가상각비, 산림피해 방지 및 경제보전 등을 위한 산림보호비, 산림구획 및 산림경영계획비, 조세공과금, 보험료, 노동자에 대한 복지시설비, 시험연구비 등

Answer　　15.④　16.①　17.②

18 다음 중 감가상각비를 계산하지 않는 것은?

① 건물

② 비료비

③ 구축물

④ 기계, 기구

> ☆**note** 감가상각비 ⋯ 유형 고정자산의 원가나 그 밖의 기초가치에서 잔존가치를 뺀 잔액을 합리적인 방법으로 배분하는 회계제도이다. 따라서 비료나 농약, 묘목비 등과 같은 유동자산은 감가상각 비를 계산하지 않는다.

19 다음 중 비용가법의 장점으로 옳은 것은?

① 토지와 같은 재생산이 불가능한 자산에는 적용이 어렵다.

② 평가자의 주관을 배제할 수 있으므로, 평가된 가격의 차이가 작다.

③ 취득 또는 생산기간이 길 때에는 과거의 비용을 알 수 없다.

④ 가격변동이 있으면 비용가에 의한 가격과 실제 가격의 차이가 크다.

> ☆**note** 비용가법의 장점
> ㉠ 평가자의 주관을 배제할 수 있으므로, 평가된 가격의 차이가 작다.
> ㉡ 과거의 비용을 근거로 평가하기 때문에 판매자나 생산자에게 손해가 없는 가격이다.

20 다음 중 산림평가의 목적으로 옳지 않은 것은?

① 재해복구작업 및 조림계획을 변경하고자 할 때

② 재해보험의 보험금 청구의 기초자료로 사용할 때

③ 피해를 발생시킨 행위자에 대한 보상금을 산정할 때

④ 피해 이전과 이후로 재산평가에 이용할 때

> ☆**note** 산림피해평가의 목적
> ㉠ 재해복구작업 및 조림계획을 변경하기 위해서
> ㉡ 재해보험의 보험금 청구의 기초자료를 사용하기 위해서
> ㉢ 피해를 발생시킨 행위자에 대해 보상금을 요구할 수 있는 기초자료로 이용하기 위해서
> ㉣ 피해 이전과 이후의 재산평가에 이용하기 위해서

Answer 18.② 19.② 20.③

21 다음 중 산림평가와 재무회계의 차이점은?

① 산림평가는 대부분 사전계산을 하지만 재무회계의 계산은 사후계산을 한다.

② 산림평가는 사후계산을 하지만 재무회계의 계산은 사전계산을 한다.

③ 산림평가와 재무회계에서의 계산은 사전계산을 한다.

④ 산림평가와 재무회계의 계산은 사후계산을 한다.

> ✿▌note 산림평가에서는 일반적으로 미래에 관한 사전계산을 하고 재무회계에서의 계산은 과거에 관한
> 사후계산을 한다.

22 다음 중 기망가법의 장점으로 옳지 않은 것은?

① 가까운 미래에 수익을 얻을 수 있는 임목평가에 효과적이다.

② 장래의 수익을 예측하기 어렵다.

③ 유실수와 장령임목평가에 효과적이다.

④ 평가자료가 정확할 때는 가격을 정확하게 평가할 수 있다.

> ✿▌note ② 기망가법의 단점이다.
> ※ 기망가법의 장점
>   ⊙ 유실수와 장령임목평가에 효과적이다.
>   ⓒ 평가자료가 정확할 때는 가격을 정확하게 평가할 수 있다.
>   ⓒ 가까운 미래에 수익을 얻을 수 있는 임목평가에 효과적이다.

23 다음 중 산림평가에서 고려해야 할 요인으로 옳지 않은 것은?

① 임지   ② 임목

③ 생산물   ④ 노동자

⑤ 공익적 기능

> ✿▌note 산림평가시 고려해야 할 요인은 임목과 임지, 여러 시설물 및 부산물, 모든 요소를 종합한 산림
> 의 환경과 경관, 공익적 기능 등이 있다.

24 다음 중 이율의 고저를 좌우하는 요인으로 중요하지 않은 것은?

① 자본이 거래된 시기   ② 투자자본의 유동성

③ 자본을 사용한 기간   ④ 자본투자의 위험성

> ✿**note** 이율의 고저를 좌우하는 요소
> ㉠ 투자의 선택요소가 많을 때 자본이율이 높다.
> ㉡ 자본투자의 위험이 높을 때 자본이율이 높다.
> ㉢ 자본 사용기간이 짧으면 자본이율이 높다.
> ㉣ 자본의 유동성이 클 때 자본이율이 낮다.
> ㉤ 담보가 있을 경우 자본이율이 낮다.

25 해마다 연료를 채취해서 420만원의 연말 수입을 올리는 임계에서 이율이 7%일 때의 자본가는?

① 30,000,000원   ② 40,000,000원

③ 50,000,000원   ④ 60,000,000원

⑤ 70,000,000원

> ✿**note** 무한 연년수입 전가식을 이용해서 구하면
> $$V = \frac{r}{p} \ (단, \ V : 자본가, \ r : 연말수입, \ p : 이율)이므로,$$
> $$V = \frac{4,200,000}{0.07} = 60,000,000 \quad \therefore V = 60,000,000원$$

26 다음 중 주벌, 간벌 및 부산물을 수확해 제품으로 만드는 데 드는 비용은?

① 조림비   ② 채취비

③ 매매가   ④ 관리비

⑤ 지대

> ✿**note** 채취비
> ㉠ 주벌, 간벌 및 부산물을 수확해 제품으로 만드는 데 드는 비용을 말한다.
> ㉡ 벌목 조재비, 운반비, 조사비, 집재비, 판매비, 잡비, 위험 부담금, 기업이윤 등이 있다.
> ㉢ 산림평가에서는 비용으로 취급하지 않는다.

✿✿Answer   24.①   25.④   26.②

27 다음 중 후가식의 공식으로 옳은 것은?

① $V(1 + p)^n$

② $\dfrac{N}{(1 + p)^n}$

③ $\dfrac{r}{p}$

④ $\dfrac{R}{(1 + p)^n - 1}$

✍️**note** ② 전가식 ③ 무한 연년수입의 전가식 ④ 무한 정기수입의 전가식

28 다음 중 임업이율의 적당한 책정값은?

① 2 ~ 3%

② 3 ~ 4%

③ 4 ~ 6%

④ 5 ~ 8%

⑤ 6 ~ 9%

✍️**note** 임업이율은 우편저금이나 국채 등의 장기이율과 비교해서 적당히 낮게 책정되어야 하며, 보통 4 ~ 6% 정도를 이론상 타당하다고 본다.

29 다음 중 일정 기간동안 얻은 가치액은?

① 원가

② 수익

③ 지출

④ 비용

✍️**note** ① 일정한 생산물을 얻기 위해 소비된 가치이다.
③ 경영에서 일정한 기간동안 지불된 현금을 말한다.
④ 경영에서 일정한 기간동안 소요되는 가치액을 말한다.

30 다음 중 사업경영의 결과도 실제 수익률과 비교해서 수익성을 판단하는 데 이용하는 이율은?

① 평정이율

② 단기이율

③ 주관적 이율

④ 경영이율

✍️**note** ① 자본액과 이자 중 하나가 불분명한 경우 추정에 의해 정해진다.
② 1년 이내의 기한부 이율을 말한다.
③ 사업경영상 특별한 사정으로 정해지는 이율을 말한다.

Answer 27.① 28.③ 29.② 30.④

31 다음 중 임목의 경급으로 분류한 것으로 옳지 않은 것은?

① 소경목

② 중경목

③ 대경목

④ 용재림

> ✨ note 산림평가의 임목
> ㉠ 용도 : 용재림, 특용수림, 연료림
> ㉡ 수종의 성립원인 : 인공림, 천연림
> ㉢ 경급 : 소경목, 중경목, 대경목, 치수
> ㉣ 임령 : 장령림, 유령림, 성숙림, 미성숙림

32 벌도용 자동톱을 130만원에 구입하고, 내용연수 4년, 폐기가는 10만원인 경우 감가상각비는?

① 15만원

② 20만원

③ 25만원

④ 30만원

⑤ 35만원

> ✨ note 감가상각비 = (취득원가 − 잔존가치) ÷ 추정 내용연수 = (130 − 10) ÷ 4 = 30 ∴ 30만원

33 다음 중 산림평가의 설명으로 옳지 않은 것은?

① 산림평가는 산림의 경제가치를 화폐액수로 나타내는 것이다.

② 근대적인 화폐경제나 교환경제를 전제로 한다.

③ 산림평가 계산은 보통 미래에 관한 사전계산을 한다.

④ 산림평가 계산은 재무회계 계산과 같다.

> ✨ note ④ 산림평가 계산은 재무회계 계산과 다르고, 일반적으로 관리회계 분야의 평가방법을 적용한다.

34 다음 중 비용가의 단점으로 옳지 않은 것은?

① 생산기간이 길 때 적용하기 쉽다.

② 생산기간이나 취득기간이 길면 과거비용을 알 수 없다.

③ 재생산이 불가능한 경우 적용이 어렵다.

④ 가격변동이 있을 경우 실제 거래가격과 비용가로 평가된 가격에 차이가 크게 생길 수 있다.

note　① 생산이나 취득기간이 길 경우 과거의 비용을 모르기 때문에 적용하기 힘들다.

35 다음 중 임업경영 요소에서 경비의 분류로 옳지 않은 것은?

① 채취비　　　　　　　　　　② 관리비

③ 비용가　　　　　　　　　　④ 조림비

note　경비 … 비용, 지출, 원가로 표현되고, 조림비, 채취비, 관리비로 분류된다.

임지·임목의 평가

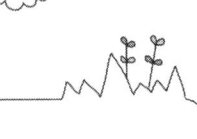

1 임지의 평가

① 임지 비용가

(1) 임지원가

임지를 구한 후 임목이 자라기 적합한 상태로 만드는 데 들어간 모든 비용의 후가합계에서 그 동안에 얻은 수입의 후가합계를 뺀 가격이다.

(2) 임지 비용가

① 임지를 파는 사람이 손해를 보지 않는 최저가격이다.

② 수입과 지출, 수입의 시기와 횟수 등에 따라 계산식이 각각 다르다.

③ n년 전 임지 구입비(A)와 임지 개량비(M)를 같이 지출하고, 그 후 현재까지 해마다 연말에 관리비(v)를 지출하며, m년 때 수입(I)이 있는 경우의 일반적인 계산식이다.

$$B_k = (A + M)(1 + P)^n + \frac{v(1 + P)^n - 1}{P} - I(1 + P)^{n-m}$$

- B_k : 임지 비용가
- A : 임지 구입가(임지 매입금, 소개료, 등기료, 취득세 등)
- M : 임지 개량비(경계표 설치비, 임도 설치비, 경계선 측량비 등)
- P : 이율
- n : 임지구입 후 현재까지의 경과 연수
- v : 매년 관리비(인건비, 사무비, 통신비, 세금 등)
- I : 수입
- m : 임지구입 후 세금이 적용된 연도

④ 임지구입 후 해마다 임지 개량비와 관리비를 지출하고, 몇 번의 수입 후가합계 I를 얻었을 경우의 계산식이다.

$$B_k = A(1+P)^n + (M+v)\left\{\frac{(1+P)^n - 1}{P}\right\} - I$$

⑤ **임지 비용가를 적용하는 경우**
　　㉠ 임지에 들어간 비용을 회수할 경우
　　㉡ 임지에 들어간 자본의 경제적 효과를 확인할 경우
　　㉢ 임지의 생산력을 알 수 없어 기망가나 매매가 방법에 의한 평가가 어려울 경우

② 임지 기망가

(1) 임지 기망가의 개념

① 어떤 임지에서 일정한 벌기마다 앞으로 같은 사업을 계속해 간다고 할 때, 그 임지에서 얻을 수 있는 순수익의 현재가(전가)합계이다.

② 임업경영에서 벌기령의 결정이나 임지가격의 최고 한도를 조사할 때 중요한 지표가 된다.

③ 주벌수입, 간벌수입, 부산물수입 등의 현재가에서 조림비와 관리비 등 비용의 현재가를 공제하여 순수익의 현재가 합계를 구한다.

(2) 임지 기망가 공식

① 골라베기작업의 임지 기망가에 대한 공식이 임지 기망가(B_u)로 많이 사용된다.

$$B_u = \frac{Y + T_a(1+P)^{u-a} + T_b(1+P)^{u-b} + \ldots - C(1+P)^u}{(1+P)^u - 1} - \frac{v}{P}$$

　◦ B_u : 벌기 u년 때의 임지 기망가
　◦ u : 벌기령
　◦ Y : u년 때의 주벌수입
　◦ T_a, T_b ⋯ : a, b, ⋯ 년도의 간벌수입
　◦ P : 이율
　◦ C : 조림비
　◦ v : 매년 관리비

② **임지 기망가에 영향을 끼치는 인자**

　　㉠ 이율이 낮을수록 임지 기망가가 커진다.

　　㉡ 주벌수입과 간벌수입이 많을수록 임지 기망가가 커진다.

　　㉢ 조림비와 관리비가 적을수록 임지 기망가가 커진다.

　　㉣ 벌기가 길수록 임지 기망가가 커진다.

③ 임지 기망가는 어느 지점에서 최고값을 기록한 다음 점점 작아진다.

③　임지 매매가

(1) 임지 매매가의 개념

① 현재 거래되고 있는 임지의 시가이다.

② 평가하려는 임지와 비슷한 조건을 가진 임지의 실제 거래가격을 비교하여 결정된 가격을 말한다.

③ 주택이나 농지와 임지는 다르기 때문에 시가가 이루어지기 힘들다.

(2) 임지 매매가의 결정

① 인근의 비슷한 조건을 가진 임지의 매매 실례를 찾아 여러가지 조건을 비교하여 임지의 가격을
결정한다.

② 지위와 지리를 곱하여 수정계수로 한 다음, 인접한 임지의 가격을 수정하여 평가함으로써 임지
의 가격을 결정한다.

③ **임지 매매가의 공식**

$$B = B' \times \frac{S}{S'} \times \frac{L}{L'}$$

- B : 평가하려는 임지의 단위면적당 가격
- B' : 인접한 임지의 단위면적당 가격
- S : 평가하려는 임지의 지위등급별 지수
- S' : 인접한 임지의 지위등급별 지수
- L : 평가하려는 임지의 지리등급별 지수
- L' : 인접한 임지의 지리등급별 지수

　　㉠ 인접한 임지의 단위면적당 가격 B는 토지과세대장에 기록된 것을 이용한다.

　　㉡ 지위등급은 지방의 지력이 중간인 임지를 표준으로 상, 중, 하로 나누어 각각의 지수를
　　　　140%, 100%, 70%로 하거나, 지방수확표에 의해 정한다.

ⓒ 지리등급은 5단계로 구분하여, 중간단계인 3급지를 표준, 100%로 한다.

④ 실제 평가하려는 임지와 같은 조건을 가진 임지의 거래사례를 찾기 어렵다.

2 임목의 평가

① 임목 비용가

(1) 임목의 비용가

① 임목원가라고도 한다.

② 임목을 조림·육성하는 데 들어간 모든 비용의 후가합계에서, 그 동안 얻은 수입의 후가합계를 공제한 가격이다.

③ 임목 비용가는 유령임목의 가격결정에 많이 사용된다.

(2) 비용의 후가

① **조림비**

ⓐ 종묘, 정지, 식재, 제벌, 풀베기, 덩굴치기 등의 조림비는 지출연도가 다르지만, 모두 첫해 지출하는 것으로 할인하여 계산한다.

ⓑ 조림비(C)를 정하여 조림 후 경과한 연수(m)동안의 후가를 구하여 계산한다.

$$C(1 + P)^m$$

- C : 조림비
- P : 이율
- m : 조림 후 경과 연수

② **관리비**

ⓐ 매년 v원씩 m년 동안 지출한 사무비, 인건비, 수리비, 세금 등의 관리비의 후가를 말한다.

ⓑ 이 때, $\dfrac{v}{P}$ = V(관리자본)로 나타낼 수 있다.

$$\frac{v\{(1 + P)^m - 1\}}{P} = V\{(1 + P)^m - 1\}$$

- V : 관리자본

③ **지대** … 조립할 때의 가격(B)의 m년 때 후가 $B(1+P)^m$에서 처음 임지가격(B)을 공제하여 계산한다.

$$B(1 + P)^m - B = B\{(1 + P)^m - 1\}$$

∘ B : 임지가격

(3) 수입의 후가

조립한 후 증가하는 a, b …년도에 수입된 간벌수입의 m년 때 후가를 구하여 계산한다.

$$T_a(1 + P)^{m-a}, \ T_b(1 + P)^{m-b}, \ \cdots\cdots$$

∘ T_a, T_b, … : a, b … 년도에 수입된 간벌수입

(4) 임목 비용가 공식

모든 비용의 후가합계에서 수입의 후가합계를 공제한 것이다.

$$H_{km} = B\{(1+P)-1\} + V\{(1+P)^m - 1\} + C(1+P)^m - \{T_a(1+P)^{m-a} + T_b(1+P)^{m-b} + \cdots\cdots\}$$
$$= (B+V)\{(1+P)^m - 1\} + C(1+P)^m - \{T_a(1+P)^{m-a} + T_b(1+P)^{m-b} + \cdots\cdots\}$$

② 임목 기망가

(1) 임목의 기망가

① 지출하게 될 비용의 현재가 합계를 공제하여 임목의 가격을 정하는 방법이다.

② 현재 m년 생의 임목이 벌기 u년에 벌채될 경우 얻게되는 수입의 현재가의 합계이다.

(2) 비용의 현재가

① **관리비** … 매년 v 원씩 u−m년 동안 벌어들이기까지 지출하게 될 관리비의 후가를 m년 현재의 가격으로 할인한 것이다.

$$\frac{V\{(1 + P)^{u-m} - 1\}}{(1 + P)^{u-m}}$$

② **지대** … 장차 u−m년 동안의 지대는 그 기간동안의 지대의 후가를 m년 현재의 가격으로 할인한 것이다.

$$\frac{B\{(1+P)^{u-m}-1\}}{(1+P)^{u-m}}$$

(2) 수입의 현재가

① **주벌수입의 현재가** … 벌기 u년에 주벌수입 Y_u를 얻을 경우, m년 생의 현재가를 다음과 같이 구할 수 있다.

$$\frac{Y_u}{(1+P)^{u-m}}$$

② **간벌수입의 현재가**

㉠ m년 이후 주벌될 때까지의 중간인 a년도에 T_a라는 간벌수입의 현재가는 다음과 같이 구할 수 있다.

$$\frac{T_a}{(1+P)^{a-m}}$$

㉡ a년도의 간벌수입 T_a를 벌기 때까지의 후가로 계산한 것을 다시 현재가로 고치면 결과는 같아진다.

$$\frac{T_a(1+P)^{u-a}}{(1+P)^{u-m}}$$

(3) 임목 기망가 공식

① 임목 기망가 공식은 벌기에 가까운 임목의 평가에 많이 사용된다.

② 수입의 현재가 합계에서 비용의 현재가 합계를 공제한 것이다.

$$H_{em}=\frac{Y_u+T_a\{(1+P)^{u-a}\}+\cdots-(B+V)\{(1+P)^{u-m}-1\}}{(1+P)^{u-m}}$$

③ 임목 매매가

(1) 임목 매매가를 이용하는 경우
간벌목과 벌기에 가까운 임목이나 벌기에 적당한 성숙 임목의 가격을 결정할 때 사용된다.

(2) 간접적 방법
① 종류가 같은 원목의 목재시장 거래가격을 조사하여, 임목의 벌채에서 운반까지의 모든 비용을 거꾸로 공제하여 계산하는 방법이다.

② 공제하는 비용은 벌채비, 하산비, 조재비, 운반비, 이자, 기업이익, 잡비 등이다.

③ 시장 역산가 방법이 가장 많이 쓰인다.

④ 시장역산가 계산식

$$X = f\left(\frac{A}{1 + m \cdot p + \gamma}\right) - B$$

- X : 단위재적당 임목가
- A : 단위 재적당 원목의 시장가
- f : 조재율(이용률)
- m : 자본회수기간(월)
- p : 월이율
- γ : 기업이익률
- B : 단위재적당 벌채, 운반, 판매 등 사업비 합계

㉠ 단위재적당 원목의 시장가(A) : 표준목법에 의해 단위재적당 원목의 시장가를 구한다.
- 지름계별 그루 수 분배표에 매목의 조사결과를 정리한다.
- 표준목법에 의해 각 지름계별 그루 수 분배표에 정리한다.
- 표준목으로 정한 원목은 길이, 말구지름, 등급별로 측정하여 각각의 원목재적을 구한다.
- 측정된 원목재적에 원목단가를 조사하여 곱하면 표준목의 원목가격을 산출한다.
- 표준목의 원목가격의 합계를 표준목의 원목재적의 합계로 나누어 단위재적당 표준목으로 정한 원목의 단가(A)를 구한다.

㉡ 조재율(f)
- 조재율은 표준목의 원목재적을 임목줄기재적 또는 임목 전체재적으로 나눈 것이다.
- 이용률이라고도 한다.
- 활엽수의 조재율은 0.4 ~ 0.7%, 40 ~ 70%이고, 침엽수는 0.7 ~ 0.9%, 70 ~ 90%이다.

ⓒ 벌채, 운반, 판매 등 사업비(B)
- 임목이 벌채되어 목재시장까지 운반해서 판매되는 데 드는 모든 비용이다.
- 직접비와 간접비의 합계액이다.
- 직접비 : 벌채비, 집재비, 기계·기구의 감가상각비, 조재비, 하산비, 운반비 등
- 간접비 : 사업감독비, 매목조사비, 사업소 등의 건축과 유지비, 사무용품비, 노동자 위생비, 수수료, 세금, 기타 잡비 등
- 직접비를 구하려면, 수종이나 임목의 크기, 지형, 거리, 작업방법, 기계, 기구 등에 따른 작업공정을 조사하여 단위면적당 비용을 계산하여야 한다.

ⓐ 자본회수기간(m)
- 자본회수기간은 임목의 벌채사업에 투자한 화폐자본을 회수하기까지의 기간이다.
- 임목대금은 매매 계약과 동시에 지불되고, 사업자금은 사업이 진행됨에 따라 투자하게 된다.
- 투자한 자본은 벌목작업을 시작해서, 벌채된 원목이 목재시장에 판매되기 시작하면 점차 회수할 수 있다.
- 벌목작업에서 필요한 자본의 투자시기와 회수기간은 일정하지 않다.
- 투자자본이 회수되는 기간은 사업기간보다 짧다.
- 보통 투자자본의 회수기간은 정확한 결정이 어렵기 때문에 벌목작업기간의 1/2 정도로 한다.

ⓜ 월이율(p) : 벌채사업에 드는 여러가지 자본을 금융기관에 차용할 경우 적용되는 월 대출 이율이다.

ⓑ 기업이익률(γ)
- 기업이익률은 벌채사업에서 얻는 이익과 투자한 자본과의 비율이다.
- 벌목사업의 작업기간이 길거나 위험성이 클 경우 기업이익률을 높게 한다.
- 보통 10 ~ 20%로 한다.

3 산림의 평가

① 임분의 평가

(1) 임분 비용가

① 임분이 성립되어 지금까지 투자된 모든 비용의 후가합계에서 그 동안 얻은 수입의 후가합계를 공제한 것이다.

② 임분 비용가는 임지 비용가와 임목 비용가를 계산하여 합한 것과 같다.

(2) 임분 기망가

① 임분에서 일정 기간마다 계속적으로 얻을 수 있을 것이라고 예상되는 수입의 현재가 합계에서, 그 동안 지출될 것이라고 예상되는 비용의 현재가 합계를 공제한 것이다.

② 임분 기망가는 임지 기망가와 임목 기망가를 계산하여 합한 것과 같다.

(3) 임분 매매가

① 평가대상과 같은 성질의 임분에 대한 실제 거래가격을 비교하여, 임분가격을 결정하는 것이다.

② 그러나 실제 평가대상과 같은 재적과 수종, 임령, 입지 등의 여러 조건을 갖춘 임분은 거의 없다.

③ 임분 매매가는 임지 매매가와 임목 매매가를 계산하여 합한 것과 같다.

② 부동산 감정에 의한 산림평가

(1) 임지의 감정

① **사업가능임지**

　㉠ 일반 부동산의 경우와 같이, 매매 사례를 기초로 하여 결정하는, 매매 사례 비교법(매매가 방법)을 원칙으로 한다.

　㉡ 임지가격 산정을 유추한 가격으로 결정한다.

　㉢ 임지는 경제적, 자연적 조건으로 인해 임지의 유추가격의 산정이 어렵다.

　㉣ 평가 대상임지는 매매 사례가 있는 주위의 비슷한 임지와 품등이나 시점 등을 비교하여 가격을 결정한다.

　㉤ 임지는 동질성이 거의 없다.

　㉥ 농지나 주택지 등과 비교할 경우, 거래는 아주 드물다.

　㉦ 유추가격을 산정하기 힘든 임지 즉, 임지개량사업이나 사방공사 등의 임지보호시설이 되어 있는 경우 복성가격에 의한 평가가 가능하다.

② **사업제한임지**

　㉠ 사회의 공익을 위해, 임지의 소유권 행사에 법적 제한을 받는 임지는 경제적 가치가 크게 제한된다.

　㉡ 사업제한임지에는 보안림이나 국유림, 자연공원 등이 있다.

　㉢ 비슷한 사업제한을 받는 다른 임지의 매매 사례를 기초로 한다.

　㉣ 유추가격의 산정이 가능할 경우 매매 사례 비교법에 의해 평가된다.

(2) 임목의 감정

① 임목의 감정

　㉠ 임목의 구성내용에 따른 분류
　　• 시장가격이 형성된 경우 : 유추가격의 산정이 가능하다.
　　• 시장가격이 형성되지 않은 경우 : 감정 당시의 임목이 소경목이나 어린 나무로 구성되어 목재가치가 없기 때문에 가격산정이 어렵다.
　　• 시장가격이 형성되지 않는 소경목과 같은 임목은 시간이 지나면 임목으로서 가치가 인정될 수 있기 때문에 복성 가격으로 평가한다.

　㉡ 유추가격에 의한 평가
　　• 수종별로 경급에 따라 대경목림, 중경목림, 소경목림, 치수림으로 구분하여, 그 밖에 재적을 구하여 유추가격으로 평가하는 것이다.
　　• 매매가 방법 : 임목의 재적과 수종, 지름, 임지조건 등 임목 구성요소의 여러가지 조건이 비슷한 임목의 매매 사례를 기초로, 평가 대상임목의 가격을 결정하는 방법이다.
　　• 시장 역산가 방법 : 목재시장에서의 실제 거래가격에서 조재, 벌목, 하산 등 원목 채취비, 운반비, 집재비, 감가상각비, 벌채감독비, 기업이익 등을 공제하고, 이용률을 곱하여 임목의 가격을 결정하는 방법이다.

　㉢ 복성가격에 의한 평가
　　• 평가 대상임목이 되기까지 소요된 지대와 식재, 관리비, 보식, 제벌, 덩굴치기, 풀베기 등의 경비를 말한다.
　　• 비용의 후가합계에서 수입의 후가합계를 공제하는 비용가 방법으로 평가한다.

② 유실수 단지의 감정

　㉠ 유실수 단지의 감정은 유실수 단지 전체의 가격에서 임지와 그 밖의 단지 안의 시설에 해당하는 가격을 공제하여 평가한다.
　㉡ 유실수 단지는 일반 산림보다 수익성이 높다.
　㉢ 매매 사례가 많을 것으로 추측하여 유추가격에 의한 평가를 원칙으로 한다.
　㉣ 유추가격의 평가가 어려울 경우 수익가격으로 평가한다.
　㉤ 유령목일 경우 수익이 없으므로 복성가격으로 평가한다.

③ 특수한 임목의 감정

　㉠ 천연하종갱신이나 맹아갱신 등으로 조성된 산림의 임목 평가시, 수종의 구성과 경급의 분포, 생육상태, 임목도 등을 조사하여 그와 비슷한 인공림과 비교하여 평가한다.
　㉡ 복성가격으로 평가할 경우, 대상임목을 인공갱신에 의해 조성된 것으로 가정한다.
　㉢ 비용가 방법을 적용한다.

(3) 산림의 감정평가

① **감정평가**
 ㉠ 동산, 부동산, 기타 재산의 경제적 가치를 평가하여, 화폐나 액수와 같은 가액으로 표시하는 것이다.
 ㉡ 1918년 조선 식산은행 기술과에서 우리나라 감정평가제도가 시작되었다.
 ㉢ 1943년 감정부로 확대되어, 담보물의 감정평가 업무를 주로 하였다.
 ㉣ 1960년대 우리나라 경제발전에 따라 전문적 감정제도와 평가기준, 감정기능의 확대가 이루어졌다.
 ㉤ 1973년 제정 공포된 '감정평가에관한법률'에 따라 감정평가제도가 확립되기 시작했다.

② **산림에서의 감정방법**
 ㉠ 산림은 임지와 임목을 구분하여 감정한다.
 ㉡ 임지와 임목을 하나로 해서 가격산정이 가능한 경우는 일괄해서 감정할 수 있다.

> ★TIP 임지와 임목을 하나로 해서 가격산정이 가능한 산림
> ㉠ 유실수 단지
> ㉡ 임목가격이 임지가격에 비해 경미한 산림
> ㉢ 임지와 임목을 하나로 해서 유추가격의 산정이 가능한 산림
> ㉣ 임목 울폐도가 30% 이하인 산림

 ㉢ 유실수 단지의 감정가격은 과수원 감정방법을 사용한다.
 ㉣ 임지와 임목의 감정가격은 유추가격으로 한다.
 ㉤ 임지에 개량사업이나, 보호시설이 되었을 경우 복성가격으로 할 수 있다.
 ㉥ 소경목림은 복성가격으로 할 수 있다.
 ㉦ 임업부대시설의 감정가격은 재정경제부장관이 정하는 것에 따라 둘 중에 결정된다.

02 출제예상문제

1 다음 중 시장 역산가의 요소로 옳지 않은 것은?

① 임령 ② 벌채비
③ 운반비 ④ 기업이익

> **note** 시장 역산가 ··· 임목 매매자의 간접적 방법으로 같은 종류의 원목이 목재시장에서 거래되는 가격을 조사한 후 그 가격에서 임목을 벌채하여 운반하는 데 드는 모든 비용을 거꾸로 공제하여 산에 있는 임목의 가격을 구하는 방법이다. 공제되는 비용은 벌채비, 조제비, 하산비, 운반비, 기업이익, 이자, 잡비 등이 있다.

2 다음 중 임업경영에서 장래수익 평가방식이란?

① 수익방식 ② 합산방식
③ 원가방식 ④ 비교방식

> **note** 수익방식에 의한 임지평가 ··· 임지에서 장래 영속적인 순수익을 내는 원금으로서 임지가격을 구하는 방법으로 임지 기망가와 수익환원법이 있다.

3 다음 중 임지 기망가에 대한 설명으로 옳은 것은?

① 임지에서 생산되는 목재의 최대 가격이다.
② 임지에서 생산되는 수익 가격이다.
③ 임지에서 지출되는 비용의 후가합계이다.
④ 임지에서 장래에 기대되는 순수익의 전가합계이다.

> **note** 임지 기망가는 임지에서 장래에 기대되는 순수익의 전가합계로 임지에서 일정한 벌기마다 같은 사업을 영구히 계속한다고 할 때 그 임지에서 얻을 수 있으리라고 기대되는 순수익의 현재가 합계이다.

Answer 1.① 2.① 3.④

4 다음 중 임지 기망가가 가장 클 때의 연령을 벌기령으로 정하는 것은?

① 토지 순수입 최대의 벌기령
② 공예적 벌기령
③ 산림 순수입 최대의 벌기령
④ 생리적 벌기령

✿❚note 토지 순수입 최대의 벌기령은 임목생산의 임지에서 영구히 순수입을 얻을 수 있다고 할 경우, 그 순수입을 현재의 가치로 환산한 임지 기망가의 값이 최대가 되도록 정한 것을 말한다.

5 벌목작업을 하는데 4개월이 걸리면 자본의 회수기간은?

① 1개월
② 2개월
③ 3개월
④ 4개월

✿❚note 자본은 투자한 자본이 벌목작업이 시작된 후 벌채된 원목이 목재시장에서 판매되면서 회수된다. 투자자본의 회수기간은 사업기간보다는 짧지만, 정확하게 결정하기 어렵기 때문에 일반적으로 벌목작업기간의 1/2로 한다.

6 부동산 감정평가 방법에 의하여 소나무 대경목의 가격을 평가할 때 적용하는 방법은?

① 유추가격
② 자본가격
③ 복성가격
④ 수익가격

✿❚note 경목의 경우 복성가격으로 결정할 수 있지만 보통 임목의 감정가격은 유추가격으로 결정한다.

7 다음 중 임목 비용가에 대한 설명으로 옳지 않은 것은?

① 장령림 이후의 평가에 주로 적용된다.
② 윤벌기초는 조림비와 같으며 다음 연차적으로 증대한다.
③ 간벌수확을 얻는 해는 전년보다 약간 감소한다.
④ 임목의 육성에 쓰인 일체의 생산비의 후가합계에서 그 연도에 이르기까지 얻은 수확의 후가합계를 뺀 것이다.

✿❚note ① 유령림을 평가할 때 적용된다.

♥❤Answer 4.① 5.② 6.① 7.①

8 임목 전체가 벌채되었을 때(벌기 전후의 노령임목) 손해액 평정은 어떻게 하여야 하는가?

① Glaser 공식법
② 임목 매매가
③ 임목 비용가
④ 임목 기망가

> **note** 임목 매매가 … 벌기 전후의 노령림에 대한 피해액은 매매가에 의한다. 보통 피해목의 매가처분이 가능하므로 결국 손해액은 건전한 임목일 때의 매매가와 피해목으로서의 매매가의 차액에 해당된다.

9 다음 중 미상각 잔액에 일정률을 곱하여 감가상각비를 구하는 것은?

① 정산법
② 정률법
③ 정액법
④ 급수법
⑤ 부정삼각법

> **note** 정률법 … 취득원가에서 감가상각비 누계액을 뺀 다음의 장부원가에 일정률의 감가율을 곱하여 감가상각비를 산출하는 방법을 말한다.

10 우리나라 임업의 벌목사업에서 기업 이익률은?

① 10 ~ 20%
② 20 ~ 30%
③ 40 ~ 50%
④ 50% 이상

> **note** 기업 이익률 … 벌채사업의 이익과 투자한 자본과의 비율로 보통 10 ~ 20% 정도로 한다.

11 표준목의 통나무 재적을 표준목 임목간 재적으로 나눈 것이 조재율(이용률)인데 침엽수재의 조재율은?

① 0.2 ~ 0.3
② 0.5 ~ 0.7
③ 0.7 ~ 0.9
④ 0.9 ~ 1.0

> **note** 조재율
> ㉠ 침엽수 : 0.7 ~ 0.9(70 ~ 90%)
> ㉡ 활엽수 : 0.4 ~ 0.7(40 ~ 70%)

Answer   8.② 9.② 10.① 11.③

12 **우리나라의 임분평가 중 유실수림의 평가방법은?**

① 기망가　　② 관리가
③ 매매가　　④ 비용가

note 기망가(현재가)
㉠ 산림에서 앞으로 기대되는 수익을 현재로 할인한 평가액이다.
㉡ 장령임목과 유실수림의 평가에 효과적이다.
㉢ 유령임목에 적용하기 어렵고 평가된 가격이 이율에 따라 달라지게 되어 알맞은 계산이율을 결정하기 어렵다.

13 **다음 중 임지 비용가를 적용할 수 있는 상황으로 옳지 않은 것은?**

① 임지에 들어간 자본의 경제적 효과를 알고자 할 때
② 임지에 들어간 비용을 회수하려고 할 때
③ 임지의 생산력을 몰라서 매매가나 기망가 방법에 의한 평가가 곤란할 때
④ 임지에 새로운 임목을 식재하고자 할 때

note 임지 비용가를 적용하는 경우
㉠ 임지에 들어간 비용을 회수할 경우
㉡ 임지에 들어간 자본의 경제적 효과를 알려고 할 때
㉢ 임지의 생산력을 모르기 때문에 기망가나 매매가 방법에 의한 평가를 하기 어려울 경우

14 **시장 역산가 방법으로 임목 매매가를 계산할 때는 자본 회수기간은 보통 벌목 작업기간의 얼마를 적용하는가?**

① $\frac{1}{2}$　　② $\frac{1}{4}$
③ $\frac{1}{6}$　　④ $\frac{1}{8}$

note 자본 회수기간
㉠ 보통 월수로 나타내는데 임목의 벌채사업에 투자한 화폐자본을 회수하기까지의 기간이다.
㉡ 투자한 자본이 회수되는 기간은 사업기간보다 짧지만, 정확하게 결정하기가 어렵기 때문에 일반적으로 벌목 작업기간의 1/2로 한다.

Answer　12.①　13.④　14.①

15 다음 중 임목의 평가에서 가장 널리 쓰이는 방법으로 목재의 시장가격에서 집재, 벌채 및 운반 비용을 공제하여 계산하는 방법은?

① 임지 비용가 ② 임목 기망가
③ 시장 역산가 ④ 임목 비용가

✐note 시장 역산가 … 목재의 시장가격에서 집재, 벌채 및 운반비용을 공제해서 계산하는 방법으로 임 목의 평가에서 가장 많이 사용된다. 공제비용은 조재비, 하산비, 벌채비, 운반비, 이자, 기업 이익, 장비 등이다.

16 다음 중 임지를 파는 사람이 손해를 보지 않도록 하는 최저 가격은?

① 임지 수취가 ② 임지 비용가
③ 임지 공급가 ④ 임지 기망가

✐note 임지 비용가 … 임지를 구입하고 임목의 생산에 적합하도록 관리하면서 든 모든 비용의 후가합계 이다. 따라서 임지를 파는 사람이 임지에 대한 손해를 보지 않을 최저 가격을 임지 비용가라 할 수 있다.

17 다음 중 조림 직후의 임목 비용가는 어느 것과 같은가?

① 조림비 ② 임지가
③ 주벌수입 ④ 임목 기망가

✐note 임목 비용가 … 임목생산에 들어간 비용의 원리합계로 조림 직후에 조림비와 임목 비용가는 같 다고 할 수 있다.

18 다음 중 n년 전에 A원으로 임지를 구입해 m년 전에 B원의 개량비를 투입한 임지의 비용가 계 산식은?

① $(A + B)(1 + p)^{n-m}$ ② $(A + B)^m (1 + p)^n$
③ $A(1 + p)^n + B(1 + p)^m$ ④ $A(1 + p)^m + B(1 + p)^n$

✐note 임지 비용가 … $B_k = A(1 + p)^n + B(1 + p)^m$ (단, B_k : 임지 비용가, p : 이율)

Answer 15.③ 16.② 17.① 18.③

19 다음 중 윤벌기를 토지 기망가가 최대로 되는 경우에 정하는 것은?

① 생장량법   ② 임분경제법
③ 평분법   ④ 법정림축적법

> **note** ① 산림의 생장량이 수확량이 되도록 하는 수확조절법이다.
> ③ 윤벌기를 일정한 분기로 나누어 분기별 벌채장소를 결정한 뒤 수확재적을 예정해서 표준벌채량으로 하는 방법이다.
> ④ 현실림의 축적과 법정축적 및 생장량을 사정하고 일정 공식을 적용해서 표준벌채량을 계산한 뒤 현실림을 법정림 상태로 유도하는 방법이다.

20 다음 중 현재 거래되고 있는 임지의 시가는?

① 임지 비용가   ② 임지 매매가
③ 임목 기망가   ④ 임지 기망가

> **note** 임지 매매가 … 평가할 임지와 조건이 비슷한 임지의 실제 거래가격을 비교해 결정된 가격으로 현재 거래되고 있는 임지의 시가이다.

21 다음 중 임지 기망가식을 유도할 경우 기본으로 사용해야 할 복리산 계산식은?

① 유한 정기수입의 전가식   ② 유한 연년수입의 전가식
③ 무한 연년수입의 전가식   ④ 무한 정기수입의 전가식

> **note** 임지 기망가식은 무한 정기수입의 전가식을 기본적으로 사용하여 식을 유도한다.

22 다음 중 임지 기망가를 사용하는 경우는?

① 임지 가격의 최고 한도를 알려고 할 경우
② 임지 가격의 최저 한도를 알려고 할 경우
③ 임지의 관리비를 알려고 할 경우
④ 임지의 수입을 알려고 할 경우

> **note** 임지 기망가는 임지 가격의 최고 한도나 벌기령을 결정할 때 지표로 사용한다.

23 다음 중 토지 기망가의 설명으로 옳은 것은?

① 임지에서 생산되는 수익을 말한 가격이다.

② 임내에 목재생산의 최적기 시기를 정한 것이다.

③ 임지 내에서 수고의 최고점인 시기를 정한 것이다.

④ 임지에서 장래에 기대되는 순수익의 현재가를 합산한 가격이다.

> ✿note 토지(임지) 기망가 … 임지에서 장래에 기대되는 순수익의 현재가를 합산한 가격으로 주벌수입, 간벌수입, 부산물수입 등의 현재가에서 관리비, 조림비를 공제하여 구한다.

24 조상의 묘를 모시기 위하여 조그만 야산을 사려고 할 때 적용되는 임지가격 평정법은?

① 임지 매매가   ② 임지 비용가

③ 임지 임대가   ④ 임지 기망가

> ✿note 임지 매매가 … 다른 말로 시장가라고 하는데 조상의 묘를 모시는 야산은 현재 시점의 매매가격을 적용받는 것이 바람직하다.

25 다음 중 지위등급의 지수로 옳은 것은?

① 상 - 140%, 중 - 120%, 하 - 50%   ② 상 - 140%, 중 - 100%, 하 - 70%

③ 상 - 100%, 중 - 80%, 하 - 70%   ④ 상 - 100%, 중 - 140%, 하 - 70%

> ✿note 지위등급은 지방에서 지력이 중간인 임지나 지방 수확표에 의해서 표준으로 상, 중, 하로 분류하고, 지수는 각각 140%, 100%, 70%로 한다.

26 다음 중 임지 기망가의 문제점으로 옳지 않은 것은?

① 임지력이 증가된다.

② 산림의 건전성이 위험하고 산림생태상 유기성이 파괴된다.

③ 보속작업을 파괴한다.

④ 무임목지를 대상으로 하고 있어서 실질적이지 않다.

> ✿note ① 단벌기로 되기 때문에 임지력이 황폐하게 된다.

❦Answer   23.④ 24.① 25.② 26.①

27 다음 중 활엽수의 조재율은?

① 0.1 ~ 0.3

② 0.3 ~ 0.6

③ 0.4 ~ 0.7

④ 0.7 ~ 0.9

✿ note   수목의 조재율
　　　⊙ 활엽수의 조재율 : 0.4 ~ 0.7
　　　ⓛ 침엽수의 조재율 : 0.7 ~ 0.9

28 공장에서 배출된 오염물질 때문에 손상되어 이용이 불가능하게 되었을 경우 보상받기 위한 임지가격 평정법은?

① 임지 기호가

② 임지 매매가

③ 임지 비용가

④ 임지 기망가

✿ note   임지 비용가
　　　⊙ 임지를 구입 후 임목생산에 들어간 모든 비용의 후가합계에서 그 동안 생긴 수입의 후가합계를 뺀 가격이다.
　　　ⓛ 임지를 파는 사람이 손해를 보지 않을 최저 가격이다.
　　　ⓒ 임지 비용가를 적용할 시기
　　　　• 임지에 들어간 비용을 회수할 경우
　　　　• 임지에 들어간 자본의 경제효과를 알려고 할 경우
　　　　• 임지의 생산력을 모르기 때문에 기망가나 매매가 방법에 의한 평가를 하기 어려울 경우

29 다음 중 동일한 임지에 같은 수종 작업법을 실시할 때 임지 기망가는?

① 이율에 영향이 없다.

② 이율이 크면 임지 기망가는 작아진다.

③ 이율이 작으면 임지 기망가는 작아진다.

④ 이율이 아주 커지면 임지 기망가는 무한대로 커진다.

✿ note   임지 기망가의 계산인자에 따른 변화
　　　⊙ 벌기가 길수록 임지 기망가는 커진다.
　　　ⓛ 이율이 낮으면 임지 기망가는 낮아진다.
　　　ⓒ 관리비와 조리비가 적을수록 임지 기망가는 커진다.
　　　ⓒ 간벌수입과 조리비가 많을수록 임지 기망가는 커진다.

✿ Answer　　27.③　28.③　29.③

30 다음 중 관계 연결이 바르게 짝지어진 것은?

① 임목 비용가 – 단일수입의 전가식
② 임목 기망가 – 원목의 시장가
③ 임목 매매가 – 간벌수입의 후가
④ 임지 비용가 – 임지개량비

> ✿ **note** ① 임지 기망가 – 단일수입의 전가식
> ② 임목 매매가 – 원목의 시장가
> ③ 임목 비용가 – 간벌수입의 후가

31 다음 중 임분 매매가를 구한 것으로 옳은 것은?

① 임지 비용가 + 임목 매매가
② 임지 기망가 + 임목 비용가
③ 임지 매매가 + 임목 매매가
④ 임지 매매가 + 임목 비용가
⑤ 임지 비용가 + 임목 비용가

> ✿ **note** 임분 매매가 … 임지와 임목의 거래사례를 조사해 임지 매매가와 임목 매매가의 값을 합계한다.

32 다음 중 벌기에 이른 임목의 가격을 결정할 때 이용되는 방법은?

① 임목 비용가
② 임목 기망가
③ 임지 매매가
④ 임목 매매가

> ✿ **note** 임목 매매가 … 간벌목과 벌기에 가까운 임목이나 벌기에 달한 임목의 가격을 결정할 경우 이용되는 방법으로 평가방법에는 직접적 · 간접적 방법이 있다.

33 다음 중 자본회수기간의 설명으로 옳지 않은 것은?

① 자본회수기간은 일반적으로 연수로 나타낸다.
② 임목의 벌채사업에 투자한 화폐자본을 회수하기 위해 걸린 기간을 말한다.
③ 회수기간과 투자시기는 일정하지 않다.
④ 자본회수기간은 보통 벌목 작업기간의 1/2로 한다.
⑤ 투자자본은 벌채원목이 판매됨에 따라서 회수된다.

> ✿ **note** ① 자본 회수기간은 일반적으로 월수로 나타낸다.

34 다음 중 벌채사업의 이익과 투자자본과의 비율은?

① 월이율   ② 조재율

③ 직접비   ④ 자본회수기간

⑤ 기업 이익률

> ✿note 기업 이익률
> ㉠ 벌채사업에서의 이익과 투자자본과의 비율을 말한다.
> ㉡ 작업의 기간이 길거나 위험성이 크면 높게 한다.
> ㉢ 작업의 기간이 짧거나 위험성이 작으면 낮게 한다.
> ㉣ 일반적으로 10~20%로 한다.

35 다음 중 임목 비용가에서 관리비를 나타낸 식으로 옳은 것은?

① $B\{(1 + p)^m - 1\}$ ② $V\{(1 + p)^n - 1\}$

③ $C(1 + p)^m$ ④ $\dfrac{Y_u}{(1 + p)^{u - m}}$

> ✿note ① 지대를 나타낸 식
> ③ 조림비를 나타낸 식
> ④ 주벌수입의 현재가를 나타낸 식

36 다음 중 표준목의 원목재적을 임목줄기 재적으로 나눈 것은?

① 직접비   ② 간접비

③ 조재율   ④ 조림비

⑤ 관리비

> ✿note 조재율
> ㉠ 표준목의 원목재적을 임목의 전체 재적으로 나눈 것을 말한다. 이용률이라고도 한다.
> ㉡ 수종별 조재율
> • 활엽수 : 0.4~0.7
> • 침엽수 : 0.7~0.9

37 다음 중 임목 기망가를 계산할 경우 필요한 수입항목은?

① 주벌수입   ② 관리비

③ 지대   ④ 조림비

⑤ 간벌수입

> ☆▌note 임목 기망가
> ㉠ 현재 m년생의 임목이 벌기 n년에 벌채될 경우 기대되는 수입의 현재가 합계를 말한다.
> ㉡ 앞으로 지출될 비용의 현재가 합계를 제해서 임목가격을 추정하는 방법이다.

38 다음 중 임목 비용가를 적용하는 경우로 옳은 것은?

① 벌기에 이른 임목의 가격을 결정할 때

② 생육 중간기에 있는 임목의 가격을 정할 때

③ 유령임목의 가격을 결정할 때

④ 생육왕성기에 있는 임목의 가격을 정할 때

> ☆▌note 임목 비용가 … 임목을 조성하는 데 소비된 모든 비용의 후가합계에서 그 동안 얻은 수입의 후
> 가합계를 제한 가격이다. 유령임목의 가격을 결정할 때 사용된다.

39 다음 중 임목 기망가의 설명으로 옳지 않은 것은?

① 이율이 낮아지면 작아지고 높으면 커진다.

② 경비가 크면 기망가가 작아지고 수확이 크면 기망가가 크다.

③ 임목을 일정연도에서 벌채한다고 예정하고 현재부터 벌채할 때까지 기대되는 수입의 현재가
합계를 말한다.

④ 유령림에는 적용이 어렵다.

⑤ 주로 미숙한 임분을 매도할 경우에 적용된다.

> ☆▌note ① 임목 기망가는 이율이 낮아지면 커지고 높으면 작아진다.

40 다음 중 직접비로만 바르게 짝지어진 것은?

① 사업소 유지비, 수수료
② 집재비, 위생비
③ 하산비, 벌채비
④ 매목조사비, 운반비

> ✿∎note 사업비
> ㉠ 직접비 : 집재비, 벌채비, 조재비, 하산비, 기계·기구의 감가상각비, 운반비 등이 있다.
> ㉡ 간접비 : 사업 감독비, 사업소 등의 건축과 유지비, 사무용품비, 매목조사비, 수수료, 세금, 노동자의 위생비, 기타 잡비 등이 있다.

41 다음 중 임지와 임목을 일체로 해 가격선정이 가능한 경우의 산림으로 옳지 않은 것은?

① 임지가격보다 임목가격이 경미한 산림
② 유실수 단지
③ 임지·임목을 일체로 한 유추가격을 산정할 수 있는 산림
④ 임목의 울폐도가 40% 이하인 산림

> ✿∎note ④ 임목의 울폐도가 30% 이하인 산림에서 가격산정이 가능하다.

42 다음 중 임목 기망가 가격의 평가·산출의 목적으로 옳지 않은 것은?

① 수요자적 견지의 가격을 산정하기 위해서
② 소비자의 생산재 구입을 위해 가격을 산정하기 위해서
③ 생산자의 입장에서 매도가격을 평정하기 위해서
④ 제3자적 입장에서 객관적 가격을 평정하기 위해서

> ✿∎note ② 임목 기망가 가격은 소비자의 소비재 구입을 위해 산정한다.

43 다음 중 임목 기망가의 크기로 옳은 것은?

① 경비가 크면 임목 기망가 작아진다.
② 수확이 크면 임목 기망가는 작아진다.
③ 수입이 작으면 임목 기망가는 커진다.
④ 이율이 낮으면 임목 기망가는 작아진다.

✿ Answer   40.③ 41.④ 42.② 43.①

*note 임목 기망가의 크기
　㉠ 이율이 높으면 임목 기망가는 작아지고, 이율이 낮으면 커진다.
　㉡ 수확이 크면 임목 기망가가 크고, 경비가 크면 임목 기망가가 작아진다.
　㉢ 수입이 크면 임목 기망가는 크고, 수입이 작으면 작아진다.

44 다음 중 비용가 방법에 의해 평가된 가격은?

① 수익가격　　　　　　　　　② 유추가격
③ 복성가격　　　　　　　　　④ 자본가격

*note 복성가격
　㉠ 비용가 방법에 의해 평가된 가격을 말한다.
　㉡ 임지의 감정가격에서 임지의 보호시설이 되어 있을 경우 복성가격으로 결정할 수 있다.
　㉢ 임목에서 소경목림은 복성가격으로 결정할 수 있다.

45 다음 중 사업임지의 설명으로 옳지 않은 것은?

① 매매사례 비교법에 의해 결정하는 것이 원칙이다.
② 임지는 임지의 유추가격을 결정하기 어려운 경우가 많다.
③ 임지의 가격산정의 복성가격으로 결정한다.
④ 임지보호시설이 되어 있을 경우 복성가격에 의한 평가가 가능하다.
⑤ 평가 대상일지의 가격은 매매사례가 있는 유사한 임지에 대해 시점, 품등 등을 비교하여 결정한다.

*note ③ 사업임지는 임지의 가격산정의 유추가격으로 결정한다.

46 다음 중 장령기 이상의 임목에서 사용하는 매매가 방법은?

① 자본가　　　　　　　　　② 비용가
③ 기망가　　　　　　　　　④ 시장 역산가

*note 시장 역산가 … 장령기 이상의 임목에서 사용하는 방법으로 생산된 원목의 시장가격에서 임목의 벌채 · 운반에 소비된 경비를 공제해 간접적으로 매매가를 계산한다.

Answer　**44.③ 45.③ 46.④**

산림정책과 임업규제

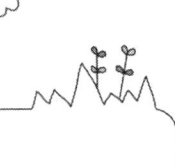

산림정책

1 산림정책의 정의 및 역사

① 산림정책의 정의

(1) 산림정책의 개념

① 국가나 공공단체가 산림의 임무를 확실히 이행할 수 있도록 산림이나 임업을 간섭하고 조장해 가는 원칙이다.

② 산림의 다양한 기능을 높이고 이용하도록 지원하는 종합적인 정책이다.

③ 임업정책과 산림정책은 약간 다른 의미를 가지고 있다.

④ **임업정책**
　㉠ 임업을 산업의 대상으로 여기는 경제정책이다.
　㉡ 경제정책은 대상에 따라 농업, 상업, 공업, 무역 등의 여러가지로 나누어 지는데 그 중 임업 정책도 포함된다.

⑤ **산림정책**
　㉠ 보안림정책이나 치수정책, 보건휴양, 환경보호, 풍치유지 등 공공복리증진의 모든 대상을 포함한다.
　㉡ 주체와 목표, 수단이 있어야 산림정책이 이루어진다.

(2) 산림정책의 목표

① 국민생활 전반에 걸쳐 필요한 임산 재화나 용역을 가능한 많이 계속적으로 공급하는 데 목표를 두고 추진한다.

② 산림정책의 목표는 정당하고, 당연한 것이어야 한다.

③ 정책 목표는 공공의 복리증진을 우선으로 해야 한다.

④ 개인적 이익은 공익을 해치지 않는 범위에서 추구되어야 한다.

(3) 산림정책의 수단

① **일반적 수단**
    ㉠ 법적 조치에 의해 정책 목표를 실현하는 것이다.
    ㉡ 법적 조치는 내용에 따라 규제적 조치와 보호·장려적 조치로 나뉜다.

② **교육적 수단**
    ㉠ 교육에 의해 정책 목표를 실현하는 것이다.
    ㉡ 임업연구원의 시험연구에 의한 기술발전이나, 임업관련 학과나 연수원에서 교육을 실시하는 것이다.

③ **행정적 수단**
    ㉠ 행정수단에 의해 정책목표를 실현하는 것이다.
    ㉡ 행정수단의 종류
      • 직영행정수단 : 사유림사업을 대신 수행하거나 지도감독하여 정책목표를 실현한다.
      • 산림경찰 행정수단 : 국가나 공공단체가 산림소유자의 행위를 강제로 간섭·제한하여 정책목표를 실현한다.
      • 산림보육 행정수단 : 경제적·기술적 지원을 통해 정책목표를 실현한다.

② 산림정책의 발전

(1) 근대화 초기

① 임업의 근대화 확립을 위해서는 임야가 자본투자대상이 될 수 있도록 소유형태와 소유권의 내용이 명확해야 한다.

② 예전 봉건시대에는 오늘날 같은 소유권이 아니라 단지 임야의 수입권만을 대상으로 하는 매매나 급여가 이루어졌다.

③ 우리나라의 임업 근대화는 일제시대 때 일제에 의해 피동적으로 이루어졌는데, 산업이 발달한 일제의 상품판매시장과 원료제공을 위해 계획적으로 침투되었다.

(2) 일제 강점기

① **시작**
    ㉠ 1894년 갑오개혁과 함께 시작되었다.
    ㉡ 농상아문에 산림국을 설치하며 임업에 관한 일제 업무를 관장하였다.

② **1908년**

 ㉠ 근대적인 산림법을 처음으로 공포하였다.

 ㉡ 산림 공용의 원칙을 버렸다.

 ㉢ 소유 구분이 확립되어 사유림 제도가 인정되었다.

③ **1910년**

 ㉠ 두만강과 압록강 일대 국유림을 벌채, 이용하기 위해 영림창을 설치하였다.

 ㉡ 농상공부 식산국 안에 농림업무를 관할할 산림과를 설치하였다.

④ **1912년**

 ㉠ 국유임야보호규칙을 제정하였다.

 ㉡ 보호규칙의 보호책임은 도지사가 맡도록 하였다.

⑤ **1919년**

 ㉠ 전국 국유림에 산림과 출장소 29개를 설치하고 경영관리하였다.

 ㉡ 중앙과 지방에 각각 산림과와 출장소, 영림창 등으로 산림보호를 담당하였다.

 ㉢ 산림행정체제가 복잡해졌다.

⑥ **1926년**

 ㉠ 임정계획을 수립하였다.

 ㉡ 총독부 관계를 계정하고 산림행정기구를 대폭 개편하였다.

 ㉢ 중앙에 산림 전반에 걸친 업무를 총괄하는 산림부를 설치하였다.

 ㉣ 기존의 산림과 출장소와 영림창을 폐지하고, 영림서를 신설하였다.

 ㉤ 산림행정기구의 통합을 시도하였다.

⑦ **1932년**

 ㉠ 산림부가 폐지되었다.

 ㉡ 농림국 안에 임업과와 임정과를 설치하였다.

⑧ **1937년 ~ 광복**

 ㉠ 1945년까지의 일제 대동아 전쟁을 위한 산림정책으로 산림이 황폐화되었다.

 ㉡ 지방 도에서 관리하는 요존 국유림을 영림서로 이관하였다.

 ㉢ 불요존 국유림만 지방관청에서 위임하여 관리하였다.

 ㉣ 1939년부터 민유림의 용재림 조성계획을 빙자하여 대규모의 임목벌채를 하였다.

(3) 광복 이후 산림정책

① **1948년**

    ㉠ 자주적 산림정책을 전개하였다.

    ㉡ 대한민국 정부수립과 함께 농림부 산림국 안에 3개 과를 설치하였다.

② **1951년**

    ㉠ 황폐한 산림을 복구하고, 보호대책을 강구하였다.

    ㉡ 산림보호임시조치법을 제정하여 공포하였다.

③ **1955년** … 민유림 조림사업과 해외 원조자금에 의한 사방사업을 실시하였다.

④ **1956년**

    ㉠ 산림 부산물 생산과 육종사업을 실시하였다.

    ㉡ 특수 임산물 사업소와 임목육종 연구소 등을 설립하였다.

⑤ **1961 ~ 1962년** … 새로운 산림법을 제정하였다.

⑥ **1967년**

    ㉠ 본격적인 산림정책을 수행하였다.

    ㉡ 농림부 산하의 산림청을 발족하였다.

⑦ **1973년 이후**

    ㉠ 산림청이 농림부에서 내무부로 이관되었다.

    ㉡ 1973 ~ 1978년

      • 제1차 치산녹화 10개년 계획을 수립하였다.

      • 전 국토의 녹화를 목표로 범국민적인 조림사업을 전개하였다.

      • 1978년, 4년 앞당겨 사업을 완수하였다.

    ㉢ 1979 ~ 1988년 : 제2차 치산녹화 10개년 계획을 수립하여 산지 자원화 기반을 마련하였다.

    ㉣ 1987년 산림청이 다시 내무부에서 농림수산부로 이관되었다.

    ㉤ 자원화 위주의 산림정책으로 변화하였다.

    ㉥ 1988 ~ 1997년 : 산지 자원화 10개년 계획을 시행하였다.

① 보전임지

(1) 생산공익임지

① 1980년에 산지이용 구분제도가 우리나라에 도입되었다.

② 산지이용구분의 결과로 임지가격 차이가 생겨 개발비용을 줄이기 위해 보전임지를 선호하는 경향이 나타났다.

④ 그래서 전용된 산림의 42%가 보전임지라는 문제점이 발생하였다.

⑤ 물리적 경사도 기준에 따라 산업용 임지로 개발되는 경향이 증가되어 앞으로 산림의 사회적 수요를 감당할 수 없게 되었기 때문이다.

⑥ 앞으로의 산지 수요는 산촌의 복지시설이나 국민경제의 발달과 생활양상의 변화로 더욱 다양해질 것이다.

⑦ **산지이용 구분방식의 문제점 개선방법** … 보전임지를 이용목적에 따라 생산임지와 공익기능의 임지로 구분하여 효율적으로 이용하도록 하는 것이다.

(2) 생산공익임지의 종류

① **생산임지**

　　㉠ 임업생산, 경영기능의 기반구축과 산림자원의 조성을 위한 임지이다.

　　㉡ 산지관리법에 따라 지정 · 관리되는 산림이다.

　　㉢ 산림경영에 적합한 산림 중 대통령이 정하는 산림 : 국유림, 채종림, 시험림, 임업진흥 촉진지역 등

　　㉣ 그 외에 가능한 산림

　　　• 집단화된 불요존 국유림

　　　• 임목생육에 좋도록 토양이 비옥한 산림

　　　• 우수한 형질의 천연림

　　　• 인공 조림지로 집단화되어 있는 산림

　　　• 지방자치단체 장이 임업생산목적으로 사용하고자 하는 산림

　　　• 기타 생산임지보호 또는 임업경영에 필요한 산림

② **공익임지**

ㄱ 법령에 의해 공익기능과 임업생산기능을 증진시키기 위해 지정한 산림

  개발제한구역, 보전녹지지역, 자연생태계 보전지역, 문화재 보호구역, 사찰림, 휴양림, 천연보호림, 보안림, 조수보호구, 사방지 등

ㄴ 대통령이 정하는 산림

  산지관리법이나 다른 법률에 의해 환경보전 등의 목적으로 지정되거나 결정된 산림

ㄷ 그 외에 공익기능증진을 위해 보전의 필요성이 있는 산림

- 중앙행정기관의 장이나 지방자치단체의 장이, 공익임지용도로 사용하기 위해 산림청장과 협의하여 결정하는 산림
- 산림 생태계와 생활환경보호, 경관보호 등을 위해 필요하여 산림청장과 환경부 장관이 협의하여 정한 산림
- 상수원 보호를 위한 산림
- 공단 지역이나 도시의 공해방지 등을 위해 필요한 산림
- 기타 공익기능 증진을 위한 산림

② 준보전임지

(1) 준보전임지의 개념

생산임지 또는 공익임지 외의 산림으로 임업생산, 농·임·어민의 소득기반 확대, 산업용지의 공급 등 다목적으로 이용·관리하는 산림이다.

(2) 산업용지

① 택지, 공장 등 산림 이외의 용도로 우선 활용되도록 이용·관리하는 산림이다.

② 산지관리법이나 다른 법률규정에 의해 정해진다.

(3) 임업생산용지

① 산업용지로 형질이 변형되기 전까지 산림의 경제적 기능이 유지되도록 관리해야 한다.

② 임업생산이나 단기소득 임산물의 재배 등을 통해 농·임·어업인들의 소득 기반의 확대와 소득 증대를 원칙으로 관리해야 한다.

③ **임업생산용지에서의 산림의 이용·개발 등 임업발전을 위한 사업**

ㄱ 임업공단조성

ㄴ 임산물 전문시장 및 물류시설설치

ⓒ 휴양단지조성

ⓔ 산림휴양도시 개발사업

ⓜ 산촌 다목적 종합개발사업

ⓗ 목조주택 전원단지 조성

ⓢ 기타 임업발전을 위한 사업

> ★TIP 보전임지는 임업경영과 공익증진을 목적으로 이용하고, 준보전임지는 다른 여러 용도로 전환이
> 가능하도록 한다.

3 산림조합(구 임업협동조합)

① 산림조합의 개념 및 연혁

(1) 산림조합의 개념

국민경제의 균형적 발전의 기여를 위해 산림소유자와 산림경영자의 협동조직을 통해 구성원의 경제적, 사회적 지위향상을 도모하고 산림보호와 개발을 촉진하는 조직체이다.

(2) 산림조합의 연혁

① **1913년** ··· 조선시대 송계와 같은 부락자치단체의 근원으로, 1913년 근대적 산림조합이 각 도마다 산발적으로 조직되기 시작했다.

② **1921년** ··· 천 여개가 넘는 산림조합이 조직되었으나, 일제의 탄압과 억제로 1932년 완전 폐지되었다.

③ **1949년** ··· 광복 이후 중앙산림조합 연합회를 설립하여 임업지도체계를 단일화하였다.

④ **1951년** ··· 산림보호임시조치법 공포에 따라 리, 동 산림계를 조직하여 산림보호와 사방사업, 양모, 연료림 조성 등을 산림소유자와 부락민이 공동으로 담당하도록 하였다.

⑤ **1970년대** ··· 경제, 사회구조의 급속한 변화로 산림조합의 체제정비와 기술지도, 업무 범위확대 등의 필요성이 높아졌다.

⑥ **1980년**

　㉠ 산림법에서 산림조합법을 분리시켜 단독법으로 제정하여 공포하였다.

　㉡ 산림조합연합회는 산림조합중앙회로 개칭하여 협동조합의 성격을 부여하는 노력을 지금까지 하고 있다.

⑦ **1990년대** … 새로운 산련조직체 설립구상이 구체화되어 임업협동조합으로 개편하려는 노력을 추진하였다.

⑧ **1993년**

　㉠ 6월 임업협동조합법이 공포되고, 12월 12일부터 시행되면서 임업협동조합이 탄생되었다.

　㉡ 임업협동조합은 운용과 사업내용과 조직전반에 걸친 변화와 조직의 명칭변경 등의 변화를 요구하였다.

⑨ **2000년**

　㉠ 임업협동조합법을 산림조합법으로 개정하였다.

　㉡ 산림조합법은 산림생산력을 증진시키며 그 구성원의 경제적·사회적·문화적 지위향상을 도모하고 국민경제의 균형있는 발전에 기여하도록 하였다.

② **산림조합의 조직**

(1) 산림조합

① **지역조합**

　㉠ 시, 군, 구의 구역으로 구분하여 정한다.

　㉡ 구역 안에 소재하는 산림의 소유자로 그 구역에 거주하는 자와 그 구역에서 산림을 경영하는 자를 조합원으로 한다.

② **전문조합**

　㉠ 경제권역, 주산단지를 중심으로 정한다.

　㉡ 권력별이나 전국의 일부지역간의 공동사업개발과 권익증진을 도모하고, 그 밖의 여러 사업실시를 목적으로 한다.

　㉢ 전문조합 연합회를 설립할 수 있다.

(2) 산림조합중앙회

지역조합과 전문조합을 회원으로 한다.

③ 산림조합의 사업

(1) 지역조합의 사업

① **교육 · 지원사업**
   ㉠ 임업생산 및 경영능력의 향상을 위한 상담 및 교육훈련
   ㉡ 임업생산 및 임산물유통관련 정보의 수집 및 제공
   ㉢ 임업인 · 영림단 등의 육성 및 지도
   ㉣ 농 · 산촌생활환경개선과 문화향상을 위한 교육 · 지원
   ㉤ 도시와의 교류촉진을 위한 사업
   ㉥ 기타 산림사업의 수행과 관련한 교육 및 홍보

② **경제사업**
   ㉠ 조합원의 사업과 생활에 필요한 물자의 구입 · 제조 · 가공 · 공급 등의 사업
   ㉡ 조합원이 생산하는 임산물의 제조 · 가공 · 판매 · 알선 · 수출 등의 사업
   ㉢ 조합원의 사업 또는 생활에 필요한 공동이용시설의 설치 · 운영, 기자재의 임대사업
   ㉣ 조합원이 생산한 임산물의 유통조절 및 비축사업
   ㉤ 조합원의 노동력 또는 농산촌의 부존자원을 활용한 가공사업 · 관광사업 등 산림외소득증대사업
   ㉥ 임산물을 이용한 사료 및 비료의 생산 · 판매 · 알선
   ㉦ 산림용 종 · 묘와 조경목의 채취 · 보관 · 육성 · 판매 · 알선
   ㉧ 가로수식재 및 조경사업
   ㉨ 임목 · 임야의 매매 · 임대차 · 교환 등의 중개
   ㉩ 임산물을 소재로 하는 건물 기타 공작물의 건설 및 판매
   ㉪ 보관사업
   ㉫ 조수보호사업

③ **산림경영사업**
   ㉠ 산림의 대리경영
   ㉡ 영림계획의 작성과 조림 · 육림 · 벌채 · 산림보호 및 특수개발지역사업
   ㉢ 임도의 시설 및 보수 · 사방 · 산림형질변경지 복구 그 밖의 산림토목공사의 시공 및 유지관리

    ㉣ 휴양림 · 산림욕장 · 임간수련장 · 산림박물관 · 수목원 · 생태숲 · 도시숲 · 학교숲 · 등산로 · 수렵장의 조성과 그 시설의 설치 · 관리

    ㉤ 산촌종합개발사업

    ㉥ 산림시업의 공동화와 임업노동력의 알선 및 제공 등 효율화사업

④ 조합원을 위한 신용사업

    ㉠ 조합원의 예금과 적금의 수입

    ㉡ 조합원에 필요한 자금의 대출

    ㉢ 내국환

    ㉣ 조합원의 유가증권 · 귀금속 · 중요물품의 보관 등 보호예수업무

    ㉤ 국가, 지방자치단체 등의 공공단체와 금융기관 등의 업무대행

⑤ 임업자금 등의 관리 · 운용과 자체자금조성 및 운용

⑥ 공제사업

⑦ 복지후생사업

    ㉠ 복지시설의 설치 및 관리

    ㉡ 공원묘지 · 납골당의 조성 및 관리, 사설묘지관리 등 장제사업

⑧ 다른 경제단체 · 사회단체 및 문화단체와의 교류 · 협력

⑨ 국가, 공공단체, 중앙회 또는 다른 조합이 위탁하는 사업

⑩ 다른 법령이 지역조합의 사업으로 규정하는 사업

⑪ 제1호 내지 제10호의 사업과 관련되는 부대사업

⑫ 기타 설립목적의 달성에 필요한 사업으로서 산림청장의 승인을 얻은 사업

(2) 전문조합

① 생산경영을 위한 기술지도

    ㉠ 생산력의 증진과 경영능력의 향상을 위한 상담 및 교육훈련

    ㉡ 조합원이 필요로 하는 정보의 수집 및 제공

    ㉢ 신품종의 개발, 보급 및 기술확산 등을 위한 시범포, 육묘장, 연구소의 운영

    ㉣ 기타 사업수행과 관련한 교육 및 홍보

② **경제사업**

- ㉠ 조합원의 사업과 생활에 필요한 물자의 구입·제조·가공·공급 등의 사업
- ㉡ 조합원이 생산하는 임산물의 제조·가공·판매·수출 등의 사업
- ㉢ 조합원이 생산한 임산물의 유통조절 및 비축사업
- ㉣ 조합원의 사업 또는 생활에 필요한 공동이용시설의 설치·운영 및 기자재의 임대사업
- ㉤ 노동력의 알선 및 제공
- ㉥ 보관사업

③ 조합원을 위한 복지시설의 운영

④ 다른 경제단체·사회단체 및 문화단체와의 교류·협력

⑤ 국가, 공공단체, 중앙회, 다른 조합 또는 조합원이 위탁하는 사업

⑥ 다른 법령이 전문조합의 사업으로 규정하는 사업

⑦ 제1호 내지 제6호의 사업과 관련되는 부대사업

⑧ 기타 설립목적의 달성에 필요한 사업으로서 산림청장의 승인을 얻은 사업

(3) 산림조합중앙회의 사업

① **교육·지원사업**

- ㉠ 회원의 조직 및 경영의 지도
- ㉡ 회원의 조합원과 직원에 관한 교육·훈련 및 정보의 제공
- ㉢ 회원과 그 조합원의 사업에 관한 조사·연구 및 홍보
- ㉣ 회원과 그 조합원의 사업 및 생활개선을 위한 정보망의 구축, 정보화의 교육 및 보급 등을 위한 사업
- ㉤ 회원과 그 조합원 및 직원에 대한 보조금의 교부
- ㉥ 임업관련 신기술 및 신품종의 연구·개발 등을 위한 연구소와 시범사업의 운영
- ㉦ 회원 및 중앙회의 사업에 대한 계획·설계 및 감리
- ㉧ 회원에 대한 감사
- ㉨ 회원과 그 조합원의 권익증진을 위한 사업

② **임업경제사업**

    ㉠ 회원과 회원의 구성원을 위한 구매 · 보관 · 이용 · 판매 및 공동사업과 그 업무 대행

    ㉡ 산림안의 지하수를 이용한 먹는 물의 개발 · 공급

    ㉢ 임업용 각종 균류의 배양 · 개량 및 공급

    ㉣ 수목의 병리치료 및 외과수술, 조경사업

    ㉤ 임산물 기타 임업용기자재의 수출 · 수입

    ㉥ 보관사업

    ㉦ 산림경영구조개선사업

    ㉧ 임도 · 사방 · 산림형질변경지 복구 기타 산림토목사업 등의 관련사업에 대한 설계 · 감리

    ㉨ 산촌종합개발 · 수목원 · 산림환경 및 휴양시설 등의 관련사업에 대한 설계 · 감리

    ㉩ 조림 · 숲가꾸기 및 병해충방제 등 산림사업에 대한 설계 · 감리

③ **회원을 위한 신용사업**

    ㉠ 회원의 여신자금과 사업자금의 대출

    ㉡ 중앙회의 사업부문에 대한 자금의 공급

    ㉢ 회원의 예탁금의 수납

    ㉣ 내국환과 회원을 위한 보호예수업무

    ㉤ 국가, 지방자치단체 등의 공공단체와 금융기관 등의 업무대행

④ 회원의 상환준비금과 여유자금의 운용 · 관리

⑤ 상호금융예금자보호기금의 운용 · 관리

⑥ 공제사업

⑦ 산림자원조성기금의 설치 · 운영

⑧ 국가 또는 공공단체가 위탁하거나 보조하는 사업

⑨ 다른 법령에서 중앙회의 사업으로 정하는 사업

⑩ 제1호 내지 제9호의 사업과 관련되는 부대사업

⑪ 기타 설립목적의 달성에 필요한 사업으로서 산림청장의 승인을 얻은 사업

01 | 출제예상문제

1 다음 중 산림조합(구 임업협동조합)에서 할 수 있는 사업이 아닌 것은?

① 국립공원관리   ② 산림토목의 시공

③ 임업기술 지도사업   ④ 산림개발 기금비 취급

> **note** 산림조합의 사업활동
> ㉠ 산림조합 중앙회
> • 회원의 사업에 대한 지도 및 조정
> • 회원의 사업에 대한 조정 · 연구 및 보급 · 홍보
> • 회원과 구성원 및 직원의 교육 및 훈련
> • 회원과 구성원을 위한 구매 · 보관 · 이용 · 판매 및 공동사업과 업무대행
> • 회원 및 중앙회의 사업에 대한 계획 및 설계 · 감리
> • 수목의 병리치료 및 외과사업
> • 산림경영구조개선사업
> • 임업용 각종 균류의 배양 · 개량 및 공급
> • 수목의 병리치료 및 외과수술
> • 임산물 기타 임업용 기자재의 수출 · 수입
> • 임도의 시설 · 운영과 조경, 사방 기타 산림토목의 설계 및 시공
> • 산촌종합개발사업
> • 산림 내 지하수를 이용한 음용수의 개발 · 보급
> • 회원 및 구성원을 위한 산림재해공제사업
> • 기타 정부의 보조 · 위탁 · 지시 · 지정 및 승인을 얻은 사업과 차관 사업 실시
> ㉡ 지역조합
> • 임업기술지도사업
> • 산림경영계획작성과 조림 · 육림 · 산림보호 · 가로수식재 및 특수개발지역사업
> • 산림용 종 · 묘와 조경목의 채취 · 보관 · 육성 · 판매 · 알선사업
> • 임도의 시설 · 운영 및 조경 · 사방 기타 산림토목의 시공사업
> • 임업용 기자재의 공급 및 알선사업
> • 임산물의 생산 · 수집 · 운반 · 가공 · 보관 · 판매 · 알선 및 검사사업
> • 산림시업의 공동화와 임업노동력의 효율화 사업
> • 임지 또는 임목의 평가와 판매 · 이용 · 교환 등의 알선사업
> • 조합원을 위한 구매 및 이용사업

Answer   1.①

- 휴양림 · 산림욕장 · 임간수련장 · 산림박물관 · 수목원 · 수렵장의 조성과 시설 설치 · 관리사업
- 조합원을 위한 신용사업
- 산림개발기금의 취급 및 임업자금 등의 관리 · 운용사업
- 산림재해공제사업과 복리후생시설의 설치 · 운영사업
- 산림경영의 수탁사업
- 조합원의 산림 내 국민보건시설의 조성 및 관리
- 조합원을 위한 공원묘지의 조성 · 관리 및 사설묘지의 수탁관리
- 기타 국가, 지방자치단체 등 공공단체와 중앙회가 지시 · 지정 또는 수탁하는 사업 등의 각종 사업

2 다음 중 산림경영계획에 대한 설명으로 옳지 않은 것은?

① 지방자치단체의 장은 대통령령이 정하는 바에 따라 공유림별로 산림경영계획을 작성하여야 한다.

② 산림경영계획서의 작성기준은 대통령령으로 정한다.

③ 산림소유자는 산림경영계획 중 중요사항을 변경하려면 농림축산식품부령으로 정하는 바에 따라 변경인가를 받아야 한다.

④ 산림경영계획은 영림기술자 외에 누구도 작성할 수 없다.

> ✎❚note ④ 산림경영계획서는 산림소유자가 직접 작성하거나 산림기술자 중 대통령령으로 정하는 기술자가 작성하여야 한다〈산림자원의 조성 및 관리에 관한 법률 제13조 제3항〉.

3 다음 산림정책의 수단 중 행정적 수단에 속하지 않는 것은?

① 산림경찰 행정수단

② 임업연구원의 시험연구에 의한 기술발전수단

③ 경제적 · 기술적 지원을 통한 산림보육 행정수단

④ 사유림 사업을 대신 수행하는 직영행정수단

> ✎❚note ② 산림정책 수단의 교육적 수단에 속한다.

4 다음 중 생산임지에 속하지 않는 것은?

① 인공 조림지로 집단화되어 있는 산림

② 우수한 형질의 천연림

③ 상수원 보호를 위한 산림

④ 임목생육에 좋도록 토양이 비옥한 산림

✿▌note ③ 공익기능증진을 위해 보전의 필요성이 있는 공익임지이다.

5 생산임지 또는 공익임지 외의 용도로 우선 활용되도록 이용·관리하는 산림은?

① 보전임지　　　　　　　　　　　② 생산임지

③ 준보전임지　　　　　　　　　　④ 공익임지

✿▌note 준보전임지 … 생산임지 또는 공익임지 외의 산림으로 임업생산, 농·임·어민의 소득기반 확대, 산업용지의 공급 등 다목적으로 이용·관리하는 산림이다.

6 다음 중 국제협동조합연맹총회의 협동조합원칙으로 옳지 않은 것은?

① 협동조합교육의 원칙

② 잉여금 공정배분의 원칙

③ 자본의 무제한

④ 가입자유의 원칙

⑤ 민주적 관리의 원칙

✿▌note 국제협동조합연맹총회의 협동조합 6원칙
　　　　　㉠ 가입자유의 원칙
　　　　　㉡ 민주적 관리의 원칙
　　　　　㉢ 자본, 이자제한의 원칙
　　　　　㉣ 잉여금 공정배분의 원칙
　　　　　㉤ 협동조합교육의 원칙
　　　　　㉥ 협동조합간 협동의 원칙

❣Answer 4.③ 5.③ 6.③

7 다음 중 우리나라의 실제 산림정책의 주체는?

① 산림청
② 농림축산식품부
③ 산림조합
④ 지방공공단체

> **note** 우리나라의 산림정책의 주체는 국가로 산림행정 주무관청은 농림축산식품부이지만, 실제 정책의 주체는 산림청이다.

8 다음 중 산림조합 중앙회의 조직구성에서 회원이 아닌 것은?

① 지역조합
② 법인전문연합회
③ 영농조합
④ 전문조합

> **note** 산림조합중앙회 … 회원의 업무를 지휘감독하며 그 공동이익의 증진과 건전한 발전을 도모함을 목적으로 설립된 것으로, 전국의 시·군 단위 지역산림조합과 전문조합, 법인전문연합회를 회원으로 한다.

9 산지이용구분제도에서 생산임지에 속하지 않는 것은?

① 요존 국유림
② 시험림
③ 채종림
④ 임업진흥권역
⑤ 조수보호구

> **note** ⑤ 공익임지에 속한다.
> ※ 생산임지 … 요존 국유림, 채종림, 시험림, 임업진흥권역 등 산림경영에 적합한 산림을 말한다. 집약적인 임업생산기능의 증진을 위해 활용하여야 할 산림이다.

Answer 7.① 8.③ 9.⑤

10 다음 중 지역산림조합의 사업내용으로 옳지 않은 것은?

① 산림사업의 공동화

② 임업기술지도

③ 수목의 병리치료와 외과수술

④ 복리후생에 관한 시설의 설치와 운용사업

🌟**note** ③ 산림조합중앙회에서 하는 일이다.

11 다음 중 산지이용구분제도에 대한 설명으로 옳지 않은 것은?

① 1980년 도입된 제도이다.

② 준보전임지는 생산임지와 공익임지로 구분하여 관리한다.

③ 임지를 경사도와 입목도로 구분한다.

④ 산림을 이용목적에 따라 보전임지와 준보전임지로 구분한다.

🌟**note** 산지이용구분제도

㉠ 1980년에 산림법을 개정하여 도입한 제도이다.

㉡ 산림을 이용목적에 따라 보전임지와 준보전임지로 구분하고, 보전임지는 다시 생산임지, 공익임지로 세분하여 관리한다.

㉢ 임지를 경사도와 입목도로 구분한다.

㉣ 임지를 단순히 물리적인 경사도와 입목도로 구분하여 산림의 위치와 역할이 고려되지 않아 산지의 국토계획적인 관점에서 관리와 산림의 경제적 이용에 적합하지 않고, 전용된 산림의 42%가 보전임지라는 문제점이 발생하였다.

12 다음 중 공익임지에 속하지 않는 것은?

① 보안림

② 사찰림

③ 휴양림

④ 상수원보호구역

⑤ 요존 국유림

> **note** 생산임지에 속한다.
>
> ※ 공익임지…보안림, 천연보호림, 휴양림, 사방지, 조수보호구, 공원, 문화재보호구역, 사찰림, 상수원보호구역, 개발제한구역, 보전녹지지역, 생태계보전지역 등 산림의 공익기능증진을 위해 지정·관리하는 산림이다.

13 다음 중 공익임지로만 짝지어진 것은?

㉠ 국유림	㉡ 조수보호구
㉢ 시험림	㉣ 휴양림

① ㉠㉡

② ㉠㉢

③ ㉡㉢

④ ㉡㉣

⑤ ㉢㉣

> **note** ㉠㉢ 생산임지 ㉡㉣ 공익임지

임업의 조장과 규제

1 임업의 조장

① 산림개발

(1) 국내산림개발

① 임업진흥 촉진지역

    ㉠ 산림자원화를 촉진하기 위해 산림의 집중개발이 필요할 때 일정한 산림지역을 지정하는 것이다.

    ㉡ 집단화하여 산지를 효율적으로 개발할 수 있도록 지정한다.

    ㉢ 산림면적의 비율이 높은 읍, 면 지역 중에 임지의 생산력이 높고 사업의 제한을 받지 않는 지역을 지정한다.

    ㉣ 산림청장은 지정한 지역의 임업진흥계획을 작성하고 시, 도지사에게 통지한다.

    ㉤ 시, 도지사는 지정지역의 일부지역에 개발편의를 위해 적당한 규모의 경영단위로 임업진흥단지를 설정하고, 시장, 군수에게 통지한다.

    ㉥ 시장, 군수는 이에 대해 임업진흥단지계획을 세우고 시, 도지사의 승인을 받아 시행할 수 있다.

    ㉦ 임업진흥단지계획의 사항에는 조림과 육림계획, 주벌과 간벌계획, 산림 병충해 방제, 특수사업, 임도시설계획 등이 있다.

    ㉧ 산림청장은 임업진흥촉진지역의 지정목적을 달성할 수 없는 지정의 해제 또는 변경이 필요한 경우 지역의 전부나 일부에 대해 그 지정을 해제하거나 변경할 수 있다.

    ㉨ 국가와 지방자치단체는 다른 산림사업보다 우선으로 임업진흥촉진지역의 산림경영에 자금과 기술을 지원하도록 해야 한다.

② 특수개발지역

    ㉠ 1개 단지면적이 300ha 이상, 조림면적이 50% 이상인 산림의 장기간 대단지 개발의 필요가 있을 경우, 40년의 범위 안에서 산림청장이 지정하는 것이다.

    ㉡ 특수개발지역의 사업경영에 적합한 입지조건

        • 조림, 육림, 벌채, 임도시설사업

        • 산나물, 약초, 화훼, 버섯류, 임간 관상수 재배사업

- 과수원, 뽕밭조성사업
- 자연휴양림과 수목원 조성사업
- 청소년 수련사업
- 임간 초지조성과 방목사업
- 양봉, 조수류 사육작업

ⓒ 휴양시설조성

- 특수개발지역의 지정목적 달성의 인정이나 해제의 사유 발생시, 해당지역의 전부나 일부에 대해 그 지정을 해제할 수 있다.
- 해제 사항은 산림소유자에게 통지하고, 고시해야 한다.

③ **자연휴양림 지역**

㉠ 국민의 보건휴양과 정서함양, 자연학습교육, 산림소유자의 소득증대를 위해 필요한 조건을 가진 산림을 산림청장이 자연휴양림으로 지정할 수 있다.

㉡ 자연휴양림은 국, 공유림 100ha, 사유림은 30ha 이상인 산림으로 휴양림 조성계획을 작성하고 산림청자의 승인을 얻어야 한다.

㉢ 경관이 수려하고, 국민이 모두 쉽게 이용할 수 있는 지역에 위치하는 것이 좋다.

㉣ 휴양림 조성에 필요한 시설

- 자연 관찰원과 야외시설 등의 교육시설
- 체력단련시설이나 어린이 놀이터와 같은 체육시설
- 취사장, 오물처리장 등 위생시설
- 산책로, 야영장 등 편의시설

㉤ 산림청장이 휴양림의 지정이나 해제, 변경할 경우, 관계행정기관과 이해관계인에게 통지하고, 휴양림의 위치, 면적, 명칭을 고시해야 한다.

㉥ 휴양림 조성계획의 승인을 받은 산림소유자는 휴양림의 관리나 운영, 조성, 공사에 관한 필요한 업무를 위탁할 수 있으며, 위탁시에는 산림청장의 승인을 받아야 한다.

㉦ 학술연구나 산림사료, 자연학습교육, 유전자원보전 및 전시 등의 산림에 대한 목적으로 산림청장은 산림 내에 수목원을 조성할 수 있다.

㉧ 산림소유자가 수목원을 조성하고자 할 경우에는 산림청장의 승인을 받아야 한다.

④ **임산물 소득원**

㉠ 산림소득의 증대를 위해 구역과 품목을 정해 임산물 소득원의 개발을 지원하거나 육성할 수 있다.

㉡ 산림소득 증대의 대상품목은 나무열매와 나무진, 나뭇잎, 나무밑둥지, 나무껍질, 산나물, 약초, 버섯 등 산림에서 생산되는 것이다.

ⓒ 시장, 군수가 주산단지 지정을 신청한 경우, 산림청장은 관할 시, 도지사의 의견을 수렴하여 지정한다.

ⓓ 산림청장은 임산물의 생산과 출하를 조절하기 위해 주산단지로 지정된 구역을 변경하거나 해제할 수 있다.

(2) 해외산림개발

① 해외산림개발의 개념

ⓐ 우리나라 산림개발업체가 산림자원 보유국에 진출해서 직접 임목을 벌채하여 들여오는 것이다.

ⓑ 우리나라 산림자원의 보호와 증식, 국내 필요목재의 원활한 공급을 위해 다른 나라와 협정을 맺어 산림개발을 추진한다.

② 해외산림개발 형태

ⓐ 임지나 원목의 개발, 임목의 벌채 등의 형태가 있다.

ⓑ 목재 가공품을 현지에서 생산하는 것으로 합판, 단판, 칩(Chip), 재제목 생산 등 단독이나 합자의 형태가 있다.

③ 목재 수입의 방법

ⓐ 개발도입

- 국가간 일정계약으로 우리나라 자본과 기술, 인력과 장비를 들여 산림개발 후, 생산된 원목을 들여오는 직접투자방식이다.
- 1968년 처음으로 인도네시아에서 산림개발사업을 시작하였다.
- 1990년대 14개국 28개의 업체가 진출하여 해외산림개발사업을 추진하고 있다.

ⓑ 구매도입 : 일반 상품수입과 같이 목재 수출국에서 벌채, 조재된 원목을 구매하는 것이다.

④ 목재 가공품의 해외생산은 현지 시장의 확보, 원자재 확보, 플랜트 수출, 제3국의 수출 등을 위한 것이다.

⑤ 합판공장 등의 해외진출은 경쟁력이 약한 산업의 해외 이전으로 큰 의미를 가진다.

⑥ 자원 보유국의 원목 수출규제가 해마다 강화되고 있어 목재 가공품 생산을 위한 해외진출은 바람직한 현상이다.

⑦ 정부의 해외산림개발을 위한 지원이 적극적으로 이루어지고 있다.

② 임업금융

(1) 임업금융의 개요

① 임업생산을 위해 필요한 자금을 융통하는 것을 말한다.

② 정책적 지원이 없으면 발달하기 어렵기 때문에 제도금융에 의존하고 있다.

③ 제도금융은 정책목적달성을 위해 국가나 공공단체가 재정자금의 이용, 채무보증, 이자지급, 손실보상 등의 대책을 통해 금융의 소통이 원활하도록 하는 것이다.

④ **임업금융이 다른 산업분야의 금융과 다른 점**

  ㉠ 장기저리의 대출이어야 한다.

  ㉡ 시중 은행에서는 느린 자본회전의 임업금융을 취급하는 것을 꺼린다.

  ㉢ 매년 거두는 수입이 있지 않기 때문에 이자납부가 불확실하다.

  ㉣ 산림이 담보가 될 경우, 산림가격을 매기기 힘들고 담보물건의 관리가 곤란하다.

  ㉤ 융자금 상환을 못하여 저당산림을 처분해야 할 경우에 매각이 어렵다.

(2) 임업금융연혁

① 우리나라의 산림사업은 거의 정부의 보조금 형태를 이루었다.

② 1960년대 중반까지 임업발전을 위한 금융제도는 특별히 없었다.

③ **양모자금**

  ㉠ 농업협동조합에서 주로 대부되었다.

  ㉡ 일반 농업자금의 일종으로 대부기간이 짧은 단기성 자금이다.

  ㉢ 이율이 높다.

④ **재정자금**

  ㉠ 1965년에 처음으로 재정자금이 마련되어 임업사업에 쓰였다.

  ㉡ 1967년 산림청 발족과 함께 경제개발 특별회계에 책정되었다가 1975년에 폐지되었다.

  ㉢ 농업협동조합에서 취급하였으며 임업기반의 조성에 크게 기여하였다.

  ㉣ 산림청의 융자대상결정에 따라 농업협동조합이 대출하는 제도이다.

⑤ **산림개발기금**

  ㉠ 금기조성

  • 정부 출연금, 채권 발행금, 임업관련단체나 개인의 출연금, 차입금, 전입금, 기금운용 수익금 등이 있다.

  • 1972년 산림개발법에 의해 처음으로 산림개발기금제도가 마련되었다.

ⓒ 산림개발기금
- 산림청장이 산림개발기금의 운용을 계획, 수립하고, 산림조합 중앙회에서 기금의 대출과 회수업무를 한다.
- 1974년 융자사업이 시작되었으나 1983년 산림개발기금의 정부출연이 중단되면서, 출연자금의 회수액과 이자수입 등의 회수자금만 운용되고 있다.
- 융자대상사업의 종류에 따라 융자기간이 달라진다.
- 장기수의 조림이나 육림의 경우, 20년 동안 거치하여 15년 동안 상환한다.
- 대출 이자율은 3%이고, 융자받는 사업자는 의무적으로 산림재해보험에 가입해야 한다.
- 산림개발기금의 융자대상사업은 장기수의 조림, 육림, 간벌과 야생조수사육, 임목생산, 속성수의 조림, 육림, 해외조림, 독림가 육성, 임도시설, 임업후계자 육성과 협동조합 육성으로 되어 있다.

③ **임산물 무역과 임업관세**

(1) 임산물 무역

① 무역은 국가간에 비교우위에 있는 품목을 상호교역함으로써 서로 이익을 기대하는 것이다.

② 아무 제약 없이 자유롭게 무역해야 한다는 자유무역론이 타당하나, 후진국에서는 국내시장을 보호해야 한다는 보호무역론을 지지한다.

③ 세계적으로 우루과이라운드(UR)가 관심사로 떠오르면서, 우루과이라운드 협상에 의해 1995년 출범한 세계무역기구(WTO) 체제에 대처하기 위해 임업을 비롯한 여러 산업분야의 모색방안이 강구되고 있다.

④ **임산물의 수출과 수입**
   ㉠ 1993년 수출은 4억 5천만달러, 수입은 27억 1천만달러로 수입이 수출보다 5배 정도 많다.
   ㉡ 수출은 주로 석재와 버섯, 밤 등이며, 1970년대 중반에 합판수출로 경제발전에 큰 역할을 했다.
   ㉢ 수입은 주로 목재류이며, 원목수입이 대부분이다.
   ㉣ 원목수입은 국내 원목수요의 87%를 해외에 의존하는 목재수급구조와 깊은 관련이 있다.
   ㉤ 1985년 이후 합판과 제재목 등의 목재 가공품 수입의 지향으로 1993년에는 목재류 수입의 54%를 목재 가공품이 차지하였다.
   ㉥ 자원 보유국들도 목재 가공품 수입을 원목수입보다 지향하고 있다.

⑤ **원목의 수입**
   ㉠ 1975년에 합판과 단판, 제재목, 하드보드, 파티클 보드 등의 수입 자유화가 이루어졌고, 1978년부터 원목의 수입 자유화가 이루어졌다.

ⓛ 국내의 목재 가공산업이 국제 경쟁력을 가질 수 있도록 산업구조의 개선이 필요하다.

ⓒ 원목상태의 수입은 침엽수재가 주종을 이룬다.

ⓔ 러시아 등의 북양재 수입으로 침엽수재의 수입이 점점 늘어날 것이다.

ⓜ 1980년대 수출용 합판생산이 퇴조되면서 원목수입은 합판용재가 감소되고, 경기상승을 통한 수요가 늘어 제재목 중심의 일반용재가 증가하고 있다.

ⓗ 수입 대상국은 주로 동남아시아에서 나왕 등의 남양재를 수입했으나, 원목 수출금지와 가공재 수출장려로, 우리나라는 미국 등에서 소나무류를 수입하는 것으로 대체되고 있다.

(2) 임업관세

① 관세는 국내산업을 보호하기 위해 수입품에 부과하는 조세이다.

② 운송의 발달로 임산물이 주 무역상품이 되면서, 여러 나라에서는 임업관세정책을 세워 목재와 임산물에 부과하고 있다.

③ 우리나라는 제정수입의 확보와 국내산업의 보호를 위해 관세를 부과하고 있다.

④ 현행 관세법에 의해 과세방법은 대부분 증가세이며, 수입물품에 관세를 부과한다.

⑤ **임업과 관련된 관세** … 할당관세이다.

　ⓐ 할당관세제도는 일종의 이중세율제도로 일정수량의 지정된 물품의 수입은 낮은 세율을 부과하고, 일정량을 초과할 때는 높은 세율을 부과하는 것이다.

　ⓑ 할당관세는 수입을 억제하고, 국내 생산자와 수입업자를 두루 만족시키려는 취지로 시행하는 것이다.

　ⓒ 1974년 수입원목의 할당관세를 부과하였다.

　ⓓ 1978년 목재수입자유화 조치 이후 남양재 제재목과 단판에도 적용을 확대하였다.

　ⓔ 할당관세품목을 현실화하는 취지에서 1981년 남양재 원목에만 할당관세를 적용하였으나, 1983년 이것도 제외되었다.

　ⓕ 사실상 외재도입의 규제기능이 없어졌을 때, 관세율 구조를 개편하면서 임산물에 대한 관세도 조정되었다.

⑥ 1988년 관세율의 전면적 조성으로 수입임산물에 대한 관세가 인하되었다.

⑦ 1993년 12월 15일 우루과이라운드 농산물협상의 타결로, 원목은 1989년 15%에서 1993년 2%, 합판과 섬유판 등은 29%에서 8%, 제재목과 단판은 10 ~ 20%에서 5%, 밤, 호두, 대추는 50%, 송이와 표고버섯은 30%로 적용하고 있다.

(3) 임업세제

① 임업조세

    ㉠ 산림재산의 소유와 운용에서의 이익과 이전 등의 행위에 대해 부과하는 세금이다.

    ㉡ 과세대상

- 임지취득과 유지 : 등록세, 취득세, 임야세, 재산세
- 임목벌채와 목재생산 : 벌채세, 사업세, 목재거래세
- 임목생산매각 : 개인의 산림소득세, 법인의 법인세
- 임지매각과 상속 : 양도소득세, 증여세, 상속세

② 임업조세의 특징

    ㉠ 임업세제는 조세원칙에 따라 과세되므로 일반 세제범위를 벗어나 특별한 고려가 필요하다.

    ㉡ 임업은 중간수입이 없기 때문에 재산가에 따른 세금을 매년 징수하면 임업경영자는 경영에 드는 비용 외에 또 세금을 내야 한다.

    ㉢ 생산기간이 길고, 다년간 누적된 것을 한꺼번에 거두는 특수한 수입으로 연간생산의 누적수확에 일반세제의 누진세율을 적용하면 과중한 세금이 부과된다.

    ㉣ 치수와 보건휴양 등 공익증진을 위해 사회적 제한을 받으므로, 그에 대한 보상적 세제 특혜의 조치가 고려되어야 한다.

    ㉤ 임업진흥과 발전을 위해 여러 나라에서는 새로운 조림지에 대한 세금면제나 임목벌채시 세금을 징수하는 등의 조세정책을 실시하고 있다.

④ 산림보험

(1) 산림보험

① 산림은 여러가지 자연재해나 사람이나 동물 등으로부터 많은 피해를 입는다.

② 넓고 험준한 산림면적은 산불과 같은 재해발생시 피해가 엄청나다.

③ 산림보험은 여러 경제주체가 공동으로 재해의 손실을 덜어주는 위험분산의 경제시설이다.

④ **산림재해에 관한 보험제도가 성립되기 위한 전제조건**

    ㉠ 위험발생을 통계적으로 추적할 수 있어야 한다.

    ㉡ 일정기간 중 발생하는 위험량이 일정한 평균으로 발생해야 한다.

    ㉢ 여러 경제주체가 공동으로 참가해야 한다.

(2) 산림보험의 연혁

① 1911년부터 근대적 일반손해보험이 시작되었다.

② 1960년대 초 산림투자 의욕이 높아지고 대단위 산림의 개발계획으로 인공조림지가 집단화되어, 산림화재에 대한 재해보상과 임업금융제도의 발달을 위한 산림보험의 필요성이 강조되었다.

③ 1969년 동방해상보험 주식회사와 고려화재해상보험 주식회사 등의 회사에서 산림보호업무를 처음으로 시작하였다.

④ 1971년 다른 보험회사들도 산림화재보험업무를 취급하기 시작했다.

⑤ 1980년에는 산림법의 개정으로 산림개발기금의 융자를 받은 산림 소유자는 보험가입을 의무화하는 규정이 정해지고, 산림조합법에서는 산림에 대한 공제사업을 할 수 있도록 하였다.

⑥ 1989년 외국보험회사 두 곳을 포함해서 14개의 손해보험회사가 산림보험을 취급하고 있다. 그러나 보험계약실적이 있는 회사는 7개 밖에 없다.

---

2 임업의 규제

① 법정제한림

(1) 법정제한림의 개념

① 산림업의 일부 또는 전부를 특정한 산림기능을 위해 일정 기간동안 제한하는 산림이다.

② 여러 법률에 의해 일반사업이 제한되는 것이다.

③ 제한의 정도와 내용에 따라 기간 안에 목적이 달성되었을 때 해제되는 산림과 영구적으로 제한되는 산림이 있다.

(2) 법정제한림의 종류

① **산지관리법에 의해 제한된 곳** … 보안림, 천연보호림, 채종림 등으로 산림의 일반사업이 제한된다.

② **공원과 같이 자연공원법으로 지정된 산림** … 풍경과 국민의 보건, 휴양, 정서생활향상 등의 목적을 가지고 있으므로 일반임업사업이 제한된다.

③ **국토의 계획 및 이용에 관한 법률로 지정된 도시** … 공공 질서와 복리 등 도시전반의 발전을 목적으로 하는 곳은 일반임지에서 시행하는 사업이 제한된다.

(3) 보안림의 지정과 해제

① 국토의 보안이나 공공 위해방지 등의 다른 산업발전을 위해 국가에서 특별히 보호하고, 사업을 제한하는 산림이다.

② 1908년 공포된 산림법으로 보안림 제도가 처음으로 채택되어 실시되고 있다.

③ **시·도지사, 지방산림청장이 보안림을 지정할 수 있는 경우**

  ㉠ 명소나 고적, 기타 풍경의 보존
  ㉡ 공중의 보건
  ㉢ 낙석의 방비
  ㉣ 수원함량
  ㉤ 토사유출, 붕괴 및 비사방비
  ㉥ 어류유치와 증식

④ **시·도지사, 지방산림청장이 보안림을 지정 또는 해제할 경우**

  ㉠ 보안림의 지정 또는 해제의 취지와 그 소재지 등을 산림소유자와 관할시장, 군수에게 통지하고, 고시해야 한다.
  ㉡ 이해관계가 있는 지방자치단체장이나 개인은 고시가 있는 날부터 30일 이내 시·도지사나 지방산림청장에게 이의 신청이 가능하다.
  ㉢ 시·도지사나 지방산림청장은 보안림의 지정일 경우 30일, 해제일 경우 20일이 지나기 전에는 보안림의 지정 또는 해제의 결정을 할 수 없다.

⑤ **보안림에서의 사업제한**

  ㉠ 보안림 안에서는 허가없이 임목, 임죽의 벌채나 임산물 채취, 가축방목, 기타 토지의 형질변형행위 등을 할 수 없다.
  ㉡ 사업의 제한으로 손실이 발생하게 된 산림은 제한이 결정된 날부터 1개월 안에 산림청장에게 손실보상청구를 하여 보상받을 수 있다.

(4) 채종림

① 수종갱신 등을 위한 우량종자를 공급하기 위해 채종원 및 채수포를 조성·확보해야 한다.

② 우량조림종자를 얻기 위해 필요한 산림이나 수목을 채종림, 수형목으로 지정하고, 취지를 산림소유자에게 통지하고 이를 고시해야 한다.

③ 채종림과 수형목의 관리에 필요한 관리인을 지정하고 보호관리, 종자채취, 분배 등 사업에 관한 사항을 명령할 수 있다.

④ 지정된 채종림이나 수형목 등의 산림이 존치 필요가 없을 때는 바로 해제하고, 산림소유자에게 통지하고 이를 고시해야 한다.

(5) 천연보호림

① **보호수**

　㉠ 보존이나 증식가치가 있는 나무에 지정한다.

　㉡ 노목, 거목, 희귀목으로 기형목, 풍치목, 호안목, 정자목, 당산목, 보목, 명목 등이 있다.

② **시험림**

　㉠ 시험목적을 달성하기 위해 조성한다.

　㉡ 자라고 있는 산림시험목이나 내충성목 등에 지정한다.

③ **천연보호림**

　㉠ 학술연구 등의 목적으로 보존가치가 있는 산림 1ha 이상을 천연보호림으로 지정한다.

　㉡ 고산식물 지대, 희귀식물 자생지, 유용식물 원생지, 우리나라 고유의 진귀한 임상, 원시림 등이 있다.

　㉢ 보안림과 같이 여러가지 사업상 제한으로 소유자가 받는 손실을 국가가 보상하도록 한다.

　㉣ 관리상 필요한 경우 관리인을 지정할 수 있다.

　㉤ 시·도지사, 지방산림청장이 소유자나 관리인에게 보호와 관리 및 사업 등에 관한 명령을 내릴 수 있다.

② 산림계획과 영림감독

(1) 산림계획

① 1961년 산림법이 제정, 공포되면서 법적근거를 제대로 갖추게 되었다.

② 1980년 1월에 개정된 산림법에 의해 산림기본계획, 지역산림계획, 산림경영계획으로 산림계획이 체계를 갖추었다.

③ **산림계획의 종류**

　㉠ 산림기본계획

　　• 산림자원조성과 산림사업합리화를 위해 전국산림을 대상으로 세운 장기계획이다.

- 산림경영계획과 지역산림계획의 지침이 되는 근본계획이다.
- 산림청장이 시, 도 산림기본계획구와 지방산림관리청 산림기본계획구별로 10년마다 작성해야 한다.
- 산림기본계획의 작성 주요내용
  - 산림의 기본목표에 대한 사항
  - 산림의 상황
  - 산림의 공익적 기능과 국토보전에 대한 사항
  - 산림자원조성에 대한 사항
  - 각종 산림의 육성과 경영 등 사업별 목표와 추진에 대한 사항
  - 임산물의 수급과 장기전망에 대한 사항
  - 임산물 가공과 유통, 수출 등에 대한 사항
  - 산림의 이용구분과 원칙에 대한 사항
  - 산림임지별 장기수요 전망에 대한 사항
  - 산림의 소유상황과 이용계획에 대한 사항
  - 주요한 산의 중심으로 권역별 산림의 관리와 이용개발에 대한 사항
  - 기타 산림의 기본사업에 대한 사항

ⓛ 지역산림계획
- 지역의 특수성을 감안하여 지역산림계획구별 사업목표량을 구분하고 계획한다.
- 시·군의 행정구역에 의해 지방산림청 소유 국유림이 지방산림청 국유림 관리소 관할구역으로 규정되어 있다.
- 시·도지사, 지방산림청장이 10년마다 작성하며 산림경영계획의 지침이 된다.
- 지역산림계획은 산림기본계획의 통지 받은 날로 1년 안에 작성해야 한다.
- 지역산림계획의 주요내용
  - 지역의 산림자원조성과 산지이용도 제고에 대한 사항
  - 지역의 산림육성과 경영 등 사업별 목표와 추진에 대한 사항
  - 지역산림의 이용구분과 원칙에 대한 사항
  - 지역 안의 임산물 가공과 유통, 수출 등에 대한 사항
  - 지역의 주요한 산을 중심으로 권역별 산림의 관리와 이용개발에 대한 사항
  - 기타 지역발전에 필요한 산림사업

ⓒ 산림경영계획
- 공유림이나 사유림의 산림소유자가 정한 경영방침의 10년 동안의 단위사업계획이다.
- 지역산림계획에 따라 대상산림의 현황과 지역적 여건에 부합되도록 한다.
- 산림경영계획은 영림기술자가 작성해야 한다.
- 사유림 소유자가 작성하지 않을 경우, 산림조합이나 산림조합 중앙회가 작성하며 소요경비를 소유자로부터 징수하도록 한다.

- 산림단위구획은 요존 국유림에서 산림경영계획구, 그 밖의 국유림과 공, 사유림에서는 영림구라고 한다.
- 국유림은 산림청 소관 요존 국유림과 불요존 국유림, 다른 관리청 소관 국유림에 대해 별도로 작성한다.
- 공, 사유림은 산림소유자가 영림구 단위로 산림경영계획을 작성한다.
- 영림구는 공유림 영림구와 사유림 영림구로 나뉜다.
- 사유림 영림구는 다시 일반 영림구, 협업 영림구, 산업비림 영림구가 있다.

(2) 영림감독

① 영림감독의 개념

㉠ 국가가 산림 황폐를 방지하고 산림육성과 생산이 활발하도록 경제적, 공익적 기능에 목적을 두어 감독하는 것이다.

㉡ 행정명령이나 처분 등과 같은 수단으로, 산림소유자에게 사업과 관리방법을 강요하거나 산림의 이용과 수익을 제한하는 등의 규제행위이다.

㉢ 산림은 사회의 경제적, 공익적 기능 등 복리작용과 밀접한 관계를 맺고 있다.

㉣ 따라서 국가와 공공단체는 임업경영에 많은 제한과 간섭을 하는 경우가 많다.

㉤ 사유림은 경제정책에 우선하여 규제와 감독을 최소화하며, 공유림은 엄격히 감독하는 것이 일반적이다.

② 영림감독제도

㉠ 조선시대의 금산이란 제도가 오늘날 영림감독의 일종이다.

> ★TIP 금산 … 도시 주변의 풍치지역을 보호하고 필요한 임산물 확보를 위해 일반적 벌채와 토석채취, 묘지설치와 입화를 금지하였다.

㉡ 주로 조림보다 벌채를 금지하는 제도가 많고 아주 엄격하였다.

㉢ 근대의 영림감독
- 1908년 산림법과 1911년 산림령에 의한다.
- 산림의 개간과 입화는 허가를 받아야 했다.
- 주로 조림과 보호, 해충구제를 산림소유자에게 명령하였다.
- 명령 이행을 하지 않을 때는 정부가 대집행하고 비용을 징수하였다.

㉣ 산림자원의 조성, 보호를 위해 산림법에서 구체화된 영림감독
- 산림경영계획작성과 변경
- 조림과 육림 등 사업명령
- 산업비림 소유명령
- 영림기술자 고용
- 임산물 사용제한

- 벌채와 개간, 입화허가
- 목제방부조치
- 불량종묘 생산 · 판매금지
- 제재 시설의 허가, 취소, 감독
- 사업대집행
- 각종 산림보호명령

③ **영림감독방법**

  ㉠ **국가관리**
  - 국가가 필요하다고 인정될 때 산림사업을 대행하는 제도이다.
  - 산림소유자의 의사와 상관없이 법률규정에 의한다.
  - 국가가 소요 부담한 사업비는 산림소유자에게 징수한다.
  - 징수한 사업비를 납입하지 않을 경우, 그 산림의 경영권을 수입이 날 때까지 국가가 인수한다.

  ㉡ **사업지정**
  - 국가가 직접 산림의 조림이나 벌채, 수량, 시기 등을 지정하여 산림사업을 하는 것이다.
  - 산림소유자가 지정된 사업을 이행하지 않거나 위반했을 경우 벌칙을 적용하고 대집행을 강구한다.
  - 대집행을 했을 경우 산림소유자는 일정기간 안에 사업비를 납부해야 한다.
  - 납부하지 못할 경우 분수계약을 체결한다.

  ㉢ **사업허가**
  - 감독관청의 허가를 받아야 임산물 채취, 이용, 임지개간 등 사업행위를 할 수 있다.
  - 주무관청은 사업행위신청을 검토하여 허가여부를 결정한다.

  ㉣ **산림경영계획감독** : 산림소유자가 원하는 사업방침으로 산림경영계획을 수립하고, 이를 감독관청의 인가를 받아 사업할 수 있도록 한다.

③ **산림보호**

(1) 산불예방

① 산불은 우리나라에서 건조한 3 ~ 5월의 봄과 10 ~ 12월의 가을에 가장 많이 발생한다.

② **산불발생의 원인**

  ㉠ **실화**
  - 우리나라에서 가장 많이 발생하는 인위적 산불이다.
  - 사람의 과실이나 부주의로 담뱃불, 모닥불, 야영의 불놀이, 논 · 밭두렁 태우기, 불장난 등에 의해 발생한다.

ⓛ 방화
- 고의로 본인이나 다른 사람의 산림에 불을 놓는 것이다.
- 개인적 원한이나 도벌자가 범행을 숨기기 위해 일으키는 경우가 있다.

ⓒ 입화
- 산림소유자나 이용권자가 허가를 받고 산에 불을 놓는 것이다.
- 조림예정지의 정리작업이나 병충해, 채조지 개량, 초지, 방화선, 사격장 등의 조성을 위한 가연물질제거가 목적이다.

　★TIP 산불은 자연적 산불과 인위적 산불로 나뉘는데 우리나라에서는 모두 인위적 산불이 발생한다.

③ 산불방지대책

㉠ 입산통제
- 산불조심기간에 특히 입산을 통제하며 화기나 인화물질휴대를 금지시킨다.
- 입산통제구역을 지정하여 자연경관을 유지하고 산불을 예방한다.
- 낙엽 등으로 산불발생의 위험이 있는 등산로는 조정하거나 폐쇄한다.

㉡ 시설물 설치
- 산불 경방탑과 방화선을 설치하여 산불을 일찍 발견하고 번지는 것을 막도록 한다.
- 등산로 입구 등에 산불위험 표지판을 설치하고 등산객에게 산불조심 경고를 한다.
- 산불감시 요원이나 관계 공무원을 고정배치하여 순찰업무를 강화한다.

㉢ 산림감시요원 : 산림소유자가 스스로 산림을 보호하도록 청원 산림보호직원의 배치를 권유한다.

㉣ 입화단속
- 입화를 할 땐 사전에 산림당국의 허가를 받아야 한다.
- 산불예방시설을 갖추고 가까운 산림소유자에게 입화일자를 통지한다.

㉤ 계몽과 교육 : 산불조심기간을 설정하여 포스터나 전단 및 현수막 배포, 텔레비전, 라디오, 신문 등을 통해 범국민적으로 산불예방에 대한 의식을 강조한다.

㉥ 벌칙 강화
- 우리나라는 자기 소유의 산림에 방화되어도 징역과 벌금의 벌칙이 적용된다.
- 산불발생에 대한 처벌을 강조하도록 법률을 엄격히 규정한다.

(2) 조수보호와 수렵

① 야생동물의 보호증식을 관장하는 관리청이 없고, 법률이 통합되지 않아 일관된 시책의 실행이 어려웠다.

② 일제 시대부터 조수에 대한 수렵규칙과 수렵법이 제정, 변경되어 왔다.

③ 조수를 적극적으로 증식시키기 위해 1972년부터 1978년까지 전면적으로 금렵 조치를 취하였다가 3년을 더 연장하였다.

④ 1982년부터 매년 1개 도씩 유료수렵장이 강원도를 시작으로 순환하면서 개설되고 있다.

⑤ 조수보호및수렵에관한법률이 1983년에 전면적으로 개정되어 시, 도지사가 조수보호사업계획을 작성하여 실행하였다.

⑥ 조수보호구와 특별보호지구를 설정하여 조수보호원을 위촉하여 배치하도록 하였다.

(3) 병충해 방제

① 산림 병충해 방제는 산림소유자 힘만으로 효과를 얻기 힘들다.

② 따라서 집단적으로 공동방제를 실시할 필요가 있다.

③ 병충해는 예방이 가장 중요하다.

④ 산림에 병충해의 발생이나 발생우려가 있을 경우, 산림소유자나 산림조합 등에 대해 병충해 방제 명령을 내릴 수 있다.

⑤ **병충해 방제 명령**

    ㉠ 병충해나 동물의 피해 및 우려가 있는 지역의 구제와 예방

    ㉡ 병충해가 있는 수목, 종묘, 지엽, 근주, 수피 등의 제거

    ㉢ 병충해의 우려가 있는 종묘, 조경용 수목, 벌채목, 떼, 토석이동의 제한이나 금지

(4) 도벌

① 도벌은 다른 사람의 소유산림에서 허가 없이 임목을 벌채하는 행위이다.

② 공공이익이 큰 산림을 도벌하는 것은 공익을 해치는 것이다.

③ 도벌을 막기 위해서는 철저한 계몽과 교육을 실시하고, 도벌한 사람은 징역이나 벌금형으로 엄하게 처벌한다.

④ 특수산림절도죄에 해당하는 자는 징역형과 벌금형을 병과하여 과중 처벌한다.

> ★TIP **특수산림절도죄**
>   ㉠ 보안림, 천연 보호림, 채종림, 시험림, 보호수, 사방지, 수형목 등에서의 절도행위
>   ㉡ 운반조재설비를 하거나 차량이나 선박을 이용한 행위
>   ㉢ 임산물 굴취나 채취권의 행사할 기회를 이용한 행위
>   ㉣ 밤에 범한 행위나 상습적인 절도행위

02 출제예상문제

1 다음 중 채종림의 지정권자로 옳지 않은 것은?

① 산림청장

② 특별 · 광역시장

③ 자치단체장

④ 도지사

✿note 산림청장이나 시 · 도지사는 관할 국유림 또는 공유림 중에서 조림용 우량 종자를 채취할 수 있는 산림이나 수목을 채종림이나 수형목으로 지정하여 보호 · 관리 할 수 있다.

2 다음 중 산불방지대책으로 옳지 않은 것은?

① 벌칙을 강화한다.

② 수목의 이동을 차단한다.

③ 입산통제를 실시한다.

④ 계몽교육을 강화한다.

✿note 산불방지대책
㉠ 입산통제
㉡ 시설물 설치
㉢ 산림감시요원 증강
㉣ 입화단속
㉤ 계몽과 교육강화
㉥ 벌칙강화

3 다음 중 보안림을 해제권을 가진 자로 옳지 않은 것은?

① 특별시장

② 지방산림청장

③ 도지사

④ 산림소유자

✿note 시 · 도지사 또는 지방산림청장은 필요하다고 인정될 때에는 농림축산식품부령이 정하는 바에 따라 해당하는 산림을 보안림으로 지정 · 해제할 수 있다.

Answer 1.③ 2.② 3.④

4 다음 중 산지 자원화 계획에서 3대 산림재해에 속하지 않는 것은?

① 솔잎혹파리 ② 산불

③ 벼락 ④ 산사태

> ✿**note** 산림 3대 재해
> ㉠ 산불 : 지구온난화에 따른 건조한 기후로 매년 산불이 발생하여 산림이 소실되고 있으며, 봄철의 건조한 날씨로 대형산불피해가 발생하고 있다.
> ㉡ 산사태 : 태풍 및 국지성 집중폭우, 산악형 지형 등으로 인한 여름철 대규모 산사태로 인명피해 및 재산피해사고가 발생한다.
> ㉢ 산림병해충 : 솔잎혹파리, 소나무재선충 등의 외래 병해충 유입 및 기후변화 등으로 인해 산림병해충 발생이 증가하고 있으며, 급격히 확산되어 많은 산림이 피해를 받고 있다.

5 다음 중 해외산림개발에 대한 설명으로 옳지 않은 것은?

① 현지의 원목을 벌채하여 들여와 가공은 국내에서 하는 방법이다.

② 산림자원 보유국에서 직접 임목을 벌채하여 들여오는 것이다.

③ 우리나라는 처음으로 인도네시아에서 산림개발사업을 시작하였다.

④ 국내 필요목재의 원활한 공급을 위해 다른 나라와 협정을 맺어 산림을 개발한다.

> ✿**note** ① 자원 보유국의 원목수출규제가 강화됨에 따라 합판, 단판, 칩 등의 목재 가공품을 현지에서 생산하고 있다.

6 다음 중 병충해 방제를 위한 명령으로 옳지 않은 것은?

① 병충해의 우려가 있는 수목을 이동시킨다.

② 병충해의 피해가 있는 곳을 구제한다.

③ 병충해가 있는 수목, 수피 등을 제거한다.

④ 병충해의 우려가 있는 종묘, 벌채목 등의 이동을 금지한다.

> ✿**note** ① 병충해의 우려가 있는 종묘, 조경용 수목, 벌채목, 떼, 토석 등의 이동을 제한하거나 금한다.

7 다음 중 임지를 취득·유지할 경우 부과되는 세금이 아닌 것은?

① 등록세　　　　　　　　　② 임야세

③ 벌채세　　　　　　　　　④ 취득세

⑤ 재산세

✿note　③ 벌채세는 임목을 벌채하거나 목재를 생산할 때 부과되는 세금이다.
　　　 ※ 임업의 과세대상
　　　　 ㉠ 임지취득과 유지 : 등록세, 취득세, 임야세, 재산세
　　　　 ㉡ 임목벌채와 목재생산 : 벌채세, 사업세, 목재거래세
　　　　 ㉢ 임목생산매각 : 산림소득세, 법인세
　　　　 ㉣ 임지매각과 상속 : 양도소득세, 증여세, 상속세

8 다음 중 국가의 영림감독의 방법으로 옳지 않은 것은?

① 사업비를 납입하지 않을 경우, 수입이 나올 때까지 산림경영권을 국가가 인수한다.

② 산림소유자의 의사에 관계없이 법률규정에 의한다.

③ 대행과정에서 소요된 경비는 국가가 지불한다.

④ 국가가 필요하다고 인정되는 경우 산림사업을 대행한다.

✿note　③ 대행과정에서 소요부담한 사업비는 산림소유자에게 징수한다.

9 다음 중 우리나라의 임산물 수·출입 현황에 대한 설명으로 옳지 않은 것은?

① 수출품은 주로 석재, 버섯, 밤 등의 부산물이다.

② 점차 목재 가공품 수입을 지향하고 있다.

③ 침엽수재의 수입이 점점 늘어나고 있다.

④ 수입은 주로 산림 부산물이다.

✿note　④ 수입은 주로 목재류이며, 원목수입이 대부분을 차지하고 있다.

PART 부록 |

관계 법령

산림기본법

[시행 2015.7.21.] [법률 제13025호, 2015.1.20., 일부개정]

제1장 총칙

제1조(목적)

이 법은 산림정책의 기본이 되는 사항을 정하여 산림의 다양한 기능을 증진하고 임업의 발전을 도모함으로써 국민의 삶의 질 향상과 국민경제의 건전한 발전에 이바지함을 목적으로 한다.

제2조(기본이념)

산림은 국토환경을 보전하고 임산물을 생산하는 기반으로서 국가발전과 생명체의 생존을 위하여 없어서는 안될 중요한 자산이므로 산림의 보전과 이용을 조화롭게 함으로써 지속가능한 산림경영이 이루어지도록 함을 이 법의 기본이념으로 한다.

제3조(정의)

이 법에서 사용하는 용어의 정의는 다음과 같다. 〈개정 2015.1.20.〉

1. "지속가능한 산림경영"이라 함은 산림의 생태적 건전성과 산림자원의 장기적인 유지·증진을 통하여 현재세대뿐만 아니라 미래세대의 사회적·경제적·생태적·문화적 및 정신적으로 다양한 산림수요를 충족하게 할 수 있도록 산림을 보호하고 경영하는 것을 말한다.
2. "산촌"이라 함은 산림면적의 비율이 현저히 높고 인구밀도가 낮은 지역으로서 대통령령이 정하는 지역을 말한다.
3. "산림복지"란 국민에게 산림을 기반으로 산림문화·휴양, 산림교육 및 치유 등의 서비스를 창출·제공함으로써 국민의 복리 증진에 기여하기 위한 경제적·사회적·정서적 지원을 말한다.
4. "탄소흡수원"이란 「탄소흡수원 유지 및 증진에 관한 법률」 제2조제10호에 따른 탄소흡수원을 말한다.

제4조(국가 및 지방자치단체 등의 책무)

① 국가 및 지방자치단체는 산림의 보전, 산림의 공익기능 증진, 임업의 발전 및 산촌의 진흥 등 산림의 보전 및 이용에 관한 종합적인 시책을 수립하고 이를 시행할 책무를 진다.

② 국가 및 지방자치단체는 산림의 보전 및 이용에 관한 시책을 추진함에 있어서 필요한 법제 및 재정에 관한 조치를 하여야 한다.

③ 국민은 산림이 합리적으로 보전 및 이용될 수 있도록 국가 및 지방자치단체의 산림시책에 적극 협력하여야 한다.

④ 산림의 소유자 또는 산림을 이용하여 수익을 얻으려는 자는 지속가능한 산림경영을 위하여 노력하여야 한다. 〈신설 2015.1.20.〉

제2장 시책의 기본방향

제5조(산림의 합리적 보전 및 이용)

① 국가 및 지방자치단체는 산림시책과 이에 관련된 사업을 추진함에 있어서 지속가능한 산림경영을 위하여 산림의 보전과 이용이 조화를 이루도록 노력하여야 한다.

② 국가 및 지방자치단체는 지속가능한 산림경영과 종합적·효율적인 산림관리를 위하여 산림을 이용목적에 따라 구분·관리하여야 한다.

제6조(산림기능의 증진)

국가 및 지방자치단체는 산림이 지니고 있는 국토환경의 보전, 임산물의 공급, 산림복지의 증진 및 탄소흡수원의 유지·증진 등 다양한 기능들이 충분하게 발휘될 수 있도록 장기적인 목표와 방향을 설정하여 산림을 조성·보호하고 관리하여야 한다. 〈개정 2015.1.20.〉

제7조(임업의 육성)

국가 및 지방자치단체는 임업의 균형적인 성장 및 임업인의 건전한 육성을 위하여 임업의 경쟁력을 높이고 임업인의 소득이 향상될 수 있도록 노력하여야 한다.

제8조(산촌의 진흥)

국가 및 지방자치단체는 국토의 균형있는 발전과 산림자원의 효율적인 관리를 위하여 산촌의 소득증진 및 산촌주민의 복지증진을 위하여 노력하여야 한다.

제9조(국제협력 및 통일대비 정책)

국가 및 지방자치단체는 지구의 산림 보전을 위한 국제협력을 강화하고 통일에 대비하기 위하여 필요한 산림에 관한 시책을 조사·연구하여야 한다.

제3장 산림기본계획의 수립 등

제10조(산림자원 및 임산물 수급에 관한 장기전망)

① 산림청장은 산림자원 및 임산물의 수요와 공급에 관한 장기전망을 공표하여야 한다.

② 제1항의 규정에 의한 장기전망에 관하여 필요한 사항은 대통령령으로 정한다.

제11조(산림기본계획의 수립·시행)

① 산림청장은 제10조의 규정에 의한 장기전망을 기초로 하여 지속가능한 산림경영이 이루어지도록 전국의 산림을 대상으로 다음 각호의 사항이 포함된 산림기본계획을 수립·시행하여야 한다. 〈개정 2009.5.27., 2015.1.20.〉

1. 산림시책의 기본목표 및 추진방향
2. 산림자원의 조성 및 육성에 관한 사항
3. 산림의 보전 및 보호에 관한 사항
4. 산림의 공익기능 증진에 관한 사항
5. 산사태·산불·산림병해충 등 산림재해의 대응 및 복구 등에 관한 사항
6. 임산물의 생산·가공·유통 및 수출 등에 관한 사항
7. 산림의 이용구분 및 이용계획에 관한 사항
8. 산림복지의 증진에 관한 사항
9. 탄소흡수원의 유지·증진에 관한 사항
10. 국제산림협력에 관한 사항
11. 그 밖에 산림 및 임업에 관하여 대통령령이 정하는 사항

② 특별시장·광역시장·특별자치시장·도지사·특별자치도지사(이하 "시·도지사"라 한다) 및 지방산림청장은 제1항의 산림기본계획에 따라 관할지역의 특수성을 고려한 지역산림계획을 수립·시행하여야 한다. 〈개정 2015.1.20.〉

③ 제1항 및 제2항의 규정에 의한 산림기본계획 및 지역산림계획은 10년마다 이를 수립하되, 산림의 상황 또는 경제사정의 현저한 변경 등의 사유가 있는 경우에는 이를 변경할 수 있다.

④ 제1항 내지 제3항의 규정에 의한 산림기본계획 및 지역산림계획의 수립절차 및 관계기관의 의견수렴 등에 관하여 필요한 사항은 대통령령으로 정한다.

⑤ 산림청장은 지방자치단체에 대하여 제1항 및 제2항의 규정에 의한 산림기본계획 및 지역산림계획의 추진실적 등을 평가하고 그 결과에 따라 예산을 차등 지원할 수 있다.

제12조(산림과 임업동향에 관한 연차보고)
정부는 매년 산림과 임업의 동향 및 시책 등에 관한 보고서를 작성하여 국회에 제출하여야 한다.

제4장 산림의 보전 및 이용

제13조(지속가능한 산림경영의 평가기준 및 지표)
① 국가 및 지방자치단체는 지속가능한 산림경영을 위하여 산림의 지속가능성을 측정·평가하기 위한 기준 및 지표를 설정·운영하여야 한다.

② 국가 및 지방자치단체는 제1항의 규정에 의한 기준과 지표에 따라 산림자원 및 그 구성요소의 변화를 측정·평가하고 그 결과를 산림시책에 반영하도록 노력하여야 한다.

제14조(자연친화적인 산림 이용)
국가 및 지방자치단체는 산림의 자연친화적인 이용을 위하여 산지의 전용기준(轉用基準) 마련 등 필요한 시책을 수립·시행하여야 한다. 〈개정 2015.1.20.〉

제15조(산림재해에 관한 시책)

국가 및 지방자치단체는 산림자원의 보호 및 안정적인 임업경영을 도모하기 위하여 산사태·산불·산림병해충 등 산림재해의 예방·복구와 산림재해로 인한 피해를 합리적으로 보전하는데 필요한 시책을 수립·시행하여야 한다. 〈개정 2009.5.27.〉

제5장 산림의 공익기능 증진 등

제16조(산림자원의 조성)

① 국가 및 지방자치단체는 지속가능한 산림경영을 위하여 지역적 특성을 고려한 조림·육림 등의 산림자원 조성시책을 수립·시행하여야 한다.

② 국가 및 지방자치단체는 우량한 종자와 묘목의 공급 등 산림자원의 질을 높이기 위하여 필요한 시책을 수립·시행하여야 한다.

제17조(산림의 공익기능 증진)

① 국가 및 지방자치단체는 수원함양(水源涵養), 대기정화, 재해방지, 휴양·치유, 산림생물다양성 보전, 산림경관 보전 및 탄소흡수 등 산림의 공익기능을 증진하기 위하여 필요한 시책을 수립·시행하여야 한다. 〈개정 2015.1.20.〉

② 국가 및 지방자치단체는 산림의 공익기능에 대한 평가를 실시하고 이를 시책에 반영하도록 노력하여야 한다.

제18조(도시지역 산림의 조성·관리)

국가 및 지방자치단체는 도시지역의 산림 및 녹지를 체계적으로 관리하기 위하여 필요한 시책을 수립·시행하여야 한다.

제19조(수목원의 보호 및 육성)

국가 및 지방자치단체는 수목유전자원의 보존 및 이용을 촉진하기 위하여 수목원의 보호 및 육성에 필요한 시책을 수립·시행하여야 한다.

제20조(산림복지의 증진 및 산림문화의 창달)

국가 및 지방자치단체는 다양한 산림휴양·산림치유·산림교육 시설을 조성하여 국민에게 쾌적한 산림복지 공간을 제공하는 등 산림복지를 증진하고 건전한 산림문화를 진흥하게 하기 위하여 필요한 시책을 수립·시행하여야 한다. 〈개정 2015.1.20.〉

[제목개정 2015.1.20.]

제20조의2(기후변화 대응을 위한 산림자원의 활용)

국가 및 지방자치단체는 기후변화가 산림과 임업에 미치는 영향을 고려하여 기후변화에 대응하기 위한 다음 각 호의 시책을 수립·시행하여야 한다.

1. 국내외 탄소흡수원의 지속적인 유지·증진을 위하여 산림자원을 활용하는 시책
2. 신·재생에너지의 개발·생산·이용·보급이 촉진·확대될 수 있도록 산림자원을 활용하는 시책
3. 그 밖에 기후변화에 대응하기 위하여 필요한 산림자원의 활용 시책
   [본조신설 2015.1.20.]

제6장 임업의 육성

제21조(임업경영기반의 조성)

① 국가 및 지방자치단체는 임업의 생산성 향상을 위하여 임도 확충, 임업기계화 촉진 및 임업경영의 적정 규모화 유도 등 필요한 시책을 수립·시행하여야 한다. 〈개정 2015.1.20.〉

② 국가 및 지방자치단체는 독림가·임업후계자·산림조합 등 임업경영주체의 경영능력 향상을 위하여 경영 기술의 개발, 경영정보의 제공 및 자금지원 등 필요한 시책을 수립·시행하여야 한다.

③ 국가 및 지방자치단체는 임업경영에 필요한 임업기술인력의 육성과 확보를 위하여 교육훈련, 기술 개발· 보급 및 현장 활용 등 필요한 시책을 수립·시행하여야 한다. 〈신설 2015.1.20.〉

제21조의2(임업 분야 일자리 창출 등)

국가 및 지방자치단체는 임업 분야에서 일자리를 창출하고 임업 종사자의 복지를 향상시키기 위하여 취업과 창업의 촉진, 고용의 안정, 근로 여건의 개선 및 작업안전의 강화 등 필요한 시책을 수립·시행하여야 한다.
   [본조신설 2015.1.20.]

제22조(임산물 수급 및 가격 안정 등)

① 국가 및 지방자치단체는 임산물의 수급 및 가격 안정을 위하여 임산물의 생산기반 조성, 가공·유통 기반 확충, 출하 조절, 수출 촉진 및 이용 증진 등 필요한 시책을 수립·시행하여야 한다. 〈개정 2015.1.20.〉

② 국가 및 지방자치단체는 목재의 안정적인 공급기반 확보를 위하여 국내외 조림의 지원 등 산림자원의 개 발에 필요한 시책을 수립·시행하여야 한다. 〈개정 2015.1.20.〉

③ 국가 및 지방자치단체는 목재제품의 사용 활성화가 기후변화 대응에 중요한 수단이 됨을 고려하여 국내 목재산업을 육성하기 위하여 필요한 시책을 수립·시행하여야 한다. 〈신설 2015.1.20.〉
   [제목개정 2015.1.20.]

제23조(임산물의 품질 관리 및 유통구조 개선)

① 국가 및 지방자치단체는 임산물의 안전성 확보 및 품질개선을 도모하고 소비자의 합리적인 선택에 이바 지하기 위하여 품질인증·규격고시 등 필요한 시책을 수립·시행하여야 한다.

② 국가 및 지방자치단체는 임업의 활성화를 위하여 임산물의 유통시설 현대화 및 유통정보화 촉진 등 필요한 시책을 수립·시행하여야 한다.

[제목개정 2015.1.20.]

제24조(임업기술의 진흥)

국가 및 지방자치단체는 임업의 경쟁력을 높이고 임산물의 부가가치를 높이기 위하여 임업기술의 연구·개발·보급 등 필요한 시책을 수립·시행하여야 한다.

제25조(산림정보화 촉진)

① 국가 및 지방자치단체는 과학적·효율적인 산림관리 및 임업경영을 위하여 산림정보화의 촉진에 필요한 시책을 수립·시행하여야 한다.

② 국가 및 지방자치단체는 산림·임업 등에 관한 시책과 관련된 정보제공 등을 통하여 산림·임업에 대한 국민의 이해와 관심을 높이도록 노력하여야 한다.

제26조(임업관련 단체의 육성)

국가 및 지방자치단체는 임업인의 권익보호와 경제적·사회적 지위 향상을 위하여 산림조합, 산림조합중앙회 및 「임업 및 산촌 진흥촉진에 관한 법률」 제29조의2에 따른 한국임업진흥원 등 임업관련 단체의 설립 및 운영을 지원할 수 있다. 〈개정 2015.1.20.〉

제7장 국유림 관리 및 산촌진흥

제27조(국유림의 관리)

국가는 임산물의 안정적인 공급과 산림의 공익기능 증진을 위하여 국유림이 합리적으로 관리될 수 있도록 필요한 시책을 수립·시행하여야 한다.

제28조(산촌진흥지역의 지정)

① 시·도지사는 산촌의 진흥을 위하여 필요한 지역을 산촌진흥지역으로 지정할 수 있다. 〈개정 2011.3.29., 2015.1.20.〉

② 산촌진흥지역의 지정요건 및 절차 등에 관하여 필요한 사항은 대통령령으로 정한다.

제29조(산촌진흥시책의 수립)

① 국가 및 지방자치단체는 산촌주민의 소득원 개발·주거환경 개선 등을 위하여 종합적인 산촌진흥시책을 수립·시행하여야 한다.

② 국가 및 지방자치단체는 산촌의 진흥 등에 필요한 지원을 할 수 있다.

제30조(도시와 산촌의 교류 확대)

국가 및 지방자치단체는 도시와 산촌의 상호보완적인 발전을 위하여 상호간의 교류 확대 등에 관한 시책을 수립·시행하여야 한다.

제8장 국제산림협력 〈신설 2015.1.20.〉

제31조(국제산림협력 관련 시책의 수립 등)

① 국가는 국제적 환경문제의 해결과 지속가능한 산림관리를 위하여 외국정부, 국제기구 또는 관련 기관·단체 등과의 국제산림협력을 촉진하는 시책을 수립·시행하여야 한다.

② 국가는 제1항에 따른 시책의 추진을 위하여 필요한 경우 국제사회의 산림 관련 정책·제도 및 현황을 조사·연구하여야 한다.

③ 국가는 제2항에 따른 조사·연구를 위하여 필요한 경우 관련 기관·단체 등에 협력을 요청할 수 있으며, 이 경우 해당 기관·단체 등에 필요한 지원을 할 수 있다.

[본조신설 2015.1.20.]

제32조(국제기구 등에 대한 지원)

① 국가는 국제산림협력을 촉진하고 국제사회에 기여하기 위하여 국제기구 또는 관련 기관·단체 등에 그 설립·운영 및 사업 추진에 필요한 지원을 할 수 있다.

② 제1항에 따른 지원을 할 수 있는 국제기구 또는 관련 기관·단체 등의 범위와 지원 내용 등에 필요한 사항은 대통령령으로 정한다.

[본조신설 2015.1.20.]

부칙 〈제13025호, 2015.1.20.〉

이 법은 공포 후 6개월이 경과한 날부터 시행한다.

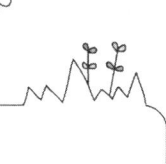

Chapter 02

산림보호법

[시행 2016.1.21.] [법률 제13406호, 2015.7.20., 일부개정]

제1장 총칙

제1조(목적)

이 법은 산림보호구역을 관리하고 산림병해충을 예찰(豫察)·방제(防除)하며 산불을 예방·진화하고 산사태를 예방·복구하는 등 산림을 건강하고 체계적으로 보호함으로써 국토를 보전하고 국민의 삶의 질 향상에 이바지함을 목적으로 한다. 〈개정 2012.2.22.〉

제2조(정의)

이 법에서 사용하는 용어의 뜻은 다음과 같다. 〈개정 2011.7.14., 2012.2.22., 2014.1.14.〉

1. "산림보호구역"이란 산림에서 생활환경·경관의 보호와 수원(水源) 함양, 재해 방지 및 산림유전자원의 보전·증진이 특별히 필요하여 지정·고시한 구역을 말한다.
2. "생태숲"이란 산림생태계가 안정되어 있거나 산림생물 다양성이 높아 특별히 현지내 보전·관리가 필요한 숲을 말한다.
3. "산림병해충"이란 산림에 있는 식물과 산림이 아닌 지역에 있는 수목(「농어업재해대책법」 제2조제4호에 따른 농작물은 제외한다)에 해를 끼치는 병과 해충을 말한다.
4. "예찰"이란 산림병해충이 발생할 우려가 있거나 발생한 지역에 대하여 발생 여부, 발생정도, 피해 상황 등을 조사하거나 진단하는 것을 말한다.
5. "방제"란 산림병해충이 발생하지 아니하도록 예방하거나, 이미 발생한 산림병해충을 약화시키거나 제거하는 모든 활동을 말한다.
6. "예찰·방제기관"이란 산림병해충의 예찰·방제를 하는 지방자치단체나 산림청 소속 기관을 말한다.
7. "산불"이란 산림이나 산림에 잇닿은 지역의 나무·풀·낙엽 등이 인위적으로나 자연적으로 발생한 불에 타는 것을 말한다.
8. "산불방지"란 산불을 예방하고 진화하는 모든 활동을 말한다.
9. "산불유관기관"이란 산불방지 업무와 관련되는 중앙행정기관과 그 소속 기관 등 대통령령으로 정하는 기관을 말한다.
10. "산사태"란 「사방사업법」 제2조제5호에 따른 산사태를 말한다.
11. "산사태예방"이란 산사태의 발생이 우려되는 지역에 대하여 미리 대처하여 막는 모든 활동을 말한다.
12. "산사태유관기관"이란 산사태예방 업무와 관련되는 중앙행정기관과 그 소속 기관 등 대통령령으로 정하는 기관을 말한다.
13. "산사태취약지역"이란 산사태로 인하여 인명 및 재산 피해가 우려되는 지역으로 제45조의8에 따라 지정·고시한 지역을 말한다. 다만, 「급경사지 재해예방에 관한 법률」 제2조제1호의 급경사지 및 제2호의 붕괴위험지역, 「도로법」 제10조의 도로, 「시설물의 안전관리에 관한 특별법」 제2조제2호 및 제3호의 시설물에 관하여는 적용하지 아니한다.

14. "산사태정보체계"란 산사태 위험등급을 구분하여 제공하고, 산사태의 발생 위험 정도를 분석하여 알려주는 일련의 체계를 말한다.

제3조(산림보호의 기본원칙)

국가와 지방자치단체는 산림을 다음 각 호의 기본원칙에 따라 보호하여야 한다.

1. 산림을 자연적 또는 인위적인 피해로부터 온전하게 보호할 것
2. 산림의 건강성을 유지 · 증진하여 지속 가능한 산림관리 기반을 조성할 것
3. 산림보호구역의 합리적 · 체계적 관리로 산림의 공익기능을 증진할 것
4. 국가와 지방자치단체 간에 유기적인 산림보호 협조체계를 만들어서 산림피해에 신속히 대응하게 할 것

제4조(적용범위)

산림이 아닌 토지나 나무에 대하여도 이 법에서 정하는 바에 따라 산림보호구역, 보호수 및 산림병해충에 관한 규정의 전부 또는 일부를 적용한다.

제5조(다른 법률과의 관계)

산림보호에 관하여 다른 법률에 특별한 규정이 있는 경우를 제외하고는 이 법에서 정하는 바에 따른다.

제6조(산림의 구분과 산림의 관할 행정청)

산림의 구분과 산림별 관할 행정청에 대하여는 「산림자원의 조성 및 관리에 관한 법률」 제4조 및 제5조를 적용한다.

제2장 산림보호구역 등

제7조(산림보호구역의 지정)

① 산림청장 또는 특별시장 · 광역시장 · 특별자치시장 · 도지사 · 특별자치도지사(이하 "시 · 도지사"라 한다)는 특별히 산림을 보호할 필요가 있으면 다음 각 호의 구분에 따라 산림보호구역을 지정할 수 있다. 〈개정 2012.2.22., 2014.6.3.〉

1. 생활환경보호구역 : 도시, 공단, 주요 병원 및 요양소의 주변 등 생활환경의 보호 · 유지와 보건위생을 위하여 필요하다고 인정되는 구역
2. 경관보호구역 : 명승지 · 유적지 · 관광지 · 공원 · 유원지 등의 주위, 그 진입도로의 주변 또는 도로 · 철도 · 해안의 주변으로서 경관 보호를 위하여 필요하다고 인정되는 구역
3. 수원함양보호구역 : 수원의 함양, 홍수의 방지나 상수원 수질관리를 위하여 필요하다고 인정되는 구역
4. 재해방지보호구역 : 토사 유출 및 낙석의 방지와 해풍 · 해일 · 모래 등으로 인한 피해의 방지를 위하여 필요하다고 인정되는 구역
5. 산림유전자원보호구역 : 산림에 있는 식물의 유전자와 종(種) 또는 산림생태계의 보전을 위하여 필요하다고 인정되는 구역. 다만, 「자연공원법」 제2조제2호에 따른 국립공원구역의 경우에는 같은 법 제4조제2항에 따른 공원관리청(이하 "공원관리청"이라 한다)과 협의하여야 한다.

② 삭제 〈2014.6.3.〉

③ 제1항에 따른 산림보호구역의 구획, 세부 구분 등에 필요한 사항은 농림축산식품부령으로 정한다. 〈개정 2013.3.23., 2014.6.3.〉

제8조(산림보호구역 지정의 고시 등)

① 산림청장 또는 시·도지사는 제7조에 따라 산림보호구역을 지정하려면 지정 예정지에 대하여 다음 각 호의 사항을 공고하고, 토지소유자와 관할 시장·군수·구청장(자치구의 구청장을 말한다. 이하 같다)에게 알려야 한다. 〈개정 2012.2.22., 2013.3.23., 2014.6.3.〉

1. 지정 사유
2. 구역의 구분
3. 지정대상지의 소재와 면적
4. 지정에 관한 이의신청기간
5. 그 밖에 농림축산식품부령으로 정하는 사항

② 제7조에 따른 산림보호구역의 지정과 관련하여 토지소유자나 해당 산림에 직접적인 이해관계가 있는 자는 제1항에 따른 이의신청기간에 농림축산식품부령으로 정하는 바에 따라 이의신청을 할 수 있다. 〈개정 2013.3.23.〉

③ 산림청장 또는 시·도지사는 제2항에 따른 이의신청을 받은 날부터 20일 이내에 그 이의신청에 대하여 결정을 하고 지체 없이 그 결과를 신청인에게 알려야 한다. 〈개정 2012.2.22., 2014.6.3.〉

④ 산림청장 또는 시·도지사는 제2항에 따른 이의신청이 없거나 이의신청이 이유가 없다고 인정되면 산림보호구역으로 지정·고시하고, 토지소유자와 관할 시장·군수·구청장에게 알려야 한다. 〈개정 2012.2.22., 2014.6.3.〉

⑤ 산림보호구역의 지정은 제4항에 따라 고시한 날부터 그 효력이 발생한다.

⑥ 제4항에 따라 산림보호구역으로 지정·고시할 때에 「토지이용규제 기본법」 제8조에 따른 지형도면 등을 함께 고시하여야 한다.

제9조(산림보호구역에서의 행위 제한)

① 산림보호구역(「산림문화·휴양에 관한 법률」 제14조제1항에 따른 자연휴양림조성계획을 승인받은 구역은 제외한다. 이하 이 조에서 같다) 안에서는 다음 각 호의 행위를 하지 못한다. 〈개정 2014.6.3.〉

1. 입목(立木)·죽(竹)의 벌채
2. 임산물의 굴취(掘取)·채취
2의2. 입목·죽 또는 임산물을 손상하거나 말라 죽게 하는 행위
3. 가축의 방목
4. 그 밖에 대통령령으로 정하는 토지의 형질을 변경하는 행위

② 제1항에도 불구하고 농림축산식품부령으로 정하는 바에 따라 다음 각 호의 구분에 따른 행위를 할 수 있다. 〈개정 2013.3.23., 2014.6.3.〉

1. 산림청장 또는 시·도지사의 허가를 받으면 할 수 있는 행위 : 농림축산식품부령으로 정하는 산림보호시설의 설치, 산림병해충의 방제, 그 밖에 대통령령으로 정하는 행위를 하기 위하여 부수적으로 하는 제1항 각 호의 행위

2. 산림청장 또는 시·도지사에게 신고하면 할 수 있는 행위 : 산림보호구역(산림유전자원보호구역은 제외한다)의 지정 목적에 위배되지 아니하는 범위에서 숲 가꾸기를 위한 벌채, 그 밖에 산림의 기능을 증진하기 위한 입목·죽의 벌채나 임산물의 굴취·채취 행위로서 대통령령으로 정하는 경우

3. 산림청장 또는 시·도지사의 허가나 신고 없이 할 수 있는 행위 : 산림보호구역(산림유전자원보호구역은 제외한다)의 지정 목적에 위배되지 아니하는 범위에서 방화선(防火線)을 설치하기 위한 입목벌채 등 대통령령으로 정하는 경우

제10조(산림보호구역의 관리 등)

① 산림청장 또는 시·도지사는 산림보호구역을 지정하였으면 그 지정 목적대로 보호·관리하도록 노력하여야 한다. 이 경우 산림보호구역의 보호·관리나 기능 증진을 위하여 필요하다고 인정하면 관리인을 지정하거나, 산림보호구역의 소유자 또는 관리인과 산림보호에 관한 협약(이하 "산림보호관리협약"이라 한다)을 체결하여 산림을 관리하게 할 수 있다. 〈개정 2012.2.22., 2014.6.3.〉

② 산림청장 또는 시·도지사는 산림보호구역의 소유자·관리인 또는 산림보호관리협약을 체결한 자에 대하여 그 보호·관리 등에 필요한 사항을 명할 수 있으며, 보호·관리에 필요한 비용을 대통령령으로 정하는 바에 따라 지원할 수 있다. 〈개정 2014.6.3.〉

③ 국가나 지방자치단체는 공익상의 이유로 제9조제2항제1호에 따른 허가를 받지 못한 산림보호구역의 토지 및 입목·죽의 소유자 또는 이를 사용·수익할 수 있는 권리를 가진 자에 대하여 그 허가를 받지 못하여 통상적으로 받게 될 손실을 대통령령으로 정하는 바에 따라 보상하여야 한다. 〈개정 2013.8.13.〉

④ 산림청장 또는 시·도지사는 면적·위치 등 농림축산식품부령으로 정하는 기준에 부합하는 산림유전자원보호구역의 경우에는 보호·관리에 필요한 다음 각 호의 시설을 설치·운영할 수 있다. 〈신설 2012.2.22., 2013.3.23., 2014.6.3.〉

1. 산림유전자원의 조사·보존 및 연구를 위한 시설
2. 산림유전자원보호구역의 교육·탐방 및 안내 시설
3. 그 밖에 산림유전자원보호구역의 보호·관리를 위한 시설로서 농림축산식품부령으로 정하는 시설

제10조의2(국립공원 안의 산림유전자원보호구역 관리)

① 지방산림청장은 「자연공원법」 제2조제2호에 따른 국립공원 안의 산림유전자원보호구역의 보호·관리를 위하여 다음 각 호의 행위를 할 수 있다. 이 경우 공원관리청에 미리 통보하여야 한다.

1. 산림유전자원의 조사·보존 및 연구
2. 산림병해충의 방제
3. 산불예방
4. 그 밖에 산림유전자원보호구역의 보호·관리를 위하여 필요한 행위로서 대통령령으로 정하는 행위

② 지방산림청장은 국립공원 안의 산림유전자원보호구역을 보호·관리하기 위하여 필요한 경우 농림축산식품부령으로 정하는 바에 따라 사람의 출입을 제한할 수 있다. 다만, 다음 각 호의 어느 하나에 해당하는 경우에는 그러하지 아니한다. 〈개정 2013.3.23.〉

  1. 공원관리청이 개설·운영하는 탐방로
  2. 공원관리청이 공원관리 업무 수행을 위하여 출입하는 경우
  [본조신설 2012.2.22.]

제10조의3(산림유전자원보호구역 관리기본계획의 수립·시행)

① 산림청장은 산림유전자원보호구역의 보호·관리를 위하여 5년마다 다음 각 호의 사항이 포함된 산림유전자원보호구역 관리기본계획(이하 "관리기본계획"이라 한다)을 수립·시행하여야 한다.

  1. 산림유전자원보호구역 보호·관리 목표의 설정에 관한 사항
  2. 산림유전자원의 조사·연구에 관한 사항
  3. 산림유전자원의 분포 현황에 관한 사항
  4. 산림유전자원보호구역의 지속가능한 이용에 필요한 사항
  5. 그 밖에 산림유전자원의 보호·관리에 필요한 사항

② 산림청장은 관리기본계획을 수립하거나 변경하려는 경우에는 관계 행정기관의 장 및 지방자치단체의 장과 미리 협의하여야 한다. 다만, 대통령령으로 정하는 경미한 사항을 변경하는 경우에는 그러하지 아니하다.

③ 산림청장은 관리계본계획의 수립을 위하여 필요한 경우에는 관계 행정기관의 장 및 지방자치단체의 장에게 자료의 제출을 요구할 수 있다. 이 경우 관계 행정기관의 장 및 지방자치단체의 장은 정당한 사유가 없는 한 이에 따라야 한다.

④ 시·도지사와 지방산림청장은 관리기본계획에 따라 5년마다 관할 산림유전자원보호구역에 대한 관리계획(이하 이 조에서 "지역관리계획"이라 한다)을 수립·시행하여야 한다.

⑤ 시·도지사 또는 지방산림청장은 관리기본계획과 지역관리계획에 따라 매년 연차별 시행계획을 각각 수립·시행하여야 한다.

  [본조신설 2012.2.22.]

제10조의4(효과성평가)

① 산림청장은 산림유전자원보호구역의 보호 및 관리의 효과성에 관한 평가(이하 이 조에서 "효과성평가"라 한다)를 실시할 수 있다.

② 산림청장은 효과성평가의 결과를 관리기본계획에 반영하여야 한다.

③ 효과성평가의 기준·방법 및 시기 등에 필요한 사항은 대통령령으로 정한다.

  [본조신설 2012.2.22.]

제11조(산림보호구역의 지정해제)

① 산림청장 또는 시·도지사는 다음 각 호의 구분에 따라 산림보호구역의 전부 또는 일부의 지정을 해제할 수 있다. 〈개정 2010.2.4., 2012.2.22., 2013.3.23., 2014.6.3.〉

  1. 생활환경보호구역, 경관보호구역, 수원함양보호구역, 재해방지보호구역

    가. 지정 목적을 달성하여 산림보호구역으로 계속 둘 필요가 없다고 인정하는 경우

    나. 천재지변 등으로 인한 피해, 그 밖에 대통령령으로 정하는 사유로 지정 목적이 상실되었다고 인정하는 경우

    다. 학교시설, 농로시설, 산업단지, 주요 산업시설이나 군사시설 또는 그 밖에 대통령령으로 정하는 공용·공공용 시설의 용지로 사용하려는 경우

    라. 농업·임업·어업·광업과 관련된 용도로서 농지 등의 개발, 농가주택 등의 시설, 어류양식 등의 시설 등 대통령령으로 정하는 용도로 사용하려는 경우

    마. 「문화재보호법」 제27조에 따른 보호구역의 지정 등 공익 목적을 위하여 지정해제가 불가피하다고 인정되는 경우로서 대통령령으로 정하는 사유가 발생한 경우

    바. 산림보호구역의 지정 목적에 지장이 없는 범위에서 산림보호구역의 일부 구역에서 토석을 채취하는 등 대통령령으로 정하는 용도로 사용하려는 경우

    사. 제7조제1항에 따라 산림청장이 지정한 수원함양보호구역에 대하여 지정 목적에 지장이 없도록 농림축산식품부령으로 정하는 범위에서 수원함양보호구역의 일부 구역이 대통령령으로 정하는 다른 목적의 부지로 편입되는 경우

  2. 산림유전자원보호구역

    가. 제1호가목 및 나목에 해당하는 경우

    나. 군사시설이나 그 밖에 대통령령으로 정하는 공용·공공용 시설의 용지로 사용하거나 공익 목적을 위하여 지정해제가 불가피하다고 인정하는 경우

② 시·도지사가 다음 각 호의 구분에 따라 산림보호구역의 전부 또는 일부의 지정을 해제하고자 하는 경우에는 산림청장과 미리 협의하여야 한다. 〈개정 2015.7.20.〉

  1. 제1항제1호가목·나목·사목에 해당하는 경우

  2. 제1항제2호가목에 해당하는 경우

③ 산림청장은 제2항에 따라 협의를 요청받은 경우에는 「산지관리법」 제22조제1항에 따른 중앙산지관리위원회의 심의를 거쳐야 한다. 〈신설 2015.7.20.〉

④ 산림청장은 제3항의 중앙산지관리위원회의 심의 결과에 따른 협의 의견을 시·도지사에게 통보하여야 한다. 〈신설 2015.7.20.〉

⑤ 산림보호구역 지정해제의 절차·방법 등에 관한 구체적인 사항은 대통령령으로 정한다. 〈신설 2015.7.20.〉

제12조(산림보호구역의 토지의 매수·교환)

① 국가나 지방자치단체는 산림보호구역의 지정 목적을 달성하기 위하여 필요하면 토지소유자와 협의하거나 토지소유자의 신청을 받아 산림보호구역의 토지(입목·죽을 포함한다. 이하 이 조에서 같다)나 대통령령으로 정하는 산림보호구역 인근의 토지를 예산의 범위에서 매수하거나 국유림 또는 공유림과 교환할 수 있다. 다만, 다음 각 호의 토지는 다른 산림보호구역의 토지에 우선하여 매수·교환의 대상으로 선정할 수 있다. 〈개정 2014.6.3.〉

1. 곶자왈
2. 풍혈지
3. 그 밖에 농림축산식품부령으로 정하는 토지

② 제1항에 따른 토지 매수·교환의 절차, 그 밖에 필요한 사항은 「국유재산법」, 「국유림의 경영 및 관리에 관한 법률」 또는 「공유재산 및 물품 관리법」을 준용한다.

③ 제1항에 따라 토지를 매수·교환하려는 경우의 매수·교환 가격은 「공익사업을 위한 토지 등의 취득 및 보상에 관한 법률」에 따라 산정된 가격으로 한다.

제12조의2(수원함양보호구역 토지의 매각·교환 등)

「국유재산법」 제2조제11호에 따른 중앙관서의 장등은 소관 국유림(산림청 소관 국유림은 제외한다) 중 농림축산식품부령으로 정하는 수원함양보호구역으로 지정된 재산을 같은 법에 따라 매각·교환하려는 경우에는 해당 지정권자와 미리 협의하고, 그 협의 결과를 매각·교환하려는 상대방에게 알려야 한다. 〈개정 2013.3.23.〉
[본조신설 2012.2.22.]

제13조(보호수의 지정·관리)

① 시·도지사 또는 지방산림청장은 노목(老木), 거목(巨木), 희귀목(稀貴木)으로서 특별히 보호할 필요가 있는 나무를 보호수로 지정하고 현재 있는 장소에서 안전하게 관리하여야 한다.

② 보호수의 지정 및 지정해제, 보호수에 대한 행위 제한, 보호수가 자라고 있는 토지의 매수 또는 교환 등에 관하여는 산림보호구역에 관한 제8조부터 제12조까지의 규정을 준용한다.

제14조(산림정화구역의 지정 등)

① 산림청장, 특별자치시장·특별자치도지사·시장·군수·구청장 또는 지방산림청장은 오염되었거나 오염될 우려가 있어 오염을 방지·정화할 필요가 있는 산림이나 산림환경 보전을 위하여 필요하다고 인정되는 산림의 전부 또는 일부를 대통령령으로 정하는 기준에 따라 산림정화구역으로 지정할 수 있다. 〈개정 2014.6.3.〉

② 산림청장, 특별자치시장·특별자치도지사·시장·군수·구청장 또는 지방산림청장은 제1항에 따라 지정된 산림정화구역에 오염방지시설을 설치하는 등 산림오염의 방지·정화 및 산림환경 보전을 위하여 필요한 조치를 할 수 있다. 〈개정 2014.6.3.〉

③ 산림청장, 특별자치시장·특별자치도지사·시장·군수·구청장 또는 지방산림청장은 산림정화구역이 지정 목적을 달성하였거나 계속 둘 필요가 없다고 인정하면 그 지정을 해제할 수 있다. 〈개정 2014.6.3.〉

④ 산림청장, 특별자치시장·특별자치도지사·시장·군수·구청장 또는 지방산림청장은 제1항에 따라 산림정화구역을 지정하거나 제3항에 따라 지정을 해제하면 그 사실을 고시하여야 한다. 〈개정 2014.6.3.〉

⑤ 산림정화구역의 지정 절차 및 관리, 그 밖에 필요한 사항은 농림축산식품부령으로 정한다. 〈개정 2013.3.23.〉

제15조(입산통제구역의 지정 등)

① 특별자치시장·특별자치도지사·시장·군수·구청장 또는 지방산림청장은 산불 예방, 자연경관 유지, 자연환경 보전, 그 밖에 산림보호를 위하여 필요하면 일정한 기간을 정하여 산림의 일부 지역(「자연공원법」에 따른 공원구역은 제외한다)을 입산통제구역으로 지정하여 사람의 출입을 제한할 수 있다. 〈개정 2014.6.3.〉

② 특별자치시장·특별자치도지사·시장·군수·구청장 또는 지방산림청장은 입산통제구역을 지정하면 그 사실, 대상 지역 및 출입이 금지되는 기간 등을 고시하고 입산통제구역에 농림축산식품부령으로 정하는 표시를 하여야 한다. 〈개정 2013.3.23., 2014.6.3.〉

③ 입산통제구역에 들어가려는 사람은 특별자치시장·특별자치도지사·시장·군수·구청장 또는 지방산림청장의 허가를 받아야 한다. 다만, 산림사업의 시행, 산불 진화, 그 밖에 농림축산식품부령으로 정하는 사유에 해당하는 경우에는 허가 없이 들어갈 수 있다. 〈개정 2013.3.23., 2014.6.3.〉

④ 특별자치시장·특별자치도지사·시장·군수·구청장 또는 지방산림청장은 입산통제구역의 지정 목적이 달성되었거나 지정 목적이 상실된 경우에는 지체 없이 그 지정을 해제하고 그 사실을 고시하여야 한다. 〈개정 2014.6.3.〉

⑤ 입산통제구역의 지정 및 지정해제의 절차, 그 밖에 필요한 사항은 농림축산식품부령으로 정한다. 〈개정 2013.3.23.〉

제16조(산림오염 방지 등을 위한 금지행위)

누구든지 산림에서 다음 각 호의 어느 하나에 해당하는 행위를 하여서는 아니 된다.

1. 오물이나 쓰레기를 버리는 행위
2. 산림의 보호·관리를 위하여 산림행정관서에서 설치한 표지를 옮기거나 더럽히거나 망가뜨리는 행위

제17조(산림보호원의 고용)

① 특별자치시장·특별자치도지사·시장·군수·구청장 또는 지방산림청장은 산림보호구역 및 산림정화구역의 훼손·오염 방지 등 산림보호를 위하여 필요하면 산림보호원을 둘 수 있다. 〈개정 2014.6.3.〉

② 제1항에 따른 산림보호원의 임무는 다음 각 호와 같다.

    1. 산림의 훼손·오염 방지 및 계도

    2. 산림식물의 보호

    3. 산림병해충 예찰

    4. 산불예방활동

    5. 그 밖에 산림보호에 필요한 활동

③ 특별자치시장·특별자치도지사·시장·군수·구청장 또는 지방산림청장은 산림보호원의 업무 수행을 위하여 필요하면 예산의 범위에서 활동에 필요한 경비를 지급할 수 있다. 〈개정 2014.6.3.〉

④ 산림보호원의 자격, 고용방법, 그 밖에 필요한 사항은 농림축산식품부령이나 해당 지방자치단체의 조례로 정한다. 〈개정 2013.3.23.〉

제18조(생태숲의 지정 등)

① 산림청장은 산림생태계의 안정과 산림생물의 다양성을 유지·증진하고 연구·교육·탐방·체험 등을 위하여 필요한 산림을 생태숲으로 지정할 수 있다.

② 지방자치단체의 장이나 지방산림청장은 제1항에 따라 생태숲으로 지정받으려는 산림에 대하여는 농림축산식품부령으로 정하는 바에 따라 산림청장에게 생태숲 지정을 신청하여야 한다. 〈개정 2013.3.23.〉

③ 산림청장은 제2항에 따라 지정신청을 받은 산림의 입지 여건, 면적 등이 대통령령으로 정하는 기준에 맞는 경우에는 그 산림을 생태숲으로 지정하여야 한다.

④ 산림청장은 생태숲 또는 그 주변 토지에 제1항의 연구·교육·탐방·체험 등을 위한 시설(이하 "산림생태원"이라 한다)을 설치하거나 훼손된 산림생태계를 복원하려는 지방자치단체에 필요한 지원을 할 수 있다.

⑤ 생태숲의 지정·해제, 지정지역의 선정기준 및 산림생태원의 시설규모, 시설설치 범위 등 생태숲의 관리에 필요한 사항은 농림축산식품부령으로 정한다. 〈개정 2013.3.23.〉

제18조의2(특별산림보호대상종의 지정·관리)

① 산림청장 또는 시·도지사는 기후변화, 산림재해, 인위적 산림훼손 등에 특히 취약하거나 산림생태계 안정 및 경제적·문화적·학술적으로 가치가 높아 우선적인 보호가 필요한 산림자원에 대하여 특별산림보호대상종(이하 "보호종"이라 한다)으로 지정·관리할 수 있다. 다만, 다른 법령에 따라 보호대상으로 지정된 종을 이 법에 따른 보호종으로 지정·관리하고자 하는 경우에는 관계 중앙행정기관의 장과 미리 협의하여야 한다.

② 산림청장, 시·도지사 또는 지방산림청장은 제1항에 따라 지정한 보호종이 집단적으로 서식하고 있는 지역 중 특별히 보전할 필요가 있는 구역에 대하여 제7조제1항에 따른 산림유전자원보호구역 또는 제18조제1항에 따른 생태숲으로 지정할 수 있다.

③ 산림청장, 시·도지사 또는 지방산림청장은「산림자원의 조성 및 관리에 관한 법률」제2조제3호에 따른 산림사업을 하는 경우에는 보호종과 그 자생지의 피해를 최소화할 수 있는 방안을 수립·시행하여야 한다.

④ 산림청장 또는 시·도지사는 제1항에 따라 지정된 보호종의 보존·관리·증식·이용·품종개발 및 보급 등에 필요한 비용의 전부 또는 일부를 예산의 범위에서 지원할 수 있다.

⑤ 제1항에 따른 보호종의 종류·지정방법 등에 필요한 사항은 농림축산식품부령으로 정한다. 〈개정 2013.3.23.〉

[본조신설 2011.7.14.]

제18조의3(보호종의 굴취·채취 금지 등)

① 누구든지 제18조의2에 따라 지정된 보호종을 벌채·굴취·채취·손상 또는 말라 죽게 하거나 그 자생지를 훼손하는 행위를 하여서는 아니 된다. 〈개정 2014.6.3.〉

② 제1항에도 불구하고 다음 각 호의 어느 하나에 해당하는 경우로서 산림청장, 시·도지사 또는 지방산림청장의 허가를 받은 경우에는 굴취·채취할 수 있다. 다만, 다른 관계 법령에 따라 보호종의 굴취·채취 허가를 받은 경우에는 그 법령에서 정한 바에 따른다. 〈개정 2013.3.23., 2014.6.3.〉

1. 학술·연구·보전·증식 또는 복원의 목적으로 사용하고자 하는 경우
2. 「수목원 조성 및 진흥에 관한 법률」 제9조에 따라 등록한 수목원에서 전시·교육의 목적으로 사용하고자 하는 경우
3. 그 밖에 보호종의 지속적인 생장·번식에 지장을 주지 아니하는 범위에서 농림축산식품부령으로 정하는 경우

③ 산림청장, 시·도지사 또는 지방산림청장은 제18조의2제1항에 따라 지정된 보호종이 굴취·채취되어 그 자생지가 훼손된 경우에는 이를 복원 또는 복구할 수 있다.

④ 제2항에 따른 보호종의 굴취·채취 허가 및 제3항에 따른 복원 또는 복구 등에 필요한 사항은 농림축산식품부령으로 정한다. 〈개정 2013.3.23.〉

[본조신설 2011.7.14.]

제19조(산림의 건강·활력도)

① 산림청장은 산림의 기능을 증진시키기 위하여 산림생태계가 건강하고 다양하게 유지되고 있는 정도(이하 "산림의 건강·활력도"라 한다)를 조사·평가할 수 있다.

② 산림청장은 제1항에 따라 산림의 건강·활력도를 조사·평가한 결과 특별히 보호할 필요가 있다고 인정되는 산림에 대하여는 보전대책을 수립·시행하여야 한다.

③ 산림의 건강·활력도의 조사기준·평가방법, 그 밖에 필요한 사항은 대통령령으로 정한다.

제3장 산림병해충의 예찰·방제

제20조(산림병해충 예찰·방제 장기계획의 수립)

① 산림청장은 효율적이고 체계적인 산림병해충 예찰·방제를 위하여 다음 각 호의 사항이 포함된 전국 산림병해충 예찰·방제 장기계획(이하 "전국장기계획"이라 한다)을 10년마다 수립·시행하여야 한다.

1. 전국장기계획의 목표 및 추진방향
2. 산림병해충 예찰·방제를 위한 예산·인력 등의 확충에 관한 사항

3. 산림병해충 예찰·방제 관련 법령의 정비 등 제도개선에 관한 사항

4. 산림병해충 예찰·방제의 교육·연구 및 국제협력에 관한 사항

5. 산림병해충 피해지의 복구·복원에 관한 사항

6. 그 밖에 산림병해충 예찰·방제에 관하여 대통령령으로 정하는 사항

② 시·도지사와 지방산림청장은 전국장기계획에 따라 관할 지역의 특수성을 고려한 지역 산림병해충 예찰·방제 장기계획(이하 "지역장기계획"이라 한다)을 10년마다 수립·시행하여야 한다.

③ 전국장기계획과 지역장기계획의 수립·변경에 필요한 사항은 대통령령으로 정한다.

제21조(산림병해충 예찰·방제 연도별계획)

① 산림청장은 매년 전국 산림병해충 예찰·방제계획(이하 "전국연도별계획"이라 한다)을 수립하여 시·도지사와 지방산림청장에게 알려야 한다. 전국연도별계획을 변경한 때에도 또한 같다.

② 시·도지사와 지방산림청장은 전국연도별계획에 따라 관할 지역의 특수성을 고려하여 매년 지역 산림병해충 예찰·방제계획(이하 "지역연도별계획"이라 한다)을 수립·시행하여야 한다.

③ 전국연도별계획과 지역연도별계획의 수립·시행에 관하여 필요한 사항은 대통령령으로 정한다.

제21조의2(산림병해충의 조사·연구 및 기술개발 등)

① 산림청장, 시·도지사 또는 지방산림청장은 산림병해충과 이와 관련된 산림곤충 등의 종류·분포 및 생태적 특성 등에 관하여 조사·연구하고, 방제기술을 개발하여야 한다.

② 산림청장, 시·도지사 또는 지방산림청장은 제1항에 따른 조사·연구의 결과를 전국장기계획, 지역장기계획, 전국연도별계획 또는 지역연도별계획에 각각 반영하여야 한다.

③ 제1항에 따른 조사·연구의 대상 및 방법, 방제기술의 개발 등에 필요한 사항은 농림축산식품부령으로 정한다. 〈개정 2013.3.23.〉

[본조신설 2011.7.14.]

제21조의3(수목진료에 관한 시책의 수립·시행)

① 산림청장, 시·도지사 또는 지방산림청장은 다음 각 호의 사항이 포함된 수목진료(기후변화, 대기오염, 산성비 또는 산림병해충 등에 의한 산림에 있는 식물과 산림이 아닌 지역에 있는 수목의 피해를 조사·진단하고 그 피해를 예방하거나 줄이기 위한 모든 활동을 말한다)에 관한 시책을 수립·시행하여야 한다.

1. 피해예방·진단·치유방법에 관한 사항

2. 수목진료 관련 전문인력 양성에 관한 사항

3. 그 밖에 수목진료에 필요한 사항으로서 대통령령으로 정하는 사항

② 제1항에 따른 수목진료에 관한 시책의 수립·시행에 필요한 사항은 대통령령으로 정한다.

[본조신설 2011.7.14.]

제22조(산림병해충 예찰·방제대책본부)

① 산림청장은 산림병해충의 예찰과 방제에 필요한 지원을 하기 위하여 산림청에 중앙 산림병해충 예찰·방제대책본부(이하 "중앙예찰·방제대책본부"라 한다)를 설치·운영하여야 한다.

② 지방자치단체의 장, 지방산림청장 및 국유림관리소장은 산림병해충의 예찰·방제를 효율적으로 추진하기 위하여 지역 산림병해충 예찰·방제대책본부(이하 "지역예찰·방제대책본부"라 한다)를 설치·운영하여야 한다.

③ 중앙예찰·방제대책본부의 본부장은 산림청장이 되고, 지역예찰·방제대책본부의 본부장은 지방자치단체의 장, 지방산림청장 및 국유림관리소장이 된다.

④ 중앙예찰·방제대책본부와 지역예찰·방제대책본부의 구성·운영 및 그 밖에 필요한 사항은 대통령령으로 정한다.

제23조(예찰)

① 산림청장 또는 예찰·방제기관의 장은 산림병해충이 발생할 우려가 있거나 발생한 지역에 대하여 예찰을 하여야 한다.

② 제1항에 따른 예찰의 방법·시기와 예찰 결과에 대한 조치 사항 등은 농림축산식품부령으로 정한다. 〈개정 2013.3.23.〉

제24조(방제명령 등)

① 산림소유자는 산림병해충이 발생 우려가 있거나 발생하였을 때에는 예찰·방제에 필요한 조치를 하여야 한다.

② 산림청장, 시·도지사, 시장·군수·구청장 또는 지방산림청장은 산림병해충이 발생할 우려가 있거나 발생하였을 때에는 예찰·방제에 필요한 조치를 할 수 있다. 〈개정 2012.2.22.〉

③ 시·도지사, 시장·군수·구청장 또는 지방산림청장은 산림병해충이 발생할 우려가 있거나 발생하였을 때에는 산림소유자, 산림관리자, 산림사업 종사자, 수목(樹木)의 소유자 또는 판매자 등에게 다음 각 호의 조치를 하도록 명할 수 있다. 이 경우 명령을 받은 자는 특별한 사유가 없으면 명령에 따라야 한다. 〈신설 2012.2.22.〉

1. 산림병해충이 있는 수목이나 가지 또는 뿌리 등의 제거
2. 산림병해충이 발생할 우려가 있거나 발생한 산림용 종묘, 베어낸 나무, 조경용 수목, 떼, 토석 등의 이동 제한이나 사용 금지
3. 산림병해충을 옮기거나 피해를 일으키는 곤충 등 동물의 방제나 병해충의 피해를 확산시키는 식물의 제거
4. 산림병해충이 발생할 우려가 있거나 발생한 종묘·토양의 소독

④ 시·도지사, 시장·군수·구청장 또는 지방산림청장은 제3항제2호에 따라 산림용 종묘, 베어낸 나무, 조경용 수목 등의 이동 제한이나 사용 금지를 명한 경우에는 그 내용을 해당 기관의 게시판 및 인터넷 홈페이지 등에 10일 이상 공고하여야 한다. 〈개정 2012.2.22.〉

⑤ 제3항제2호에 따른 이동 제한이나 사용 금지의 명령을 받은 자가 이동 제한 또는 사용 금지의 해제를 신청하면 산림병해충의 방제가 완료되었다고 인정되는 경우에만 이동 제한이나 사용 금지를 해제할 수 있다. 〈개정 2012.2.22.〉

⑥ 산림병해충의 방제 완료의 인정, 이동 제한 또는 사용 금지에 필요한 사항은 농림축산식품부령으로 정한다. 〈개정 2012.2.22., 2013.3.23.〉

⑦ 시·도지사, 시장·군수·구청장 또는 지방산림청장은 제3항 각 호의 조치이행에 따라 발생한 비용을 대통령령으로 정하는 바에 따라 지원할 수 있다. 〈개정 2012.2.22.〉

제25조(산림병해충의 방제)

① 산림청장 또는 예찰·방제기관의 장이 산림병해충을 방제하려면 사업 착수 14일 전까지 다음 각 호의 사항을 공고하여야 한다. 다만, 긴급하게 방제할 필요가 있는 경우에는 우선 방제를 한 후에 공고할 수 있다.

  1. 방제 일시 및 대상 지역
  2. 방제대상 병해충의 종류
  3. 방제의 방법과 내용
  4. 그 밖에 방제와 관련하여 필요한 사항

② 제1항에 따른 방제작업 결과에 대한 점검과 조치에 필요한 세부 사항은 농림축산식품부령으로 정한다. 〈개정 2013.3.23.〉

③ 산림병해충의 방제방법에 관한 세부적인 사항은 산림청장이 따로 정한다.

제26조(방제사업의 설계·감리)

① 예찰·방제기관의 장이 대통령령으로 정하는 규모의 방제사업을 시행하려는 경우에는 설계·감리를 하여야 한다. 〈개정 2012.2.22.〉

② 제1항에 따른 설계·감리는 다음 각 호의 어느 하나에 해당하는 자가 할 수 있다. 〈개정 2010.4.12.〉

  1. 「기술사법」에 따라 산림 분야 사무소를 개설한 기술사
  2. 「엔지니어링산업 진흥법」에 따른 산림전문분야 엔지니어링사업자
  3. 그 밖에 대통령령으로 정하는 자

③ 방제사업을 설계하거나 감리하는 자는 이 법이나 이 법에 따른 명령 또는 그 밖의 관계 법령에 맞게 설계·감리하여야 한다.

④ 방제사업의 감리자는 이 법이나 이 법에 따른 명령 또는 그 밖의 관계 법령을 위반한 사항을 발견하거나 방제사업 시공자가 설계대로 방제사업을 하지 아니하면 방제사업 시공자에게 시정하거나 재시공하도록 요청하여야 한다.

⑤ 방제사업의 감리자는 방제사업 시공자가 제4항의 요청에 따르지 아니하면 서면으로 그 방제사업을 중지하도록 요청할 수 있다. 이 경우 공사 중지를 요청받은 방제사업 시공자는 정당한 사유가 없으면 즉시 공사를 중지하여야 한다.

⑥ 방제사업의 설계·감리의 기준 및 절차, 그 밖에 필요한 사항은 농림축산식품부령으로 정한다. 〈개정 2013.3.23.〉

제27조(산림병해충 특별방제구역의 지정·해제 등)

① 산림청장은 산림병해충의 확산을 방지하기 위하여 긴급하게 예찰·방제할 필요가 있는 지역을 산림병해충 특별방제구역(이하 "특별방제구역"이라 한다)으로 지정할 수 있다.

② 산림청장이 제1항에 따라 특별방제구역을 지정하면 그 지정 내용을 고시하고, 그 특별방제구역을 관할하는 예찰·방제기관의 장에게 알려야 한다.

③ 예찰·방제기관의 장은 특별방제구역에서 신속하게 예찰·방제하기 위하여 산림병해충에 감염된 나무를 긴급하게 베어내는 등 대통령령으로 정하는 바에 따라 예찰·방제에 필요한 조치를 할 수 있다. 〈개정 2012.2.22.〉

④ 산림청장은 특별방제구역의 지정 목적이 달성되었거나 계속 둘 필요가 없다고 인정하면 그 지정을 해제하고 그 사실을 고시하여야 한다.

⑤ 특별방제구역의 지정 및 관리, 그 밖에 필요한 사항은 농림축산식품부령으로 정한다. 〈개정 2013.3.23.〉

제4장 산불의 방지 및 복구

제1절 산불방지대책의 수립 등

제28조(산불방지장기대책의 수립)

① 산림청장은 효율적이고 체계적인 산불방지를 위하여 다음 각 호의 사항이 포함된 전국산불방지장기대책을 5년마다 수립·시행하여야 한다.

1. 전국산불방지장기대책의 목표 및 추진 방향
2. 산불방지 인력·시설·장비 등의 확충에 관한 사항
3. 산불방지 관련 법령의 정비 등 제도 개선에 관한 사항
4. 산불방지를 위한 협력 요청에 관한 사항
5. 산불방지 교육훈련에 관한 사항
6. 산불방지 연구에 관한 사항
7. 산불피해지의 복구·복원에 관한 사항
8. 그 밖에 산불방지에 관하여 대통령령으로 정하는 사항

② 시·도지사 또는 지방산림청장은 전국산불방지장기대책에 따라 관할 지역의 특수성을 고려하여 지역산불방지장기대책을 5년마다 수립·시행하여야 한다.

③ 산림청장, 시·도지사 또는 지방산림청장은 산불유관기관의 장에게 전국산불방지장기대책, 지역산불방지장기대책의 수립 또는 변경에 필요한 자료의 제출을 요청할 수 있으며, 그 요청을 받은 산불유관기관의 장은 정당한 사유가 없으면 이에 따라야 한다.

④ 제1항부터 제3항까지의 규정에 따른 전국산불방지장기대책, 지역산불방지장기대책의 수립·변경 등에 필요한 사항은 대통령령으로 정한다.

제29조(연도별 산불방지대책의 수립)

① 산림청장은 매년 전국 산불방지연도별대책을 수립하여 시·도지사, 산림청 소속 기관의 장 및 산불유관기관의 장에게 알려야 한다. 전국산불방지연도별대책을 변경할 때에도 또한 같다.

② 지방자치단체, 지방산림청 및 지방산림청 국유림관리소(이하 "지역산불관리기관"이라 한다)의 장은 전국산불방지연도별대책에 따라 관할 지역의 특수성을 고려하여 매년 지역산불방지연도별대책을 수립·시행하여야 한다.

③ 제1항과 제2항에 따른 전국산불방지연도별대책과 지역산불방지연도별대책의 수립·시행에 필요한 사항은 대통령령으로 정한다.

제30조(산불방지대책본부의 설치 등)

① 산림청장은 산불조심기간 동안 전국산불방지연도별대책의 체계적 추진과 산불방지에 필요한 조치를 신속히 마련하기 위하여 산림청에 중앙산불방지대책본부를 설치·운영하여야 한다.

② 지역산불관리기관의 장은 산불조심기간 동안 지역산불방지연도별대책의 체계적 추진과 산불방지에 필요한 조치를 신속히 마련하기 위하여 그 지역산불관리기관에 지역산불방지대책본부를 설치·운영하여야 한다.

③ 중앙산불방지대책본부의 장은 산림청장이 되고, 지역산불방지대책본부의 장은 지역산불관리기관의 장이 된다.

④ 중앙산불방지대책본부의 장과 지역산불방지대책본부의 장은 대통령령으로 정하는 바에 따라 산불유관기관으로 구성된 산불방지협의회를 구성·운영할 수 있다.

⑤ 중앙산불방지대책본부와 지역산불방지대책본부의 운영 또는 그 밖에 필요한 사항은 대통령령으로 정한다.

제31조(산불조심기간의 설정 등)

① 산림청장은 산림에 있는 불이 탈 가능성이 있는 물질의 상태와 기상 상태에 따라 산불 발생의 위험 정도를 나타내는 지수(이하 "산불위험지수"라 한다)를 계산하여 국민에게 알려야 한다.

② 산림청장 또는 지방자치단체의 장은 대통령령으로 정하는 바에 따라 계절별로 산불위험지수가 높아 산불이 발생할 위험이 높은 기간을 산불조심기간으로 정하고, 산불조심기간 중 산불방지에 관한 특별한 대책이 필요한 기간을 산불특별대책기간으로 정할 수 있다.

③ 산림청장 또는 지방자치단체의 장은 제2항의 산불조심기간이나 산불특별대책기간을 정하면 그 내용을 농림축산식품부령으로 정하는 바에 따라 공고하여야 한다. 산불조심기간이나 산불특별대책기간을 변경하거나 해제하는 경우에도 또한 같다. 〈개정 2013.3.23.〉

제32조(산불경보의 발령 및 조치)

① 산림청장 또는 지방자치단체의 장은 대통령령으로 정하는 바에 따라 산불재난 국가위기경보(이하 "산불경보"라 한다)를 발령할 수 있다.

② 산림청장, 지방자치단체의 장, 산림청 소속 기관의 장 또는 국립공원관리공단 소속 공원사무소의 장은 산불경보가 발령되면 대통령령으로 정하는 산불경보별 조치기준에 따라 입산 통제 등 필요한 조치를 하여야 한다.

제2절 산불의 예방과 진화

제33조(산불의 예방 등)

① 산림의 소유자 또는 관리자는 산불의 예방과 진화에 필요한 시설을 설치하여야 하며, 산불이 발생하면 진화에 필요한 조치를 하여야 한다.

② 산림청장은 산불의 효율적인 예방·진화체계를 마련하여야 하며, 지방자치단체의 장과 지방산림청장은 이에 따라 산불을 예방하고 산불이 발생하면 진화하여야 한다.

③ 산림청장 또는 지방자치단체의 장은 산불에 대비하여 산불 예방과 진화에 필요한 인력, 장비 및 예산을 확보하는 등의 조치를 하여야 한다.

제34조(산불 예방을 위한 행위 제한)

① 누구든지 산림 또는 농림축산식품부령으로 정하는 산림인접지역에서 다음 각 호의 어느 하나에 해당하는 행위를 하여서는 아니 된다. 〈개정 2013.3.23.〉

  1. 불을 피우거나 불을 가지고 들어가는 행위

  2. 담배를 피우거나 담배꽁초를 버리는 행위

② 제1항에도 불구하고 다음 각 호의 경우 또는 지역에서는 제1항 각 호의 행위를 할 수 있다. 〈개정 2013.3.23., 2014.6.3.〉

  1. 산불확산을 방지하기 위하여 불이 탈 가능성이 있는 물질을 제거하는 등 대통령령으로 정하는 경우로 서 농림축산식품부령으로 정하는 바에 따라 특별자치시장·특별자치도지사·시장·군수·구청장 또는 지방산림청장의 허가를 받은 경우

  2. 야영이 허가된 야영장 등 대통령령으로 정하는 지역인 경우

③ 특별자치시장·특별자치도지사·시장·군수·구청장 또는 지방산림청장은 제2항제1호에 따른 허가를 할 때 산불 예방에 필요한 조치를 할 것을 조건으로 허가할 수 있으며, 허가를 받은 자는 불을 놓기 전에 인접한 산림의 소유자·사용자 또는 관리자에게 그 사실을 알려야 한다. 〈개정 2014.6.3.〉

④ 특별자치시장·특별자치도지사·시장·군수·구청장 또는 지방산림청장은 산불 예방을 위하여 필요하다고 인정하면 산림에 들어가는 사람이 화기(火器), 인화(引火) 물질 및 발화(發火) 물질을 지니는 것을 금지하여야 한다. 〈개정 2014.6.3.〉

제35조(산불방지 교육)

① 산림청장은 산불방지 분야 전문인력의 양성과 국민의 산불방지 의식을 기르고 지식을 얻도록 하기 위하여 다음 각 호의 사항이 포함된 산불방지 교육계획을 농림축산식품부령으로 정하는 바에 따라 수립·실시하여야 한다. 〈개정 2013.3.23.〉

  1. 교육의 목표 및 운영 방향

  2. 교육의 내용, 방법, 대상, 기간 등

② 지역산불관리기관의 장은 소속 산불방지 업무 담당자에게 농림축산식품부령으로 정하는 바에 따라 산불방지 교육을 받도록 하여야 한다. 〈개정 2013.3.23.〉

③ 지역산불관리기관의 장은 다음 각 호에 해당하는 사람에게 농림축산식품부령으로 정하는 바에 따라 산불방지 교육을 하여야 한다. 〈신설 2014.6.3.〉

  1. 제41조제1항제2호에 따른 산불전문예방진화대원

  2. 그 밖에 산불방지 업무 수행을 위하여 지역산불관리기관에 고용된 사람으로서 농림축산식품부령으로 정하는 사람

④ 지역산불관리기관의 장은 제39조제1항 각 호의 기관 또는 단체의 장이 해당 기관 또는 단체에 소속된 산불진화 인력에 대한 산불방지 교육을 요청하는 경우에는 농림축산식품부령으로 정하는 바에 따라 산불방지 교육을 할 수 있다. 〈신설 2014.6.3.〉

⑤ 지역산불관리기관의 장은 제3항 및 제4항에 따른 산불방지 교육 업무를 제35조의2에 따른 한국산불방지기술협회에 위탁할 수 있다. 〈신설 2014.6.3.〉

제35조의2(한국산불방지기술협회 설립 등)

① 산불방지에 관한 교육·훈련, 산불방지에 관한 연구·조사, 행정기관이 위탁하는 업무의 수행을 위하여 한국산불방지기술협회(이하 "협회"라 한다)를 설립한다.

② 협회는 법인으로 한다.

③ 협회에 관하여 이 법에 규정된 것을 제외하고는 「민법」 중 사단법인에 관한 규정을 준용한다.

  [본조신설 2014.6.3.]

제35조의3(협회의 업무)

협회는 다음 각 호의 업무를 수행한다.

  1. 산불방지에 관한 교육·훈련

  2. 산불방지에 관한 연구·조사

  3. 산불방지 기술·정보에 관한 국제교류

  4. 산불방지에 관한 행정기관의 위탁업무

  5. 그 밖에 산불방지 관련 업무

  [본조신설 2014.6.3.]

제35조의4(회원의 자격)

협회의 회원은 다음 각 호의 어느 하나에 해당하는 사람으로 한다.

  1. 산불방지 분야와 관련된 연구단체나 용역업에 종사하는 사람

  2. 산불방지에 관하여 전문성이 있거나 경험이 풍부한 사람

  3. 산불전문예방진화대원 및 제35조제3항제2호에 따른 사람

  [본조신설 2014.6.3.]

제35조의5(협회의 정관)

① 협회의 정관에 기재하여야 하는 사항은 대통령령으로 정한다.

② 협회는 정관을 변경하려면 산림청장의 인가를 받아야 한다.

[본조신설 2014.6.3.]

제35조의6(협회의 운영 경비)

협회의 운영 경비는 회비와 사업 수입 등으로 충당한다.

　[본조신설 2014.6.3.]

제35조의7(유사명칭의 사용금지)

협회가 아닌 자는 한국산불방지기술협회 또는 이와 유사한 명칭을 사용하여서는 아니 된다.

　[본조신설 2014.6.3.]

제36조(산불 신고 및 보고)

① 산림이나 산림 인접지역에서 불씨를 보거나 산불을 발견한 사람은 지체 없이 산림청, 지역산불관리기관 또는 산불유관기관에 신고하여야 한다.

② 산림청 또는 산불유관기관이 산불 발생 신고를 접수하였을 때에는 지체 없이 관할 지역산불관리기관에 알려야 한다.

③ 산불유관기관으로부터 산불 발생 신고를 통보받은 관할 지역산불관리기관은 현장에 신속하게 출동하여 산불 진화에 필요한 활동을 하여야 한다.

④ 산불 발생 상황 보고 및 산불피해 보고 등 필요한 사항은 농림축산식품부령으로 정한다. 〈개정 2013.3.23.〉

제37조(산불 진화 통합지휘)

① 특별자치시장·특별자치도지사·시장·군수·구청장 또는 국유림관리소장은 그 관할 지역에서 대통령령으로 정하는 기준에 해당하는 중·소형 산불이 발생하면 그 산불의 진화를 통합적으로 지휘(이하 "통합지휘"라 한다)한다. 다만, 산불이 국유림·공유림 또는 사유림에 걸쳐 발생하면 특별자치시장·특별자치도지사·시장·군수·구청장이 통합지휘하여야 한다. 〈개정 2014.6.3.〉

② 시·도지사는 산불이 대통령령으로 정하는 기준에 해당하는 대형 산불로 확산되면 그 산불의 진화를 통합지휘하여야 한다. 다만, 관할 지역 중 두 군데 이상에서 대형 산불이 발생하는 경우에는 대통령령으로 정하는 바에 따라 한 군데 이상의 통합지휘권을 시장·군수·구청장에게 위임할 수 있다.

③ 산불이 둘 이상의 시·군·구에 걸쳐 발생하면 시·도지사가 통합지휘하고, 둘 이상의 시·도에 걸쳐 발생하면 산림청장이 통합지휘한다. 이 경우 시·도지사 또는 산림청장은 대통령령으로 정하는 바에 따라 통합지휘권을 시장·군수·구청장 또는 시·도지사에게 위임할 수 있다.

제38조(산불현장 통합지휘본부의 설치·운영)

① 제37조에 따라 산불진화를 통합지휘하는 지방자치단체의 장 또는 국유림관리소장은 산불이 발생한 현장에 산불현장 통합지휘본부를 설치하여 산불진화를 지휘하고 진화대원에게 진화에 필요한 명령을 할 수 있다.

② 산불현장 통합지휘본부의 장(이하 "산불현장 통합지휘본부장"이라 한다)은 산불현장에 지원된 산불유관기관과의 통합지휘체계를 구축하기 위하여 산불유관기관의 관계관을 소집하여 산불현장대책회의를 개최하고 기관별 임무를 부여하여야 한다.

③ 산불현장 통합지휘본부의 구성, 임무, 보고, 그 밖에 필요한 사항은 농림축산식품부령으로 정한다. 〈개정 2013.3.23.〉

제39조(협조)

① 산불현장 통합지휘본부장은 산불진화와 관련하여 필요하다고 인정되면 다음 각 호의 기관 또는 단체의 장에게 산불진화, 현장 통제 등에 필요한 장비 및 인력의 협조를 요청할 수 있으며, 요청을 받은 기관 및 단체의 장은 특별한 사유가 없으면 이에 적극 협조하여야 한다.

1. 소방관서
2. 경찰관서
3. 군부대
4. 그 밖에 대통령령으로 정하는 산림 관련 기관 및 단체

② 제1항에 따라 산불현장에 파견된 자는 산불현장 통합지휘본부장의 지휘에 따라 주어진 임무를 수행하여야 한다.

③ 제1항에 따라 산불현장 통합지휘본부장이 협조를 요청하는 대상·방법·절차·규모 및 경비의 부담, 그 밖에 필요한 사항에 관하여는 대통령령으로 정한다.

제40조(산불방지에 대한 문책 요구 등)

① 산림청장이나 지역산불관리기관의 장은 산불의 예방·진화 및 복구에 관한 업무를 수행할 때 지시를 위반하거나 주어진 임무를 게을리한 지역산불관리기관과 산불유관기관의 공무원이나 직원의 명단을 그 사실을 증명할 수 있는 관계 자료와 함께 그 소속 기관의 장 또는 단체의 장에게 통보할 수 있다.

② 산불현장 통합지휘본부장은 제38조에 따른 지휘에 따르지 아니하거나 주어진 임무를 게을리한 지역산불관리기관과 산불유관기관의 공무원이나 직원의 명단을 그 사실을 증명할 수 있는 관계 자료와 함께 그 소속 기관의 장 또는 단체의 장에게 통보할 수 있다.

③ 제1항과 제2항에 따라 통보를 받은 소속 기관의 장 또는 단체의 장은 해당 공무원이나 직원을 문책하는 등 적절한 조치를 하고 그 결과를 해당 기관의 장에게 알려야 한다.

④ 산림청장, 지역산불관리기관의 장 또는 산불현장 통합지휘본부장은 소속 공무원으로 하여금 제1항과 제2항에 따른 사실의 증명에 필요한 조사를 하게 할 수 있다. 이 경우 조사공무원은 그 권한을 표시하는 증표를 지니고 이를 관계인에게 내보여야 한다.

⑤ 제1항 및 제2항의 통보와 제4항의 조사 및 문책요구의 기준 등 필요한 사항은 대통령령으로 정한다.

제41조(산불진화단 등의 설치)

① 산림청장은 농림축산식품부령으로 정하는 교육을 마친 공무원(「청원산림보호직원 배치에 관한 법률」에 따른 청원산림보호직원을 포함한다)으로 조직된 산불진화단을 설치하여 산불진화단원으로 하여금 다음 각 호의 업무를 수행하게 할 수 있다. 〈개정 2013.3.23.〉

　　1. 산불의 진화
　　2. 산불전문예방진화대원의 지휘·통솔
　　3. 산불현장 통합지휘본부장의 지휘 보좌
　　4. 산불진화전략 수립을 위한 기초정보 수집과 전달
　　5. 산불의 예방과 진화에 대한 대국민 교육과 홍보

② 특별자치시장·특별자치도지사·시장·군수·구청장 또는 국유림관리소장은 산불방지를 위하여 관할 지역의 주민 중에서 농림축산식품부령으로 정하는 산불진화 교육과 훈련을 받은 사람으로 산불전문예방진화대를 구성하여 설치할 수 있다. 〈개정 2013.3.23., 2014.6.3.〉

③ 제1항 및 제2항에 따른 산불진화단 및 산불전문예방진화대 구성·운영 등 필요한 사항은 대통령령으로 정한다.

제3절 산불피해지의 복구 등

제42조(산불 조사)

① 산림청장 또는 지역산불관리기관의 장은 산불을 진화한 후 산불 원인과 산불피해 현황에 관한 전문적인 조사를 하기 위하여 대통령령으로 정하는 바에 따라 산불전문조사반을 구성·운영할 수 있다.

② 제1항에 따른 산불의 원인 및 피해의 조사방법, 그 밖에 산불전문조사반의 구성·운영에 필요한 사항은 대통령령으로 정한다.

제43조(산불피해지의 복구 등)

산림청장 또는 지역산불관리기관의 장은 농림축산식품부령으로 정하는 바에 따라 산불피해지를 복구하거나 산림복원계획을 세워 시행하여야 한다. 〈개정 2013.3.23.〉

제44조(사상자에 대한 보상)

산림청장 또는 지역산불관리기관의 장은 산불방지작업 또는 인명구조작업으로 사망하거나 부상을 입은 사람에게 대통령령으로 정하는 바에 따라 보상금을 지급할 수 있다. 다만, 산불을 낸 책임이 있는 사람에게는 보상금을 지급하지 아니할 수 있다.

제45조(산불 대응의 평가·분석)

산림청장은 산불이 발생한 지역의 산불 대응의 문제점, 개선 방안 등을 대통령령으로 정하는 바에 따라 평가·분석하여 그 결과를 지역산불관리기관의 장에게 알릴 수 있다.

제5장 산사태의 예방·대응 및 복구 〈신설 2012.2.22.〉

제1절 산사태예방 대책의 수립 등 〈신설 2012.2.22.〉

제45조의2(산사태예방장기대책의 수립·시행)

① 산림청장은 체계적인 산사태예방을 위하여 다음 각 호의 사항이 포함된 전국산사태예방장기대책을 5년마다 수립·시행하여야 한다.

1. 전국산사태예방장기대책의 목표 및 추진 방향
2. 사방댐 등 「사방사업법」 제2조제3호에 따른 사방시설의 설치·관리에 관한 사항
3. 산사태예방을 위한 예산·인력·시설 등의 확충에 관한 사항
4. 산사태예방 관련 법령의 정비 등 제도개선에 관한 사항
5. 산사태예방을 위한 협력 요청에 관한 사항
6. 산사태정보체계의 구축 및 산사태취약지역의 지정·관리 등에 관한 사항
7. 산사태예방의 교육 및 연구에 관한 사항
8. 산사태 피해지의 복구·복원에 관한 사항
9. 그 밖에 산사태예방에 관하여 대통령령으로 정하는 사항

② 산림청장은 제1항의 전국산사태예방장기대책을 수립한 경우 시·도지사, 지방산림청장 및 산사태유관기관의 장에게 통보하여야 한다. 전국산사태예방장기대책을 변경할 때에도 또한 같다.

③ 시·도지사 또는 지방산림청장은 전국산사태예방장기대책에 따라 관할 지역의 특수성을 고려하여 지역산사태예방장기대책을 5년마다 수립·시행하여야 한다.

④ 시·도지사 또는 지방산림청장은 제3항의 지역산사태예방장기대책을 수립한 경우 산림청장, 관할 시장·군수·구청장, 지방산림청장, 국유림관리소장 및 산사태유관기관의 장에게 통보하여야 한다. 지역산사태예방장기대책을 변경할 때에도 또한 같다.

⑤ 산림청장, 시·도지사 또는 지방산림청장은 산사태유관기관의 장에게 전국산사태예방장기대책, 지역산사태예방장기대책의 수립 또는 변경에 필요한 자료의 제출을 요청할 수 있다. 이 경우 요청을 받은 산사태유관기관의 장은 정당한 사유가 없으면 이에 따라야 한다.

⑥ 제1항부터 제5항까지의 규정에 따른 전국산사태예방장기대책, 지역산사태예방장기대책의 수립·변경에 필요한 사항은 대통령령으로 정한다.

[본조신설 2012.2.22.]

제45조의3(산사태예방연도별대책의 수립·시행)

① 산림청장은 제45조의2제1항에 따른 전국산사태예방장기대책에 따라 매년 전국산사태예방연도별대책을 수립하여야 한다.

② 산림청장은 제1항에 따른 전국산사태예방연도별대책을 수립한 경우에는 시·도지사, 지방산림청장 및 산사태유관기관의 장에게 통보하여야 한다. 전국산사태예방연도별대책을 변경할 때에도 또한 같다.

③ 지방자치단체, 지방산림청 및 국유림관리소(이하 "지역산사태예방기관"이라 한다)의 장은 제1항에 따른 전국산사태예방연도별대책에 따라 관할 지역의 특수성을 고려하여 매년 지역산사태예방연도별대책을 수립·시행하여야 한다.

④ 제1항 및 제3항에 따른 전국산사태예방연도별대책과 지역산사태예방연도별대책의 수립·시행에 필요한 사항은 대통령령으로 정한다.

[본조신설 2012.2.22.]

제45조의4(산사태예방지원본부의 설치·운영)

① 산림청장은 「재난 및 안전관리 기본법」 제14조에 따른 중앙재난안전대책본부에서 정하는 여름철 재해대책기간 동안 전국산사태예방연도별대책의 체계적 추진과 산사태 발생 위험 정보의 수집·전파, 신속한 대응 및 상황관리 등을 위하여 산림청장 소속으로 산사태예방지원본부를 설치·운영하여야 한다.

② 산사태예방지원본부의 장은 산림청장이 된다.

③ 산사태예방지원본부의 운영 또는 그 밖에 필요한 사항은 대통령령으로 정한다.

[본조신설 2012.2.22.]

제45조의5(산사태정보체계의 구축·운영)

① 산림청장은 산사태예측정보, 산사태위험지도, 산사태 피해범위 예측 등 산사태 관련 정보를 누구든지 이용할 수 있도록 산사태정보체계를 구축·운영하여야 한다.

② 지역산사태예방기관의 장은 제1항의 산사태정보체계를 산사태 예방활동에 활용하여야 한다.

③ 제1항에 따른 산사태정보체계의 구축 범위 및 운영 절차 등 세부 사항은 대통령령으로 정한다.

[본조신설 2012.2.22.]

제45조의6(산사태예측정보의 제공)

① 산림청장은 산사태예측정보를 대통령령으로 정하는 바에 따라 지역산사태예방기관의 장 등에게 제공할 수 있다.

② 지역산사태예방기관의 장은 산사태가 발생하거나 발생할 우려가 있는 경우에 제1항에 따라 제공받은 산사태예측정보 등을 고려하여 해당 지역 주민이나 산사태 발생 우려지역에 있는 자에게 「재난 및 안전관리 기본법」 제40조부터 제43조까지의 규정을 준용하여 대피명령, 강제대피 및 통행제한 등 적절한 피해예방 조치를 할 수 있다.

[본조신설 2012.2.22.]

제2절 산사태의 예방 및 대응 〈신설 2012.2.22.〉

제45조의7(산사태의 발생 우려지역에 대한 조사)

① 산림청장은 전국을 대상으로 5년마다 산사태의 발생 우려지역에 대한 기초조사를 실시하고 그 결과를 지역산사태예방기관의 장 등에게 통보하여야 한다.

② 지역산사태예방기관의 장은 제1항에 따른 기초조사 결과에 따라 5년마다 산사태의 발생 우려지역에 대하여 실태조사를 실시하여야 한다.

③ 제1항 및 제2항에 따른 조사의 내용·방법이나 그 밖에 필요한 사항은 농림축산식품부령으로 정한다. 〈개정 2013.3.23.〉

[본조신설 2012.2.22.]

제45조의8(산사태취약지역의 지정 및 해제)

① 지역산사태예방기관의 장은 산사태 발생의 우려가 있는 지역에 예방시설을 설치하는 등 산사태로부터 국민의 생명과 재산 및 산림자원을 보호하기 위하여 제45조의7제2항에 따른 실태조사 결과를 기초로 산사태취약지역을 지정할 수 있다. 이 경우 제45조의9에 따른 산사태취약지역지정위원회의 심의 및 주민 의견수렴 절차를 거쳐야 한다.

② 지역산사태예방기관의 장은 제1항에 따라 산사태취약지역을 지정하려면 지정 예정지에 대하여 다음 각호의 사항을 공고하고, 해당 토지의 소유자와 관할 시장·군수·구청장에게 알려야 한다. 〈개정 2013.3.23.〉
   1. 지정사유
   2. 지정대상지의 소재와 면적
   3. 지정에 관한 이의신청기간
   4. 그 밖에 농림축산식품부령으로 정하는 사항

③ 제1항에 따른 산사태취약지역의 지정과 관련하여 토지의 소유자나 해당 산림에 직접적인 이해관계가 있는 자(이하 "관계인"이라 한다)는 제2항에 따른 이의신청기간에 농림축산식품부령으로 정하는 바에 따라 이의신청을 할 수 있다. 〈개정 2013.3.23.〉

④ 지역산사태예방기관의 장은 제3항에 따른 이의신청을 받은 날부터 20일 이내에 그 이의신청에 대하여 결정을 하고 지체 없이 그 결과를 신청인에게 알려야 한다.

⑤ 지역산사태예방기관의 장은 제3항에 따른 이의신청이 없거나 이의신청의 이유가 없다고 인정하면 산사태취약지역으로 지정·고시하고, 토지의 소유자와 관계인 및 관할 시장·군수·구청장에게 알려야 한다. 다만, 토지의 소유자와 관계인의 주소·거소가 분명하지 아니한 때에는 농림축산식품부령으로 정하는 바에 따른 고시로써 이를 갈음한다. 고시한 지역을 변경한 때에도 또한 같다. 〈개정 2013.3.23.〉

⑥ 산사태취약지역의 지정은 제5항에 따라 고시한 날부터 그 효력이 발생한다.

⑦ 지역산사태예방기관의 장은 제1항에 따라 지정된 산사태취약지역이 사방댐 등「사방사업법」제3조에 따른 사방사업의 시행 등으로 인하여 그 지정 목적이 달성되었을 경우에는 이를 해제할 수 있다.

⑧ 지역산사태예방기관의 장은 제5항 또는 제7항에 따라 산사태취약지역을 지정·고시하거나 해제한 경우에는 관할 시·도지사를 거쳐 산림청장과 관계 중앙행정기관의 장에게 보고하여야 한다.

⑨ 지역산사태예방기관의 장은 산사태취약지역에 위험을 알리는 표지를 설치하여야 한다. 〈신설 2015.2.3.〉

⑩ 누구든지 제9항에 따른 위험표지를 설치한 자의 허락 없이 이를 이전하거나 훼손하여서는 아니 된다. 〈신설 2015.2.3.〉

⑪ 산림청장 및 시·도지사는 제1항에 따른 산사태취약지역의 지정이 필요함에도 불구하고 지역산사태예방기관의 장이 산사태취약지역으로 지정하지 아니하는 경우에는 해당 지역을 산사태취약지역으로 지정·고시하도록 통보할 수 있다. 이 경우 지역산사태예방기관의 장은 특별한 사유가 없는 한 이에 따라야 한다. 〈개정 2015.2.3.〉

⑫ 그 밖에 산사태취약지역의 지정·고시와 위험표지 설치 등에 필요한 사항은 농림축산식품부령으로 정한다. 〈개정 2013.3.23., 2015.2.3.〉
[본조신설 2012.2.22.]

제45조의9(산사태취약지역지정위원회)

① 지방산림청장은 제45조의8에 따른 산사태취약지역의 지정을 심의하기 위하여 대통령령으로 정하는 바에 따라 지방산림청장 소속으로 산사태취약지역지정위원회를 구성·운영한다.

② 지방자치단체의 장은 제45조의8에 따른 산사태취약지역의 지정을 심의하기 위하여 대통령령으로 정하는 바에 따라 지방자치단체의 조례로 지방자치단체의 장 소속으로 산사태취약지역지정위원회를 구성·운영할 수 있다.
[본조신설 2012.2.22.]

제45조의10(산사태취약지역에서의 행위 제한 등)

누구든지 제45조의8제5항에 따라 지정·고시된 산사태취약지역에서는 다음 각 호의 어느 하나에 해당하는 행위를 하여서는 아니 된다.

1. 산사태의 예방을 위한 사방댐 등 「사방사업법」 제2조제3호에 따른 사방시설을 훼손하는 행위
2. 산사태의 예방을 위한 사방댐 등 「사방사업법」 제2조제3호에 따른 사방시설을 설치하거나 관리하는 것을 거부 또는 방해하는 행위
[본조신설 2012.2.22.]

제45조의11(산사태취약지역의 관리)

① 지역산사태예방기관의 장은 산사태취약지역의 산사태예방을 위하여 「사방사업법」 제5조 및 제6조에 따른 사방사업을 우선적으로 시행하여야 하며, 산사태취약지역에 대하여 연 2회 이상 현지점검을 실시하고 응급조치 및 보수·보강 등의 필요한 조치를 하여야 한다.

② 제1항에 따른 현지점검 실시 결과 산사태 발생의 우려가 있는 때에는 대통령령으로 정하는 바에 따라 토지의 소유자 및 관계인에게 관련 시설·토지 등의 사용을 제한·금지하거나 보수·보강 또는 제거 등 안전조치를 명령할 수 있다.

③ 제2항의 안전조치 명령을 받은 토지의 소유자 및 관계인은 안전조치를 이행하고 농림축산식품부령으로 정하는 바에 따라 그 결과를 관할 지역산사태예방기관의 장에게 통보하여야 한다. 〈개정 2013.3.23.〉

④ 지역산사태예방기관의 장은 제2항의 안전조치 명령을 받은 자가 그 명령을 이행하지 아니하는 경우에는 그에 대신하여 필요한 안전조치를 취할 수 있다. 이 경우 「행정대집행법」을 준용한다.

[본조신설 2012.2.22.]

제45조의12(산사태취약지역 등의 산지 매수ㆍ교환)

① 지역산사태예방기관의 장은 산사태취약지역의 지정 목적을 달성하기 위하여 필요하면 산지소유자와 협의하거나 산지소유자의 신청을 받아 산사태취약지역의 산지(입목ㆍ죽을 포함한다. 이하 이 조에서 같다)나 대통령령으로 정하는 산사태취약지역 인근의 산지를 예산의 범위에서 매수하거나 국유림 또는 공유림과 교환할 수 있다.

② 제1항에 따른 산지 매수ㆍ교환의 절차, 그 밖에 필요한 사항은 「국유재산법」, 「국유림의 경영 및 관리에 관한 법률」 또는 「공유재산 및 물품 관리법」을 준용한다.

③ 제1항에 따라 산지를 매수ㆍ교환하려는 경우의 매수ㆍ교환 가격은 「공익사업을 위한 토지 등의 취득 및 보상에 관한 법률」에 따라 산정된 가격으로 한다.

[본조신설 2012.2.22.]

제45조의13(산사태예방 교육)

① 산림청장은 산사태예방 분야 전문인력의 양성과 국민의 산사태예방 의식을 기르고 지식을 얻도록 하기 위하여 다음 각 호의 사항이 포함된 산사태예방 교육계획을 농림축산식품부령으로 정하는 바에 따라 수립ㆍ실시하여야 한다. 〈개정 2013.3.23.〉
  1. 교육의 목표 및 운영 방향
  2. 교육의 내용, 방법, 대상, 기간 등
② 지역산사태예방기관의 장은 소속 산사태예방 업무 담당자에게 농림축산식품부령으로 정하는 바에 따라 산사태예방 교육을 받도록 하여야 한다. 〈개정 2013.3.23.〉

[본조신설 2012.2.22.]

제45조의14(산사태 신고 및 보고)

① 산림이나 인접지역에서 산사태를 보거나 산사태의 징후를 감지한 사람은 지체 없이 산림청, 지역산사태예방기관 또는 산사태유관기관에 신고하여야 한다.

② 산림청 또는 산사태유관기관이 산사태 신고를 접수하였을 때에는 지체 없이 지역산사태예방기관에 알려야 한다.

③ 산사태 신고를 접수한 관할 지역산사태예방기관은 현장 상황을 신속하게 파악하고 추가적인 피해가 발생되지 아니하도록 응급복구 등 필요한 활동을 하여야 한다.

④ 산사태 발생 상황보고 및 피해보고 등 필요한 사항은 농림축산식품부령으로 정한다. 〈개정 2013.3.23.〉

[본조신설 2012.2.22.]

제45조의15(산사태대응팀의 설치)

① 산림청장 및 지역산사태예방기관의 장은 농림축산식품부령으로 정하는 교육을 이수한 공무원(「청원산림보호직원 배치에 관한 법률」에 따른 청원산림보호직원을 포함한다)으로 조직된 산사태대응팀을 설치하고, 다음 각 호의 업무를 수행하게 할 수 있다. 〈개정 2013.3.23.〉

　1. 산사태의 예방 및 대응 활동
　2. 산사태 예방을 위한 사방댐 등 「사방사업법」 제2조제3호에 따른 사방시설의 설치 및 관리
　3. 산사태취약지역 지정 및 관리에 관한 사항
　4. 제2항에 따른 산사태 현장 예방단 구성 및 운영
　5. 산사태예방대책의 수립을 위한 기초정보 수집과 전달
　6. 산사태의 예방과 대응에 대한 지역주민 교육 및 홍보

② 지역산사태예방기관의 장은 산사태의 예방 및 대응을 위하여 대통령령으로 정하는 바에 따라 산사태 현장 예방단을 구성·운영할 수 있다.

　[본조신설 2012.2.22.]

제3절 산사태 발생지의 복구 등 〈신설 2012.2.22.〉

제45조의16(산사태 발생지의 복구)

산림청장 또는 지역산사태예방기관의 장은 농림축산식품부령으로 정하는 바에 따라 산사태 발생지를 복구하거나 산림복원계획을 수립·시행하여야 한다. 〈개정 2013.3.23.〉

　[본조신설 2012.2.22.]

제45조의17(산사태 대응의 평가·분석)

① 산림청장은 산사태가 발생한 지역에 대하여 산사태 대응의 문제점 및 개선 방안 등을 대통령령으로 정하는 바에 따라 평가·분석하여 그 결과를 다음 연도 전국산사태예방연도별대책에 반영하여야 하며, 지역산사태예방기관의 장에게 통보할 수 있다.

② 제1항에 따라 평가·분석 결과를 통보받은 지역산사태예방기관의 장은 그 결과를 관할 지역의 특수성을 고려하여 다음 연도 지역산사태예방연도별대책에 반영하여야 한다.

　[본조신설 2012.2.22.]

제45조의18(산사태예방에 대한 문책 요구 등)

① 산림청장이나 지역산사태예방기관의 장은 산사태의 예방 및 복구에 관한 업무를 수행할 때 지시를 위반하거나 주어진 임무를 게을리한 지역산사태예방기관과 산사태유관기관의 공무원이나 직원의 명단을 그 사실을 증명할 수 있는 관계 자료와 함께 그 소속 기관의 장에게 통보할 수 있다.

② 제1항에 따라 통보를 받은 소속 기관의 장은 해당 공무원이나 직원을 문책하는 등 적절한 조치를 하고 그 결과를 산림청장 또는 지역산사태예방기관의 장에게 알려야 한다.

③ 제1항에 따른 문책 요구에 관하여는 이 법에 특별한 규정이 있는 경우를 제외하고는 「재난 및 안전관리 기본법」 제77조를 준용한다.

[본조신설 2012.2.22.]

제6장 보칙 〈개정 2012.2.22.〉

제46조(숲사랑지도원의 위촉 등)

① 산림청장, 시·도지사, 시장·군수·구청장 또는 지방산림청장(이하 이 조에서 "위촉권자"라 한다)은 다음 각 호의 어느 하나에 해당하는 사람을 숲을 사랑하는 마음을 기르고 산림보호활동을 증진하는 업무를 할 지도원(이하 "숲사랑지도원"이라 한다)으로 위촉할 수 있다. 〈개정 2013.3.23.〉

1. 임업인
2. 산림이나 환경 관련 단체의 회원
3. 산림청장이 설립허가한 법인의 회원
4. 그 밖에 숲을 사랑하는 마음과 산림보호활동을 증진하기 위하여 필요하다고 인정되는 사람으로서 농림축산식품부령으로 정하는 요건을 갖춘 자

② 숲사랑지도원은 다음 각 호의 임무를 수행한다.

1. 산불방지, 산림훼손 방지, 산림 정화, 그 밖에 산림보호에 관한 활동
2. 산림보호에 대한 대국민 홍보와 지도

③ 위촉권자는 숲사랑지도원이 산림 관계 법규를 위반하여 벌금형 이상의 형을 선고받아 확정되면 그 지도원을 해촉하여야 한다.

④ 숲사랑지도원의 위촉·운영 등에 필요한 사항은 농림축산식품부령으로 정한다. 〈개정 2013.3.23.〉

제47조(산림재해보험 등의 가입)

산림청장은 산림소유자가 산불 등으로 손해를 입을 경우 이를 보전(補塡)할 수 있도록 산림소유자에게 산림재해보험(「산림조합법」에 따른 산림공제를 포함한다)에 가입하도록 권장할 수 있다.

제48조(포상)

산림청장, 지방자치단체의 장 또는 지방산림청장은 다음 각 호의 자 및 기관·단체에 대하여 대통령령으로 정하는 바에 따라 포상하거나 포상금을 지급할 수 있다. 〈개정 2012.2.22., 2014.6.3.〉

1. 다음 각 목에 해당하는 자를 산림행정관서나 수사기관에 신고하거나 고발한 자
   가. 제9조제1항 또는 같은 조 제2항제1호·제2호를 위반한 자(제13조제2항에 따라 준용하는 경우를 포함한다)
   나. 제18조의3제1항 또는 제2항을 위반한 자
2. 산림병해충의 피해나 발생 징후를 신고한 자
3. 산불방지, 산불 발생의 신고 및 산불 관련 범법자의 신고·검거에 공로가 있는 사람이나 기관·단체
4. 산사태 피해나 발생 징후를 신고한 자

제49조(다른 사람의 토지 등에의 출입 등)

① 산림청장 또는 예찰·방제기관의 장, 지역산불관리기관의 장은 산림병해충의 예찰·방제, 산불방지 또는 산림의 건강·활력도 조사를 위하여 필요하면 관계 공무원 또는 산림병해충의 예찰·방제, 산불방지, 산림의 건강·활력도 조사를 하는 자에게 타인의 토지나 이에 붙어 있는 건물, 그 밖의 인공구조물에 출입하거나 이를 잠시 사용하게 할 수 있으며, 부득이한 경우에는 식물 등을 옮기거나 제거할 수 있다.

② 제1항 외에 토지의 출입 등에 관하여는 「산지관리법」 제47조제2항부터 제5항까지 및 같은 법 제48조를 준용한다.

제50조(산림항공기의 운용)

① 산림청장은 산불의 예방·진화, 산림병해충의 예찰·방제 등 농림축산식품부령으로 정하는 산림사업을 위하여 산림항공기를 운영하여야 한다. 〈개정 2013.3.23.〉

② 제1항에 따른 산림항공기의 운영에 필요한 사항은 농림축산식품부령으로 정한다. 〈개정 2013.3.23.〉

제51조(권리·의무 등의 승계)

① 이 법이나 이 법에 따른 명령에 따라 산림소유자, 산림 외의 토지소유자 등에게 한 처분은 그 승계인에 대하여도 효력이 있다.

② 이 법이나 이 법에 따른 명령에 따라 산림소유자나 산림 외의 토지소유자 등이 한 신청, 신고, 그 밖의 행위는 그 승계인에 대하여도 효력이 있다.

제52조(권한의 위임·위탁)

① 이 법에 따른 산림청장의 권한은 그 일부를 대통령령으로 정하는 바에 따라 소속 기관의 장 또는 지방자치단체의 장에게 위임할 수 있다.

② 이 법에 따른 시·도지사의 권한은 그 일부를 대통령령으로 정하는 바에 따라 시장(「제주특별자치도 설치 및 국제자유도시 조성을 위한 특별법」에 따른 행정시장을 포함한다)·군수·구청장에게 위임할 수 있다.

③ 이 법에 따른 지방산림청장의 권한은 그 일부를 대통령령으로 정하는 바에 따라 국유림관리소장에게 위임할 수 있다.

④ 이 법에 따른 산림청장, 지방자치단체의 장 또는 지방산림청장의 업무는 그 일부를 대통령령으로 정하는 바에 따라 관련 기관 또는 단체에 위탁할 수 있다.

제7장 벌칙 〈개정 2012.2.22.〉

제53조(벌칙)

① 타인 소유의 산림이나 산림보호구역·보호수에 불을 지른 자는 7년 이상의 징역에 처한다.

② 자기 소유의 산림에 불을 지른 자는 1년 이상 10년 이하의 징역에 처한다.

③ 제2항의 경우 불이 타인의 산림에까지 번져 피해를 입혔을 때에는 2년 이상 10년 이하의 징역에 처한다.

④ 과실로 인하여 타인의 산림을 태운 자나 과실로 인하여 자기 산림을 불에 태워 공공을 위험에 빠뜨린 자는 3년 이하의 징역 또는 1천500만원 이하의 벌금에 처한다.

⑤ 제1항과 제2항의 미수범은 처벌한다.

제54조(벌칙)

① 보호수를 절취하거나 산림보호구역에서 그 산물을 절취한 자는 1년 이상 10년 이하의 징역에 처한다.

② 다음 각 호의 어느 하나에 해당하는 자는 5년 이하의 징역 또는 1천500만원 이하의 벌금에 처한다. 〈개정 2011.7.14., 2014.6.3.〉

   1. 제9조제1항(제13조제2항에 따라 준용하는 경우를 포함한다)을 위반하여 입목·죽의 벌채, 임산물의 굴취·채취, 입목·죽 또는 임산물을 손상하거나 말라 죽게 하는 행위, 가축의 방목, 그 밖에 대통령령으로 정하는 토지의 형질을 변경하는 행위를 한 자

   2. 제9조제2항제1호(제13조제2항에 따라 준용하는 경우를 포함한다)에 따른 허가 없이 입목·죽의 벌채, 임산물의 굴취·채취, 가축의 방목, 그 밖에 대통령령으로 정하는 토지의 형질을 변경하는 행위를 한 자

   3. 제18조의3제1항 또는 제2항을 위반하여 보호종을 벌채·굴취·채취·손상 또는 말라 죽게 하거나 그 자생지를 훼손한 자

③ 제24조제3항제2호에 따른 명령을 위반한 자는 1천만원 이하의 벌금에 처한다. 〈개정 2012.2.22.〉

④ 다음 각 호의 어느 하나에 해당하는 자는 200만원 이하의 벌금에 처한다. 〈개정 2012.2.22.〉

   1. 제24조제3항제1호·제3호·제4호에 따른 명령을 위반한 자

   2. 제26조제3항을 위반하여 설계하거나 감리한 자

⑤ 제2항을 위반한 자로서 그 피해 가격이 산지 가격으로 10만원 미만인 경우에는 그 정상(情狀)에 따라 구류(拘留) 또는 과료(科料)에 처할 수 있다.

⑥ 상습적으로 제2항의 죄를 지은 자는 10년 이하의 징역에 처한다.

⑦ 제1항의 미수범은 처벌한다.

제54조의2(벌칙)

제45조의10을 위반한 자는 5년 이하의 징역 또는 2천만원 이하의 벌금에 처한다.

   [본조신설 2012.2.22.]

제55조(몰수와 추징)

① 제54조제1항 및 제2항의 범죄에 관련된 임산물은 몰수(沒收)한다. 다만, 제54조제1항의 범죄로 인한 임산물은 대통령령으로 정하는 바에 따라 그 피해자에게 돌려주거나 이를 처분하여 그 가액(價額)을 내주어야 한다.

② 제1항의 임산물을 몰수할 수 없을 때에는 그 가액을 추징(追徵)한다.

제56조(양벌규정)

법인의 대표자나 법인 또는 개인의 대리인, 사용인, 그 밖의 종업원이 그 법인 또는 개인의 업무에 관하여 제54조제2항부터 제5항까지의 어느 하나에 해당하는 위반행위를 하면 그 행위자를 벌하는 외에 그 법인 또는 개인에게도 해당 조문의 벌금 또는 과료의 형을 과(科)하고, 같은 조 제6항의 위반행위를 하면 그 행위자를 벌하는 외에 그 법인 또는 개인에게도 2천만원 이하의 벌금형을 과한다. 다만, 법인 또는 개인이 그 위반행위를 방지하기 위하여 해당 업무에 관하여 상당한 주의와 감독을 게을리하지 아니한 경우에는 그러하지 아니하다.

제57조(과태료)

① 제9조제2항제2호에 따른 신고를 하지 아니하고 숲가꾸기를 위한 벌채, 그 밖에 대통령령으로 정하는 입목·죽의 벌채, 임산물의 굴취·채취를 한 자에게는 500만원 이하의 과태료를 부과한다.

② 제45조의8제10항을 위반하여 위험표지를 이전하거나 훼손한 자에게는 200만원 이하의 과태료를 부과한다. 〈신설 2015.2.3.〉

③ 다음 각 호의 어느 하나에 해당하는 자에게는 100만원 이하의 과태료를 부과한다. 〈개정 2015.2.3.〉

   1. 제16조제1호를 위반하여 산림에 오물이나 쓰레기를 버린 자

   2. 제34조제1항제1호를 위반하여 산림이나 산림인접지역에서 불을 피우거나 불을 가지고 들어간 자(같은 조 제2항의 허가를 받은 경우는 제외한다)

④ 다음 각 호의 어느 하나에 해당하는 자에게는 30만원 이하의 과태료를 부과한다. 〈개정 2015.2.3.〉

   1. 제34조제1항제2호를 위반하여 산림에서 담배를 피우거나 담배꽁초를 버린 자

   2. 제34조제3항을 위반하여 인접한 산림의 소유자·사용자 또는 관리자에게 알리지 아니하고 불을 놓은 자

   3. 제34조제4항의 금지명령을 위반하여 화기, 인화 물질, 발화 물질을 지니고 산에 들어간 자

⑤ 다음 각 호의 어느 하나에 해당하는 자에게는 20만원 이하의 과태료를 부과한다. 〈개정 2015.2.3.〉

   1. 제15조제3항에 따른 허가를 받지 아니하고 입산통제구역에 들어간 자

   2. 제16조제2호를 위반하여 산림행정관서에서 설치한 표지를 임의대로 옮기거나 더럽히거나 망가뜨리는 행위를 한 자

⑥ 제1항부터 제5항까지의 규정에 따른 과태료는 대통령령으로 정하는 바에 따라 산림청장, 시·도지사, 시장·군수·구청장, 지방산림청장 또는 국유림관리소장이 부과·징수한다. 〈개정 2015.2.3.〉

부칙 〈제13138호, 2015.2.3.〉

이 법은 공포 후 6개월이 경과한 날부터 시행한다.

산지관리법

[시행 2016.9.1.] [법률 제13796호, 2016.1.19., 타법개정]

제1장 총칙 〈개정 2010.5.31.〉

제1조(목적)

이 법은 산지(山地)를 합리적으로 보전하고 이용하여 임업의 발전과 산림의 다양한 공익기능의 증진을 도모함으로써 국민경제의 건전한 발전과 국토환경의 보전에 이바지함을 목적으로 한다.

[전문개정 2010.5.31.]

제2조(정의)

이 법에서 사용하는 용어의 뜻은 다음과 같다. 〈개정 2012.2.22., 2014.6.3.〉

1. "산지"란 다음 각 목의 어느 하나에 해당하는 토지를 말한다. 다만, 농지, 초지(草地), 주택지(주택지 조성사업이 완료되어 「공간정보의 구축 및 관리 등에 관한 법률」 제67조제1항에 따른 지목이 대(垈)로 변경된 토지를 말한다), 도로 및 그 밖에 대통령령으로 정하는 토지는 제외한다.

   가. 입목(立木)·죽(竹)이 집단적으로 생육(生育)하고 있는 토지

   나. 집단적으로 생육한 입목·죽이 일시 상실된 토지

   다. 입목·죽의 집단적 생육에 사용하게 된 토지

   라. 임도(林道), 작업로 등 산길

   마. 가목부터 다목까지의 토지에 있는 암석지(巖石地) 및 소택지(沼澤地)

2. "산지전용"(山地轉用)이란 산지를 다음 각 목의 어느 하나에 해당하는 용도 외로 사용하거나 이를 위하여 산지의 형질을 변경하는 것을 말한다.

   가. 조림(造林), 숲 가꾸기, 입목의 벌채·굴취

   나. 토석 등 임산물의 채취

   다. 산지일시사용

3. "산지일시사용"이란 다음 각 목의 어느 하나에 해당하는 것을 말한다.

   가. 산지로 복구할 것을 조건으로 산지를 제2호가목 또는 나목 외의 용도로 일정 기간 동안 사용하거나 이를 위하여 산지의 형질을 변경하는 것

   나. 산지를 임도, 작업로, 임산물 운반로, 등산로·탐방로 등 숲길, 그 밖에 이와 유사한 산길로 사용하기 위하여 산지의 형질을 변경하는 것

4. "석재"란 산지의 토석 중 건축용, 공예용, 조경용, 쇄골재용(碎骨材用) 및 토목용으로 사용하기 위한 암석을 말한다.

5. "토사"란 산지의 토석 중 제4호에 따른 석재를 제외한 것을 말한다.

[전문개정 2010.5.31.]

제2조(정의)

이 법에서 사용하는 용어의 뜻은 다음과 같다. 〈개정 2012.2.22., 2014.6.3., 2016.12.2.〉

1. "산지"란 다음 각 목의 어느 하나에 해당하는 토지를 말한다. 다만, 주택지[주택지조성사업이 완료되어 지목이 대(垈)로 변경된 토지를 말한다] 및 대통령령으로 정하는 농지, 초지(草地), 도로, 그 밖의 토지는 제외한다.

　가. 「공간정보의 구축 및 관리 등에 관한 법률」 제67조제1항에 따른 지목이 임야인 토지

　나. 입목(立木) · 죽(竹)이 집단적으로 생육(生育)하고 있는 토지

　다. 집단적으로 생육한 입목 · 죽이 일시 상실된 토지

　라. 입목 · 죽의 집단적 생육에 사용하게 된 토지

　마. 임도(林道), 작업로 등 산길

　바. 나목부터 라목까지의 토지에 있는 암석지(巖石地) 및 소택지(沼澤地)

2. "산지전용"(山地轉用)이란 산지를 다음 각 목의 어느 하나에 해당하는 용도 외로 사용하거나 이를 위하여 산지의 형질을 변경하는 것을 말한다.

　가. 조림(造林), 숲 가꾸기, 입목의 벌채 · 굴취

　나. 토석 등 임산물의 채취

　다. 대통령령으로 정하는 임산물의 재배[성토(盛土) 또는 절토(切土) 등을 통하여 지표면으로부터 높이 또는 깊이 50센티미터 이상 형질변경을 수반하는 경우와 시설물의 설치를 수반하는 경우는 제외한다]

　라. 산지일시사용

3. "산지일시사용"이란 다음 각 목의 어느 하나에 해당하는 것을 말한다.

　가. 산지로 복구할 것을 조건으로 산지를 제2호가목부터 다목까지의 어느 하나에 해당하는 용도 외의 용도로 일정 기간 동안 사용하거나 이를 위하여 산지의 형질을 변경하는 것

　나. 산지를 임도, 작업로, 임산물 운반로, 등산로 · 탐방로 등 숲길, 그 밖에 이와 유사한 산길로 사용하기 위하여 산지의 형질을 변경하는 것

4. "석재"란 산지의 토석 중 건축용, 공예용, 조경용, 쇄골재용(碎骨材用) 및 토목용으로 사용하기 위한 암석을 말한다.

5. "토사"란 산지의 토석 중 제4호에 따른 석재를 제외한 것을 말한다.

[전문개정 2010.5.31.]

[시행일 : 2017.6.3.] 제2조

제3조(산지관리의 기본원칙)

산지는 임업의 생산성을 높이고 재해 방지, 수원(水源) 보호, 자연생태계 보전, 자연경관 보전, 국민보건휴양 증진 등 산림의 공익 기능을 높이는 방향으로 관리되어야 하며 산지전용은 자연친화적인 방법으로 하여야 한다.

[전문개정 2010.5.31.]

제2장 산지의 보전

제1절 산지관리기본계획 및 산지의 구분 등 〈개정 2010.5.31.〉

제3조의2(산지관리기본계획의 수립 등)

① 산림청장은 산지를 합리적으로 보전하고 이용하기 위하여 「산림기본법」 제11조에 따른 산림기본계획(이하 "산림기본계획"이라 한다)에 따라 전국의 산지에 대한 산지관리기본계획(이하 "기본계획"이라 한다)을 10년마다 수립하여야 한다.

② 산림청장은 「국토기본법」에 따른 국토종합계획의 수정, 산지 현황의 현저한 변경 또는 그 밖에 필요하다고 인정하는 경우에는 기본계획을 변경할 수 있다.

③ 산림청장이 기본계획을 수립하거나 변경할 때에는 미리 관계 중앙행정기관의 장과 협의하고 특별시장·광역시장·특별자치시장·도지사 또는 특별자치도지사(이하 "시·도지사"라 한다)의 의견을 들은 후 제22조제1항에 따른 중앙산지관리위원회(이하 "중앙산지관리위원회"라 한다)의 심의를 거쳐야 한다. 〈개정 2012.2.22.〉

④ 산림청장은 관계 중앙행정기관의 장과 지방자치단체의 장에게 기본계획의 수립 및 시행에 필요한 자료의 제출 또는 협조를 요청할 수 있다. 이 경우 관계 중앙행정기관의 장과 지방자치단체의 장은 특별한 사유가 없으면 요청에 응하여야 한다.

⑤ 산림청장이 기본계획을 수립하거나 변경하였을 때에는 대통령령으로 정하는 바에 따라 고시하고 관계 중앙행정기관의 장, 시·도지사 및 지방산림청장에게 통보하여야 하며, 시장(특별자치도의 경우는 특별자치도지사를 말한다. 이하 같다)·군수·구청장(자치구의 구청장을 말한다. 이하 같다) 또는 지방산림청 국유림관리소장(이하 "국유림관리소장"이라 한다)으로 하여금 일반에게 공람하게 하여야 한다. 〈개정 2012.2.22.〉

⑥ 시·도지사 또는 지방산림청장은 제5항에 따라 산림청장으로부터 기본계획의 수립 또는 변경에 관한 통보를 받으면 기본계획의 내용을 반영하여 1년 이내에 관할 지역의 산지에 대한 산지관리지역계획(이하 "지역계획"이라 한다)을 수립하거나 변경하여야 한다.

⑦ 시·도지사 또는 시장·군수·구청장이 다른 법률에 따른 환경·도시계획 등을 수립하려는 경우에는 제6항의 지역계획과 부합하도록 하여야 한다.

⑧ 지역계획의 수립기간 및 수립절차 등에 관하여는 제1항 및 제3항부터 제5항까지의 규정을 준용한다. 이 경우 "시·도지사 및 지방산림청장"은 "시장·군수·구청장 및 국유림관리소장"으로, "중앙산지관리위원회"는 "제22조제2항에 따른 지방산지관리위원회(이하 "지방산지관리위원회"라 한다)"로 본다. 〈신설 2012.2.22.〉

⑨ 제1항부터 제8항까지에서 규정한 사항 외에 기본계획 및 지역계획의 수립·시행 등에 필요한 사항은 산림청장이 정하여 고시한다. 〈신설 2012.2.22.〉

[본조신설 2010.5.31.]

제3조의3(기본계획과 지역계획의 내용)

① 기본계획과 지역계획에는 다음 각 호의 사항이 포함되어야 한다. 다만, 제3호 및 제5호는 기본계획에만 해당한다. 〈개정 2012.2.22., 2015.3.27.〉

    1. 산지관리의 목표와 기본방향
    2. 산지의 보전 및 이용에 관한 사항
    3. 제3조의4제1항제2호에 따른 산지 구분의 타당성에 대한 조사에 관한 사항
    4. 환경보전, 국토개발 등에 관한 다른 법률에 따른 산지이용계획에 관한 사항
    5. 제3조의5에 따른 산지관리정보체계의 구축 및 운영에 관한 사항
    6. 그 밖에 합리적인 산지의 보전 및 이용을 위하여 대통령령으로 정하는 사항

② 삭제 〈2012.2.22.〉

[본조신설 2010.5.31.]

제3조의4(기본계획과 지역계획 수립을 위한 조사)

① 산림청장은 기본계획을 수립하거나 변경하려는 경우에는 다음 각 호의 사항에 대한 조사(이하 "산지기본조사"라 한다)를 하고 이를 기본계획 및 제4조제1항에 따른 산지의 구분에 반영하여야 한다. 다만, 대통령령으로 정하는 경우에는 산지기본조사를 하지 아니할 수 있다. 〈개정 2015.3.27.〉

    1. 전국 산지의 현황 및 이용실태
    2. 제4조제1항에 따른 산지 구분의 타당성
    3. 그 밖에 농림축산식품부령으로 정하는 사항

② 시·도지사 또는 지방산림청장은 지역계획을 수립하거나 변경하려는 경우에는 관할지역 산지의 현황과 이용실태 등에 대한 조사(이하 "산지지역조사"라 한다)를 하고 이를 지역계획에 반영하여야 한다. 다만, 대통령령으로 정하는 경우에는 산지지역조사를 하지 아니할 수 있다.

③ 산림청장, 시·도지사 또는 지방산림청장은 효율적인 조사를 위하여 필요하면 제46조에 따른 한국산지보전협회와 그 밖에 대통령령으로 정하는 기관에 산지기본조사 또는 산지지역조사를 위탁할 수 있다.

④ 산지기본조사 및 산지지역조사의 방법, 기준, 절차 등에 관한 사항은 농림축산식품부령으로 정한다. 〈개정 2013.3.23.〉

[본조신설 2010.5.31.]

제3조의5(산지관리정보체계의 구축 및 운영)

① 산림청장은 산지의 합리적인 보전과 이용에 관한 정보를 체계적으로 관리하기 위하여 대통령령으로 정하는 바에 따라 산지관리정보체계를 구축·운영하여야 한다. 〈개정 2012.2.22.〉

② 산림청장은 제1항에 따른 산지관리정보체계의 효율적 관리를 위하여 필요하다고 인정하는 경우에는 대통령령으로 정하는 산지전문기관에 산지관리정보체계의 구축·운영을 위탁할 수 있다. 〈신설 2012.2.22.〉

[본조신설 2010.5.31.]

제4조(산지의 구분)

① 산지를 합리적으로 보전하고 이용하기 위하여 전국의 산지를 다음 각 호와 같이 구분한다. 〈개정 2011.7.28.〉

1. 보전산지(保全山地)

　가. 임업용산지(林業用山地) : 산림자원의 조성과 임업경영기반의 구축 등 임업생산 기능의 증진을 위하여 필요한 산지로서 다음의 산지를 대상으로 산림청장이 지정하는 산지

　　1) 「산림자원의 조성 및 관리에 관한 법률」에 따른 채종림(採種林) 및 시험림의 산지

　　2) 「국유림의 경영 및 관리에 관한 법률」에 따른 요존국유림(要存國有林)의 산지

　　3) 「임업 및 산촌 진흥촉진에 관한 법률」에 따른 임업진흥권역의 산지

　　4) 그 밖에 임업생산 기능의 증진을 위하여 필요한 산지로서 대통령령으로 정하는 산지

　나. 공익용산지 : 임업생산과 함께 재해 방지, 수원 보호, 자연생태계 보전, 자연경관 보전, 국민보건 휴양 증진 등의 공익 기능을 위하여 필요한 산지로서 다음의 산지를 대상으로 산림청장이 지정하는 산지

　　1) 「산림문화·휴양에 관한 법률」에 따른 자연휴양림의 산지

　　2) 사찰림(寺刹林)의 산지

　　3) 제9조에 따른 산지전용·일시사용제한지역

　　4) 「야생생물 보호 및 관리에 관한 법률」 제27조에 따른 야생생물 특별보호구역 및 같은 법 제33조에 따른 야생생물 보호구역의 산지

　　5) 「자연공원법」에 따른 공원구역의 산지

　　6) 「문화재보호법」에 따른 문화재보호구역의 산지

　　7) 「수도법」에 따른 상수원보호구역의 산지

　　8) 「개발제한구역의 지정 및 관리에 관한 특별조치법」에 따른 개발제한구역의 산지

　　9) 「국토의 계획 및 이용에 관한 법률」에 따른 녹지지역 중 대통령령으로 정하는 녹지지역의 산지

　　10) 「자연환경보전법」에 따른 생태·경관보전지역의 산지

　　11) 「습지보전법」에 따른 습지보호지역의 산지

　　12) 「독도 등 도서지역의 생태계보전에 관한 특별법」에 따른 특정도서의 산지

　　13) 「백두대간 보호에 관한 법률」에 따른 백두대간보호지역의 산지

　　14) 「산림보호법」에 따른 산림보호구역의 산지

　　15) 그 밖에 공익 기능을 증진하기 위하여 필요한 산지로서 대통령령으로 정하는 산지

　2. 준보전산지 : 보전산지 외의 산지

② 산림청장은 제1항에 따른 산지의 구분에 따라 전국의 산지에 대하여 지형도면에 그 구분을 명시한 도면[이하 "산지구분도"(山地區分圖)라 한다]을 작성하여야 한다.

③ 산지구분도의 작성방법 및 절차 등에 관한 사항은 농림축산식품부령으로 정한다. 〈개정 2013.3.23.〉

[전문개정 2010.5.31.]

제4조(산지의 구분)

① 산지를 합리적으로 보전하고 이용하기 위하여 전국의 산지를 다음 각 호와 같이 구분한다. 〈개정 2011.7.28., 2016.12.2.〉

1. 보전산지(保全山地)

   가. 임업용산지(林業用山地) : 산림자원의 조성과 임업경영기반의 구축 등 임업생산 기능의 증진을 위하여 필요한 산지로서 다음의 산지를 대상으로 산림청장이 지정하는 산지

     1) 「산림자원의 조성 및 관리에 관한 법률」에 따른 채종림(採種林) 및 시험림의 산지

     2) 「국유림의 경영 및 관리에 관한 법률」에 따른 보전국유림의 산지

     3) 「임업 및 산촌 진흥촉진에 관한 법률」에 따른 임업진흥권역의 산지

     4) 그 밖에 임업생산 기능의 증진을 위하여 필요한 산지로서 대통령령으로 정하는 산지

   나. 공익용산지 : 임업생산과 함께 재해 방지, 수원 보호, 자연생태계 보전, 자연경관 보전, 국민보건 휴양 증진 등의 공익 기능을 위하여 필요한 산지로서 다음의 산지를 대상으로 산림청장이 지정하는 산지

     1) 「산림문화·휴양에 관한 법률」에 따른 자연휴양림의 산지

     2) 사찰림(寺刹林)의 산지

     3) 제9조에 따른 산지전용·일시사용제한지역

     4) 「야생생물 보호 및 관리에 관한 법률」 제27조에 따른 야생생물 특별보호구역 및 같은 법 제33조에 따른 야생생물 보호구역의 산지

     5) 「자연공원법」에 따른 공원구역의 산지

     6) 「문화재보호법」에 따른 문화재보호구역의 산지

     7) 「수도법」에 따른 상수원보호구역의 산지

     8) 「개발제한구역의 지정 및 관리에 관한 특별조치법」에 따른 개발제한구역의 산지

     9) 「국토의 계획 및 이용에 관한 법률」에 따른 녹지지역 중 대통령령으로 정하는 녹지지역의 산지

     10) 「자연환경보전법」에 따른 생태·경관보전지역의 산지

     11) 「습지보전법」에 따른 습지보호지역의 산지

     12) 「독도 등 도서지역의 생태계보전에 관한 특별법」에 따른 특정도서의 산지

     13) 「백두대간 보호에 관한 법률」에 따른 백두대간보호지역의 산지

     14) 「산림보호법」에 따른 산림보호구역의 산지

     15) 그 밖에 공익 기능을 증진하기 위하여 필요한 산지로서 대통령령으로 정하는 산지

  2. 준보전산지 : 보전산지 외의 산지

② 산림청장은 제1항에 따른 산지의 구분에 따라 전국의 산지에 대하여 지형도면에 그 구분을 명시한 도면[이하 "산지구분도"(山地區分圖)라 한다]을 작성하여야 한다.

③ 산지구분도의 작성방법 및 절차 등에 관한 사항은 농림축산식품부령으로 정한다. 〈개정 2013.3.23.〉

  [전문개정 2010.5.31.]

  [시행일 : 2017.6.3.] 제4조

제5조(보전산지의 지정절차)

① 산림청장은 제4조제1항제1호에 따른 보전산지(이하 "보전산지"라 한다)를 지정하려면 그 산지가 표시된 산지구분도를 작성하여 농림축산식품부령으로 정하는 바에 따라 산지소유자의 의견을 듣고, 관계 행정기관의 장과 협의한 후 제22조제1항에 따른 중앙산지관리위원회의 심의를 거쳐야 한다. 다만, 다른 법률에 따라 관계 행정기관의 장 간에 협의를 거쳐 산지가 보전산지의 지정대상으로 된 경우에는 중앙산지관리위원회의 심의를 거치지 아니한다 〈개정 2012.2.22., 2013.3.23.〉

② 산림청장은 제1항에 따라 보전산지를 지정한 경우에는 대통령령으로 정하는 바에 따라 그 지정사실을 고시하고 관계 행정기관의 장에게 통보하여야 하며, 그 지정에 관한 관계 서류를 일반에게 공람하여야 한다. 〈개정 2012.2.22.〉

③ 산림청장은 제2항에도 불구하고 시장 · 군수 · 구청장으로 하여금 보전산지의 지정에 관한 관계 서류를 일반에게 공람하게 할 수 있다. 〈신설 2012.2.22.〉

[전문개정 2010.5.31.]

제5조(보전산지의 지정절차)

① 산림청장은 제4조제1항제1호에 따른 보전산지(이하 "보전산지"라 한다)를 지정하려면 그 산지가 표시된 산지구분도를 작성하여 농림축산식품부령으로 정하는 바에 따라 산지소유자의 의견을 듣고, 관계 행정기관의 장과 협의한 후 중앙산지관리위원회의 심의를 거쳐야 한다. 다만, 다른 법률에 따라 관계 행정기관의 장 간에 협의를 거쳐 산지가 보전산지의 지정대상으로 된 경우에는 중앙산지관리위원회의 심의를 거치지 아니한다 〈개정 2012.2.22., 2013.3.23., 2016.12.2.〉

② 산림청장은 제1항에 따라 보전산지를 지정한 경우에는 대통령령으로 정하는 바에 따라 그 지정사실을 고시하고 관계 행정기관의 장에게 통보하여야 하며, 그 지정에 관한 관계 서류를 일반에게 공람하여야 한다. 〈개정 2012.2.22.〉

③ 산림청장은 제2항에도 불구하고 시장 · 군수 · 구청장으로 하여금 보전산지의 지정에 관한 관계 서류를 일반에게 공람하게 할 수 있다. 〈신설 2012.2.22.〉

[전문개정 2010.5.31.]

[시행일 : 2017.6.3.] 제5조

제6조(보전산지의 변경 · 해제)

① 산림청장은 제5조제1항에 따라 지정된 보전산지 중 제4조제1항제1호가목에 따른 임업용산지(이하 "임업용산지"라 한다)가 제4조제1항제1호나목에 따른 공익용산지(이하 "공익용산지"라 한다)의 지정대상 산지에 해당하게 되는 경우에는 그 산지를 공익용산지로 변경 · 지정할 수 있다.

② 산림청장은 제5조제1항에 따라 지정된 보전산지 중 공익용산지가 공익용산지의 지정대상 산지에 해당되지 아니하고 임업용산지의 지정대상 산지에 해당하게 되는 경우에는 그 산지를 임업용산지로 변경 · 지정할 수 있다.

③ 산림청장은 다음 각 호의 어느 하나에 해당하는 경우에는 보전산지의 지정을 해제할 수 있다. 이 경우 산림청장은 제1호·제2호 또는 제4호에 해당하는지를 판단하기 위하여 필요하면 해당 산지의 입지여건, 자연경관 및 산림생태계 등 산지의 특성에 관한 평가(이하 "산지특성평가"라 한다)를 실시할 수 있다. 〈개정 2015.3.27.〉

1. 보전산지가 임업용산지 또는 공익용산지의 지정요건에 해당하지 아니하게 되는 경우

2. 제8조에 따른 협의를 한 경우로서 보전산지의 지정을 해제할 필요가 있는 경우

3. 제14조에 따른 산지전용허가 또는 제15조에 따른 산지전용신고(다른 법률에 따라 산지전용허가 또는 산지전용신고가 의제되거나 배제되는 행정처분을 포함한다)에 의하여 산지를 다른 용지로 변경하려는 경우로서 해당 산지전용의 목적사업을 완료한 후 제39조제3항에 따라 복구의무를 면제받거나 제42조에 따라 복구준공검사를 받은 경우

4. 그 밖에 보전산지의 지정이 적합하지 아니하다고 인정되는 경우

④ 산림청장은 제1항부터 제3항까지의 규정에 따라 보전산지의 변경이나 지정해제를 하려면 그 산지가 표시된 산지구분도를 작성하여 관계 행정기관의 장과 협의한 후 제22조제1항에 따른 중앙산지관리위원회의 심의를 거쳐 대통령령으로 정하는 바에 따라 이를 고시하여야 한다. 다만, 다음 각 호의 어느 하나에 해당하는 경우에는 관계 중앙행정기관의 장과의 협의 및 중앙산지관리위원회의 심의를 거치지 아니할 수 있다.

1. 이 법 또는 다른 법률에 따라 관계 행정기관의 장과 협의를 거쳐 산지가 제1항 또는 제2항에 따른 보전산지의 변경대상이 되어 변경하는 경우

2. 이 법 또는 다른 법률에 따라 관계 행정기관의 장과 협의를 거쳐 산지가 제3항제1호 및 제2호에 따른 보전산지의 지정해제 대상이 되어 지정을 해제하는 경우

3. 제3항제3호 및 제4호에 따라 보전산지의 지정을 해제하는 경우

⑤ 제3항에 따른 보전산지의 지정해제 대상에 관한 세부사항 및 산지특성평가의 방법·절차 등에 관한 사항은 농림축산식품부령으로 정한다. 〈신설 2015.3.27.〉

[전문개정 2010.5.31.]

제6조(보전산지의 변경·해제)

① 산림청장은 제5조제1항에 따라 지정된 보전산지 중 제4조제1항제1호가목에 따른 임업용산지(이하 "임업용산지"라 한다)가 제4조제1항제1호나목에 따른 공익용산지(이하 "공익용산지"라 한다)의 지정대상 산지에 해당하게 되는 경우에는 그 산지를 공익용산지로 변경·지정할 수 있다.

② 산림청장은 제5조제1항에 따라 지정된 보전산지 중 공익용산지가 공익용산지의 지정대상 산지에 해당되지 아니하고 임업용산지의 지정대상 산지에 해당하게 되는 경우에는 그 산지를 임업용산지로 변경·지정할 수 있다.

③ 산림청장은 다음 각 호의 어느 하나에 해당하는 경우에는 보전산지의 지정을 해제할 수 있다. 이 경우 산림청장은 제1호·제2호 또는 제4호에 해당하는지를 판단하기 위하여 필요하면 해당 산지의 입지여건, 자연경관 및 산림생태계 등 산지의 특성에 관한 평가(이하 "산지특성평가"라 한다)를 실시할 수 있다. 〈개정 2015.3.27.〉

1. 보전산지가 임업용산지 또는 공익용산지의 지정요건에 해당하지 아니하게 되는 경우

2. 제8조에 따른 협의를 한 경우로서 보전산지의 지정을 해제할 필요가 있는 경우

3. 제14조에 따른 산지전용허가 또는 제15조에 따른 산지전용신고(다른 법률에 따라 산지전용허가 또는 산지전용신고가 의제되거나 배제되는 행정처분을 포함한다)에 의하여 산지를 다른 용지로 변경하려는 경우로서 해당 산지전용의 목적사업을 완료한 후 제39조제3항에 따라 복구의무를 면제받거나 제42조에 따라 복구준공검사를 받은 경우

4. 그 밖에 보전산지의 지정이 적합하지 아니하다고 인정되는 경우

④ 산림청장은 제1항부터 제3항까지의 규정에 따라 보전산지의 변경이나 지정해제를 하려면 그 산지가 표시된 산지구분도를 작성하여 관계 행정기관의 장과 협의한 후 중앙산지관리위원회의 심의를 거쳐 대통령령으로 정하는 바에 따라 이를 고시하여야 한다. 다만, 다음 각 호의 어느 하나에 해당하는 경우에는 관계 중앙행정기관의 장과의 협의 및 중앙산지관리위원회의 심의를 거치지 아니할 수 있다. 〈개정 2016.12.2.〉

1. 이 법 또는 다른 법률에 따라 관계 행정기관의 장과 협의를 거쳐 산지가 제1항 또는 제2항에 따른 보전산지의 변경대상이 되어 변경하는 경우

2. 이 법 또는 다른 법률에 따라 관계 행정기관의 장과 협의를 거쳐 산지가 제3항제1호 및 제2호에 따른 보전산지의 지정해제 대상이 되어 지정을 해제하는 경우

3. 제3항제3호 및 제4호에 따라 보전산지의 지정을 해제하는 경우

⑤ 제3항에 따른 보전산지의 지정해제 대상에 관한 세부사항 및 산지특성평가의 방법·절차 등에 관한 사항은 농림축산식품부령으로 정한다. 〈신설 2015.3.27.〉

[전문개정 2010.5.31.]

[시행일 : 2017.6.3.] 제6조

제7조 삭제 〈2010.5.31.〉

제8조(산지에서의 구역 등의 지정 등)

① 관계 행정기관의 장은 다른 법률에 따라 산지를 특정 용도로 이용하기 위하여 지역·지구 및 구역 등으로 지정하거나 결정하려면 대통령령으로 정하는 산지의 종류 및 면적 등의 구분에 따라 산림청장, 시·도지사 또는 시장·군수·구청장(이하 "산림청장등"이라 한다)과 미리 협의하여야 한다. 협의한 사항(대통령령으로 정하는 경미한 사항은 제외한다)을 변경하려는 경우에도 같다. 〈개정 2012.2.22.〉

② 산림청장등은 제1항에 따라 협의하는 경우에는 미리 대통령령으로 정하는 바에 따라 중앙산지관리위원회 또는 지방산지관리위원회의 심의를 거쳐야 한다. 〈신설 2012.2.22.〉

③ 제1항에 따른 협의의 범위, 기준 및 절차 등에 관한 사항은 대통령령으로 정한다. 〈개정 2012.2.22.〉

④ 국가나 지방자치단체는 불가피한 사유가 있는 경우가 아니면 산지를 산지의 보전과 관련되는 지역·지구·구역 등으로 중복하여 지정하거나 행위를 제한하여서는 아니 된다. 〈개정 2012.2.22.〉

[전문개정 2010.5.31.]

제2절 보전산지에서의 행위제한 〈개정 2010.5.31.〉

제9조(산지전용 · 일시사용제한지역의 지정)

① 산림청장은 다음 각 호의 어느 하나에 해당하는 산지로서 공공의 이익증진을 위하여 보전이 특히 필요하다고 인정되는 산지를 산지전용 또는 산지일시사용이 제한되는 지역(이하 "산지전용 · 일시사용제한지역"이라 한다)으로 지정할 수 있다.

1. 대통령령으로 정하는 주요 산줄기의 능선부로서 자연경관 및 산림생태계의 보전을 위하여 필요하다고 인정되는 산지
2. 명승지, 유적지, 그 밖에 역사적 · 문화적으로 보전할 가치가 있다고 인정되는 산지로서 대통령령으로 정하는 산지
3. 산사태 등 재해 발생이 특히 우려되는 산지로서 대통령령으로 정하는 산지

② 산림청장은 제1항에 따라 산지전용 · 일시사용제한지역을 지정하려면 대통령령으로 정하는 바에 따라 해당 산지소유자, 지역주민 및 지방자치단체의 장의 의견을 듣고 관계 행정기관의 장과 협의한 후 제22조 제1항에 따른 중앙산지관리위원회의 심의를 거쳐야 한다. 〈개정 2012.2.22.〉

③ 산림청장은 제1항에 따라 산지전용 · 일시사용제한지역을 지정한 경우에는 대통령령으로 정하는 바에 따라 그 지정사실을 고시하고 관계 행정기관의 장에게 통보하여야 하며, 그 지정에 관한 관계 서류를 일반에게 공람하여야 한다. 〈개정 2012.2.22.〉

④ 산림청장은 제3항에도 불구하고 시장 · 군수 · 구청장으로 하여금 산지전용 · 일시사용제한지역의 지정에 관한 관계 서류를 일반에게 공람하게 할 수 있다. 〈신설 2012.2.22.〉

[전문개정 2010.5.31.]

제9조(산지전용 · 일시사용제한지역의 지정)

① 산림청장은 다음 각 호의 어느 하나에 해당하는 산지로서 공공의 이익증진을 위하여 보전이 특히 필요하다고 인정되는 산지를 산지전용 또는 산지일시사용이 제한되는 지역(이하 "산지전용 · 일시사용제한지역"이라 한다)으로 지정할 수 있다.

1. 대통령령으로 정하는 주요 산줄기의 능선부로서 자연경관 및 산림생태계의 보전을 위하여 필요하다고 인정되는 산지
2. 명승지, 유적지, 그 밖에 역사적 · 문화적으로 보전할 가치가 있다고 인정되는 산지로서 대통령령으로 정하는 산지
3. 산사태 등 재해 발생이 특히 우려되는 산지로서 대통령령으로 정하는 산지

② 산림청장은 제1항에 따라 산지전용 · 일시사용제한지역을 지정하려면 대통령령으로 정하는 바에 따라 해당 산지소유자, 지역주민 및 지방자치단체의 장의 의견을 듣고 관계 행정기관의 장과 협의한 후 중앙산지관리위원회의 심의를 거쳐야 한다. 〈개정 2012.2.22., 2016.12.2.〉

③ 산림청장은 제1항에 따라 산지전용 · 일시사용제한지역을 지정한 경우에는 대통령령으로 정하는 바에 따라 그 지정사실을 고시하고 관계 행정기관의 장에게 통보하여야 하며, 그 지정에 관한 관계 서류를 일반에게 공람하여야 한다. 〈개정 2012.2.22.〉

④ 산림청장은 제3항에도 불구하고 시장·군수·구청장으로 하여금 산지전용·일시사용제한지역의 지정에 관한 관계 서류를 일반에게 공람하게 할 수 있다. 〈신설 2012.2.22.〉

[전문개정 2010.5.31.]

[시행일 : 2017.6.3.] 제9조

제10조(산지전용·일시사용제한지역에서의 행위제한)

산지전용·일시사용제한지역에서는 다음 각 호의 어느 하나에 해당하는 행위를 하기 위하여 산지전용 또는 산지일시사용을 하는 경우를 제외하고는 산지전용 또는 산지일시사용을 할 수 없다. 〈개정 2012.2.22., 2013.3.23.〉

1. 국방·군사시설의 설치
2. 사방시설, 하천, 제방, 저수지, 그 밖에 이에 준하는 국토보전시설의 설치
3. 도로, 철도, 석유 및 가스의 공급시설, 그 밖에 대통령령으로 정하는 공용·공공용 시설의 설치
4. 산림보호, 산림자원의 보전 및 증식을 위한 시설로서 대통령령으로 정하는 시설의 설치
5. 임업시험연구를 위한 시설로서 대통령령으로 정하는 시설의 설치
6. 매장문화재의 발굴(지표조사를 포함한다), 문화재와 전통사찰의 복원·보수·이전 및 그 보존관리를 위한 시설의 설치, 문화재·전통사찰과 관련된 비석, 기념탑, 그 밖에 이와 유사한 시설의 설치
7. 다음 각 목의 어느 하나에 해당하는 시설 중 대통령령으로 정하는 시설의 설치
   가. 발전·송전시설 등 전력시설
   나. 「신에너지 및 재생에너지 개발·이용·보급 촉진법」에 따른 신·재생에너지의 이용·보급을 위한 시설
8. 「광업법」에 따른 광물의 탐사·시추시설의 설치 및 대통령령으로 정하는 갱내채굴
9. 「광산피해의 방지 및 복구에 관한 법률」에 따른 광해방지시설의 설치
9의2. 공공의 안전을 방해하는 위험시설이나 물건의 제거
9의3. 「6·25 전사자유해의 발굴 등에 관한 법률」에 따른 전사자의 유해 등 대통령령으로 정하는 유해의 조사·발굴
10. 제1호부터 제9호까지, 제9호의2 및 제9호의3에 따른 행위를 하기 위하여 대통령령으로 정하는 기간 동안 임시로 설치하는 다음 각 목의 어느 하나에 해당하는 부대시설의 설치
    가. 진입로
    나. 현장사무소
    다. 지질·토양의 조사·탐사시설
    라. 그 밖에 주차장 등 농림축산식품부령으로 정하는 부대시설
11. 제1호부터 제9호까지, 제9호의2 및 제9호의3에 따라 설치되는 시설 중 「건축법」에 따른 건축물과 도로(「건축법」 제2조제1항제11호의 도로를 말한다)를 연결하기 위한 대통령령으로 정하는 규모 이하의 진입로의 설치

[전문개정 2010.5.31.]

제11조(산지전용·일시사용제한지역 지정의 해제)

① 산림청장은 산지전용·일시사용제한지역의 지정목적이 상실되었거나 산지전용·일시사용제한지역으로 계속 둘 필요가 없다고 인정되는 경우로서 다음 각 호의 어느 하나에 해당하는 경우에는 산지전용·일시사용제한지역의 지정을 해제할 수 있다.

1. 제10조 각 호에 해당하는 행위를 하기 위하여 산지전용허가를 받아 산지를 전용한 경우
2. 천재지변 등으로 인하여 산지전용·일시사용제한지역으로서의 가치를 상실한 경우
3. 재해방지시설을 설치하여 산사태 발생 위험이 해소되는 등 산지전용·일시사용제한지역의 지정목적이 상실된 경우
4. 그 밖에 자연적·사회적·경제적·지역적 여건변화나 지역발전을 위한 사유 등 대통령령으로 정하는 경우

② 제1항에 따른 산지전용·일시사용제한지역 지정의 해제절차 등에 관하여는 제9조제2항 및 제3항을 준용한다. 다만, 다음 각 호의 어느 하나에 해당하는 경우에는 중앙산지관리위원회의 심의를 거치지 아니할 수 있다.

1. 제1항제1호 또는 제2호에 해당하는 경우
2. 제1항제3호 또는 제4호에 해당하는 경우로서 1만제곱미터 미만을 해제하는 경우

[전문개정 2010.5.31.]

제12조(보전산지에서의 행위제한)

① 임업용산지에서는 다음 각 호의 어느 하나에 해당하는 행위를 하기 위하여 산지전용 또는 산지일시사용을 하는 경우를 제외하고는 산지전용 또는 산지일시사용을 할 수 없다. 〈개정 2012.2.22., 2013.3.23.〉

1. 제10조제1호부터 제9호까지, 제9호의2 및 제9호의3에 따른 시설의 설치 등
2. 임도·산림경영관리사(山林經營管理舍) 등 산림경영과 관련된 시설 및 산촌산업개발시설 등 산촌개발사업과 관련된 시설로서 대통령령으로 정하는 시설의 설치
3. 수목원, 산림생태원, 자연휴양림, 수목장림(樹木葬林), 그 밖에 대통령령으로 정하는 산림공익시설의 설치
4. 농림어업인의 주택 및 그 부대시설로서 대통령령으로 정하는 주택 및 시설의 설치
5. 농림어업용 생산·이용·가공시설 및 농어촌휴양시설로서 대통령령으로 정하는 시설의 설치
6. 광물, 지하수, 그 밖에 대통령령으로 정하는 지하자원 또는 석재의 탐사·시추 및 개발과 이를 위한 시설의 설치
7. 산사태 예방을 위한 지질·토양의 조사와 이에 따른 시설의 설치
8. 석유비축 및 저장시설·방송통신설비, 그 밖에 대통령령으로 정하는 공용·공공용 시설의 설치
9. 「장사 등에 관한 법률」에 따라 허가를 받거나 신고를 한 묘지·화장시설·봉안시설·자연장지 시설의 설치
10. 대통령령으로 정하는 종교시설의 설치
11. 병원, 사회복지시설, 청소년수련시설, 근로자복지시설, 공공직업훈련시설 등 공익시설로서 대통령령으로 정하는 시설의 설치
12. 교육·연구 및 기술개발과 관련된 시설로서 대통령령으로 정하는 시설의 설치
13. 제1호부터 제12호까지의 시설을 제외한 시설로서 대통령령으로 정하는 지역사회개발 및 산업발전에 필요한 시설의 설치

14. 제1호부터 제13호까지의 규정에 따른 시설을 설치하기 위하여 대통령령으로 정하는 기간 동안 임시로 설치하는 다음 각 목의 어느 하나에 해당하는 부대시설의 설치

    가. 진입로

    나. 현장사무소

    다. 지질·토양의 조사·탐사시설

    라. 그 밖에 주차장 등 농림축산식품부령으로 정하는 부대시설

15. 제1호부터 제13호까지의 시설 중 「건축법」에 따른 건축물과 도로(「건축법」 제2조제1항제11호의 도로를 말한다)를 연결하기 위한 대통령령으로 정하는 규모 이하의 진입로의 설치

16. 그 밖에 가축의 방목, 산나물·야생화·관상수의 재배, 물건의 적치(積置), 농도(農道)의 설치 등 임업용산지의 목적 달성에 지장을 주지 아니하는 범위에서 대통령령으로 정하는 행위

② 공익용산지(산지전용·일시사용제한지역은 제외한다)에서는 다음 각 호의 어느 하나에 해당하는 행위를 하기 위하여 산지전용 또는 산지일시사용을 하는 경우를 제외하고는 산지전용 또는 산지일시사용을 할 수 없다. 〈개정 2012.2.22., 2013.3.23.〉

1. 제10조제1호부터 제9호까지, 제9호의2 및 제9호의3에 따른 시설의 설치 등

2. 제1항제2호, 제3호, 제6호 및 제7호의 시설의 설치

3. 제1항제12호의 시설 중 대통령령으로 정하는 시설의 설치

4. 대통령령으로 정하는 규모 미만으로서 다음 각 목의 어느 하나에 해당하는 행위

    가. 농림어업인 주택의 신축, 증축 또는 개축. 다만, 신축의 경우에는 대통령령으로 정하는 주택 및 시설에 한정한다.

    나. 종교시설의 증축 또는 개축

    다. 제4조제1항제1호나목2)에 해당하는 사유로 공익용산지로 지정된 사찰림의 산지에서의 사찰 신축

5. 제1호부터 제4호까지의 시설을 제외한 시설로서 대통령령으로 정하는 공용·공공용 사업을 위하여 필요한 시설의 설치

6. 제1호부터 제5호까지에 따른 시설을 설치하기 위하여 대통령령으로 정하는 기간 동안 임시로 설치하는 다음 각 목의 어느 하나에 해당하는 부대시설의 설치

    가. 진입로

    나. 현장사무소

    다. 지질·토양의 조사·탐사시설

    라. 그 밖에 주차장 등 농림축산식품부령으로 정하는 부대시설

7. 제1호부터 제5호까지의 시설 중 「건축법」에 따른 건축물과 도로(「건축법」 제2조제1항제11호의 도로를 말한다)를 연결하기 위한 대통령령으로 정하는 규모 이하의 진입로의 설치

8. 그 밖에 산나물·야생화·관상수의 재배, 농도의 설치 등 공익용산지의 목적 달성에 지장을 주지 아니하는 범위에서 대통령령으로 정하는 행위

③ 제2항에도 불구하고 공익용산지(산지전용·일시사용제한지역은 제외한다) 중 다음 각 호의 어느 하나에 해당하는 산지에서의 행위제한에 대하여는 해당 법률을 각각 적용한다. 〈개정 2012.2.22.〉

1. 제4조제1항제1호나목4)부터 14)까지의 산지

2. 「국토의 계획 및 이용에 관한 법률」에 따라 지역·지구 및 구역 등으로 지정된 산지로서 대통령령으로 정하는 산지

[전문개정 2010.5.31.]

제12조(보전산지에서의 행위제한)

① 임업용산지에서는 다음 각 호의 어느 하나에 해당하는 행위를 하기 위하여 산지전용 또는 산지일시사용을 하는 경우를 제외하고는 산지전용 또는 산지일시사용을 할 수 없다. 〈개정 2012.2.22., 2013.3.23., 2016.12.2.〉

1. 제10조제1호부터 제9호까지, 제9호의2 및 제9호의3에 따른 시설의 설치 등

2. 임도·산림경영관리사(山林經營管理舍) 등 산림경영과 관련된 시설 및 산촌산업개발시설 등 산촌개발 사업과 관련된 시설로서 대통령령으로 정하는 시설의 설치

3. 수목원, 산림생태원, 자연휴양림, 수목장림(樹木葬林), 그 밖에 대통령령으로 정하는 산림공익시설의 설치

4. 농림어업인의 주택 및 그 부대시설로서 대통령령으로 정하는 주택 및 시설의 설치

5. 농림어업용 생산·이용·가공시설 및 농어촌휴양시설로서 대통령령으로 정하는 시설의 설치

6. 광물, 지하수, 그 밖에 대통령령으로 정하는 지하자원 또는 석재의 탐사·시추 및 개발과 이를 위한 시설의 설치

7. 산사태 예방을 위한 지질·토양의 조사와 이에 따른 시설의 설치

8. 석유비축 및 저장시설·방송통신설비, 그 밖에 대통령령으로 정하는 공용·공공용 시설의 설치

9. 「장사 등에 관한 법률」에 따라 허가를 받거나 신고를 한 묘지·화장시설·봉안시설·자연장지 시설의 설치

10. 대통령령으로 정하는 종교시설의 설치

11. 병원, 사회복지시설, 청소년수련시설, 근로자복지시설, 공공직업훈련시설 등 공익시설로서 대통령령으로 정하는 시설의 설치

12. 교육·연구 및 기술개발과 관련된 시설로서 대통령령으로 정하는 시설의 설치

13. 제1호부터 제12호까지의 시설을 제외한 시설로서 대통령령으로 정하는 지역사회개발 및 산업발전에 필요한 시설의 설치

14. 제1호부터 제13호까지의 규정에 따른 시설을 설치하기 위하여 대통령령으로 정하는 기간 동안 임시로 설치하는 다음 각 목의 어느 하나에 해당하는 부대시설의 설치

　　가. 진입로

　　나. 현장사무소

　　다. 지질·토양의 조사·탐사시설

　　라. 그 밖에 주차장 등 농림축산식품부령으로 정하는 부대시설

15. 제1호부터 제13호까지의 시설 중 「건축법」에 따른 건축물과 도로(「건축법」 제2조제1항제11호의 도로를 말한다)를 연결하기 위한 대통령령으로 정하는 규모 이하의 진입로의 설치

16. 그 밖에 가축의 방목, 산나물·야생화·관상수의 재배(성토 또는 절토 등을 통하여 지표면으로부터 높이 또는 깊이 50센티미터 이상 형질변경을 수반하는 경우에 한정한다), 물건의 적치(積置), 농도(農道)의 설치 등 임업용산지의 목적 달성에 지장을 주지 아니하는 범위에서 대통령령으로 정하는 행위

② 공익용산지(산지전용·일시사용제한지역은 제외한다)에서는 다음 각 호의 어느 하나에 해당하는 행위를 하기 위하여 산지전용 또는 산지일시사용을 하는 경우를 제외하고는 산지전용 또는 산지일시사용을 할 수 없다. 〈개정 2012.2.22., 2013.3.23., 2016.12.2.〉

1. 제10조제1호부터 제9호까지, 제9호의2 및 제9호의3에 따른 시설의 설치 등

2. 제1항제2호, 제3호, 제6호 및 제7호의 시설의 설치

3. 제1항제12호의 시설 중 대통령령으로 정하는 시설의 설치

4. 대통령령으로 정하는 규모 미만으로서 다음 각 목의 어느 하나에 해당하는 행위
   가. 농림어업인 주택의 신축, 증축 또는 개축. 다만, 신축의 경우에는 대통령령으로 정하는 주택 및 시설에 한정한다.
   나. 종교시설의 증축 또는 개축
   다. 제4조제1항제1호나목2)에 해당하는 사유로 공익용산지로 지정된 사찰림의 산지에서의 사찰 신축, 제1항제9호의 시설 중 봉안시설 설치 또는 제1항제11호에 따른 시설 중 병원, 사회복지시설, 청소년수련시설의 설치

5. 제1호부터 제4호까지의 시설을 제외한 시설로서 대통령령으로 정하는 공용·공공용 사업을 위하여 필요한 시설의 설치

6. 제1호부터 제5호까지에 따른 시설을 설치하기 위하여 대통령령으로 정하는 기간 동안 임시로 설치하는 다음 각 목의 어느 하나에 해당하는 부대시설의 설치
   가. 진입로
   나. 현장사무소
   다. 지질·토양의 조사·탐사시설
   라. 그 밖에 주차장 등 농림축산식품부령으로 정하는 부대시설

7. 제1호부터 제5호까지의 시설 중 「건축법」에 따른 건축물과 도로(「건축법」 제2조제1항제11호의 도로를 말한다)를 연결하기 위한 대통령령으로 정하는 규모 이하의 진입로의 설치

8. 그 밖에 산나물·야생화·관상수의 재배(성토 또는 절토 등을 통하여 지표면으로부터 높이 또는 깊이 50센티미터 이상 형질변경을 수반하는 경우에 한정한다), 농도의 설치 등 공익용산지의 목적 달성에 지장을 주지 아니하는 범위에서 대통령령으로 정하는 행위

③ 제2항에도 불구하고 공익용산지(산지전용·일시사용제한지역은 제외한다) 중 다음 각 호의 어느 하나에 해당하는 산지에서의 행위제한에 대하여는 해당 법률을 각각 적용한다. 〈개정 2012.2.22.〉

1. 제4조제1항제1호나목4)부터 14)까지의 산지

2. 「국토의 계획 및 이용에 관한 법률」에 따라 지역·지구 및 구역 등으로 지정된 산지로서 대통령령으로 정하는 산지

[전문개정 2010.5.31.]

[시행일 : 2017.6.3.] 제12조

제13조(산지전용·일시사용제한지역의 산지매수)

① 국가나 지방자치단체는 산지전용·일시사용제한지역의 지정목적을 달성하기 위하여 필요하면 산지소유자와 협의하여 산지전용·일시사용제한지역의 산지를 매수할 수 있다.

② 제1항에 따른 산지의 매수가격은 「부동산 가격공시에 관한 법률」에 따른 공시지가(해당 토지의 공시지가가 없는 경우에는 같은 법 제8조에 따라 산정한 개별토지가격을 말한다)를 기준으로 결정한다. 이 경우 인근지역의 실제 거래가격이 공시지가보다 낮을 때에는 실제 거래가격을 기준으로 매수할 수 있다. 〈개정 2016.1.19.〉

③ 제1항에 따른 산지매수의 절차와 그 밖에 필요한 사항은 「국유재산법」 제9조 또는 「공유재산 및 물품 관리법」 제10조를 준용한다.

④ 제1항과 제2항에 따른 매수대상 산지의 범위, 매수가격의 산정시기 및 방법 등에 관한 사항은 대통령령으로 정한다.

[전문개정 2010.5.31.]

제13조의2(산지의 매수 청구)

① 제9조에 따라 산지전용·일시사용제한지역의 지정·고시가 있을 때에는 그 지역의 산지 소유자 중 다음 각 호의 어느 하나에 해당하는 자는 산림청장에게 그 산지의 매수를 청구할 수 있다.

　　1. 산지전용·일시사용제한지역 지정 전부터 해당 토지를 계속 소유한 자

　　2. 제1호의 자로부터 해당 산지를 상속받아 계속 소유한 자

② 제1항에 따른 산지의 매수 청구를 받은 산림청장은 예산의 범위에서 이를 매수하여야 한다.

③ 제2항에 따라 산지를 매수할 때에는 제13조제2항·제3항을 준용하며, 매수절차 등에 관한 사항은 대통령령으로 정한다.

[전문개정 2010.5.31.]

제3절 산지전용허가 등

제14조(산지전용허가)

① 산지전용을 하려는 자는 그 용도를 정하여 대통령령으로 정하는 산지의 종류 및 면적 등의 구분에 따라 산림청장등의 허가를 받아야 하며, 허가받은 사항을 변경하려는 경우에도 같다. 다만, 농림축산식품부령으로 정하는 사항으로서 경미한 사항을 변경하려는 경우에는 산림청장등에게 신고로 갈음할 수 있다. 〈개정 2012.2.22., 2013.3.23.〉

② 관계 행정기관의 장이 다른 법률에 따라 산지전용허가가 의제되는 행정처분을 하기 위하여 산림청장등에게 협의를 요청하는 경우에는 대통령령으로 정하는 바에 따라 제18조에 따른 산지전용허가기준에 맞는지를 검토하는 데에 필요한 서류를 산림청장등에게 제출하여야 한다. 〈개정 2012.2.22.〉

③ 관계 행정기관의 장은 제2항에 따른 협의를 한 후 산지전용허가가 의제되는 행정처분을 하였을 때에는 지체 없이 산림청장등에게 통보하여야 한다. 〈개정 2012.2.22.〉

[전문개정 2010.5.31.]

제15조(산지전용신고)

① 다음 각 호의 어느 하나에 해당하는 용도로 산지전용을 하려는 자는 제14조제1항에도 불구하고 국유림의 산지에 대하여는 산림청장에게, 국유림이 아닌 산림의 산지에 대하여는 시장·군수·구청장에게 신고하여야 한다. 신고한 사항 중 농림축산식품부령으로 정하는 사항을 변경하려는 경우에도 같다. 〈개정 2012.2.22., 2013.3.23.〉

　　1. 산림경영·산촌개발·임업시험연구를 위한 시설 및 수목원·산림생태원·자연휴양림 등 대통령령으로 정하는 산림공익시설과 그 부대시설의 설치

    2. 농림어업인의 주택시설과 그 부대시설의 설치

    3. 「건축법」에 따른 건축허가 또는 건축신고 대상이 되는 농림수산물의 창고·집하장·가공시설 등 대통령령으로 정하는 시설의 설치

② 제1항에 따른 산지전용신고의 절차, 신고대상 시설 및 행위의 범위, 설치지역, 설치조건 등에 관한 사항은 대통령령으로 정한다.

③ 제1항에 따른 산지전용신고를 받은 산림청장 또는 시장·군수·구청장은 그 신고내용이 제2항에 따른 신고대상 시설 및 행위의 범위, 설치지역, 설치조건 등을 충족한 경우에 농림축산식품부령으로 정하는 바에 따라 신고를 수리하여야 한다. 〈개정 2013.3.23.〉

④ 관계 행정기관의 장이 다른 법률에 따라 산지전용신고가 의제되는 행정처분을 하기 위한 산림청장 또는 시장·군수·구청장과의 협의 및 그 처분의 통보에 관하여는 제14조제2항 및 제3항을 준용한다.

  [전문개정 2010.5.31.]

제15조(산지전용신고)

① 다음 각 호의 어느 하나에 해당하는 용도로 산지전용을 하려는 자는 제14조제1항에도 불구하고 국유림(「국유림의 경영 및 관리에 관한 법률」 제4조제1항에 따라 산림청장이 경영하고 관리하는 국유림을 말한다. 이하 같다)의 산지에 대하여는 산림청장에게, 국유림이 아닌 산림의 산지에 대하여는 시장·군수·구청장에게 신고하여야 한다. 신고한 사항 중 농림축산식품부령으로 정하는 사항을 변경하려는 경우에도 같다. 〈개정 2012.2.22., 2013.3.23., 2016.12.2.〉

    1. 산림경영·산촌개발·임업시험연구를 위한 시설 및 수목원·산림생태원·자연휴양림 등 대통령령으로 정하는 산림공익시설과 그 부대시설의 설치

    2. 농림어업인의 주택시설과 그 부대시설의 설치

    3. 「건축법」에 따른 건축허가 또는 건축신고 대상이 되는 농림수산물의 창고·집하장·가공시설 등 대통령령으로 정하는 시설의 설치

② 제1항에 따른 산지전용신고의 절차, 신고대상 시설 및 행위의 범위, 설치지역, 설치조건 등에 관한 사항은 대통령령으로 정한다.

③ 제1항에 따른 산지전용신고를 받은 산림청장 또는 시장·군수·구청장은 그 신고내용이 제2항에 따른 신고대상 시설 및 행위의 범위, 설치지역, 설치조건 등을 충족한 경우에 농림축산식품부령으로 정하는 바에 따라 신고를 수리하여야 한다. 〈개정 2013.3.23.〉

④ 관계 행정기관의 장이 다른 법률에 따라 산지전용신고가 의제되는 행정처분을 하기 위한 산림청장 또는 시장·군수·구청장과의 협의 및 그 처분의 통보에 관하여는 제14조제2항 및 제3항을 준용한다.

  [전문개정 2010.5.31.]

  [시행일 : 2017.6.3.] 제15조

제15조의2(산지일시사용허가 · 신고)

① 「광업법」에 따른 광물의 채굴, 「광산피해의 방지 및 복구에 관한 법률」에 따른 광해방지사업, 그 밖에 대통령령으로 정하는 용도로 산지일시사용을 하려는 자는 대통령령으로 정하는 산지의 종류 및 면적 등의 구분에 따라 산림청장등의 허가를 받아야 하며, 허가받은 사항을 변경하려는 경우에도 또한 같다. 다만, 농림축산식품부령으로 정하는 경미한 사항을 변경하려는 경우에는 산림청장등에게 신고로 갈음할 수 있다. 〈개정 2012.2.22., 2013.3.23.〉

② 다음 각 호의 어느 하나에 해당하는 용도로 산지일시사용을 하려는 자는 국유림의 산지에 대하여는 산림청장에게, 국유림이 아닌 산림의 산지에 대하여는 시장 · 군수 · 구청장에게 신고하여야 한다. 신고한 사항 중 농림축산식품부령으로 정하는 사항을 변경하려는 경우에도 같다. 〈개정 2012.2.22., 2013.3.23.〉

  1. 「건축법」에 따른 건축허가 또는 건축신고 대상이 아닌 간이 농림어업용 시설과 농림수산물 간이처리 시설의 설치
  2. 석재 · 지하자원의 탐사시설 또는 시추시설의 설치(지질조사를 위한 시설의 설치를 포함한다)
  3. 제10조제10호, 제12조제1항제14호 및 제12조제2항제6호에 따른 부대시설의 설치 및 물건의 적치
  4. 산나물, 약초, 약용수종, 조경수 · 야생화 등 관상산림식물의 재배
  5. 가축의 방목
  6. 「매장문화재 보호 및 조사에 관한 법률」에 따른 매장문화재 지표조사
  7. 임도, 작업로, 임산물 운반로, 등산로 · 탐방로 등 숲길, 그 밖에 이와 유사한 산길의 조성
  8. 「장사 등에 관한 법률」에 따른 수목장림의 설치
  9. 「사방사업법」에 따른 사방시설의 설치
  10. 산불의 예방 및 진화 등 대통령령으로 정하는 재해응급대책과 관련된 시설의 설치
  11. 「전기통신사업법」 제2조제8호에 따른 전기통신사업자가 설치하는 대통령령으로 정하는 규모 이하의 무선전기통신 송수신시설
  12. 그 밖에 농림축산식품부령으로 정하는 경미한 시설의 설치

③ 제1항 및 제2항에 따른 산지일시사용허가 · 신고의 절차, 기준, 조건, 기간 · 기간연장, 대상시설, 행위의 범위, 설치지역 및 설치조건 등에 필요한 사항은 대통령령으로 정한다. 〈개정 2012.2.22.〉

④ 관계 행정기관의 장이 다른 법률에 따라 산지일시사용허가 · 신고가 의제되는 행정처분을 하기 위한 산림청장등과의 협의 및 그 처분의 통보에 관하여는 제14조제2항 및 제3항을 준용한다. 〈개정 2012.2.22.〉

  [본조신설 2010.5.31.]

제15조의2(산지일시사용허가 · 신고)

① 「광업법」에 따른 광물의 채굴, 「광산피해의 방지 및 복구에 관한 법률」에 따른 광해방지사업, 그 밖에 대통령령으로 정하는 용도로 산지일시사용을 하려는 자는 대통령령으로 정하는 산지의 종류 및 면적 등의 구분에 따라 산림청장등의 허가를 받아야 하며, 허가받은 사항을 변경하려는 경우에도 또한 같다. 다만, 농림축산식품부령으로 정하는 경미한 사항을 변경하려는 경우에는 산림청장등에게 신고로 갈음할 수 있다. 〈개정 2012.2.22., 2013.3.23.〉

② 다음 각 호의 어느 하나에 해당하는 용도로 산지일시사용을 하려는 자는 국유림의 산지에 대하여는 산림청장에게, 국유림이 아닌 산림의 산지에 대하여는 시장 · 군수 · 구청장에게 신고하여야 한다. 신고한 사항 중 농림축산식품부령으로 정하는 사항을 변경하려는 경우에도 같다. 〈개정 2012.2.22., 2013.3.23., 2016.12.2.〉

1. 「건축법」에 따른 건축허가 또는 건축신고 대상이 아닌 간이 농림어업용 시설과 농림수산물 간이처리 시설의 설치

2. 석재 · 지하자원의 탐사시설 또는 시추시설의 설치(지질조사를 위한 시설의 설치를 포함한다)

3. 제10조제10호, 제12조제1항제14호 및 제12조제2항제6호에 따른 부대시설의 설치 및 물건의 적치

4. 산나물, 약초, 약용수종, 조경수 · 야생화 등 관상산림식물의 재배(성토 또는 절토 등을 통하여 지표면으로부터 높이 또는 깊이 50센티미터 이상 형질변경을 수반하는 경우에 한정한다)

5. 가축의 방목 및 해당 방목지에서 가축의 방목을 위하여 필요한 목초(牧草) 종자의 파종

6. 「매장문화재 보호 및 조사에 관한 법률」에 따른 매장문화재 지표조사

7. 임도, 작업로, 임산물 운반로, 등산로 · 탐방로 등 숲길, 그 밖에 이와 유사한 산길의 조성

8. 「장사 등에 관한 법률」에 따른 수목장림의 설치

9. 「사방사업법」에 따른 사방시설의 설치

10. 산불의 예방 및 진화 등 대통령령으로 정하는 재해응급대책과 관련된 시설의 설치

11. 「전기통신사업법」 제2조제8호에 따른 전기통신사업자가 설치하는 대통령령으로 정하는 규모 이하의 무선전기통신 송수신시설

12. 그 밖에 농림축산식품부령으로 정하는 경미한 시설의 설치

③ 제1항 및 제2항에 따른 산지일시사용허가 · 신고의 절차, 기준, 조건, 기간 · 기간연장, 대상시설, 행위의 범위, 설치지역 및 설치조건 등에 필요한 사항은 대통령령으로 정한다. 〈개정 2012.2.22.〉

④ 제2항에 따른 산지일시사용신고를 받은 산림청장 또는 시장 · 군수 · 구청장은 그 신고내용이 제3항에 따른 산지일시사용신고의 기준, 조건, 대상시설, 행위의 범위, 설치지역 등을 충족한 경우 농림축산식품부령으로 정하는 바에 따라 신고를 수리하여야 한다. 〈신설 2016.12.2.〉

⑤ 관계 행정기관의 장이 다른 법률에 따라 산지일시사용허가 · 신고가 의제되는 행정처분을 하기 위한 산림청장등과의 협의 및 그 처분의 통보에 관하여는 제14조제2항 및 제3항을 준용한다. 〈개정 2012.2.22., 2016.12.2.〉

[본조신설 2010.5.31.]

[시행일 : 2017.6.3.] 제15조의2

제16조(산지전용허가 등의 효력)

① 제14조제1항에 따른 산지전용허가, 제15조제1항에 따른 산지전용신고, 제15조의2제1항에 따른 산지일시사용허가 및 제15조의2제2항에 따른 산지일시사용신고의 효력은 그 허가를 받거나 신고를 하고 산지를 다른 용도로 사용하려는 목적사업의 시행을 위하여 다른 법률에 따른 인가 · 허가 · 승인 등의 행정처분이 필요한 경우에는 그 행정처분을 받을 때까지 발생하지 아니한다.

② 제1항에 따른 목적사업의 시행에 필요한 행정처분에 대한 거부처분이나 그 행정처분의 취소처분이 확정된 경우에는 제14조제1항에 따른 산지전용허가나 제15조의2제1항에 따른 산지일시사용허가는 취소된 것으로 보고, 제15조제1항에 따른 산지전용신고나 제15조의2제2항에 따른 산지일시사용신고는 수리되지 아니한 것으로 본다.

[전문개정 2010.5.31.]

제16조(산지전용허가 등의 효력)

① 제14조제1항에 따른 산지전용허가, 제15조제1항에 따른 산지전용신고, 제15조의2제1항에 따른 산지일시사용허가 및 제15조의2제2항에 따른 산지일시사용신고의 효력은 다음 각 호의 요건을 모두 충족할 때까지 발생하지 아니한다. 〈개정 2016.12.2.〉

1. 해당 산지전용 또는 산지일시사용의 목적사업을 시행하기 위하여 다른 법률에 따른 인가 · 허가 · 승인 등의 행정처분이 필요한 경우에는 그 행정처분을 받을 것
2. 제19조에 따라 대체산림자원조성비를 미리 내야 하는 경우에는 대체산림자원조성비를 납부할 것
3. 제38조에 따른 복구비를 예치하여야 하는 경우에는 복구비를 예치할 것

② 제1항에 따른 목적사업의 시행에 필요한 행정처분에 대한 거부처분이나 그 행정처분의 취소처분이 확정된 경우에는 제14조제1항에 따른 산지전용허가나 제15조의2제1항에 따른 산지일시사용허가는 취소된 것으로 보고, 제15조제1항에 따른 산지전용신고나 제15조의2제2항에 따른 산지일시사용신고는 수리되지 아니한 것으로 본다.

[전문개정 2010.5.31.]

[시행일 : 2017.6.3.] 제16조

제17조(산지전용허가 등의 기간)

① 제14조에 따른 산지전용허가 또는 제15조에 따른 산지전용신고에 의하여 대상 시설물을 설치하는 기간 등 산지전용기간은 다음 각 호와 같다. 다만, 산지전용허가를 받거나 산지전용신고를 하려는 자가 산지소유자가 아닌 경우의 산지전용기간은 그 산지를 사용 · 수익할 수 있는 기간을 초과할 수 없다. 〈개정 2012.2.22., 2013.3.23.〉

1. 산지전용허가의 경우 : 산지전용면적 및 전용을 하려는 목적사업을 고려하여 10년의 범위에서 농림축산식품부령으로 정하는 기준에 따라 산림청장등이 허가하는 기간. 다만, 다른 법령에서 목적사업의 시행에 필요한 기간을 정한 경우에는 그 기간을 허가기간으로 할 수 있다.
2. 산지전용신고의 경우 : 산지전용면적 및 전용을 하려는 목적사업을 고려하여 10년의 범위에서 농림축산식품부령으로 정하는 기준에 따라 신고하는 기간. 다만, 다른 법령에서 목적사업의 시행에 필요한 기간을 정한 경우에는 그 기간을 산지전용기간으로 신고할 수 있다.

② 제14조에 따른 산지전용허가를 받거나 제15조에 따른 산지전용신고를 한 자가 제1항에 따른 산지전용기간 이내에 전용하려는 목적사업을 완료하지 못하여 그 기간을 연장할 필요가 있으면 대통령령으로 정하는 바에 따라 산림청장등으로부터 산지전용기간의 연장 허가를 받거나 산림청장 또는 시장 · 군수 · 구청장에게 산지전용기간의 변경신고를 하여야 한다. 〈개정 2012.2.22.〉

[전문개정 2010.5.31.]

제18조(산지전용허가기준 등)

① 제14조에 따라 산지전용허가 신청을 받은 산림청장등은 그 신청내용이 다음 각 호의 기준에 맞는 경우에만 산지전용허가를 하여야 한다. 〈개정 2012.2.22.〉

1. 제10조와 제12조에 따른 행위제한사항에 해당하지 아니할 것
2. 인근 산림의 경영 · 관리에 큰 지장을 주지 아니할 것

   3. 집단적인 조림 성공지 등 우량한 산림이 많이 포함되지 아니할 것

   4. 희귀 야생 동·식물의 보전 등 산림의 자연생태적 기능유지에 현저한 장애가 발생하지 아니할 것

   5. 토사의 유출·붕괴 등 재해가 발생할 우려가 없을 것

   6. 산림의 수원 함양 및 수질보전 기능을 크게 해치지 아니할 것

   7. 산지의 형태 및 임목(林木)의 구성 등의 특성으로 인하여 보호할 가치가 있는 산림에 해당되지 아니할 것

   8. 사업계획 및 산지전용면적이 적정하고 산지전용방법이 자연경관 및 산림 훼손을 최소화하며 산지전용 후의 복구에 지장을 줄 우려가 없을 것

② 제1항에도 불구하고 준보전산지의 경우 또는 다음 각 호의 요건을 모두 충족하는 경우에는 제1항제1호부터 제4호까지의 기준을 적용하지 아니한다.

   1. 전용하려는 산지 중 임업용산지의 비율이 100분의 20 미만으로서 대통령령으로 정하는 비율 이내일 것

   2. 전용하려는 산지에 대통령령으로 정하는 집단화된 임업용산지가 포함되지 아니할 것

   3. 전용하려는 산지 중 제1호의 임업용산지를 제외한 나머지가 준보전산지일 것

③ 산림청장등은 제1항에 따라 산지전용허가를 할 때 산림기능의 유지, 재해 방지, 경관 보전 등을 위하여 필요할 때에는 재해방지시설의 설치 등 필요한 조건을 붙일 수 있다. 〈개정 2012.2.22.〉

④ 산림청장등은 제1항에 따른 산지전용허가 중 대통령령으로 정하는 면적 이상의 산지(보전산지가 대통령령으로 정하는 면적 이상으로 포함되는 경우로 한정한다)에 대한 산지전용허가를 할 때에는 미리 그 산지전용타당성에 관하여 중앙산지관리위원회 또는 지방산지관리위원회의 심의를 거쳐야 한다. 〈개정 2012.2.22.〉

⑤ 제1항에 따른 산지전용허가기준의 적용 범위와 산지의 면적에 관한 허가기준, 그 밖의 사업별·규모별 세부 기준 등에 관한 사항은 대통령령으로 정한다. 다만, 지역여건상 산지의 이용 및 보전을 위하여 필요하다고 인정되면 대통령령으로 정하는 범위에서 산지의 면적에 관한 허가기준이나 그 밖의 사업별·규모별 세부 기준을 해당 지방자치단체의 조례로 정할 수 있다. 〈개정 2014.3.24.〉

[전문개정 2010.5.31.]

제18조의2(산지전용타당성조사 등)

① 대통령령으로 정하는 규모 이상으로 제8조제1항 전단에 따른 협의를 신청하거나 제14조 또는 제15조의2에 따른 산지전용허가 또는 산지일시사용허가(다른 법률에 따라 산지전용허가·산지일시사용허가가 의제되는 행정처분을 포함한다)를 받으려는 자는 미리 대통령령으로 정하는 산지전문기관으로부터 산지전용 또는 산지일시사용의 필요성·적합성·환경성 등을 종합적으로 고려한 타당성에 관한 조사(이하 "산지전용타당성조사"라 한다)를 받아야 한다. 다만, 산지전용 또는 산지일시사용을 하려는 용도가 농림어업용인 경우 등 대통령령으로 정하는 경우에는 그러하지 아니하다.

② 제1항에 따른 산지전용타당성조사에 필요한 수수료는 산지전용타당성조사를 신청한 자가 산지전문기관에 납부하여야 한다.

③ 제1항에 따른 산지전용타당성조사의 신청을 받은 산지전문기관은 산지전용타당성조사를 실시한 후 그 결과를 산림청장등과 산지전용타당성조사를 신청한 자에게 통보하여야 한다. 〈개정 2012.2.22.〉

④ 제1항부터 제3항까지에 따른 산지전용타당성조사의 절차·기준·방법 등과 수수료의 산정 및 산지전문기관의 감독 등에 관한 사항은 대통령령으로 정한다. 〈개정 2012.2.22.〉

[본조신설 2010.5.31.]

[종전 제18조의2는 제18조의4로 이동 〈2010.5.31.〉]

제18조의2(산지전용타당성조사 등)

① 대통령령으로 정하는 규모 이상으로 제8조제1항에 따른 협의·변경협의를 신청하거나 제14조 또는 제15조의2에 따른 산지전용허가·변경허가 또는 산지일시사용허가·변경허가(다른 법률에 따라 산지전용허가·변경허가 또는 산지일시사용허가·변경허가가 의제되는 행정처분을 포함한다)를 받으려는 자는 미리 대통령령으로 정하는 산지전문기관으로부터 산지전용 또는 산지일시사용의 필요성·적합성·환경성 등을 종합적으로 고려한 타당성에 관한 조사(이하 "산지전용타당성조사"라 한다)를 받아야 한다. 다만, 산지전용 또는 산지일시사용을 하려는 용도가 농림어업용인 경우 등 대통령령으로 정하는 경우에는 그러하지 아니하다. 〈개정 2016.12.2.〉

② 제1항에 따른 산지전용타당성조사에 필요한 수수료는 산지전용타당성조사를 신청한 자가 산지전문기관에 납부하여야 한다.

③ 제1항에 따른 산지전용타당성조사의 신청을 받은 산지전문기관은 산지전용타당성조사를 실시한 후 그 결과를 산림청장등과 산지전용타당성조사를 신청한 자에게 통보하여야 한다. 〈개정 2012.2.22.〉

④ 산지전용타당성조사를 실시한 산지전문기관은 산지전용타당성조사와 관련하여 작성한 대통령령으로 정하는 서류 및 그 밖의 자료를 3년의 범위에서 대통령령으로 정하는 기간 동안 보관하여야 한다. 〈신설 2016.12.2.〉

⑤ 제1항부터 제4항까지에 따른 산지전용타당성조사의 절차·기준·방법 등과 수수료의 산정 및 산지전문기관의 감독 등에 관한 사항은 대통령령으로 정한다. 〈개정 2012.2.22., 2016.12.2.〉

[본조신설 2010.5.31.]

[종전 제18조의2는 제18조의4로 이동 〈2010.5.31.〉]

[시행일 : 2017.6.3.] 제18조의2

제18조의3(산지전용타당성조사 결과 등의 공개)

① 산지전용타당성조사의 결과 및 검토의견은 「공공기관의 정보공개에 관한 법률」에 따른 정보공개의 대상이 된다.

② 제1항에 따른 산지전용타당성조사 결과 등의 공개 시기 및 방법 등에 관한 사항은 대통령령으로 정한다.

[본조신설 2010.5.31.]

제18조의4(산지전용허가기준 등의 충족 여부 확인)

① 산림청장등은 대통령령으로 정하는 면적 이상의 산지에 대하여 다음 각 호의 사항을 확인할 필요가 있다고 인정하거나 이해관계인 등의 이의신청이 있을 때에는 관계 전문기관을 지정하거나 관계 전문가 등으로 구성된 조사협의체를 구성하여 이를 조사·검토하게 하고, 그 조사·검토 결과를 반영하여야 한다. 다만, 제18조의2에 따른 산지전용타당성조사를 거친 경우에는 그러하지 아니하다. 〈개정 2012.2.22.〉

  1. 제8조에 따른 산지에서의 구역 등의 지정 협의 시 같은 조 제3항에 따른 협의기준의 충족 여부

  2. 제14조에 따른 산지전용허가 또는 협의 시 제18조제1항에 따른 산지전용허가기준의 충족 여부

② 제1항에 따른 조사협의체의 구성·운영에 필요한 사항 및 관계 전문기관의 지정에 관한 사항은 농림축산식품부령으로 정한다. 〈개정 2012.2.22., 2013.3.23.〉

[전문개정 2010.5.31.]

[제18조의2에서 이동 〈2010.5.31.〉]

제18조의4(산지전용허가기준 등의 충족 여부 확인)

① 산림청장등은 대통령령으로 정하는 면적 이상의 산지에 대하여 다음 각 호의 사항을 확인할 필요가 있다고 인정하거나 이해관계인 등의 이의신청이 있을 때에는 관계 전문기관을 지정하거나 관계 전문가 등으로 구성된 조사협의체를 구성하여 이를 조사·검토하게 하고, 그 조사·검토 결과를 반영하여야 한다. 다만, 제18조의2에 따른 산지전용타당성조사를 거친 경우에는 그러하지 아니하다. 〈개정 2012.2.22., 2016.12.2.〉

  1. 제8조에 따른 산지에서의 구역 등의 지정 협의 시 같은 조 제3항에 따른 협의기준의 충족 여부

  2. 제14조에 따른 산지전용허가 또는 협의 시 제18조제1항 또는 제2항에 따른 산지전용허가기준의 충족 여부

  ② 제1항에 따른 조사협의체의 구성·운영에 필요한 사항 및 관계 전문기관의 지정에 관한 사항은 농림축산식품부령으로 정한다. 〈개정 2012.2.22., 2013.3.23.〉

[전문개정 2010.5.31.]

[제18조의2에서 이동 〈2010.5.31.〉]

[시행일 : 2017.6.3.] 제18조의4

제18조의5(이해관계인 등의 범위 등)

① 산림청장등 또는 관계 행정기관의 장은 제18조의4제1항에 해당하는 산지에 대하여 제8조에 따른 구역 등의 지정협의, 제14조 또는 제15조의2에 따른 산지전용허가·산지전용협의 또는 산지일시사용허가·산지일시사용협의(이하 이 조에서 "허가·협의"라 한다)를 한 때에는 이해관계인 등이 그 내용을 알 수 있도록 해당 기관의 게시판 또는 전자매체 등에 공고하고 이해관계인 등이 관계 서류를 14일 이상 열람할 수 있도록 하여야 한다.

② 제18조의4제1항에 따라 이의신청을 할 수 있는 이해관계인 등이란 허가·협의의 대상인 사업구역의 경계로부터 반경 500미터 안에 소재하는 다음 각 호의 어느 하나에 해당하는 자를 말한다.

1. 가옥의 소유자
2. 주민(실제로 거주하고 있는 「주민등록법」에 따른 세대주를 말한다)
3. 공장의 소유자·대표자
4. 종교시설의 대표자

③ 이해관계인 등이 제18조의4제1항에 따른 이의신청을 하려면 허가·협의사실이 공고된 날부터 30일 이내에 농림축산식품부령으로 정하는 이의신청서에 제2항 각 호에 해당하는 전체 인원의 과반수의 연대서명을 받은 연대서명부를 붙여 산림청장등에게 제출하여야 한다. 〈개정 2013.3.23.〉

④ 그 밖에 이해관계인 등의 이의신청 요건·절차 등에 필요한 사항은 농림축산식품부령으로 정한다. 〈개정 2013.3.23.〉

[본조신설 2012.2.22.]

제19조(대체산림자원조성비)

① 다음 각 호의 어느 하나에 해당하는 자는 산지전용과 산지일시사용에 따른 대체산림자원 조성에 드는 비용(이하 "대체산림자원조성비"라 한다)을 미리 내야 한다. 〈개정 2010.5.31.〉

1. 제14조에 따라 산지전용허가를 받으려는 자
2. 제15조의2제1항에 따라 산지일시사용허가를 받으려는 자(「광산피해의 방지 및 복구에 관한 법률」에 따른 광해방지사업을 하려는 자는 제외한다)
3. 다른 법률에 따라 산지전용허가 또는 산지일시사용허가가 의제되거나 배제되는 행정처분을 받으려는 자

② 제1항에 따라 대체산림자원조성비를 내야 하는 자가 다음 각 호의 어느 하나에 해당하는 경우에는 제1항 각 호에 따른 산지전용허가, 산지일시사용허가 또는 행정처분을 받은 후에 대체산림자원조성비를 낼 수 있다. 다만, 제2호의 경우에는 제1항 각 호에 따른 산지전용허가, 산지일시사용허가 또는 행정처분을 받기 전에 대체산림자원조성비의 100분의 50의 범위에서 농림축산식품부령으로 정하는 금액을 미리 내야 한다. 〈개정 2010.5.31., 2012.2.22., 2013.3.23., 2015.3.27.〉

1. 대통령령으로 정하는 납부금액의 구분에 따라 일정한 기한까지 대체산림자원조성비를 낼 것을 조건으로 하는 경우. 이 경우 대체산림자원조성비를 내지 아니하면 산지전용 또는 산지일시사용을 할 수 없다.
2. 국가나 지방자치단체가 산지전용허가 등을 받는 경우, 대체산림자원조성비 총 납부금액이 일정 금액 이상인 경우 등 대통령령으로 정하는 경우에 해당하여 일정한 기한까지 대체산림자원조성비를 분할하여 납부할 것을 조건으로 하는 경우. 이 경우 분할 납부하려는 자는 농림축산식품부령으로 정하는 바에 따라 그 이행을 담보할 수 있는 이행보증금을 예치하여야 한다.

③ 대체산림자원조성비는 산림청장등이 부과·징수하며, 그 징수금액은 「농어촌구조개선 특별회계법」에 따른 임업진흥사업계정의 세입으로 한다. 다만, 시·도지사 또는 시장·군수·구청장이 부과·징수하는 경우에는 그 징수금액의 10퍼센트를 해당 지방자치단체의 수입으로 한다. 〈개정 2012.2.22., 2014.3.11.〉

④ 삭제 〈2007.1.26.〉

⑤ 산림청장등은 다음 각 호의 어느 하나에 해당하는 경우에는 대통령령으로 정하는 바에 따라 대체산림자원조성비를 감면할 수 있다. 〈개정 2010.5.31., 2012.2.22.〉

1. 국가나 지방자치단체가 공용 또는 공공용의 목적으로 산지전용 또는 산지일시사용을 하는 경우

2. 대통령령으로 정하는 중요 산업시설을 설치하기 위하여 산지전용 또는 산지일시사용을 하는 경우

3. 광물의 채굴 또는 그 밖에 대통령령으로 정하는 시설을 설치하거나 대통령령으로 정하는 용도로 사용하기 위하여 산지전용 또는 산지일시사용을 하는 경우

⑥ 제1항에 따른 대체산림자원조성비는 산지전용 또는 산지일시사용되는 산지의 면적에 단위면적당 금액을 곱한 금액으로 하되, 단위면적당 금액은 산림청장이 결정 · 고시한다. 이 경우 산림청장은 제4조에 따라 구분된 산지별 또는 지역별로 단위면적당 금액을 달리할 수 있다. 〈개정 2010.5.31.〉

⑦ 삭제 〈2012.2.22.〉

⑧ 대체산림자원조성비(제2항 각 호 외의 부분 단서에 따라 미리 내는 대체산림자원조성비는 제외한다)를 내야 하는 자가 납부기한까지 내지 아니하면 국세 체납처분의 예 또는 「지방세외수입금의 징수 등에 관한 법률」에 따라 징수할 수 있다. 〈개정 2010.5.31., 2012.2.22., 2013.8.6.〉

⑨ 대체산림자원조성비의 납부 기한, 납부 방법, 대체산림자원조성비의 단위면적당 금액의 세부 산정기준(「부동산 가격공시에 관한 법률」에 따른 해당 산지의 개별공시지가를 일부 포함한다) 등에 관한 사항은 대통령령으로 정한다. 〈개정 2010.5.31., 2012.2.22., 2016.1.19.〉

제19조(대체산림자원조성비)

① 다음 각 호의 어느 하나에 해당하는 자는 산지전용과 산지일시사용에 따른 대체산림자원 조성에 드는 비용(이하 "대체산림자원조성비"라 한다)을 미리 내야 한다. 〈개정 2010.5.31.〉

1. 제14조에 따라 산지전용허가를 받으려는 자

2. 제15조의2제1항에 따라 산지일시사용허가를 받으려는 자(「광산피해의 방지 및 복구에 관한 법률」에 따른 광해방지사업을 하려는 자는 제외한다)

3. 다른 법률에 따라 산지전용허가 또는 산지일시사용허가가 의제되거나 배제되는 행정처분을 받으려는 자

② 제1항에 따라 대체산림자원조성비를 내야 하는 자가 다음 각 호의 어느 하나에 해당하는 경우에는 제1항 각 호에 따른 산지전용허가, 산지일시사용허가 또는 행정처분을 받은 후에 대체산림자원조성비를 낼 수 있다. 다만, 제2호의 경우에는 제1항 각 호에 따른 산지전용허가, 산지일시사용허가 또는 행정처분을 받은 후 그 목적사업에 착수하기 전에 대체산림자원조성비의 100분의 50의 범위에서 농림축산식품부령으로 정하는 금액을 미리 내야 한다. 〈개정 2010.5.31., 2012.2.22., 2013.3.23., 2015.3.27., 2016.12.2.〉

1. 대통령령으로 정하는 납부금액의 구분에 따라 일정한 기한까지 대체산림자원조성비를 낼 것을 조건으로 하는 경우. 이 경우 대체산림자원조성비를 내지 아니하면 산지전용 또는 산지일시사용을 할 수 없다.

2. 국가나 지방자치단체가 산지전용허가 등을 받는 경우, 대체산림자원조성비 총 납부금액이 일정 금액 이상인 경우 등 대통령령으로 정하는 경우에 해당하여 일정한 기한까지 대체산림자원조성비를 분할하여 납부할 것을 조건으로 하는 경우. 이 경우 분할 납부하려는 자는 농림축산식품부령으로 정하는 바에 따라 그 이행을 담보할 수 있는 이행보증금을 예치하여야 한다.

③ 대체산림자원조성비는 산림청장등이 부과 · 징수하며, 그 징수금액은 「농어촌구조개선 특별회계법」에 따른 임업진흥사업계정의 세입으로 한다. 다만, 시 · 도지사 또는 시장 · 군수 · 구청장이 부과 · 징수하는 경우에는 그 징수금액의 10퍼센트를 해당 지방자치단체의 수입으로 한다. 〈개정 2012.2.22., 2014.3.11.〉

④ 삭제 〈2007.1.26.〉

⑤ 산림청장등은 다음 각 호의 어느 하나에 해당하는 경우에는 대통령령으로 정하는 바에 따라 대체산림자원조성비를 감면할 수 있다. 〈개정 2010.5.31., 2012.2.22.〉

  1. 국가나 지방자치단체가 공용 또는 공공용의 목적으로 산지전용 또는 산지일시사용을 하는 경우

  2. 대통령령으로 정하는 중요 산업시설을 설치하기 위하여 산지전용 또는 산지일시사용을 하는 경우

  3. 광물의 채굴 또는 그 밖에 대통령령으로 정하는 시설을 설치하거나 대통령령으로 정하는 용도로 사용하기 위하여 산지전용 또는 산지일시사용을 하는 경우

⑥ 제1항에 따른 대체산림자원조성비는 산지전용 또는 산지일시사용되는 산지의 면적에 부과시점의 단위면적당 금액을 곱한 금액으로 하되, 단위면적당 금액은 산림청장이 결정·고시한다. 이 경우 산림청장은 제4조에 따라 구분된 산지별 또는 지역별로 단위면적당 금액을 달리할 수 있다. 〈개정 2010.5.31., 2016.12.2.〉

⑦ 삭제 〈2012.2.22.〉

⑧ 대체산림자원조성비(제2항 각 호 외의 부분 단서에 따라 미리 내는 대체산림자원조성비는 제외한다)를 내야 하는 자가 납부기한까지 내지 아니하면 국세 체납처분의 예 또는 「지방세외수입금의 징수 등에 관한 법률」에 따라 징수할 수 있다. 〈개정 2010.5.31., 2012.2.22., 2013.8.6.〉

⑨ 대체산림자원조성비의 납부 기한, 납부 방법, 대체산림자원조성비의 단위면적당 금액의 세부 산정기준(「부동산 가격공시에 관한 법률」에 따른 해당 산지의 개별공시지가를 일부 포함한다) 등에 관한 사항은 대통령령으로 정한다. 〈개정 2010.5.31., 2012.2.22., 2016.1.19.〉

  [시행일 : 2017.6.3.] 제19조

제19조의2(대체산림자원조성비의 환급)

산림청장등은 대체산림자원조성비를 낸 자가 다음 각 호의 어느 하나에 해당하는 경우에는 대통령령으로 정하는 바에 따라 대체산림자원조성비의 전부 또는 일부를 환급하여야 한다. 다만, 형질이 변경된 면적의 비율에 따라 대체산림자원조성비를 차감하여 환급할 수 있으며, 제38조제1항에 따른 복구비를 예치하지 아니한 자의 경우에는 대통령령으로 정하는 바에 따라 산지 복구에 필요한 비용을 미리 상계(相計)한 후 환급할 수 있다. 〈개정 2012.2.22.〉

  1. 제14조에 따른 산지전용허가를 받지 못한 경우

  2. 제15조의2제1항에 따른 산지일시사용허가를 받지 못한 경우

  3. 제16조제2항에 따라 산지전용허가 또는 산지일시사용허가가 취소된 것으로 보게 되는 경우

  4. 제15조의2제3항에 따른 산지일시사용기간 또는 제17조제1항 및 제2항에 따른 산지전용기간 이내에 목적사업을 완료하지 못하고 그 기간이 만료된 경우

  5. 제20조제1항에 따라 산지전용허가 또는 산지일시사용허가가 취소된 경우

  6. 다른 법률에 따라 제14조에 따른 산지전용허가, 제15조의2제1항에 따른 산지일시사용허가를 받지 아니한 것으로 보게 되는 경우

  7. 사업계획의 변경이나 그 밖에 대통령령으로 정하는 사유로 대체산림자원조성비의 부과 대상 산지의 면적이 감소된 경우

  8. 대체산림자원조성비를 낸 후 그 부과의 정정 등 대통령령으로 정하는 사유가 발생한 경우

  [전문개정 2010.5.31.]

제20조(산지전용허가의 취소 등)

① 산림청장등은 제14조에 따른 산지전용허가 또는 제15조의2제1항에 따른 산지일시사용허가를 받거나 제15조에 따른 산지전용신고 또는 제15조의2제2항에 따른 산지일시사용신고를 한 자가 다음 각 호의 어느 하나에 해당하는 경우에는 농림축산식품부령으로 정하는 바에 따라 허가를 취소하거나 목적사업의 중지, 시설물의 철거, 산지로의 복구, 그 밖에 필요한 조치를 명할 수 있다. 다만, 제1호에 해당하는 경우에는 그 허가를 취소하거나 목적사업의 중지 등을 명하여야 한다. 〈개정 2012.2.22., 2013.3.23.〉

  1. 거짓이나 그 밖의 부정한 방법으로 허가를 받거나 신고를 한 경우

  2. 허가의 목적 또는 조건을 위반하거나 허가 또는 신고 없이 사업계획이나 사업규모를 변경하는 경우

  3. 제19조에 따른 대체산림자원조성비를 내지 아니하였거나 제38조에 따른 복구비를 예치하지 아니한 경우(제37조제4항에 따른 줄어든 복구비 예치금을 다시 예치하지 아니한 경우를 포함한다)

  4. 제37조제2항 각 호의 어느 하나에 해당하는 필요한 조치 명령에 따른 재해 방지 또는 복구를 위한 명령을 이행하지 아니한 경우

  5. 허가를 받은 자가 각 호 외의 부분 본문·단서에 따른 목적사업의 중지 등의 조치명령을 위반한 경우

  6. 허가를 받은 자가 허가취소를 요청하거나 신고를 한 자가 신고를 철회하는 경우

② 산림청장등은 다른 법률에 따라 산지전용허가·산지일시사용허가 또는 산지전용신고·산지일시사용신고가 의제되는 행정처분을 받은 자가 제1항 각 호의 어느 하나에 해당하는 경우에는 산지전용 또는 산지일시사용의 중지를 명할 수 있다. 〈신설 2012.2.22.〉

  [전문개정 2010.5.31.]

제21조(용도변경의 승인 등)

① 제14조에 따른 산지전용허가 또는 제15조의2제1항에 따른 산지일시사용허가를 받거나 제15조에 따른 산지전용신고 또는 제15조의2제2항에 따른 산지일시사용신고를 한 자(다른 법률에 따라 해당 허가 또는 신고가 의제되는 행정처분을 받은 자를 포함한다)가 다음 각 호의 어느 하나에 해당되는 경우에는 농림축산식품부령으로 정하는 바에 따라 산림청장등의 승인을 받아야 한다. 〈개정 2012.2.22., 2013.3.23.〉

  1. 산지전용 또는 산지일시사용 목적사업에 사용되고 있거나 사용된 토지를 대통령령으로 정하는 기간 이내에 다른 목적으로 사용하려는 경우

  2. 농림어업용 주택 또는 그 부대시설을 설치하기 위한 용도로 전용한 후 대통령령으로 정하는 기간 이내에 농림어업인이 아닌 자에게 명의를 변경하려는 경우

② 제1항에 따라 승인을 받으려는 자 중 대체산림자원조성비가 감면되는 시설의 부지로 산지전용 또는 산지일시사용을 한 토지를 대체산림자원조성비가 감면되지 아니하거나 감면비율이 보다 낮은 시설의 부지로 사용하려는 자는 대통령령으로 정하는 바에 따라 그에 상당하는 대체산림자원조성비를 내야 한다.

③ 제1항에 따른 승인기준 등에 관한 사항은 대통령령으로 정한다.

  [전문개정 2010.5.31.]

제21조(용도변경의 승인 등)

① 제14조에 따른 산지전용허가 또는 제15조의2제1항에 따른 산지일시사용허가를 받거나 제15조에 따른 산지전용신고 또는 제15조의2제2항에 따른 산지일시사용신고를 한 자(다른 법률에 따라 해당 허가 또는 신고가 의제되는 행정처분을 받은 자를 포함한다)가 다음 각 호의 어느 하나에 해당되는 경우에는 농림축산식품부령으로 정하는 바에 따라 산림청장등의 승인을 받아야 한다. 다만, 준보전산지에 대한 산지전용허가 또는 산지일시사용허가를 받은 자(다른 법률에 따라 산지전용허가 또는 산지일시사용허가가 의제되거나 배제되는 행정처분을 받은 자를 포함한다)가 제19조제5항에 따라 대체산림자원조성비를 감면받지 아니하고 대체산림자원조성비를 모두 납부한 경우에는 그러하지 아니하다. 〈개정 2012.2.22., 2013.3.23., 2016.12.2.〉

1. 산지전용 또는 산지일시사용 목적사업에 사용되고 있거나 사용된 토지를 대통령령으로 정하는 기간 이내에 다른 목적으로 사용하려는 경우
2. 농림어업용 주택 또는 그 부대시설을 설치하기 위한 용도로 전용한 후 대통령령으로 정하는 기간 이내에 농림어업인이 아닌 자에게 명의를 변경하려는 경우

② 제1항에 따라 승인을 받으려는 자 중 대체산림자원조성비가 감면되는 시설의 부지로 산지전용 또는 산지일시사용을 한 토지를 대체산림자원조성비가 감면되지 아니하거나 감면비율이 보다 낮은 시설의 부지로 사용하려는 자는 대통령령으로 정하는 바에 따라 그에 상당하는 대체산림자원조성비를 내야 한다.

③ 제1항에 따른 승인기준 등에 관한 사항은 대통령령으로 정한다.

[전문개정 2010.5.31.]

[시행일 : 2017.6.3.] 제21조

제21조의2(산지의 지목변경 제한)

다음 각 호의 경우를 제외하고는 산지를 임야 외의 지목으로 변경하지 못한다.

1. 제14조에 따른 산지전용허가 또는 제15조에 따른 산지전용신고(다른 법률에 따라 산지전용허가나 산지전용신고가 의제되는 행정처분을 받은 경우를 포함한다)의 목적사업을 완료한 후 제39조제3항에 따라 복구의무를 면제받거나 제42조에 따라 복구준공검사를 받은 경우
2. 「공간정보의 구축 및 관리 등에 관한 법률」 제86조에 따른 도시개발사업 등의 원활한 추진을 위하여 사업시행자가 토지의 합병을 신청하는 경우 등 대통령령으로 정하는 경우에는 제14조에 따른 산지전용허가를 받았거나 제15조에 따른 산지전용신고(다른 법률에 따라 산지전용허가나 산지전용신고가 의제되는 행정처분을 받은 경우를 포함한다)를 하였을 경우

[전문개정 2015.3.27.]

제21조의2(「국토의 계획 및 이용에 관한 법률」의 특례)

「국토의 계획 및 이용에 관한 법률」 제76조에도 불구하고 대통령령으로 정하는 기간 동안 제14조에 따른 산지전용허가 또는 제15조의2제1항에 따른 산지일시사용허가를 받거나 제15조에 따른 산지전용신고 또는 제15조의2제2항에 따른 산지일시사용신고(다른 법률에 따라 해당 허가 또는 신고가 의제되는 행정처분을 포함한다)를 하고 산지전용 또는 산지일시사용의 목적사업에 사용되고 있거나 사용된 토지에서의 건축물이나 그 밖의 시설의 용도·종류 및 규모 등의 제한에 대해서는 대통령령으로 그 기준을 달리 정할 수 있다.

[본조신설 2016.12.2.]

[종전 제21조의2는 제21조의3으로 이동 〈2016.12.2.〉]

[시행일 : 2017.6.3.] 제21조의2

제21조의3(산지의 지목변경 제한)

다음 각 호의 경우를 제외하고는 산지를 임야 외의 지목으로 변경하지 못한다.

1. 제14조에 따른 산지전용허가 또는 제15조에 따른 산지전용신고(다른 법률에 따라 산지전용허가나 산지전용신고가 의제되는 행정처분을 받은 경우를 포함한다)의 목적사업을 완료한 후 제39조제3항에 따라 복구의무를 면제받거나 제42조에 따라 복구준공검사를 받은 경우
2. 「공간정보의 구축 및 관리 등에 관한 법률」 제86조에 따른 도시개발사업 등의 원활한 추진을 위하여 사업시행자가 토지의 합병을 신청하는 경우 등 대통령령으로 정하는 경우에는 제14조에 따른 산지전용허가를 받았거나 제15조에 따른 산지전용신고(다른 법률에 따라 산지전용허가나 산지전용신고가 의제되는 행정처분을 받은 경우를 포함한다)를 하였을 경우

[전문개정 2015.3.27.]

[제21조의2에서 이동 〈2016.12.2.〉]

[시행일 : 2017.6.3.] 제21조의3

제4절 산지관리위원회

제22조(산지관리위원회의 설치·운영)

① 다음 각 호의 사항을 심의하기 위하여 산림청에 중앙산지관리위원회를 둔다. 〈개정 2012.2.22.〉

1. 이 법 또는 다른 법률의 규정에 따라 중앙산지관리위원회의 심의대상에 해당하는 사항
2. 산림청장의 권한에 속하는 사항 중 그 소속기관의 장에게 위임된 사항이 중앙산지관리위원회의 심의대상에 해당하는 사항
3. 그 밖에 산지의 보전 및 이용에 관한 사항 중 대통령령으로 정하는 사항

② 산지의 이용 및 보전에 관련된 다음 각 호의 사항을 심의하기 위하여 특별시·광역시·특별자치시·도·특별자치도(이하 "시·도"라 한다)에 지방산지관리위원회를 둘 수 있다. 〈개정 2012.2.22.〉

1. 이 법 또는 다른 법률의 규정에 따라 지방산지관리위원회의 심의대상에 해당하는 사항
2. 그 밖에 산지의 보전 및 이용과 관련된 사항 중 대통령령으로 정하는 사항

③ 중앙산지관리위원회 또는 지방산지관리위원회는 그 심의사항을 효율적으로 처리하기 위하여 대통령령으로 정하는 바에 따라 분과위원회를 둘 수 있다. 이 경우 분과위원회에서 심의하는 사항 중 중앙산지관리위원회 또는 지방산지관리위원회가 지정하는 사항은 분과위원회의 심의를 해당 산지관리위원회의 심의로 본다. 〈개정 2012.2.22.〉

④ 제1항과 제2항에 따른 중앙산지관리위원회 및 지방산지관리위원회(이하 "산지관리위원회"라 한다)의 구성, 위원의 임면(任免), 그 밖에 위원회의 운영에 필요한 사항은 대통령령으로 정한다.

[전문개정 2010.5.31.]

제23조(위원 등의 수당 · 여비 등)

산지관리위원회에 출석한 위원, 관계인 및 의견을 제출한 전문가에게는 예산의 범위에서 수당, 여비, 그 밖에 필요한 경비를 지급할 수 있다. 다만, 공무원인 위원 또는 공무원인 관계인이 그 소관 업무와 직접적으로 관련되어 출석한 경우에는 그러하지 아니하다.

[전문개정 2010.5.31.]

제24조(벌칙 적용 시의 공무원 의제)

산지관리위원회의 위원 중 공무원이 아닌 위원은 「형법」이나 그 밖의 법률에 따른 벌칙을 적용할 때에는 공무원으로 본다.

[전문개정 2010.5.31.]

제24조 삭제 〈2016.12.2.〉

[시행일 : 2017.6.3.] 제24조

제3장 토석채취 등 〈개정 2010.5.31.〉

제1절 토석채취 〈개정 2010.5.31.〉

제25조(토석채취허가 등)

① 국유림이 아닌 산림의 산지에서 토석을 채취하려는 자는 대통령령으로 정하는 바에 따라 다음 각 호의 구분에 따라 시 · 도지사 또는 시장 · 군수 · 구청장에게 토석채취허가를 받아야 하며, 허가받은 사항을 변경하려는 경우에도 같다. 다만, 농림축산식품부령으로 정하는 경미한 사항을 변경하려는 경우에는 시 · 도지사 또는 시장 · 군수 · 구청장에게 신고하는 것으로 갈음할 수 있다. 〈개정 2012.2.22., 2013.3.23.〉

  1. 토석채취 면적이 10만제곱미터 이상인 경우 : 시 · 도지사의 허가

  2. 토석채취 면적이 10만제곱미터 미만인 경우 : 시장 · 군수 · 구청장의 허가

② 국유림이 아닌 산림의 산지에서 객토용(客土用)이나 그 밖에 대통령령으로 정하는 용도로 사용하기 위하여 대통령령으로 정하는 규모의 토사를 채취하려는 자는 제1항에도 불구하고 농림축산식품부령으로 정하는 바에 따라 시장 · 군수 · 구청장에게 토사채취신고를 하여야 한다. 신고한 사항 중 농림축산식품부령으로 정하는 사항을 변경하려는 경우에도 같다. 〈개정 2012.2.22., 2013.3.23.〉

  1. 삭제 〈2012.2.22.〉

  2. 삭제 〈2012.2.22.〉

③ 제1항에 따른 토석채취허가 또는 제2항에 따른 토사채취신고(다른 법률에 따라 토석채취허가 또는 토사채취신고가 의제되는 행정처분을 포함한다)에 따른 채취기간은 다음 각 호와 같다. 다만, 토석채취허가를 받거나 토사채취신고를 하려는 자가 해당 산지의 소유자가 아닌 경우의 채취기간은 그 산지를 사용·수익할 수 있는 기간을 초과할 수 없다. 〈개정 2012.2.22., 2013.3.23.〉

  1. 토석채취허가의 경우 : 토석채취량 및 토석채취면적 등을 고려하여 10년의 범위에서 농림축산식품부령으로 정하는 기준에 따라 시·도지사 또는 시장·군수·구청장이 허가하는 기간

  2. 토사채취신고의 경우 : 토사채취량 및 토사채취면적 등을 고려하여 10년의 범위에서 농림축산식품부령으로 정하는 기준에 따라 시장·군수·구청장에게 신고하는 기간

④ 제1항에 따른 토석채취허가를 받거나 제2항에 따른 토사채취신고를 한 자(다른 법률에 따라 토석채취허가 또는 토사채취신고가 의제되는 행정처분을 받은 자를 포함한다)가 제3항에 따른 채취기간 이내에 허가받은 토석이나 신고한 토사를 모두 채취하지 못하여 그 기간연장이 필요한 경우에는 농림축산식품부령으로 정하는 바에 따라 시·도지사 또는 시장·군수·구청장으로부터 토석채취기간의 연장허가를 받거나 시장·군수·구청장에게 토사채취기간의 변경신고를 하여야 한다. 〈개정 2012.2.22., 2013.3.23.〉

⑤ 관계 행정기관의 장이 다른 법률에 따라 제1항 또는 제2항에 따른 토석채취허가 또는 토사채취신고가 의제되는 행정처분을 하기 위하여 시·도지사 또는 시장·군수·구청장에게 협의를 요청하는 경우에는 대통령령으로 정하는 바에 따라 그 허가 또는 신고의 검토에 필요한 서류를 제출하여야 한다. 〈신설 2012.2.22.〉

⑥ 관계 행정기관의 장은 제5항에 따른 협의를 한 후 제1항 또는 제2항에 따른 토석채취허가 또는 토사채취신고가 의제되는 행정처분을 한 경우에는 지체 없이 시·도지사 또는 시장·군수·구청장에게 통보하여야 한다. 〈신설 2012.2.22.〉

[전문개정 2010.5.31.]

제25조의2(허가·신고 없이 할 수 있는 토석채취)

다음 각 호의 어느 하나에 해당하는 토석은 제25조제1항의 토석채취허가를 받지 아니하거나 같은 조 제2항의 토사채취신고를 하지 아니하고 채취할 수 있다. 다만, 대통령령으로 정하는 경우에는 허가를 받거나 신고하여야 한다. 〈개정 2012.2.22.〉

  1. 다음 각 목의 토석. 다만, 가목에 따라 채취한 석재의 경우에는 그 석재를 토목용으로 사용 또는 판매하거나 해당 산지전용지역 또는 산지일시사용지역 외의 지역에서 쇄골재용으로 가공하려는 경우로 한정한다.

    가. 제14조에 따른 산지전용허가 또는 제15조의2제1항에 따른 산지일시사용허가를 받거나 제15조에 따른 산지전용신고 또는 제15조의2제2항에 따른 산지일시사용신고를 한 자가 산지전용 또는 산지일시사용을 하는 과정에서 부수적으로 나온 토석

    나. 도로·철도·궤도·운하 또는 수로를 설치하기 위하여 터널 또는 갱도를 파 들어가는 과정에서 부수적으로 나온 토석

  2. 다음 각 목의 어느 하나에 해당하는 자가 허가를 받거나 신고한 토석을 채취하는 과정에서 부수적으로 나온 토석

    가. 제25조제1항에 따른 토석채취허가를 받거나 토석채취신고를 한 자

    나. 제25조제2항에 따른 토사채취신고를 한 자

    다. 제30조제1항에 따른 채석(採石)신고를 한 자

3. 삭제 〈2012.2.22.〉

4. 제25조제2항의 용도로 사용하기 위하여 같은 항에 따른 규모 미만으로 채취한 토사

[본조신설 2010.5.31.]

[종전 제25조의2는 제25조의3으로 이동 〈2010.5.31.〉]

제25조의3(토석채취제한지역의 지정 등)

① 공공의 이익증진을 위하여 보전이 특히 필요하다고 인정되는 다음 각 호의 산지는 토석채취가 제한되는 지역(이하 "토석채취제한지역"이라 한다)으로 한다. 〈개정 2014.1.14.〉

1. 「정부조직법」 제2조 및 제3조에 따른 중앙행정기관 및 특별지방행정기관과 「도로법」 제10조에 따른 도로 등 대통령령으로 정하는 공공시설을 보호하기 위하여 그 행정기관 및 공공시설 경계로부터 대통령령으로 정하는 거리 이내의 산지

2. 「철도산업발전 기본법」 제3조제1호에 따른 철도 등 대통령령으로 정하는 시설의 연변가시지역(沿邊可視地域)을 보호하기 위하여 그 시설의 경계로부터 대통령령으로 정하는 거리 이내의 산지

3. 「국유림의 경영 및 관리에 관한 법률」 제16조에 따른 요존국유림(불요존국유림 중 요존국유림으로 보는 경우를 포함한다)의 산지

4. 제9조에 따른 산지전용·일시사용제한지역 및 그 밖에 대통령령으로 정하는 지역의 산지

5. 산림생태계의 보호, 자연경관의 보전 및 역사적·문화적 가치가 있어 보호할 필요가 있는 산지로서 산림청장이 지정하여 고시한 지역의 산지

② 제1항제5호에 따른 토석채취제한지역의 지정절차에 관하여는 제9조제2항 및 제3항을 준용한다.

[전문개정 2010.5.31.]

[제25조의2에서 이동, 종전 제25조의3은 제25조의4로 이동 〈2010.5.31.〉]

제25조의3(토석채취제한지역의 지정 등)

① 공공의 이익증진을 위하여 보전이 특히 필요하다고 인정되는 다음 각 호의 산지는 토석채취가 제한되는 지역(이하 "토석채취제한지역"이라 한다)으로 한다. 〈개정 2014.1.14., 2016.12.2.〉

1. 「정부조직법」 제2조 및 제3조에 따른 중앙행정기관 및 특별지방행정기관과 「도로법」 제10조에 따른 도로 등 대통령령으로 정하는 공공시설을 보호하기 위하여 그 행정기관 및 공공시설 경계로부터 대통령령으로 정하는 거리 이내의 산지

2. 「철도산업발전 기본법」 제3조제1호에 따른 철도 등 대통령령으로 정하는 시설의 연변가시지역(沿邊可視地域)을 보호하기 위하여 그 시설의 경계로부터 대통령령으로 정하는 거리 이내의 산지

3. 「국유림의 경영 및 관리에 관한 법률」 제16조에 따른 보전국유림(준보전국유림 중 보전국유림으로 보는 경우를 포함한다)의 산지

4. 제9조에 따른 산지전용·일시사용제한지역 및 그 밖에 대통령령으로 정하는 지역의 산지

5. 산림생태계의 보호, 자연경관의 보전 및 역사적·문화적 가치가 있어 보호할 필요가 있는 산지로서 산림청장이 지정하여 고시한 지역의 산지

② 제1항제5호에 따른 토석채취제한지역의 지정절차에 관하여는 제9조제2항 및 제3항을 준용한다.

[전문개정 2010.5.31.]

[제25조의2에서 이동, 종전 제25조의3은 제25조의4로 이동 〈2010.5.31.〉]

[시행일 : 2017.6.3.] 제25조의3

제25조의4(토석채취제한지역에서의 행위제한)

토석채취제한지역에서는 토석채취를 할 수 없다. 다만, 다음 각 호의 어느 하나에 해당하는 경우에는 토석채취를 할 수 있다.

1. 천재지변이나 그 밖에 이에 준하는 재해를 복구하기 위하여 토석채취가 필요한 경우

2. 도로의 설치 등 대통령령으로 정하는 사업을 위하여 터널이나 갱도를 파 들어가는 과정에서 부수적으로 토석을 채취하여 그 사업에 사용하는 경우

3. 공용·공공용 사업을 위하여 필요한 경우 등 대통령령으로 정하는 경우

4. 공공시설 등의 관리자 또는 소유자의 동의를 받은 경우 등 대통령령으로 정하는 경우

5. 제25조제2항에 따라 토사를 채취하는 경우

[전문개정 2010.5.31.]

[제25조의3에서 이동 , 종전 제25조의4는 제25조의5로 이동 〈2010.5.31.〉]

제25조의5(토석채취제한지역 지정의 해제)

① 산림청장은 제25조의3제1항제5호에 따라 고시한 지역이 다음 각 호의 어느 하나에 해당하는 경우에는 토석채취제한지역의 지정을 해제할 수 있다. 〈개정 2012.2.22.〉

　1. 지정사유가 소멸된 경우

　2. 제8조제1항에 따라 지역·지구 및 구역 등이 지정된 경우로서 해당 목적사업수행을 위하여 불가피한 경우

② 제1항에 따른 토석채취제한지역의 지정해제 절차에 관하여는 제9조제2항 및 제3항을 준용한다. 〈개정 2012.2.22.〉

[전문개정 2010.5.31.]

[제25조의4에서 이동 〈2010.5.31.〉]

제26조(채석 경제성의 평가)

① 제25조제1항에 따른 토석채취허가(석재만 해당한다)를 받으려는 자는 대통령령으로 정하는 전문조사기관으로부터 채석 경제성에 관한 평가를 받아 그 결과를 시·도지사 또는 시장·군수·구청장에게 제출하여야 한다. 다만, 토목용 석재를 채취하려는 경우 등 대통령령으로 정하는 경우에는 그러하지 아니하다.

② 제1항에 따른 전문조사기관의 채석 경제성에 관한 평가의 방법, 기준 등에 관한 사항은 대통령령으로 정한다.

[전문개정 2010.5.31.]

제27조(광구에서의 토석채취 등)

① 「광업법」 제3조제3호의2·제3호의3 및 제4호의 광구에서 제25조제1항에 따른 토석채취허가를 받거나 제30조제1항에 따른 채석단지에서 채석신고를 하려는 자는 광업권자나 조광권자(租鑛權者)의 동의를 받아야 한다. 다만, 대통령령으로 정하는 전문조사기관의 조사결과 다음 각 호의 어느 하나에 해당하는 경우에는 그러하지 아니하다. 〈개정 2010.1.27.〉

1. 토석을 채취하려는 구역의 광물이 광물로서의 품위기준을 충족하지 못하는 경우

2. 채굴작업과 토석채취 작업이 작업상 서로 지장이 없다고 인정되는 경우

② 「광업법」에 따른 광물을 채굴하기 위하여 채굴계획의 인가를 받은 채굴권자나 조광권자가 그 인가를 받은 광구에서 그 광물이 함유되어 있는 토석을 광업 외의 용도로 사용하거나 판매하기 위하여 채취하려는 경우에는 다음 각 호의 구분에 따라 매매계약을 체결하거나 토석채취허가를 받아야 한다. 다만, 광물 중 대리석용 석회석을 건축용 또는 공예용으로 채취하는 경우에는 그러하지 아니하다. 〈개정 2010.1.27.〉

1. 국유림의 산지 : 제35조제1항에 따른 산림청장과의 토석 매매계약

2. 제1호 외의 산지 : 제25조제1항에 따른 토석채취허가

③ 산림청장은 제2항제1호에 따른 매매계약을 체결할 때 그 토석에 함유된 광물에 해당하는 부분은 농림축산식품부령으로 정하는 바에 따라 매매대금에서 공제하여야 한다. 〈개정 2013.3.23.〉

[전문개정 2010.5.31.]

제28조(토석채취허가의 기준)

① 시·도지사 또는 시장·군수·구청장은 제25조제1항에 따른 토석채취허가를 할 때에는 그3 허가의 신청 내용이 다음 각 호(토사채취의 경우 제1호와 제2호만 해당한다)의 기준에 맞는 경우에만 허가하여야 한다. 〈개정 2012.2.22.〉

1. 제25조의4에 따른 토석채취제한지역에서의 행위제한 사항에 적합할 것

2. 산지의 형태, 임목의 구성, 토석채취면적 및 토석채취방법 등이 대통령령으로 정하는 기준에 맞을 것

3. 제26조제1항에 따른 전문조사기관의 평가결과 채석의 경제성이 인정될 것

4. 토석채취로 인하여 생활환경 등에 영향을 받을 수 있는 지역으로서 대통령령으로 정하는 지역의 경우에는 재해를 방지하기 위한 시설의 설치 등 대통령령으로 정하는 기준을 충족할 것

5. 토석채취에 필요한 장비 등을 대통령령으로 정하는 기준에 맞게 갖출 것. 다만, 「골재채취법」에 따른 골재채취업 등록을 한 자와 제3항 단서에 따라 자연석을 채취하려는 자의 경우에는 그러하지 아니하다.

② 시·도지사 또는 시장·군수·구청장은 제25조제1항에 따른 토석채취허가를 할 때 다음 각 호의 어느 하나에 해당하는 경우에는 대통령령으로 정하는 바에 따라 제1항 각 호의 전부 또는 일부를 적용하지 아니할 수 있다.

1. 천재지변이나 그 밖에 이에 준하는 재해를 복구하기 위하여 토석채취가 필요한 경우

2. 도로 등 대통령령으로 정하는 사업을 위하여 터널이나 갱도를 파 들어가는 과정에서 부수적으로 토석을 채취하여 그 사업에 사용하는 경우

3. 공용·공공용 사업을 위하여 필요한 경우 등 대통령령으로 정하는 경우

③ 산지에 있는 인공적으로 절개되거나 파쇄되지 아니한 원형상태의 암석 중 대통령령으로 정하는 규모 이상의 암석(이하 "자연석"이라 한다)은 다음 각 호의 어느 하나에 해당하는 경우가 아니면 채취할 수 없다. 이 경우 제1호 및 제2호의 경우에는 제25조제1항에 따른 토석채취허가를 받아야 한다. 〈개정 2012.2.22.〉

1. 국가나 지방자치단체가 공용·공공용 사업을 하기 위하여 필요한 경우

2. 제14조에 따른 산지전용허가 또는 제15조의2제1항에 따른 산지일시사용허가를 받거나 제15조에 따른 산지전용신고 또는 제15조의2제2항에 따른 산지일시사용신고를 한 자(다른 법률에 따라 해당 허가 또는 신고가 의제되는 행정처분을 받은 자를 포함한다)가 산지전용 또는 산지일시사용을 하는 과정에서 부수적으로 나온 자연석을 채취하는 경우

3. 제25조제1항에 따라 토석채취허가를 받은 자(다른 법률에 따라 토석채취허가가 의제되는 행정처분을 받은 자를 포함한다)가 그 채석과정에서 부수적으로 나온 자연석을 채취하는 경우

4. 제30조제1항에 따라 채석신고를 한 자가 그 채석과정에서 부수적으로 나온 자연석을 채취하는 경우

[전문개정 2010.5.31.]

제28조(토석채취허가의 기준)

① 시·도지사 또는 시장·군수·구청장은 제25조제1항에 따른 토석채취허가를 할 때에는 그 허가의 신청내용이 다음 각 호(토사채취의 경우 제1호와 제2호만 해당한다)의 기준에 맞는 경우에만 허가하여야 한다. 〈개정 2012.2.22.〉

1. 제25조의4에 따른 토석채취제한지역에서의 행위제한 사항에 적합할 것

2. 산지의 형태, 임목의 구성, 토석채취면적 및 토석채취방법 등이 대통령령으로 정하는 기준에 맞을 것

3. 제26조제1항에 따른 전문조사기관의 평가결과 채석의 경제성이 인정될 것

4. 토석채취로 인하여 생활환경 등에 영향을 받을 수 있는 지역으로서 대통령령으로 정하는 지역의 경우에는 재해를 방지하기 위한 시설의 설치 등 대통령령으로 정하는 기준을 충족할 것

5. 토석채취에 필요한 장비 등을 대통령령으로 정하는 기준에 맞게 갖출 것. 다만, 「골재채취법」에 따른 골재채취업 등록을 한 자와 제3항 단서에 따라 자연석을 채취하려는 자의 경우에는 그러하지 아니하다.

② 시·도지사 또는 시장·군수·구청장은 제25조제1항에 따른 토석채취허가를 할 때 다음 각 호의 어느 하나에 해당하는 경우에는 대통령령으로 정하는 바에 따라 제1항 각 호의 전부 또는 일부를 적용하지 아니할 수 있다.

1. 천재지변이나 그 밖에 이에 준하는 재해를 복구하기 위하여 토석채취가 필요한 경우

2. 도로 등 대통령령으로 정하는 사업을 위하여 터널이나 갱도를 파 들어가는 과정에서 부수적으로 토석을 채취하여 그 사업에 사용하는 경우

3. 공용·공공용 사업을 위하여 필요한 경우 등 대통령령으로 정하는 경우

③ 산지에 있는 인공적으로 절개되거나 파쇄되지 아니한 원형상태의 암석 중 대통령령으로 정하는 규모 이상의 암석(이하 "자연석"이라 한다)은 다음 각 호의 어느 하나에 해당하는 경우가 아니면 채취할 수 없다. 이 경우 제1호 및 제2호의 경우에는 제25조제1항에 따른 토석채취허가를 받아야 한다. 〈개정 2012.2.22.〉

1. 국가나 지방자치단체가 공용·공공용 사업을 하기 위하여 필요한 경우

2. 제14조에 따른 산지전용허가 또는 제15조의2제1항에 따른 산지일시사용허가를 받거나 제15조에 따른 산지전용신고 또는 제15조의2제2항에 따른 산지일시사용신고를 한 자(다른 법률에 따라 해당 허가 또는 신고가 의제되는 행정처분을 받은 자를 포함한다)가 산지전용 또는 산지일시사용을 하는 과정에서 부수적으로 나온 자연석을 채취하는 경우

3. 제25조제1항에 따라 토석채취허가를 받은 자(다른 법률에 따라 토석채취허가가 의제되는 행정처분을 받은 자를 포함한다)가 그 채석과정에서 부수적으로 나온 자연석을 채취하는 경우

4. 제30조제1항에 따라 채석신고를 한 자가 그 채석과정에서 부수적으로 나온 자연석을 채취하는 경우

④ 시·도지사 또는 시장·군수·구청장은 제1항에 따른 토석채취허가를 하는 경우 재해방지, 경관보전 등을 위하여 재해방지시설의 설치 등 필요한 조건을 붙일 수 있다. 〈신설 2016.12.2.〉

[전문개정 2010.5.31.]

[시행일 : 2017.6.3.] 제28조

제29조(채석단지의 지정·해제)

① 산림청장 또는 시·도지사는 일정한 지역에 양질의 석재가 상당량 매장되어 있어 이를 집단적으로 채취하는 것이 국토와 자연환경의 보존을 위하여 유익하다고 인정하면 대통령령으로 정하는 바에 따라 직권으로 또는 신청에 의하여 채석단지를 지정하거나 변경지정할 수 있다. 이 경우 산림청장 또는 시·도지사는 관계 행정기관의 장과 협의하여야 한다. 〈개정 2012.2.22., 2014.3.24.〉

② 제1항에 따른 채석단지의 지정(대통령령으로 정하는 면적 이상에 대한 변경지정을 포함한다)을 신청하려는 자는 제26조에 따라 채석 경제성에 관한 평가를 받아 그 결과를 산림청장 또는 시·도지사에게 제출하여야 한다. 〈개정 2012.2.22., 2014.3.24.〉

③ 제1항에 따른 채석단지의 세부지정기준은 대통령령으로 정한다.

④ 산림청장 또는 시·도지사는 다음 각 호의 어느 하나에 해당하는 경우에는 제1항에 따라 지정한 채석단지의 전부 또는 일부에 대하여 그 지정을 해제할 수 있다. 다만, 제1호와 제3호의 경우에는 해제하여야 한다. 〈개정 2014.3.24.〉

  1. 거짓이나 그 밖의 부정한 방법으로 지정을 받은 경우
  2. 채석이 완료되었거나 석재의 품질·매장량으로 보아 채석단지로 계속 둘 필요가 없다고 인정되는 경우
  3. 주변산림과 주민생활을 보호하기 위하여 해제가 불가피하다고 인정되는 경우

⑤ 산림청장 또는 시·도지사는 제1항이나 제4항에 따라 채석단지를 지정하거나 해제할 때에는 농림축산식품부령으로 정하는 바에 따라 이를 고시하여야 한다. 〈개정 2013.3.23., 2014.3.24.〉

[전문개정 2010.5.31.]

제30조(채석단지에서의 채석신고)

① 제29조제1항에 따라 지정된 채석단지에서 석재를 채취하려는 자는 제25조제1항에도 불구하고 농림축산식품부령으로 정하는 바에 따라 국유림의 산지에 대하여는 산림청장에게, 국유림이 아닌 산림의 산지에 대하여는 시장·군수·구청장에게 채석신고를 하여야 한다. 신고한 사항 중 농림축산식품부령으로 정하는 사항을 변경하려는 경우에도 같다. 〈개정 2012.2.22., 2013.3.23.〉

  1. 삭제 〈2012.2.22.〉
  2. 삭제 〈2012.2.22.〉

② 제1항의 채석신고에 따른 채석기간은 10년의 범위에서 채석신고를 하려는 자가 신고한 기간으로 한다. 다만, 채석신고를 하려는 자가 그 산지의 소유자가 아닌 경우의 채석기간은 그 산지를 사용·수익할 수 있는 기간을 초과할 수 없다.

③ 제1항에 따라 채석신고를 한 자가 제2항에 따른 채석기간 이내에 신고한 석재의 수량을 모두 채취하지 못하여 채석기간의 연장이 필요할 때에는 농림축산식품부령으로 정하는 바에 따라 산림청장 또는 시장·군수·구청장에게 채석기간의 연장신고를 하여야 한다. 〈개정 2012.2.22., 2013.3.23.〉

④ 제29조제4항제1호 및 제3호에 따라 채석단지의 전부 또는 일부지역이 지정해제된 경우 그 지역에서의 제2항 또는 제3항에 따른 채석기간은 그 지정해제 처분이 있는 날까지로 한다.

⑤ 제1항에 따라 채석신고를 하려는 자는 대통령령으로 정하는 기준에 맞게 석재의 채취에 필요한 장비 등을 갖추어야 한다. 다만, 「골재채취법」에 따른 골재채취업 등록을 한 자와 제28조제3항제4호에 따라 자연석을 채취하려는 자의 경우에는 그러하지 아니하다. 〈개정 2012.2.22.〉

[전문개정 2010.5.31.]

제31조(토석채취허가의 취소 등)

산림청장등은 제25조제1항에 따른 토석채취허가를 받았거나 제25조제2항에 따른 토사채취신고 또는 제30조제1항에 따른 채석신고를 한 자가 다음 각 호의 어느 하나에 해당하는 경우에는 허가를 취소하거나 채석의 중지, 그 밖에 필요한 조치를 명할 수 있다. 다만, 제1호에 해당하는 경우에는 허가를 취소하거나 토사채취 또는 채석의 중지를 명하여야 한다. 〈개정 2012.2.22.〉

1. 거짓이나 그 밖의 부정한 방법으로 허가를 받거나 신고를 한 경우
2. 정당한 사유 없이 허가를 받거나 신고를 한 날부터 6개월 이내에 토석채취를 시작하지 아니하거나 1년 이상 중단한 경우
3. 제28조제1항제5호 본문 또는 제30조제5항 본문에 따른 장비 등의 기준을 충족하지 못하게 된 경우
4. 허가를 받거나 신고를 한 자(사용인과 고용인을 포함한다)가 허가를 받거나 신고를 한 토석 외의 토석을 채취한 경우
5. 제37조제2항 각 호의 어느 하나에 해당하는 필요한 조치 명령을 이행하지 아니한 경우
6. 제38조에 따른 복구비를 예치하지 아니한 경우(제37조제4항에 따른 줄어든 복구비 예치금을 다시 예치하지 아니한 경우를 포함한다)
7. 허가를 받은 자가 허가취소를 요청하거나 신고를 한 자가 신고를 철회하는 경우
8. 그 밖의 허가조건을 위반한 경우

[전문개정 2010.5.31.]

제31조(토석채취허가의 취소 등)

① 산림청장등은 제25조제1항에 따른 토석채취허가를 받았거나 제25조제2항에 따른 토사채취신고 또는 제30조제1항에 따른 채석신고를 한 자가 다음 각 호의 어느 하나에 해당하는 경우에는 허가를 취소하거나 토석채취 또는 채석의 중지, 그 밖에 필요한 조치를 명할 수 있다. 다만, 제1호에 해당하는 경우에는 허가를 취소하거나 토석채취 또는 채석의 중지를 명하여야 한다. 〈개정 2012.2.22., 2016.12.2.〉

1. 거짓이나 그 밖의 부정한 방법으로 허가를 받거나 신고를 한 경우
2. 정당한 사유 없이 허가를 받거나 신고를 한 날부터 6개월 이내에 토석채취를 시작하지 아니하거나 1년 이상 중단한 경우
3. 제28조제1항제5호 본문 또는 제30조제5항 본문에 따른 장비 등의 기준을 충족하지 못하게 된 경우
4. 허가를 받거나 신고를 한 자(사용인과 고용인을 포함한다)가 허가를 받거나 신고를 한 토석 외의 토석을 채취한 경우
5. 제37조제2항 각 호의 어느 하나에 해당하는 필요한 조치 명령을 이행하지 아니한 경우
6. 제38조에 따른 복구비를 예치하지 아니한 경우(제37조제4항에 따른 줄어든 복구비 예치금을 다시 예치하지 아니한 경우를 포함한다)
7. 허가를 받은 자가 허가취소를 요청하거나 신고를 한 자가 신고를 철회하는 경우
8. 그 밖의 허가조건을 위반한 경우

② 제1항에 따른 허가의 취소, 토석채취 또는 채석의 중지, 그 밖에 필요한 조치의 세부기준은 대통령령으로 정한다. 〈신설 2016.12.2.〉

[전문개정 2010.5.31.]

[시행일 : 2017.6.3.] 제31조

제2절 삭제 〈2007.1.26.〉

제32조 삭제 〈2007.1.26.〉

제33조 삭제 〈2007.1.26.〉

제34조 삭제 〈2007.1.26.〉

제3절 석재 및 토사의 매각

제35조(국유림의 산지 내의 토석의 매각 등)

① 산림청장은 국유림의 산지에 있는 토석을 직권으로 또는 신청을 받아 매각하거나 무상양여할 수 있다. 다만, 무상양여는 다음 각 호의 어느 하나에 해당하는 경우로 한정한다.

　1. 천재지변이나 그 밖의 재해가 있는 경우에 그 재해를 복구하기 위하여 필요한 경우

　2. 다음 각 목의 어느 하나에 해당하는 경우로서 관계 행정기관의 장의 요청이 있고 그 요청이 타당하다고 산림청장이 인정하는 경우

　　가. 「도로법」, 「철도건설법」 또는 「전원개발촉진법」에 따른 도로 또는 철도를 설치·개량하거나 전원개발사업을 하는 과정에서 부수적으로 채취한 토석을 그 공사용으로 사용하려는 경우

　　나. 광산개발에 따른 광해(鑛害)를 예방하거나 복구하기 위하여 광물의 생산과정에서 채취한 토석을 직접 사용하려는 경우

　　다. 국가, 지방자치단체 또는 정부투자기관 등이 공용·공공용 사업을 시행하는 과정에서 채취한 토석을 그 사업용으로 사용하려는 경우

② 산림청장은 제1항 각 호 외의 부분 본문에 따라 신청을 받아 토석을 매각하는 경우에는 「국가를 당사자로 하는 계약에 관한 법률」 제7조에 따른 수의계약에 의하여 매각할 수 있다. 〈개정 2012.2.22.〉

③ 제1항 각 호 외의 부분 본문에 따라 국유림의 산지에 있는 토석의 매입을 신청하거나 무상양여를 받으려는 자는 제26조에 따라 채석 경제성에 관한 평가를 받아 그 결과를 산림청장에게 제출하여야 한다. 〈개정 2012.2.22.〉

④ 제1항에도 불구하고 「광업법」에 따른 채굴계획의 인가를 받은 자가 국유림의 산지에서 채굴한 광물의 분쇄·제련과정에서 부수적으로 발생한 토석을 사용하거나 판매하려는 경우에는 산림청장으로부터 토석을 매입하거나 무상양여를 받지 아니하고 그 토석을 사용하거나 판매할 수 있다. 〈개정 2010.1.27.〉

⑤ 제1항 각 호 외의 부분 본문에 따라 국유림의 산지에 있는 토석을 매각하려는 경우 그 매각기준에 관하여는 제28조제1항 및 제2항을, 국유림의 산지에서의 자연석 채취에 관하여는 같은 조 제3항을 준용한다. 〈개정 2012.2.22.〉

⑥ 제1항에 따른 토석의 매각 또는 무상양여의 기간, 매입하거나 무상양여받은 토석의 반출, 매각계약의 방법, 매각대금의 결정, 매각대금의 납부기간 등에 관한 사항은 농림축산식품부령으로 정한다. 〈개정 2013.3.23.〉

[전문개정 2010.5.31.]

제36조(계약의 해제 또는 무상양여의 취소)

① 산림청장은 다음 각 호의 어느 하나에 해당하는 경우에는 제35조제1항에 따른 매각계약을 해제하거나 무상양여를 취소할 수 있으며, 토석채취의 중지, 시설물의 철거, 산지로의 복구, 그 밖에 필요한 조치를 명할 수 있다. 다만, 제6호의 경우에는 매각계약을 해제하거나 무상양여를 취소하여야 한다.

  1. 토석을 매입한 자가 갖춘 장비 등이 제35조제5항에 따라 준용되는 제28조제1항제5호 본문에 따른 기준을 충족하지 못하게 된 경우
  2. 토석을 매입하거나 무상양여를 받은 자(사용인과 고용인을 포함한다)가 그 토석 외의 토석을 채취한 경우
  3. 토석을 매입한 자가 지정된 기간 이내에 그 대금을 내지 아니한 경우
  4. 제37조제2항 각 호의 어느 하나에 해당하는 필요한 조치 명령을 이행하지 아니한 경우
  5. 제38조에 따른 복구비를 예치하지 아니한 경우(제37조제4항에 따른 줄어든 복구비 예치금을 다시 예치하지 아니한 경우를 포함한다)
  6. 거짓이나 그 밖의 부정한 방법으로 토석을 매입하거나 무상양여를 받은 경우
  7. 정당한 사유 없이 토석을 매입하거나 무상양여를 받은 날부터 6개월 이내에 토석채취를 시작하지 아니하거나 1년 이상 중단한 경우
  8. 그 밖에 매각조건 또는 무상양여조건을 위반한 경우

② 제1항에 따라 매각계약이 해제되었을 때에는 계약보증금, 이미 납입한 대금과 해당 산지의 매각된 토석은 국가에 귀속한다. 다만, 국가는 토석을 매입한 자가 토석채취를 하지 아니한 상태에서 그 매각계약을 해제하였을 때에는 이미 납입한 대금의 전부 또는 일부를 반환하여야 한다.

[전문개정 2010.5.31.]

제36조의2(한국산림토석협회)

① 토석자원의 이용 및 개발과 관리를 위하여 정책·제도의 조사·연구와 교육·홍보 등의 사업을 하기 위하여 한국산림토석협회(이하 이 조에서 "협회"라 한다)를 둔다.

② 협회는 법인으로 한다.

③ 협회의 사업에 소요되는 경비는 출자금, 사업수입금 등으로 충당하며, 국가 또는 지방자치단체는 소요경비의 일부를 예산의 범위에서 지원할 수 있다.

④ 협회의 조직·운영 등에 필요한 사항은 대통령령으로 정한다.

⑤ 협회에 관하여 이 법에 규정되지 아니한 사항은 「민법」 중 사단법인에 관한 규정을 준용한다.

[본조신설 2012.2.22.]

제4장 재해 방지 및 복구 등 〈개정 2010.5.31.〉

제37조(재해의 방지 등)

① 산림청장등은 다음 각 호의 어느 하나에 해당하는 허가 등에 따라 산지전용, 산지일시사용, 토석채취 또는 복구를 하고 있는 산지에 대하여 대통령령으로 정하는 바에 따라 토사유출, 산사태 또는 인근지역의 피해 등 재해 방지나 경관 유지 등에 필요한 조사·점검·검사 등을 할 수 있다. 〈개정 2012.2.22.〉

1. 제14조에 따른 산지전용허가
2. 제15조에 따른 산지전용신고
3. 제15조의2에 따른 산지일시사용허가 및 산지일시사용신고
4. 제25조제1항에 따른 토석채취허가 또는 같은 조 제2항에 따른 토사채취신고
5. 제30조제1항에 따른 채석단지에서의 채석신고
6. 제35조제1항에 따른 토석의 매각계약 또는 무상양여처분
7. 제39조 및 제44조에 따른 산지복구 명령
8. 다른 법률에 따라 제1호부터 제5호까지의 허가 또는 신고가 의제되거나 배제되는 행정처분

② 산림청장등은 제1항에 따른 조사·점검·검사 등을 한 결과에 따라 필요하다고 인정하면 대통령령으로 정하는 바에 따라 제1항 각 호의 어느 하나에 해당하는 허가 등의 처분을 받거나 신고 등을 한 자에게 다음 각 호 중 필요한 조치를 하도록 명령할 수 있다. 다만, 제1항제1호 또는 제8호에 따른 허가 또는 처분을 받은 자로서 「광업법」에 따라 광물의 채굴을 하는 자는 「광산보안법」에 따르고, 「국토의 계획 및 이용에 관한 법률」에 따라 도시지역 및 계획관리지역에서의 인가·허가 및 승인 등의 행정처분을 받은 자는 「국토의 계획 및 이용에 관한 법률」에 따른다. 〈개정 2012.2.22.〉

1. 산지전용, 산지일시사용, 토석채취 또는 복구의 일시중단
2. 산지전용지, 산지일시사용지, 토석채취지, 복구지에 대한 녹화피복(綠化被覆) 등 토사유출 방지조치
3. 시설물 설치, 조림(造林), 사방(砂防) 등 재해의 방지에 필요한 조치
4. 그 밖에 경관 유지에 필요한 조치

③ 산림청장등은 제1항 및 제2항에 따라 토사유출 방지, 산사태 또는 인근 지역의 피해 등 재해의 방지나 경관 유지 또는 복구에 필요한 조치를 하도록 명령을 받은 자가 이를 이행하지 아니하면 다음 각 호의 구분에 따른 조치를 할 수 있다. 〈개정 2012.2.22.〉

1. 제38조제1항 본문에 따라 복구비를 예치한 자 : 대행자를 지정하여 복구를 대행하게 하고 그 비용을 예치된 복구비로 충당하는 조치
2. 제38조제1항 단서에 해당하는 자 : 「행정대집행법」에 따른 대집행

④ 산림청장등은 제3항제1호에 따라 토사유출의 방지조치, 산사태 또는 인근 지역의 피해 등 재해의 방지나 경관 유지에 필요한 조치 또는 복구를 대행하게 하고 그 비용을 예치된 복구비로 충당한 경우 그 비용충당으로 줄어든 복구비 예치금을 대통령령으로 정하는 바에 따라 다시 예치하게 하여야 한다. 〈개정 2012.2.22.〉

[전문개정 2010.5.31.]

제37조(재해의 방지 등)

① 산림청장등은 다음 각 호의 어느 하나에 해당하는 허가 등에 따라 산지전용, 산지일시사용, 토석채취 또는 복구를 하고 있는 산지에 대하여 대통령령으로 정하는 바에 따라 토사유출, 산사태 또는 인근지역의 피해 등 재해 방지나 경관 유지 등에 필요한 조사·점검·검사 등을 할 수 있다. 〈개정 2012.2.22.〉

1. 제14조에 따른 산지전용허가
2. 제15조에 따른 산지전용신고
3. 제15조의2에 따른 산지일시사용허가 및 산지일시사용신고
4. 제25조제1항에 따른 토석채취허가 또는 같은 조 제2항에 따른 토사채취신고
5. 제30조제1항에 따른 채석단지에서의 채석신고
6. 제35조제1항에 따른 토석의 매각계약 또는 무상양여처분
7. 제39조 및 제44조에 따른 산지복구 명령
8. 다른 법률에 따라 제1호부터 제5호까지의 허가 또는 신고가 의제되거나 배제되는 행정처분

② 산림청장등은 제1항에 따른 조사·점검·검사 등을 한 결과에 따라 필요하다고 인정하면 대통령령으로 정하는 바에 따라 제1항 각 호의 어느 하나에 해당하는 허가 등의 처분을 받거나 신고 등을 한 자에게 다음 각 호 중 필요한 조치를 하도록 명령할 수 있다. 다만, 제1항제1호 또는 제8호에 따른 허가 또는 처분을 받은 자로서 「광업법」에 따라 광물의 채굴을 하는 자는 「광산안전법」에 따르고, 「국토의 계획 및 이용에 관한 법률」에 따라 도시지역 및 계획관리지역에서의 인가·허가 및 승인 등의 행정처분을 받은 자는 「국토의 계획 및 이용에 관한 법률」에 따른다. 〈개정 2012.2.22., 2016.1.6.〉

1. 산지전용, 산지일시사용, 토석채취 또는 복구의 일시중단
2. 산지전용지, 산지일시사용지, 토석채취지, 복구지에 대한 녹화피복(綠化被覆) 등 토사유출 방지조치
3. 시설물 설치, 조림(造林), 사방(砂防) 등 재해의 방지에 필요한 조치
4. 그 밖에 경관 유지에 필요한 조치

③ 산림청장등은 제1항 및 제2항에 따라 토사유출 방지, 산사태 또는 인근 지역의 피해 등 재해의 방지나 경관 유지 또는 복구에 필요한 조치를 하도록 명령을 받은 자가 이를 이행하지 아니하면 다음 각 호의 구분에 따른 조치를 할 수 있다. 〈개정 2012.2.22.〉

1. 제38조제1항 본문에 따라 복구비를 예치한 자 : 대행자를 지정하여 복구를 대행하게 하고 그 비용을 예치된 복구비로 충당하는 조치
2. 제38조제1항 단서에 해당하는 자 : 「행정대집행법」에 따른 대집행

④ 산림청장등은 제3항제1호에 따라 토사유출의 방지조치, 산사태 또는 인근 지역의 피해 등 재해의 방지나 경관 유지에 필요한 조치 또는 복구를 대행하게 하고 그 비용을 예치된 복구비로 충당한 경우 그 비용충당으로 줄어든 복구비 예치금을 대통령령으로 정하는 바에 따라 다시 예치하게 하여야 한다. 〈개정 2012.2.22.〉

[전문개정 2010.5.31.]

〈br〉[시행일 : 2017.1.7.] 제37조

제38조(복구비의 예치 등)

① 제37조제1항 각 호의 어느 하나에 해당하는 허가 등의 처분을 받거나 신고 등을 하려는 자는 농림축산식품부령으로 정하는 바에 따라 미리 토사유출의 방지조치, 산사태 또는 인근 지역의 피해 등 재해의 방지나 경관 유지에 필요한 조치 또는 복구에 필요한 비용(이하 "복구비"라 한다)을 산림청장등에게 예치하여야 한다. 다만, 산지전용을 하려는 면적이 660제곱미터 미만인 경우 등 대통령령으로 정하는 경우에는 그러하지 아니하다. 〈개정 2012.2.22., 2013.3.23.〉

② 산림청장등은 제1항 본문에도 불구하고 제37조제1항제8호에 따른 행정처분을 받으려는 자로 하여금 농림축산식품부령으로 정하는 바에 따라 그 처분을 받고 실제로 산지전용, 산지일시사용 또는 토석채취를 하려는 경우에 산림청장등에게 복구비를 예치하게 할 수 있다. 〈개정 2012.2.22., 2013.3.23.〉

③ 산림청장등은 제1항이나 제2항에 따라 복구비를 예치하여야 하는 자의 산지전용, 산지일시사용 또는 토석채취의 기간이 1년 이상인 경우에는 대통령령으로 정하는 바에 따라 복구비를 재산정하여 제1항이나 제2항에 따라 예치한 복구비가 재산정한 복구비보다 적은 경우에는 그 차액을 추가로 예치하게 하여야 한다. 〈개정 2012.2.22.〉

④ 산림청장등은 산지전용, 산지일시사용 또는 토석채취의 기간 및 면적 등을 고려하여 대통령령으로 정하는 바에 따라 복구비를 분할하여 예치하게 할 수 있다. 〈개정 2012.2.22.〉

⑤ 복구비의 산정기준, 산정방법, 예치 시기 및 절차 등에 관한 사항은 농림축산식품부령으로 정한다. 〈개정 2013.3.23.〉

[전문개정 2010.5.31.]

제39조(산지전용지 등의 복구)

① 제37조제1항 각 호의 어느 하나에 해당하는 허가 등의 처분을 받거나 신고 등을 한 자는 다음 각 호의 어느 하나에 해당하는 경우에 산지를 복구하여야 한다.

  1. 제14조제1항에 따른 산지전용허가를 받았거나 또는 제15조제1항에 따른 산지전용신고를 한 자가 산지전용의 목적사업을 완료하였거나 그 산지전용기간 등이 만료된 경우

  2. 제25조제1항에 따른 토석채취허가를 받았거나 제30조제1항에 따른 채석단지에서의 채석신고(토석매각을 포함한다)를 한 자가 토석의 채취를 완료하였거나 토석채취기간 등이 만료된 경우

  3. 제15조의2제1항에 따른 산지일시사용허가를 받았거나 또는 같은 조 제2항에 따른 산지일시사용신고를 한 자가 산지일시사용 목적사업을 완료하였거나 일시사용기간이 만료된 경우

  4. 그 밖의 사유로 산지의 복구가 필요한 경우

② 산림청장등은 산지전용, 산지일시사용 또는 토석채취가 오랜 기간 동안 이루어지거나 경관 또는 산림재해의 복구 등이 필요한 경우에는 그 기간이 만료되기 전이라도 목적사업이 완료된 부분에 대하여는 대통령령으로 정하는 바에 따라 중간복구를 명할 수 있다. 다만, 산림청장등은 다음 각 호의 어느 하나에 해당하는 자가 신청하는 경우에는 그 산지전용 또는 토석채취를 완료한 부분에 대하여 스스로 중간복구를 하려는 경우에는 중간복구를 하게 할 수 있다. 〈개정 2012.2.22., 2014.3.24.〉

  1. 제14조에 따른 산지전용허가(대통령령으로 정하는 면적 이상의 산지전용허가로 한정한다)를 받은 자로서 다음 각 목의 준공검사 또는 준공인가 신청을 한 자

    가. 「관광진흥법」 제58조의2에 따른 관광지등 조성사업의 준공검사

　　나. 「공공기관 지방이전에 따른 혁신도시 건설 및 지원에 관한 특별법」 제17조에 따른 혁신도시개발
　　　사업의 준공검사

　　다. 「산업입지 및 개발에 관한 법률」 제37조에 따른 산업단지개발사업의 준공인가

　2. 제25조제1항에 따른 토석채취허가를 받은 자

　3. 제30조제1항에 따른 채석신고를 한 자

　4. 제35조제1항에 따른 토석의 매각계약을 체결하거나 무상양여를 받은 자

③ 산림청장등은 제1항과 제2항에 따라 산지를 복구하여야 하는 면적 중 제42조제1항에 따른 복구준공검사
　전에 이 법 또는 다른 법률에 따라 산지 외의 다른 용도로 사용이 확정된 면적이 있는 경우와 그 밖에
　대통령령으로 정하는 경우에는 제1항 및 제2항에 따른 복구의무의 전부 또는 일부를 면제할 수 있다.
　〈개정 2012.2.22.〉

④ 산지전용, 산지일시사용 또는 토석채취를 한 산지를 복구할 때에는 토석(「폐기물관리법」 제2조제1호에
　따른 폐기물이 포함되지 아니한 토석을 말한다. 다만, 「폐기물관리법」에서 정하는 유해성기준과 「토양환
　경보전법」에서 정하는 임야지역 오염기준에 적합하고 「폐기물관리법」에 따른 재활용 용도 및 방법에 따
　라 채석지역 내 하부복구지·저지대 등의 채움재로 재활용이 가능한 경우에는 같은 법에 따라 재활용할
　수 있다)으로 성토한 후 표면을 수목의 생육에 적합하도록 흙으로 덮어야 한다. 〈개정 2012.2.22.〉

⑤ 제1항에 따른 산지복구의 범위와 제3항에 따른 복구의무면제의 신청절차 등에 관한 사항은 농림축산식품
　부령으로 정한다. 〈개정 2013.3.23.〉

[전문개정 2010.5.31.]

제39조(산지전용지 등의 복구)

① 제37조제1항 각 호의 어느 하나에 해당하는 허가 등의 처분을 받거나 신고 등을 한 자는 다음 각 호의
　어느 하나에 해당하는 경우에 산지를 복구하여야 한다. 〈개정 2016.12.2.〉

　1. 제14조제1항에 따른 산지전용허가를 받았거나 제15조제1항에 따른 산지전용신고를 한 자가 산지의 형
　　질을 변경한 경우

　2. 제25조제1항에 따른 토석채취허가를 받았거나 제30조제1항에 따른 채석단지에서의 채석신고(토석매각
　　을 포함한다)를 한 자가 토석을 채취한 경우

　3. 제15조의2제1항에 따른 산지일시사용허가를 받았거나 같은 조 제2항에 따른 산지일시사용신고를 한
　　자가 산지의 형질을 변경한 경우

　4. 그 밖의 사유로 산지의 복구가 필요한 경우

② 산림청장등은 산지전용, 산지일시사용 또는 토석채취가 오랜 기간 동안 이루어지거나 경관 또는 산림재
　해의 복구 등이 필요한 경우에는 대통령령으로 정하는 바에 따라 중간복구를 명할 수 있다. 다만, 산림
　청장등은 다음 각 호의 어느 하나에 해당하는 자가 신청하는 경우에는 그 산지전용 또는 토석채취를 완
　료한 부분에 대하여 스스로 중간복구를 하려는 경우에는 중간복구를 하게 할 수 있다. 〈개정
　2012.2.22., 2014.3.24., 2016.12.2.〉

　1. 제14조에 따른 산지전용허가(대통령령으로 정하는 면적 이상의 산지전용허가로 한정한다)를 받은 자로
　　서 다음 각 목의 준공검사 또는 준공인가 신청을 한 자

　　가. 「관광진흥법」 제58조의2에 따른 관광지등 조성사업의 준공검사

　　나. 「공공기관 지방이전에 따른 혁신도시 건설 및 지원에 관한 특별법」 제17조에 따른 혁신도시개발
　　　사업의 준공검사

다. 「산업입지 및 개발에 관한 법률」 제37조에 따른 산업단지개발사업의 준공인가

2. 제25조제1항에 따른 토석채취허가를 받은 자

3. 제30조제1항에 따른 채석신고를 한 자

4. 제35조제1항에 따른 토석의 매각계약을 체결하거나 무상양여를 받은 자

③ 산림청장등은 제1항 또는 제2항에 따라 복구하여야 하는 산지(이하 "복구대상산지"라 한다)가 다음 각 호의 어느 하나에 해당하는 경우 제37조제1항 각 호의 어느 하나에 해당하는 허가 등의 처분을 받거나 신고 등을 한 자(복구대상산지에 대하여 새로 제37조제1항 각 호의 어느 하나에 해당하는 허가 등의 처분을 받거나 신고 등을 한 자가 있는 경우에는 종전에 허가 등의 처분을 받거나 신고 등을 한 자를 말한다)에 대하여 제1항 또는 제2항에 따른 복구의무의 전부 또는 일부를 면제할 수 있다. 〈개정 2016.12.2.〉

1. 복구대상산지에 대하여 제42조제1항에 따른 복구준공검사 전에 새로 제37조제1항 각 호의 어느 하나에 해당하는 허가 등의 처분을 받거나 신고 등을 하려는 자가 복구비를 예치(제38조제1항 단서에 따라 복구비를 예치하지 아니하는 경우를 포함한다)한 경우

2. 그 밖에 복구할 토지가 없는 경우 등 대통령령으로 정하는 경우

④ 산지전용, 산지일시사용 또는 토석채취를 한 산지를 복구할 때에는 토석(「폐기물관리법」 제2조제1호에 따른 폐기물이 포함되지 아니한 토석을 말한다. 다만, 「폐기물관리법」에서 정하는 유해성기준과 「토양환경보전법」에서 정하는 임야지역 오염기준에 적합하고 「폐기물관리법」에 따른 재활용 용도 및 방법에 따라 채석지역 내 하부복구지·저지대 등의 채움재로 재활용이 가능한 경우에는 같은 법에 따라 재활용할 수 있다)으로 성토한 후 표면을 수목의 생육에 적합하도록 흙으로 덮어야 한다. 〈개정 2012.2.22.〉

⑤ 제1항에 따른 산지복구의 범위와 제3항에 따른 복구의무면제의 신청절차 등에 관한 사항은 농림축산식품부령으로 정한다. 〈개정 2013.3.23.〉

[전문개정 2010.5.31.]

[시행일 : 2017.6.3.] 제39조

제40조(복구설계서의 승인 등)

① 제39조제1항 및 제2항에 따라 산지를 복구하여야 하는 자(이하 "복구의무자"라 한다)는 대통령령으로 정하는 기간 이내에 산림청장등에게 산지복구기간 등이 포함된 산지복구설계서(이하 "복구설계서"라 한다)를 제출하여 승인을 받아야 한다. 승인받은 복구설계서를 변경하려는 경우에도 같다. 〈개정 2012.2.22.〉

② 산림청장등은 복구의무자가 제1항에 따른 기간 이내에 복구설계서를 제출할 수 없는 불가피한 사유가 있다고 인정하면 농림축산식품부령으로 정하는 바에 따라 그 기간을 연장할 수 있다. 〈개정 2012.2.22., 2013.3.23.〉

③ 복구설계서의 작성기준, 승인신청 절차, 승인기준 등에 관한 사항은 농림축산식품부령으로 정한다. 〈개정 2013.3.23.〉

[전문개정 2010.5.31.]

제40조(복구설계서의 승인 등)

① 제39조제1항 또는 제2항에 따라 산지를 복구하여야 하는 자(이하 "복구의무자"라 한다)는 대통령령으로 정하는 기간 이내에 산림청장등에게 산지복구기간 등이 포함된 산지복구설계서(이하 "복구설계서"라 한다)를 제출하여 승인을 받아야 한다. 승인받은 복구설계서를 변경하려는 경우에도 같다. 〈개정 2012.2.22., 2016.12.2.〉

② 제1항에도 불구하고 제14조에 따른 산지전용허가, 제15조의2제1항에 따른 산지일시사용허가를 받으려는 자 또는 제15조에 따른 산지전용신고, 제15조의2제2항에 따른 산지일시사용신고를 하려는 자는 해당 허가를 신청하거나 신고를 할 때에 복구설계서를 산림청장등에게 제출할 수 있다. 이 경우 산림청장등이 산지전용허가·산지일시사용허가를 하거나 산지전용신고·산지일시사용신고를 수리한 경우에는 해당 복구설계서는 제1항에 따라 산림청장등의 승인을 받은 것으로 본다. 〈신설 2016.12.2.〉

③ 산림청장등은 복구의무자가 제1항에 따른 기간 이내에 복구설계서를 제출할 수 없는 불가피한 사유가 있다고 인정하면 농림축산식품부령으로 정하는 바에 따라 그 기간을 연장할 수 있다. 〈개정 2012.2.22., 2013.3.23., 2016.12.2.〉

④ 복구설계서의 작성기준, 승인신청 절차, 승인기준 등에 관한 사항은 농림축산식품부령으로 정한다. 〈개정 2013.3.23., 2016.12.2.〉

[전문개정 2010.5.31.]

[시행일 : 2017.6.3.] 제40조

제40조의2(산지복구공사의 감리 등)

① 복구의무자(제41조에 따른 대행자 또는 대집행을 하는 자를 포함한다. 이하 이 조에서 같다)는 대통령령으로 정하는 면적 이상의 산지를 복구하는 공사에 대하여 다음 각 호의 어느 하나에 해당하는 자의 감리를 받아야 한다. 다만, 다른 법률에 따라 감리를 하는 경우에는 그러하지 아니하다. 〈개정 2013.5.22.〉

 1. 「기술사법」에 따른 산림분야의 기술사사무소
 2. 「엔지니어링산업 진흥법」에 따른 산림전문분야 엔지니어링사업자
 3. 「산림조합법」 또는 「건설기술 진흥법」에 따라 산지복구공사의 감리를 할 수 있는 자

② 제1항에 따라 산지복구공사를 감리하는 자(이하 "감리자"라 한다)는 산지복구공사의 감리를 할 때 이 법 또는 그 밖의 관계 법령에 위반된 사항을 발견하거나 제40조에 따라 승인된 복구설계서대로 공사가 되지 아니하면 지체 없이 복구의무자에게 시정할 것을 통지하고 7일 이내에 산림청장등에게 그 내용을 보고하여야 한다. 〈개정 2012.2.22.〉

③ 복구의무자는 제2항에 따른 시정통지를 받으면 즉시 위반사항을 시정한 후 감리자의 확인을 받아야 한다.

④ 복구의무자는 제2항에 따른 감리자의 시정통지에 이의가 있으면 공사를 중지하고 산림청장등에게 이의신청을 할 수 있다. 〈개정 2012.2.22.〉

⑤ 산지복구공사의 감리 기준과 절차, 감리자의 선정기준 및 감리자에 대한 관리·감독, 그 밖에 필요한 사항은 농림축산식품부령으로 정한다. 〈개정 2013.3.23.〉

[본조신설 2010.5.31.]

제41조(복구의 대집행 등)

산림청장등은 복구의무자가 제40조제1항에 따른 기간까지 복구설계서를 산림청장등에게 제출하지 아니하거나 같은 조 제1항에 따라 승인받은 복구설계서의 복구기간 이내에 복구를 완료하지 아니하면 다음 각 호의 구분에 따른 조치를 할 수 있다. 〈개정 2012.2.22.〉

1. 제38조제1항 본문에 따라 복구비를 예치한 자 : 대행자를 지정하여 복구를 대행하게 하고 그 비용을 예치된 복구비로 충당하는 조치
2. 제38조제1항 단서에 해당하는 자 : 「행정대집행법」에 따른 대집행

[전문개정 2010.5.31.]

제41조(복구의 대집행 등)

산림청장등은 복구의무자가 제40조제1항에 따른 기간까지 복구설계서를 산림청장등에게 제출하지 아니하거나 같은 조 제1항 또는 제2항에 따라 승인받은 복구설계서의 복구기간 이내에 복구를 완료하지 아니하면 다음 각 호의 구분에 따른 조치를 할 수 있다. 〈개정 2012.2.22., 2016.12.2.〉

1. 제38조제1항 본문에 따라 복구비를 예치한 자 : 대행자를 지정하여 복구를 대행하게 하고 그 비용을 예치된 복구비로 충당하는 조치
2. 제38조제1항 단서에 해당하는 자 : 「행정대집행법」에 따른 대집행

[전문개정 2010.5.31.]

[시행일 : 2017.6.3.] 제41조

제42조(복구준공검사)

① 산림청장등은 복구의무자가 복구를 완료하거나 제41조에 따른 대행 또는 대집행에 의하여 복구가 완료되면 복구준공검사를 하여야 한다. 〈개정 2012.2.22.〉

② 산림청장등은 제1항에 따른 복구준공검사를 받으려는 자로 하여금 복구준공검사 후에 발생하는 하자를 보수하도록 하기 위하여 농림축산식품부령으로 정하는 바에 따라 하자보수보증금을 미리 예치하게 하여야 한다. 다만, 제38조제1항 단서에 따라 복구비를 예치하지 아니하는 경우와 그 밖에 대통령령으로 정하는 경우에는 하자보수보증금의 예치를 면제할 수 있다. 〈개정 2012.2.22., 2013.3.23.〉

③ 제1항에 따른 복구준공검사의 신청절차 등과 제2항에 따른 하자보수보증금의 금액, 예치방법, 예치기간 등에 관한 사항은 농림축산식품부령으로 한다. 〈개정 2013.3.23.〉

[전문개정 2010.5.31.]

제43조(복구비의 반환)

① 산림청장등은 다음 각 호의 어느 하나에 해당할 때에는 복구면적을 기준으로 예치된 복구비의 전부 또는 일부를 그 예치자에게 반환하여야 한다. 〈개정 2012.2.22.〉

1. 제39조제3항에 따른 복구의무면제가 확정되었을 때
2. 제42조에 따른 복구준공검사가 완료되었을 때

3. 제44조제1항에 따른 시설물 철거 명령이나 산지복구의 명령(같은 항 제3호부터 제5호까지의 경우만 해당한다)을 이행하거나 같은 조 제2항에 따른 대집행이 완료되었을 때

4. 산지전용허가 등의 처분을 받은 자가 목적사업을 시작하지 아니한 채 산지전용허가 등의 효력이 소멸되었을 때

② 산림청장등은 제1항에 따라 예치된 복구비를 반환할 때 제41조제1호 또는 제44조제2항 후단에 따라 대행 비용이나 대집행 비용을 예치된 복구비에서 충당한 경우에는 그 충당한 비용을 공제한 후 반환하여야 한다. 〈개정 2012.2.22.〉

③ 제1항과 제2항에 따른 복구비의 반환에 필요한 사항은 농림축산식품부령으로 정한다. 〈개정 2013.3.23.〉

[전문개정 2010.5.31.]

제44조(불법산지전용지의 복구 등)

① 산림청장등은 다음 각 호의 어느 하나에 해당하는 경우에는 그 행위를 한 자에게 시설물을 철거하거나 형질변경한 산지를 복구하도록 명령할 수 있다. 〈개정 2012.2.22.〉

1. 제21조제1항에 따른 용도변경승인을 받지 아니하고 용도변경한 경우

2. 제37조제1항 각 호의 어느 하나에 해당하는 허가 등의 처분을 받지 아니하거나 신고 등을 하지 아니하고 산지전용 또는 산지일시사용을 하거나 토석을 채취한 경우

3. 제37조제1항 각 호의 어느 하나에 해당하는 허가나 매각계약 등이 제20조·제31조 또는 제36조제1항에 따라 취소되거나 해제된 경우

4. 제37조제1항 각 호의 어느 하나에 해당하는 신고를 한 자가 제20조·제31조 또는 제36조제1항에 따른 조치명령을 위반한 경우

5. 제37조제1항제8호에 따른 행정처분이 취소된 경우

② 산림청장등은 제1항에 따른 명령을 받은 자가 이를 이행하지 아니하면 「행정대집행법」에 따라 대집행할 수 있다. 이 경우 제1항제3호부터 제5호까지의 경우 중 그 행위자가 제38조제1항 본문에 따라 복구비를 예치한 경우에는 그 복구비를 대집행 비용으로 충당할 수 있다. 〈개정 2012.2.22.〉

③ 제1항에 따른 복구의무의 면제 및 면제신청에 관하여는 제39조제3항 및 제5항을, 복구 방식에 관하여는 제39조제4항을, 복구설계서의 승인 등에 관하여는 제40조를, 복구공사의 감리에 관하여는 제40조의2를, 복구공사의 준공검사와 하자보수보증금의 예치 및 면제에 관하여는 제42조를 각각 준용한다.

[전문개정 2010.5.31.]

제44조의2(불법전용산지 등의 조사)

① 산림청장등은 다음 각 호의 사항을 조사하기 위하여 산지전용허가·산지일시사용허가를 받았거나 산지전용신고·산지일시사용신고를 한 자, 토석채취허가를 받았거나 토석채취신고 또는 채석신고를 한 자에게 업무에 관한 사항을 보고하게 하거나 관련 자료의 제출 및 현지조사를 요구할 수 있으며, 관계 공무원에게 그 허가를 받았거나 신고를 한 자의 사업장, 해당 산지, 그 밖의 필요한 장소에 출입하여 장부·서류나 그 밖의 물건을 검사하게 하거나 관계인에게 질문하게 할 수 있다. 〈개정 2012.2.22.〉

1. 산지가 불법으로 전용되었는지 여부

2. 제20조제1항 각 호의 어느 하나에 따른 허가취소 등의 사유에 해당하는지 여부

3. 제31조 각 호의 어느 하나에 따른 허가취소 등의 사유에 해당하는지 여부

② 산림청장등은 제1항 각 호에 대하여 전국적인 일제조사가 필요하다고 인정하는 경우에는 기간을 정하여 대통령령으로 정하는 산지전문기관에게 이를 대행하게 하거나 위탁할 수 있다. 〈개정 2012.2.22.〉

③ 산림청장등은 제1항·제2항에 따른 조사 결과에 따라 제20조, 제31조 및 제44조 등의 필요한 조치를 할 수 있다. 〈개정 2012.2.22.〉

④ 제1항·제2항에 따라 출입·점검·조사를 하는 자는 그 권한을 표시하는 증표를 지니고 이를 관계인에게 내보여야 한다.

[본조신설 2010.5.31.]

제44조의2(불법전용산지 등의 조사)

① 산림청장등은 다음 각 호의 사항을 조사하기 위하여 산지전용허가·산지일시사용허가를 받았거나 산지전용신고·산지일시사용신고를 한 자, 토석채취허가를 받았거나 토석채취신고 또는 채석신고를 한 자에게 업무에 관한 사항을 보고하게 하거나 관련 자료의 제출 및 현지조사를 요구할 수 있으며, 관계 공무원에게 그 허가를 받았거나 신고를 한 자의 사업장, 해당 산지, 그 밖의 필요한 장소에 출입하여 장부·서류나 그 밖의 물건을 검사하게 하거나 관계인에게 질문하게 할 수 있다. 〈개정 2012.2.22., 2016.12.2.〉

  1. 산지가 불법으로 전용되었는지 여부
  2. 제20조제1항 각 호의 어느 하나에 따른 허가취소 등의 사유에 해당하는지 여부
  3. 제31조제1항 각 호의 어느 하나에 따른 허가취소 등의 사유에 해당하는지 여부

② 산림청장등은 제1항 각 호에 대하여 전국적인 일제조사가 필요하다고 인정하는 경우에는 기간을 정하여 대통령령으로 정하는 산지전문기관에게 이를 대행하게 하거나 위탁할 수 있다. 〈개정 2012.2.22.〉

③ 산림청장등은 제1항·제2항에 따른 조사 결과에 따라 제20조, 제31조 및 제44조 등의 필요한 조치를 할 수 있다. 〈개정 2012.2.22.〉

④ 제1항·제2항에 따라 출입·점검·조사를 하는 자는 그 권한을 표시하는 증표를 지니고 이를 관계인에게 내보여야 한다.

[본조신설 2010.5.31.]

[시행일 : 2017.6.3.] 제44조의2

제45조(복구전문기관의 지정·육성)

① 산림청장은 산지의 효율적인 복구를 위하여 다음 각 호의 어느 하나에 해당하는 업무를 수행하는 자를 산지복구전문기관 또는 단체(이하 "복구전문기관"이라 한다)로 지정하여 육성할 수 있다.

  1. 형질변경된 산지의 복구 설계·감리
  2. 형질변경된 산지의 자연생태계 복원 및 자연친화적인 복구 방법의 조사·연구 및 개발
  3. 형질변경된 산지의 복구
  4. 그 밖에 형질변경된 산지의 복구에 관하여 산림청장이 정하는 업무

② 복구전문기관은 「산림조합법」에 따른 산림조합중앙회 및 그 밖에 대통령령으로 정하는 요건·절차에 따라 지정된 법인(「상법」에 따른 법인은 제외한다)으로 한다.

③ 산림청장은 복구전문기관의 업무수행을 위하여 필요한 자금의 전부 또는 일부를 지원할 수 있다.

[전문개정 2010.5.31.]

제46조(한국산지보전협회)

① 산지의 보전 및 산림자원 육성을 위한 정책·제도의 조사·연구 및 교육·홍보 등의 사업을 하기 위하여 한국산지보전협회(이하 "협회"라 한다)를 둔다.

② 협회는 법인으로 한다.

③ 협회는 다음 각 호의 사업을 수행한다. 〈신설 2012.2.22.〉

1. 산지의 보전 및 산림자원육성을 위한 정책·제도의 조사·연구
2. 제44조의2제1항에 따른 조사, 산지전용·토석채취 허가를 받거나 신고한 산지에 대한 사후관리 지원
3. 산지의 보전 및 산림자원육성에 관한 교육·홍보
4. 산지 개발·복구 등에 관한 자문
5. 산지의 훼손에 대한 감시활동
6. 국내외 산지보전 관련 단체와의 교류 및 협력
7. 산림청장 또는 지방자치단체의 장이 위탁하는 사업
8. 그 밖에 협회의 설립목적을 달성하기 위하여 정관으로 정하는 사업

④ 협회의 사업에 드는 경비는 회비나 사업수입금 등으로 충당하며, 국가나 지방자치단체는 경비의 일부를 예산의 범위에서 지원할 수 있다. 〈개정 2012.2.22.〉

⑤ 협회의 사업·조직·운영 등에 필요한 사항은 농림축산식품부령으로 정한다. 〈개정 2012.2.22., 2013.3.23.〉

⑥ 협회에 관하여 이 법에 규정되지 아니한 사항은 「민법」 중 사단법인에 관한 규정을 준용한다. 〈개정 2012.2.22.〉

[전문개정 2010.5.31.]

제5장 보칙 〈개정 2010.5.31.〉

제46조의2(포상금)

산림청장(국유림의 산지만 해당한다) 또는 시장·군수·구청장(국유림이 아닌 산림의 산지만 해당한다)은 제14조제1항 본문, 제15조제1항 전단, 제15조의2제1항 본문(변경허가는 제외한다), 같은 조 제2항 전단 및 제25조제1항 본문(변경허가는 제외한다)을 위반한 자를 산림행정관서나 수사기관에 신고하거나 고발한 사람에게 대통령령으로 정하는 바에 따라 포상금을 지급할 수 있다. 〈개정 2012.2.22.〉

[전문개정 2010.5.31.]

제46조의3(현장관리업무담당자의 지정 및 교육)

① 다음 각 호의 어느 하나에 해당하는 자는 토석채취사업장의 안전 확보 및 산림피해 방지 등의 업무를 담당하는 사람(이하 "현장관리업무담당자"라 한다)을 지정하여야 하고, 이를 산림청장등에게 신고하여야 한다. 현장관리업무담당자를 변경하는 경우에도 또한 같다.

1. 제25조제1항에 따라 토석채취허가를 받은 자
2. 제30조제1항에 따라 채석신고를 한 자
3. 제35조제1항에 따라 토석을 매입하거나 무상양여 받은 자

② 현장관리업무담당자는 대통령령으로 정하는 기관에서 토석채취사업장의 안전 확보 및 산림피해 방지 등의 업무 수행에 필요한 교육을 받아야 한다.

③ 제1항에 따른 현장관리업무담당자의 업무 지정기준, 지정 및 변경 신고기한, 신고방법 등과 제2항에 따른 교육의 기간·내용·비용 및 그 밖에 교육에 필요한 사항은 대통령령으로 정한다.

[본조신설 2015.3.27.]

제47조(타인 토지 출입 등)

① 산림청장등은 소속 공무원으로 하여금 기본계획 및 지역계획의 수립을 위한 산지기본조사, 산지지역조사, 보전산지의 지정·변경 또는 지정해제, 산지전용·일시사용제한지역의 지정·해제 등 산지의 보전·이용 등에 관한 사항을 조사하게 하기 위하여 필요한 경우에는 타인의 토지에 출입하게 하거나 그 토지를 일시 사용하게 할 수 있으며, 부득이한 경우에는 입목·죽 또는 그 밖의 장애물을 제거하거나 변경하게 할 수 있다. 〈개정 2012.2.22.〉

② 제1항에 따라 타인의 토지에 출입하려는 사람과 타인의 토지를 일시 사용하거나 장애물을 제거하거나 변경하려는 사람은 그 출입·사용 또는 제거하거나 변경하려는 날의 3일 전까지 그 토지의 소유자·점유자 또는 관리인에게 그 일시와 장소를 알려야 한다.

③ 일출 전이나 일몰 후에는 해당 토지 점유자의 승낙 없이는 택지나 담 또는 울타리로 둘러싸인 타인의 토지에 출입할 수 없다.

④ 제1항에 따라 조사를 하는 사람은 그 권한을 표시하는 증표를 지니고 이를 관계인에게 보여주어야 한다.

⑤ 제4항에 따른 증표에 관한 사항은 농림축산식품부령으로 정한다. 〈개정 2013.3.23.〉

[전문개정 2010.5.31.]

제48조(토지 출입 등에 따른 손실보상)

① 산림청장등은 제47조제1항에 따른 행위로 인하여 손실을 입은 자가 있으면 그 손실을 보상하여야 한다. 〈개정 2012.2.22.〉

② 제1항에 따른 손실보상에 관하여는 산림청장등과 손실을 입은 자가 협의하여야 한다. 〈개정 2012.2.22.〉

③ 산림청장등 또는 손실을 입은 자는 제2항에 따른 협의가 성립되지 아니하거나 협의를 할 수 없을 때에는 「공익사업을 위한 토지 등의 취득 및 보상에 관한 법률」 제49조에 따른 관할 토지수용위원회에 재결을 신청할 수 있다. 〈개정 2012.2.22.〉

[전문개정 2010.5.31.]

제49조(청문)

산림청장등은 다음 각 호의 어느 하나의 처분을 하려면 대통령령으로 정하는 바에 따라 미리 청문을 하여야 한다. 〈개정 2012.2.22.〉

　　1. 제20조에 따라 산지전용허가 또는 산지일시사용허가를 취소하거나 목적사업의 중지를 명하려는 경우
　　2. 제29조제4항에 따라 채석단지의 지정을 해제하려는 경우
　　3. 제31조에 따라 토석채취허가를 취소하거나 채석신고에 따른 채석의 중지를 명하려는 경우

[전문개정 2010.5.31.]

제49조(청문)

산림청장등은 다음 각 호의 어느 하나의 처분을 하려면 대통령령으로 정하는 바에 따라 미리 청문을 하여야 한다. 〈개정 2012.2.22., 2016.12.2.〉

   1. 제20조에 따라 산지전용허가 또는 산지일시사용허가를 취소하거나 목적사업의 중지를 명하려는 경우

   2. 제29조제4항에 따라 채석단지의 지정을 해제하려는 경우

   3. 제31조제1항에 따라 토석채취허가를 취소하거나 토석채취 또는 채석의 중지를 명하려는 경우

   [전문개정 2010.5.31.]

   [시행일 : 2017.6.3.] 제49조

제50조(수수료)

다음 각 호의 어느 하나에 해당하는 자는 대통령령으로 정하는 바에 따라 수수료를 내야 한다. 다만, 국가나 지방자치단체가 공용·공공용 시설을 설치하는 경우 등 대통령령으로 정하는 경우에는 그러하지 아니하다. 〈개정 2012.2.22.〉

   1. 제14조에 따른 산지전용허가를 신청하는 자

   2. 제15조에 따른 산지전용신고를 하는 자

   3. 제15조의2에 따른 산지일시사용허가를 신청하거나 산지일시사용신고를 하는 자

   4. 제21조에 따른 용도변경의 승인을 신청하는 자

   5. 제25조제1항에 따른 토석채취허가를 신청하거나 같은 조 제2항에 따른 토사채취신고를 하는 자

   6. 제29조제2항에 따른 채석단지의 지정을 신청하는 자

   6의2. 제40조에 따른 복구설계서의 승인을 받으려는 자

   7. 제42조에 따른 복구준공검사를 신청하는 자

   [전문개정 2010.5.31.]

제51조(권리의무 등의 승계)

이 법 또는 이 법에 따른 명령에 따라 한 처분, 신청, 신고, 그 밖의 행위는 산지의 소유자, 정당한 권원(權原)에 의하여 산지를 사용·수익할 수 있는 자 및 산지의 소유자·점유자의 승계인에 대하여도 그 효력이 있다.

   [전문개정 2010.5.31.]

제52조(권한의 위임 등)

① 이 법에 따른 산림청장의 권한은 대통령령으로 정하는 바에 따라 그 일부를 그 소속기관의 장, 시·도지사 또는 시장·군수·구청장에게 위임할 수 있다.

② 산림청장은 이 법에 따른 사업을 대통령령으로 정하는 바에 따라 「산림조합법」에 따른 산림조합중앙회, 산림조합 또는 제46조에 따른 한국산지보전협회로 하여금 대행하게 할 수 있다.

   [전문개정 2010.5.31.]

제52조(권한의 위임 등)

① 이 법에 따른 산림청장의 권한은 대통령령으로 정하는 바에 따라 그 일부를 그 소속기관의 장, 시·도지사 또는 시장·군수·구청장에게 위임할 수 있다.

② 산림청장은 이 법에 따른 사업을 대통령령으로 정하는 바에 따라 「산림조합법」에 따른 산림조합중앙회, 산림조합 또는 협회로 하여금 대행하게 할 수 있다. 〈개정 2016.12.2.〉

[전문개정 2010.5.31.]

[시행일 : 2017.6.3.] 제52조

제52조의2(규제의 재검토)

정부는 제12조에 따른 보전산지에서의 행위제한에 대하여 2010년 12월 31일을 기준으로 하여 5년마다 그 타당성을 검토하여 제한행위의 폐지, 완화 또는 유지 등의 조치를 하여야 한다.

[본조신설 2010.5.31.]

제52조의2(벌칙 적용에서 공무원 의제)

① 다음 각 호의 어느 하나에 해당하는 사람은 「형법」 제129조부터 제132조까지의 규정에 따른 벌칙을 적용할 때에는 공무원으로 본다.

　1. 제3조의4제3항에 따라 산지기본조사를 위탁받아 산지기본조사(제3조의4제1항제2호에 관한 조사에 한정한다)를 수행하는 협회 등 기관의 임직원

　2. 제3조의5제2항에 따라 산지관리정보체계의 구축·운영을 위탁받은 산지전문기관의 임직원

② 산지관리위원회의 위원 중 공무원이 아닌 위원은 「형법」이나 그 밖의 법률에 따른 벌칙을 적용할 때에는 공무원으로 본다.

[본조신설 2016.12.2.]

[종전 제52조의2는 제52조의3으로 이동 〈2016.12.2.〉]

[시행일 : 2017.6.3.] 제52조의2

제52조의3(규제의 재검토)

정부는 제12조에 따른 보전산지에서의 행위제한에 대하여 2010년 12월 31일을 기준으로 하여 5년마다 그 타당성을 검토하여 제한행위의 폐지, 완화 또는 유지 등의 조치를 하여야 한다.

[본조신설 2010.5.31.]

[제52조의2에서 이동 〈2016.12.2.〉]

[시행일 : 2017.6.3.] 제52조의3

제6장 벌칙 〈개정 2010.5.31.〉

제53조(벌칙)

다음 각 호의 어느 하나에 해당하는 자는 7년 이하의 징역 또는 5천만원 이하의 벌금에 처한다. 이 경우 징역형과 벌금형을 병과(倂科)할 수 있다. 〈개정 2012.2.22.〉

1. 제14조제1항 본문을 위반하여 산지전용허가를 받지 아니하고 산지전용을 하거나 거짓이나 그 밖의 부정한 방법으로 산지전용허가를 받아 산지전용을 한 자
2. 제15조의2제1항 본문을 위반하여 산지일시사용허가를 받지 아니하고 산지일시사용을 하거나 거짓이나 그 밖의 부정한 방법으로 산지일시사용허가를 받아 산지일시사용을 한 자
3. 제25조제1항 본문을 위반하여 토석채취허가를 받지 아니하고 토석채취를 하거나 거짓이나 그 밖의 부정한 방법으로 토석채취허가를 받아 토석채취를 한 자
4. 제28조제3항을 위반하여 자연석을 채취한 자
5. 제35조제1항에 따라 매입하거나 무상양여받지 아니하고 국유림의 산지에서 토석채취를 한 자

[전문개정 2010.5.31.]

제53조(벌칙)

보전산지에 대하여 다음 각 호의 어느 하나에 해당하는 자는 5년 이하의 징역 또는 5천만원 이하의 벌금에 처하고, 보전산지 외의 산지에 대하여 다음 각 호의 어느 하나에 해당하는 자는 3년 이하의 징역 또는 3천만원 이하의 벌금에 처한다. 이 경우 징역형과 벌금형을 병과(倂科)할 수 있다. 〈개정 2012.2.22., 2016.12.2.〉

1. 제14조제1항 본문을 위반하여 산지전용허가를 받지 아니하고 산지전용을 하거나 거짓이나 그 밖의 부정한 방법으로 산지전용허가를 받아 산지전용을 한 자
2. 제15조의2제1항 본문을 위반하여 산지일시사용허가를 받지 아니하고 산지일시사용을 하거나 거짓이나 그 밖의 부정한 방법으로 산지일시사용허가를 받아 산지일시사용을 한 자
2의2. 제16조제1항제1호를 위반하여 산지전용 또는 산지일시사용의 목적사업을 시행하기 위하여 다른 법률에 따른 인가·허가·승인 등의 행정처분이 필요한 경우 그 행정처분을 받지 아니하고 산지전용 또는 산지일시사용을 한 자
3. 제25조제1항 본문을 위반하여 토석채취허가를 받지 아니하고 토석채취를 하거나 거짓이나 그 밖의 부정한 방법으로 토석채취허가를 받아 토석채취를 한 자
4. 제28조제3항을 위반하여 자연석을 채취한 자
5. 제35조제1항에 따라 매입하거나 무상양여받지 아니하고 국유림의 산지에서 토석채취를 한 자

[전문개정 2010.5.31.]

[시행일 : 2017.6.3.] 제53조

제54조(벌칙)

다음 각 호의 어느 하나에 해당하는 자는 5년 이하의 징역 또는 3천만원 이하의 벌금에 처한다. 〈개정 2012.2.22.〉

1. 제14조제1항 본문을 위반하여 변경허가를 받지 아니하고 산지전용을 하거나 거짓이나 그 밖의 부정한 방법으로 변경허가를 받아 산지전용을 한 자

2. 제15조의2제1항 본문을 위반하여 변경허가를 받지 아니하고 산지일시사용을 하거나 거짓이나 그 밖의 부정한 방법으로 변경허가를 받아 산지일시사용을 한 자

3. 제19조제2항제1호 후단을 위반하여 대체산림자원조성비를 내지 아니하고 산지전용을 하거나 산지일시사용을 한 자

4. 제25조제1항 본문을 위반하여 변경허가를 받지 아니하고 토석채취를 하거나 거짓이나 그 밖의 부정한 방법으로 변경허가를 받아 토석채취를 한 자

[전문개정 2010.5.31.]

제54조(벌칙)

보전산지에 대하여 다음 각 호의 어느 하나에 해당하는 자는 3년 이하의 징역 또는 3천만원 이하의 벌금에 처하고, 보전산지 외의 산지에 대하여 다음 각 호의 어느 하나에 해당하는 자는 2년 이하의 징역 또는 2천만원 이하의 벌금에 처한다. 〈개정 2012.2.22., 2016.12.2.〉

1. 제14조제1항 본문을 위반하여 변경허가를 받지 아니하고 산지전용을 하거나 거짓이나 그 밖의 부정한 방법으로 변경허가를 받아 산지전용을 한 자

2. 제15조의2제1항 본문을 위반하여 변경허가를 받지 아니하고 산지일시사용을 하거나 거짓이나 그 밖의 부정한 방법으로 변경허가를 받아 산지일시사용을 한 자

3. 제19조제2항제1호 후단을 위반하여 대체산림자원조성비를 내지 아니하고 산지전용을 하거나 산지일시사용을 한 자

3의2. 제20조제2항에 따른 산지전용 또는 산지일시사용 중지명령을 위반한 자

4. 제25조제1항 본문을 위반하여 변경허가를 받지 아니하고 토석채취를 하거나 거짓이나 그 밖의 부정한 방법으로 변경허가를 받아 토석채취를 한 자

5. 제31조제1항에 따른 토석채취 또는 채석의 중지명령을 위반한 자

[전문개정 2010.5.31.]

[시행일 : 2017.6.3.] 제54조

제55조(벌칙)

다음 각 호의 어느 하나에 해당하는 자는 3년 이하의 징역 또는 1천만원 이하의 벌금에 처한다.

1. 제15조제1항 전단에 따라 산지전용신고를 하지 아니하고 산지전용을 하거나 거짓이나 그 밖의 부정한 방법으로 산지전용신고를 하고 산지전용한 자

2. 제15조의2제2항 전단에 따라 산지일시사용신고를 하지 아니하고 산지일시사용을 하거나 거짓이나 그 밖의 부정한 방법으로 산지일시사용신고를 하고 산지일시사용을 한 자

3. 거짓이나 그 밖의 부정한 방법으로 제18조의2제1항 또는 제3항에 따른 산지전용타당성조사를 한 자 또는 그 조사결과를 허위로 통보하거나 변조하여 제출한 자

4. 제21조제1항을 위반하여 승인을 받지 아니하고 산지전용된 토지를 다른 용도로 사용한 자

5. 제25조제2항 전단을 위반하여 토사채취신고를 하지 아니하고 토사를 채취하거나 거짓이나 그 밖의 부정한 방법으로 토사채취신고를 하고 토사채취를 한 자

6. 제30조제1항 전단을 위반하여 채석신고를 하지 아니하고 채석단지에서 채석을 하거나 거짓이나 그 밖의 부정한 방법으로 채석신고를 하고 채석단지 안에서 채석을 한 자
7. 제37조제2항 각 호에 따른 조치명령을 위반한 자
8. 제39조제4항을 위반하여 폐기물이 포함된 토석 또는 폐기물로 산지를 복구한 자
9. 제40조의2제1항(제44조제3항에서 준용하는 경우를 포함한다) · 제2항을 위반하여 감리를 받지 아니하거나 거짓으로 감리한 자
10. 제44조제1항에 따른 시설물의 철거명령이나 형질변경한 산지의 복구명령을 위반한 자
[전문개정 2010.5.31.]

제55조(벌칙)

보전산지에 대하여 다음 각 호의 어느 하나에 해당하는 자는 2년 이하의 징역 또는 2천만원 이하의 벌금에 처하고, 보전산지 외의 산지에 대하여 다음 각 호의 어느 하나에 해당하는 자는 1년 이하의 징역 또는 1천만원 이하의 벌금에 처한다. 〈개정 2016.12.2.〉

1. 제15조제1항 전단에 따라 산지전용신고를 하지 아니하고 산지전용을 하거나 거짓이나 그 밖의 부정한 방법으로 산지전용신고를 하고 산지전용한 자
2. 제15조의2제2항 전단에 따라 산지일시사용신고를 하지 아니하고 산지일시사용을 하거나 거짓이나 그 밖의 부정한 방법으로 산지일시사용신고를 하고 산지일시사용을 한 자
3. 거짓이나 그 밖의 부정한 방법으로 제18조의2제1항 또는 제3항에 따른 산지전용타당성조사를 한 자 또는 그 조사결과를 허위로 통보하거나 변조하여 제출한 자
4. 제21조제1항을 위반하여 승인을 받지 아니하고 산지전용된 토지를 다른 용도로 사용한 자
5. 제25조제2항 전단을 위반하여 토사채취신고를 하지 아니하고 토사를 채취하거나 거짓이나 그 밖의 부정한 방법으로 토사채취신고를 하고 토사채취를 한 자
6. 제30조제1항 전단을 위반하여 채석신고를 하지 아니하고 채석단지에서 채석을 하거나 거짓이나 그 밖의 부정한 방법으로 채석신고를 하고 채석단지 안에서 채석을 한 자
7. 제37조제2항 각 호에 따른 조치명령을 위반한 자
8. 제39조제4항을 위반하여 폐기물이 포함된 토석 또는 폐기물로 산지를 복구한 자
9. 제40조의2제1항(제44조제3항에서 준용하는 경우를 포함한다) · 제2항을 위반하여 감리를 받지 아니하거나 거짓으로 감리한 자
10. 제44조제1항에 따른 시설물의 철거명령이나 형질변경한 산지의 복구명령을 위반한 자
[전문개정 2010.5.31.]

[시행일 : 2017.6.3.] 제55조

제56조(양벌규정)

법인의 대표자나 법인 또는 개인의 대리인, 사용인, 그 밖의 종업원이 그 법인 또는 개인의 업무에 관하여 제53조부터 제55조까지의 어느 하나에 해당하는 위반행위를 하면 그 행위자를 벌하는 외에 그 법인 또는 개인에게도 해당 조문의 벌금형을 과(科)한다. 다만, 법인 또는 개인이 그 위반행위를 방지하기 위하여 해당 업무에 관하여 상당한 주의와 감독을 게을리하지 아니한 경우에는 그러하지 아니하다.
[전문개정 2010.5.31.]

제57조(과태료)

① 다음 각 호의 어느 하나에 해당하는 자에게는 1천만원 이하의 과태료를 부과한다. 〈개정 2012.2.22.〉

  1. 제14조제1항 단서, 제15조제1항 후단, 제15조의2제1항 단서 및 같은 조 제2항 후단, 제25조제1항 단서 및 같은 조 제2항 후단 또는 제30조제1항 후단을 위반하여 변경신고를 하지 아니한 자

  2. 제40조제1항 전단(제44조제3항에서 준용하는 경우를 포함한다)에 따른 기간 이내에 복구설계서를 산림청장등에게 제출하지 아니한 자

  3. 제40조의2제2항(제44조제3항에서 준용하는 경우를 포함한다)을 위반하여 시정통지의 내용을 보고하지 아니한 자

  4. 제44조의2제1항·제2항을 위반하여 업무보고 및 자료제출이나 현지조사를 거부·방해 또는 기피한 자

  5. 제18조의5제3항에 따른 연대서명부를 거짓으로 작성하여 이의신청을 한 자

② 다음 각 호의 어느 하나에 해당하는 자에게는 500만원 이하의 과태료를 부과한다. 〈신설 2015.3.27.〉

  1. 제46조의3제1항을 위반한 자

  2. 제46조의3제2항을 위반한 자

③ 제1항 및 제2항에 따른 과태료는 대통령령으로 정하는 바에 따라 산림청장등이 부과·징수한다. 〈개정 2012.2.22., 2015.3.27.〉

  [전문개정 2010.5.31.]

제57조(과태료)

① 다음 각 호의 어느 하나에 해당하는 자에게는 1천만원 이하의 과태료를 부과한다. 〈개정 2012.2.22., 2016.12.2.〉

  1. 제14조제1항 단서, 제15조제1항 후단, 제15조의2제1항 단서 및 같은 조 제2항 각 호 외의 부분 후단, 제25조제1항 각 호 외의 부분 단서 및 같은 조 제2항 후단 또는 제30조제1항 후단을 위반하여 변경신고를 하지 아니한 자

  2. 제40조제1항 전단(제44조제3항에서 준용하는 경우를 포함한다)에 따른 기간 이내에 복구설계서를 산림청장등에게 제출하지 아니한 자

  3. 제40조의2제2항(제44조제3항에서 준용하는 경우를 포함한다)을 위반하여 시정통지의 내용을 보고하지 아니한 자

  4. 제44조의2제1항·제2항을 위반하여 업무보고 및 자료제출이나 현지조사를 거부·방해 또는 기피한 자

  5. 제18조의5제3항에 따른 연대서명부를 거짓으로 작성하여 이의신청을 한 자

② 다음 각 호의 어느 하나에 해당하는 자에게는 500만원 이하의 과태료를 부과한다. 〈신설 2015.3.27.〉

  1. 제46조의3제1항을 위반한 자

  2. 제46조의3제2항을 위반한 자

③ 제1항 및 제2항에 따른 과태료는 대통령령으로 정하는 바에 따라 산림청장등이 부과·징수한다. 〈개정 2012.2.22., 2015.3.27.〉

  [전문개정 2010.5.31.]

  [시행일 : 2017.6.3.] 제57조

부칙 〈제13796호, 2016.1.19.〉 (부동산 가격공시에 관한 법률)

제1조(시행일)

이 법은 2016년 9월 1일부터 시행한다.

제2조 생략

제3조(다른 법률의 개정)

①부터 ⑭까지 생략

⑮ 산지관리법 일부를 다음과 같이 개정한다.

제13조제2항 전단 중 "「부동산 가격공시 및 감정평가에 관한 법률」"을 "「부동산 가격공시에 관한 법률」"로, "같은 법 제9조"를 "같은 법 제8조"로 한다. 제19조제9항 중 "「부동산 가격공시 및 감정평가에 관한 법률」"을 "「부동산 가격공시에 관한 법률」"로 한다.

⑯부터 ㉗까지 생략

제4조 생략

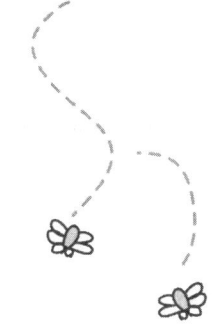

PART **부록** ||

최근기출문제분석

1 다음 글에서 설명하는 산림경영의 개념은?

> 유엔환경개발회의에서 채택된 산림원칙성명에서는 "산림자원 및 임지는 현재 및 미래 세대의 사회적·경제적·생태적·문화 및 정신적 소요를 지속적으로 충족시킬 수 있도록 경영되어야 한다."라고 명시하고 있다.

① 목재보속수확 산림경영
② 다목적 이용 산림경영
③ 지속 가능한 산림경영
④ 다자원적 산림경영

note 지속 가능한 개발
- ㉠ 1982년 UNEP특별이사회의가 개최되어 환경문제를 위한 '환경과 개발에 관한 세계위원회'설치
- ㉡ 1987년 '우리 공동의 미래'라고 하는 보고서 발표 – '지속가능한 개발' 제시
- ㉢ 지속가능한 개발 : 미래 세대의 수요를 충족시키는 능력에 손상을 주지 않으면서 현재 세대의 수요도 만족시키는 것
- ㉣ 1992년 6월 브라질 리우데자네이루에서 '환경과 개발에 관한 국제연합회의(UNCED)'라는 지구정상회의 개최 : 지구온난화 방지를 위한 기후변화협약과 생물다양성협약에 대한 서명이 시작됨과 동시에 리우선언, 아젠다 21(Agenda21), 산림원칙성명 등 합의

2 입목의 흉고단면적이 0.1m², 수고가 14m, 간재적이 0.7m³일 때, 이 입목의 형수를 구하면?

① 0.3
② 0.5
③ 0.7
④ 2.0

note 임목형수 … 수간재적/원기둥부피
적용해보면 0.7/(0.1×14)=0.5

3 임업투자의 경제성평가 방법 중 현금흐름할인법에 해당하지 않는 것은?

① 회수기간법(PBP)

② 순현재가치법(NPV)

③ 수익 · 비용비법(BCR)

④ 내부수익률법(IRR)

> ✿❚note 순현재가치법, 수익 · 비용비법, 내부수익률법을 현금흐름할인법이라고 하며, 이는 현금흐름에
> 할인율을 적용한 개념이다.

4 임분구조에 대한 일반적인 설명으로 옳지 않은 것은?

① 임분구조는 입목의 흉고직경과 수고급별 본수분포를 이용하여 나타낸다.

② 동령림은 평균직경급에서 평균 입목본수를 나타내고, 평균에서 멀어질수록 본수가 점차 증가하는 형태를 나타낸다.

③ 이령림은 낮은 직경급에서 본수가 많이 분포하는 경향을 나타낸다.

④ 이령림은 다양한 영급이 나타나며 주로 직경급이 증가할수록 본수가 감소하는 분포형태를 나타낸다.

> ✿❚note 동령림의 임분구조는 일반적으로 평균직경급에서 최대 입목본수를 나타내고, 평균에서 멀어질
> 수록 본수가 점차 감소되는 형태를 나타낸다.

5 우리나라 국유림에 대한 경영계획을 수립하고자 한다. 아래를 바르게 표기한 것은?

1임반, 1소반, 3보조소반

① 1−0−1−3

② 0−1−1−3

③ 1−1−3−0

④ 1−1−0−3

> ✿❚note 보기에는 보조임반 없이 임반 · 소반 · 보조소반만 있으므로, 1−0−1−3이 옳다.

6 산림경영계획서 작성시 전차기 경영계획의 성과분석에 대한 설명으로 옳지 않은 것은?

① 노동력 수급 및 임업기계장비의 운영실적에 대한 분석을 포함해서 작성한다.

② 재정성과 분석은 임목생산, 시설사업량 등에 대한 투자비와 임목생산 비용과의 수지분석으로 작성한다.

③ 산림의 기능별 산림관리계획 대비 실적을 분석하여 설정한 목표의 적절성 및 개선방안을 제시한다.

④ 산림생태계 및 산지 특정 소생물권의 보호와 관리 분석을 포함하여 작성한다.

> ✿❚note 재정성과 분석은 조림·육림·임목생산·시설사업 등의 사업량에 대한 투자비와 임목생산 및 수액·버섯·산채 등 임산물 생산을 통한 수입과의 수지분석으로 이루어진다.

7 각 생산요소에 귀속하는 임업소득의 계산방법으로 옳은 것은?

① 임지에 귀속하는 소득 = 임업소득 − (자본이자 + 가족노임추정액)

② 자본에 귀속하는 소득 = 임업순수익 − (지대 + 가족노임추정액)

③ 가족노동에 귀속하는 소득 = 임업순수익 − (지대 + 가족노임추정액)

④ 경영관리에 귀속하는 소득 = 임업소득 − (지대 + 자본이자)

> ✿❚note ② 자본에 귀속하는 소득 = 임업소득 − (지대 + 가족노임추정액)
> ③ 가족노동에 귀속하는 소득 = 임업소득 − (지대 + 자본이자)
> ④ 경영관리에 귀속하는 소득 = 임업순수익 − (지대 + 자본이자)

8 산림평가의 가치평가방법에 대한 설명으로 옳은 것은?

① 비용가는 수확시기를 앞둔 임분을 대상으로 재화 판매가격의 최저 한도라 할 수 있다.

② 원가방식에는 원가법과 매매가법이 있다.

③ 기망가는 장령림을 대상으로 재화 구입가격의 최고 한도를 나타낸다.

④ 매매가는 환원가 또는 공조가라고도 한다.

✦note 기망가

✦note 기망가
㉠ 기망가는 산림에서 앞으로 얻을 수 있다고 예상되는 수익을 현재 시점으로 할인한 평가액 이다.
㉡ 수익을 얻는 시기가 정기적이지 않거나 수익액이 일정하지 않아도 상관없다.
㉢ 수익을 얻는 기간이 계속적으로 지속되지 않아도 상관없다.
㉣ 산림평가에서 기망가가 차지하는 의미는 아주 크다.
㉤ 기망가의 특수한 경우로 자본가나 환원가라는 것이 있는데, 어떤 경영이나 재화가 매년 일정한 수익을 영구적으로 얻는다고 가정할 경우, 연간 수익액의 현재가를 합한 것이다.

9 국산재의 말구직경이 14cm, 재장이 8.5m일 때 벌채목 재적 계산 방법은?

① $(14 + \frac{8-4}{2})^2 \times 8.5 \times \frac{1}{10,000}$

② $(14 + \frac{9-4}{2})^2 \times 8.5 \times \frac{1}{10,000}$

③ $(14 + \frac{8+4}{2})^2 \times 8.5 \times \frac{1}{10,000}$

④ $(14 + \frac{9+4}{2})^2 \times 8.5 \times \frac{1}{10,000}$

✦note 벌채목의 재적 $= \left(\text{말구지름} + \frac{\text{벌채목 길이의 정수} - 4}{2}\right)^2 \times \text{벌채목길이} \times \frac{1}{10000}$

※ 벌채목 길이의 정수 ⋯ 벌채목 길이를 1m 단위로 나타낸 정수값으로, 가령 통나무의 길이가 8.5m이면 8이 벌채목 길이의 정수가 된다.

10 어느 한 임분에 대해 서로 다른 시점에서 추정한 지위지수에 대한 설명으로 옳지 않은 것은?

① 초기생장기간 동안 피압은 유령일 때의 지위에 대하여 상당한 과대 추정치를 이끌 수 있다.
② 지위급은 시간의 경과에 따라 변할 수 있다.
③ 미세입지 상의 임분은 지위곡선에 의한 유형을 따르지 않는다.
④ 관습적인 임령−수고곡선의 조제를 위한 표본이 제대로 균형 잡히지 않을 수 있다.

✦note 초기생장기간 동안의 피압은 유령일 때의 지위에 대하여 상당한 과소추정치로 이끌 수 있다.

✿✿Answer   9.① 10.①

11 수확조정법의 기법 중 Schneider 성장률 공식에 이용되는 측정인자는?

① 재적과 연령

② 흉고직경과 연륜수

③ 재적과 수고

④ 흉고직경과 재적

> **note** 슈나이더 공식 ··· n년 전의 측정한 축적값이 없을 때, 생장률을 구하는 방법이다.
>
> ※ 슈나이더 공식 $p = K/n \cdot D$
>
> ㉠ n : 흉고지름에서 생장추로 뽑아 낸 목편 바깥쪽 1cm 내에 있는 나이테의 수
>
> ㉡ D : cm로 표시된 흉고지름
>
> ㉢ K : 상수(흉고지름이 30cm 이하일 때에는 550, 30cm 이상일 때에는 500을 사용)

12 국유림경영계획 수립을 위한 산림구획단계에 해당하는 것은?

① 작업급

② 경영계획구

③ 벌채열구

④ 작업종

> **note** 경영계획에서는 경영계획구→임반→소반 순으로 산림을 구획한다.

13 임지의 생산능력을 판단하는 방법으로 옳지 않은 것은?

① 환경인자에 의한 방법

② 지표식물에 의한 방법

③ 지위지수에 의한 방법

④ 공간적 임분구조지수에 의한 방법

> **note** 지위사정의 방법
>
> ㉠ 환경인자에 의한 방법
>
> ㉡ 지표식물에 의한 방법
>
> ㉢ 지위지수에 의한 방법

14 FGIS의 5대 기본주제도에 해당하지 않는 것은?

① 수치임상도　　　　　　　　　　② 수치국유임소반도

③ 수치임도망도　　　　　　　　　　④ 수치산사태위험도

FGIS사업의 5대 기본 주제도
㉠ 수치임상도
㉡ 수치산림입지도
㉢ 수치산림이용기본도
㉣ 수치국유임소반도
㉤ 수치임도망도

15 「산림자원의 조성 및 관리에 관한 법률 시행규칙」상 '기준벌기령 및 벌채·굴취기준'에서 기업경영림의 수종별 일반기준벌기령으로 옳지 않은 것은?

① 삼나무 : 30년　　　　　　　　　② 잣나무 : 40년

③ 낙엽송 : 20년　　　　　　　　　④ 참나무류 : 25년

☆∎note　참나무류는 공·사유림의 경우 25년, 기업경영림의 경우 20년이 벌기이다.

16 다음 글에서 설명하는 내용은?

> DREW와 FLEWELLING(1979)은 지위와는 독립적으로 천연 임분에서 발견된 최대의 평균임목재적과 단위면적당 임목본수와의 관계성에 기초한 산림의 밀도 측정방법으로서 REINEKE의 임분밀도지수(SDI)와 비슷하지만 임목의 재적생장이 흉고직경 뿐만 아니라 수고와도 관련이 있다고 하였다.

① 상대공간지수　　　　　　　　　② 수관경쟁인자

③ 상대임분밀도　　　　　　　　　④ 크기비율지수

☆∎note　상대임분밀도
DREW와 FLEWELLING(1979)은 임목의 재적생장은 흉고직경 뿐만 아니라 수고와도 관련이 있다는 하는 상대임분밀도를 개발하였다.

17 국유림경영계획을 위한 산림조사에 대한 설명으로 옳은 것은?

① 산림조사는 임반단위로 이루어진다.

② 지리는 우세목의 수고와 임령을 측정하여 상·중·하로 구분한다.

③ 임종은 침엽수림, 활엽수림, 혼효림으로 구분된다.

④ 혼효율은 주요 수종의 수관점유면적비율 또는 입목본수비율(재적)에 의하여 100분율로 산정한다.

> **note** ② 지리는 산림작업을 위해 임지에 접근할 수 있는 임도나 도로까지의 거리를 말한다.
> ③ 임종은 천연림과 인공림으로 구분한다.

18 임업투자 분석에서 감응도분석에 대한 설명으로 옳지 않은 것은?

① 임업투자 분석에서 행한 결과에 대한 불확실성을 보완하기 위한 방법이다.

② 비용과 편익의 변화 정도를 파악하여 의사결정에 도움을 준다.

③ 분석에 사용되는 모든 값들이 확실히 알려진 상태를 전제로 한다.

④ 미래 상황이 불확실한 자재비용, 임금 등의 지표를 대상으로 한다.

> **note** 감응도분석
> 임업투자사업의 수익과 비용을 결정하는 요인을 변화시켜 여러 수준에 대한 요소들을 계산하여 이들이 어떻게 변화하는가를 관찰하는 것을 말한다. 임업투자사업시 발생하는 불확실성을 처리하는 실용적인 방법이다.

Answer 17.④ 18.③

19 다음은 표본조사법에서 표본점의 수를 결정하는 공식이다. 이 공식에 대한 설명으로 옳지 않은 것은?

$$n \geq \frac{4Ac^2}{e^2A + 4ac^2}$$

n : 표본점의 수 e : 오차율
A : 임분면적 c : 변이계수
a : 표본점의 면적

① 오차율의 변화는 표본점의 수에 크게 영향을 미친다.
② 변이계수가 커지면 이에 따라 표본점의 수도 증가한다.
③ 임분면적이 40ha를 초과할 때 표본점의 수에 미치는 영향이 별로 없다.
④ 국유림내 침엽수 인공림의 경우 임령이 증가하면 변이계수는 커진다.

✿∎note 침엽수 인공림의 경우 임령이 증가하면 변이계수가 작아진다.

20 4년 전에 융자를 받아 삼나무의 벌채적지 5ha를 10,000,000원에 구입하였고, 3년 전에 자기 자본 500,000원을 들여 임지를 개량하였다. 융자금리가 연 10%이고, 일반금리는 연 20%일 경우 1ha당 임지비용가는? (단, 1.10⁴ = 1.5, 1.20³ = 1.7로 적용한다)

① 2,870,000원   ② 3,080,000원
③ 3,170,000원   ④ 3,260,000원

✿∎note 임지비용가 … 융자분＋자기자본
    ⊙ 융자분 : $10,000,000 \times 1.10^4 = 10,000,000 \times 1.5 = 15,000,000$
    ⓒ 자기자본 : $500,000 \times 1.20^3 = 500,000 \times 1.7 = 850,000$
    ⓒ 임지비용가 : $15,000,000 + 850,000 = 15,850,000$
    ② 1 ha당 임지비용가 : $15,850,000 / 5 = 3,170,000$

2016. 6. 18 제1회 지방직 시행

1 산림경영의 지도원칙에 대한 설명으로 옳은 것은?

① 보속성의 원칙 – 일반적으로 임목생산을 대상으로 하여 산림에서 매년 수확을 균등하고도 지속적으로 영속할 수 있도록 경영해야 한다는 원칙이다.

② 합자연성의 원칙 – 국토보안의 원칙 또는 환경양호의 원칙이라고 불리며, 산림은 국토보안·수원함양 등의 기능을 충분히 발휘하도록 경영해야 한다는 원칙이다.

③ 생산성의 원칙 – 최대의 경제성을 획득하도록 경영 생산을 해야 한다는 원칙이다.

④ 공공성의 원칙 – 최대 이익 또는 이윤을 얻을 수 있도록 경영해야 한다는 원칙이다.

> **note** ② 합자연성의 원칙 : 수익성, 보속성, 공공성의 원칙을 달성하기 위한 기초적이고 수단적인 임업경영 지도원칙
> ③ 생산성의 원칙 : 토지의 생산력을 최대로 추구하는 원칙
> ④ 공공성의 원칙 : 임업 혹은 산림생산의 사회적 의의를 더욱 더 발휘하여 인간생활복리를 더욱 증진할 수 있도록 경영하는 원칙

2 임업경영은 경영주의 개별 사정과 목적에 따라 달라진다. 이에 관한 내용으로 옳지 않은 것은?

① 재정 상태가 곤란할 때는 벌기를 짧게 하고 속성수와 유실수 등을 식재한다.

② 자가 노동력이 많을 경우에는 조방적인 경영을 도모한다.

③ 산림 면적이 작을 때는 간단작업을 도모한다.

④ 산림 면적이 클 때는 보속작업을 계획한다.

> **note** 자가 노동력이 많을 경우에는 밀식조림을 하여 집약적인 경영을 해야 한다.

Answer 1.① 2.②

3 산림평가와 관련된 가치 평가 방법에 대한 설명으로 옳지 않은 것은?

① 자본가는 환원가 또는 공조가라고도 한다.

② 비용가는 주로 유령림의 가치 평정에 이용한다.

③ 기망가는 주로 장령림의 가치 평정에 이용한다.

④ 매매가는 주로 미성숙림의 가치 평정에 이용한다.

> ★note 매매가는 성숙림의 가치 평정에 이용된다.

4 개량기와 갱신기에 대한 설명으로 옳지 않은 것은?

① 개량기는 개량을 요하는 노령림이나 불량 임분이 많은 작업급에서는 윤벌기보다 길다.

② 개량기는 일반적으로 개벌작업을 하는 산림에 적용되는 기간 개념이다.

③ 점벌작업에 있어서 갱신기는 예비벌의 시작부터 후벌의 종료까지의 기간을 의미한다.

④ 개벌작업에 있어서 갱신기는 벌채 후 벌채목이 반출되고 새로이 산림이 성립될 때까지의 연수를 말한다.

> ★note 개량기는 노령임분이 많은 작업급에서는 윤벌기보다 짧은 기간을 둔다.

5 우리나라 국유림 경영계획에서 국유림 경영목표 실현을 위한 주요한 전제조건이 아닌 것은?

① 산림생태계의 안정성

② 산림생태계의 활용성

③ 산림생태계의 다양성

④ 산림생태계의 적응성

> ★note 국유림 경영목표의 실현을 위한 전제조건으로 산림생태계의 안정성, 적응성, 다양성, 지속성 및 경제성이 있다.

6 산림 면적 1,600ha의 삼나무 경영림이 있다. 윤벌령이 30년, 한 영급을 구성하는 영계수가 20년, 갱신기 2년을 갖는 법정영급분배를 하고자 할 때, 갱신급의 면적[ha]은?

① 10   ② 20

③ 100   ④ 120

> ☆**note** 갱신급 면적 … 법정영계면적×갱신기
> ㉠ 윤벌기 : 윤벌령 30＋갱신기 2일 = 32
> ㉡ 법정영계면적 : 산림면적1600÷윤벌기32 = 50
> ㉢ 갱신급면적 : 50×2 = 100

7 국가산림자원조사에 사용되는 11.3m 반경의 원형 표준지 1개의 면적은 10m × 10m 크기의 정방형 표준지 몇 개에 해당하는가?

① 약 1개   ② 약 2개

③ 약 3개   ④ 약 4개

> ☆**note** 원의 면적을 이용하면 된다.
> ㉠ 원의 면적 = 반지름^2×3.14＝11.3^2×3.14 = 약 400
> ㉡ 정방형 표준지 10×10 = 100
> ㉢ 대략 정방형 표준지 4개에 해당된다.

8 취득원가가 50만 원이고, 폐기할 때의 잔존가치가 2만 원으로 추정되는 기계톱이 있다. 이 기계톱의 총 사용가능시간은 4만 시간인데, 실제 작업시간이 1만 시간일 때의 시간당 감가상각비와 총감가상각비를 작업시간비례법에 의하여 계산하면?

	시간당 감가상각비	총감가상각비
①	12원	12만 원
②	12원	15만 원
③	13원	12만 원
④	13원	15만 원

> ☆**note** 작업시간비례법
> ㉠ 시간당감가상각비 = (취득원가－잔존가치)÷추정내용연수
> ㉡ 총감가상각비 = 시간당감가상각비×작업시간

🌱**Answer**   6.③ 7.④ 8.①

9 중령림의 임목가치 평가에 적용 가능한 Glaser의 보정식과 Martineit의 산림이용가식에서 공통적으로 필요한 계산 인자가 아닌 것은?

① 벌기령
② 임령
③ 임목 가격
④ 이율

✿ **note** 두 식과 이율은 관계가 없다.

10 국유림관리소와 관할 지방 산림청이 옳게 짝지어진 것은?

① 양구국유림관리소 – 북부지방산림청
② 홍천국유림관리소 – 중부지방산림청
③ 부여국유림관리소 – 서부지방산림청
④ 순천국유림관리소 – 남부지방산림청

✿ **note** 지방산림청 국유림관리소
　㉠ 북부지방산림청 : 서울, 수원, 홍천, 인제, 양구, 춘천 국유림 관리소
　㉡ 동부지방산림청 : 강릉, 양양, 평창, 영월, 정선, 삼척, 태백 국유림 관리소
　㉢ 남부지방산림청 : 영주, 영덕, 구미, 울진, 양산 국유림 관리소
　㉣ 중부지방산림청 : 충주, 보은, 단양, 부여 국유림 관리소
　㉤ 서부지방산림청 : 정읍, 무주, 영암, 순천, 함양 국유림 관리소

11 입목도에 대한 설명으로 옳은 것은?

① 우세목의 수고에 대한 입목 간 평균 거리의 백분율
② 임지의 생산능력을 나타내는 지수
③ 이상적인 임분의 재적 또는 흉고단면적에 대한 실제 임분의 재적 또는 흉고단면적 비율
④ 흉고직경에 대한 ha 당 임목본수 비율

✿ **note** 입목도는 이상적인 임분의 재적 또는 흉고단면적에 대한 실제 임분의 재적 또는 흉고단면적 비율을 의미한다.

❦ **Answer**　9.④　10.①　11.③

12 산림교육의 활성화에 관한 법령상 산림교육에 대한 설명으로 옳지 않은 것은?

① 산림교육전문가를 숲해설가, 유아숲지도사, 숲길체험지도사로 구분하고 있다.

② 산림교육이란 산림의 다양한 기능을 체계적으로 체험·탐방·학습함으로써 산림의 중요성을 이해하고 산림에 대한 지식을 습득하며 올바른 가치관을 가지도록 하는 교육을 말한다.

③ 산림교육 전문과정에 있어서 공통과정의 교육시간은 36시간 이상이어야 한다.

④ 산림청장은 산림교육을 활성화하기 위하여 산림교육 종합계획을 10년마다 수립·시행하여야 한다.

> ✎ **note** 산림교육의 활성화에 관한 법률 중 제4조
> 제4조(산림교육종합계획의 수립·시행 등) ① 산림청장은 산림교육을 활성화하기 위하여 다음 각 호의 사항이 포함된 산림교육종합계획(이하 "종합계획"이라 한다)을 5년마다 수립·시행하여야 한다.
> 1. 산림교육의 기본목표와 추진방향
> 2. 산림교육전문가의 체계적 육성 및 지원 방안
> 3. 산림교육의 활성화를 위한 기반의 구축 방안
> 4. 산림교육자료의 개발 및 보급
> 5. 산림교육에 대한 실태조사 및 평가에 관한 사항
> 6. 산림교육의 활성화를 위한 재원조달 방안
> 7. 그 밖에 산림교육의 활성화를 위하여 필요한 사항

13 국유림경영계획 시 소반경영계획의 수립 내용에 해당하지 않는 것은?

① 조림예정지 정리 ② 소득사업
③ 산림바이오매스 ④ 임목생산

> ✎ **note** 소반경영계획수립 … 조림예정지 정리, 임목생산, 조림, 육림, 소득사업 등

14 산림수확조절을 위해 목적함수를 직접적으로 최대화 또는 최소화하지 않고 목표들 사이에 존재하는 편차를 주어진 제약조건 하에서 최소화하는 산림경영계획 기법은?

① 목표계획법

② 정수계획법

③ 동적계획법

④ 비선형계획법

📝**note** 목표계획법은 선형계획법에서와 같이 목적함수를 직접적으로 최대화 또는 최소화하지 않고, 목표들 사이에 존재하는 편차를 주어진 제약조건 하에서 최소화하는 기법이다.

15 임목자산에 대한 설명으로 옳지 않은 것은?

① 임목자산장비율은 경영 활동이 원활하게 이루어지도록 임목자산이 알맞게 구성되어 있는가를 판단하는 지표이다.

② 임목자산의 성장성을 판단할 때는 임목성장액, 임목자산증가율, 성장액의 내부보유율 등이 지표로 이용된다.

③ 성장액의 내부보유율은 한 해에 자란 임목자산 중에서 판매되지 아니하고 남아있는 임목자산의 비율이다.

④ 임목자산의 증감률은 성장액에 대한 연도 내 성장액에서 연도 내 매각액을 뺀 것의 비율이다.

📝**note** 임목자산의 증감률 = (연도내증감액/연도초재고액)×100

16 소나무 공유림에서 벌기마다 1ha 당 5백만 원의 수익을 영구히 얻을 수 있다면, 이 소나무림 1ha 당 수익의 현재가를 구하는 식은? (단, 벌기령은 「산림자원의 조성 및 관리에 관한 법률 시행규칙」상 일반기준벌기령을 말하며, 이율은 4%이다)

① $\dfrac{5,000,000}{1.04^{40}-1}$

② $\dfrac{5,000,000}{1.04^{60}-1}$

③ $\dfrac{5,000,000 \times 1.04^{40}}{1.04^{40}-1}$

④ $\dfrac{5,000,000 \times 1.04^{60}}{1.04^{60}-1}$

📝**note** 공·사유림 소나무 기준벌기령 40년을 고려해서 무한 정기이자 계산식에 적용해야 한다.
※ 무한 정기이자 계산식

ⓐ 현재로부터 n년마다 R씩 영구적으로 구할 수 있는 이자의 전가합계 $= \dfrac{R}{(1.0P)^{n}-1}$

🌱**Answer** 14.① 15.④ 16.①

17 「산림문화·휴양에 관한 법률」상 숲길에 대한 설명으로 옳지 않은 것은?

① 등산로는 산을 오르면서 심신을 단련하는 활동을 하는 길을 말한다.

② 트레일은 산줄기나 산자락을 따라 조성하여 시점과 종점이 연결된 길을 말한다.

③ 탐방로는 산림생태를 체험·학습 또는 관찰하는 활동을 하는 길을 말한다.

④ 휴양·치유숲길은 산림에서 휴양·치유 등 건강증진이나 여가활동을 하는 길을 말한다.

☆▌note 트레일은 산줄기나 산자락을 따라 길게 조성하여 시점과 종점이 연결되지 않는 길을 말한다.

18 다음 표를 이용하여, 수령 60년에서의 총평균생장량(MAI)과 5년간 정기평균생장량(PAI)을 계산하면?

수령(년)	55	56	57	58	59	60
재적(m³)	0.37	0.47	0.52	0.58	0.66	0.78

	총평균생장량	정기평균생장량
①	$0.013\,m^3$	$0.062\,m^3$
②	$0.013\,m^3$	$0.082\,m^3$
③	$0.039\,m^3$	$0.062\,m^3$
④	$0.039\,m^3$	$0.082\,m^3$

☆▌note 평균생장량

총평균생장량 : $\dfrac{총생장량}{총생장 연수} = 0.78/60 = 0.013$

정기평균생장량 : $\dfrac{최종 재적 - 현재 재적}{연수} = (0.78-0.37)/5 = 0.082$

19 국유림에 조림한 낙엽송림의 윤벌기가 50년이고 ha 당 법정축적이 300m³일 때, 개벌작업의 경우 법정림의 ha 당 법정연벌량[m³]은?

① 10

② 12

③ 14

④ 16

✿▌note 법정수확률을 이용하여 법정연벌량을 구해야한다.
   ㉠ 법정수확률 : 200/윤벌기 = 4%
   ㉡ 법정연벌량 : 법정축적×법정수확률 = 300×0.04 = 12

20 산림생장 및 예측모델의 구축 과정을 순서대로 바르게 나열한 것은?

① 모델 선정 및 설계→자료 수집→자료 분석 및 생장함수식 유도→모델 구성→검증

② 모델 선정 및 설계→모델 구성→자료 수집→자료 분석 및 생장함수식 유도→검증

③ 자료 수집→모델 선정 및 설계→모델 구성→자료 분석 및 생장함수식 유도→검증

④ 자료 수집→모델 선정 및 설계→자료 분석 및 생장함수식 유도→모델 구성→검증

✿▌note 산림생장 및 예측모델의 구축 과정 : 모델 선정 및 설계→자료수집→자료 분석 및 생장함수식 유도→모델구성→검증

2016. 6. 25 서울특별시 시행

1 지위지수에 대한 설명 중 옳지 않은 것은?

① 지위지수를 알기 위해서는 연령과 우세목의 수고자료가 필요하다.

② 임목이 어렸을 때 피압되었다면 그 임령에 대한 총수고의 사용은 지위지수를 과대 추정할 수 있는 문제점이 있다.

③ 동형법에 의해 유도된 지위지수분류곡선은 지위에 따라 그 크기만 다를 뿐, 동일한 형태를 따른다.

④ 지위지수는 수고가 입목밀도의 영향을 받지 않는다는 가정하에 개발된 지수이다.

> **note** 임목이 어렸을 때 피압되었다면 그 임령에 대한 총수고의 사용은 지위지수를 과소추정치로 이끌 수 있다.

2 일반적으로 농림업에서 자본장비도를 논할 때 제외하는 것으로 옳은 것은?

① 중간재비   ② 토지
③ 고용노동비   ④ 유동자본

> **note** 일반적으로 농림업에서 자본장비도를 논할 때는 고정자본에서 토지를 제외하는 것이 보통이다.

3 온실가스 감축의무가 있는 선진국이 감축의무가 없는 개발도상국에서 산림을 조성하여 얻게 되는 탄소배출권을 선진국의 의무감축량에 포함시키는 제도는 무엇인가?

① 청정개발체제   ② 공동이행제도
③ 탄소배출권거래제도   ④ CoC인증제도

> **note** 청정개발체제
> 1997년 12월 기후변화협약 총회에서 채택된 교토의정서에 따라 선진국이 개발도상국에서 온실가스 감축사업을 수행하여 달성한 실적을 해당 선진국의 온실가스 감축목표 달성에 활용할 수 있도록 한 제도이다.

Answer   1.② 2.② 3.①

4 아래 조건을 갖는 벌기에 달한 소나무림을 대상으로 시장가역산법에 의해 산출한 임목가는 얼마인가?

> 총 축적 : 150m³, 이용률 : 70%, 1m³의 평균 원목시장가격 : 192,000원, 1m³의 조재비 : 20,000원, 1m³의 집재비 : 20,000원, 1m³의 운재비 : 15,000원, 1m³의 잡비 : 5,000원, 월이율 : 5%, 자본회수기간 : 4개월

① 10,500,000원 　　　　　　　② 13,100,000원

③ 20,160,000원 　　　　　　　④ 28,800,000원

✿**note** 시장가역산법 $= f\left(\dfrac{a}{1+lr} - b\right)$

(f : 이용률 / l : 자본회수기간 / r : 월이율 / a : 원목시장가격 / b : 1m³당 원목생산경비)

㉠ 0.7{(192,000/1.2) − 60,000} = 70,000

㉡ 최종 임목가 : 임목매매가×총 축적 = 70,000×150 = 10,500,000

5 임지평가방법에 대한 설명으로 옳은 것을 모두 고르면?

> ㉠ 임지기망가는 어떤 임지에서 일정한 사업을 영속적으로 실시할 때 그 임지에서 장래 기대되는 순수입의 전가 합계를 말한다.
> ㉡ 임지비용가는 임지를 취득한 후 조림 등 임목 육성에 알맞은 상태로 개량하는 데 소요된 모든 비용의 전가에서 그동안 얻은 수입의 전가를 공제한 것이다.
> ㉢ 임지기망가는 무한정기수입의 전가식을 사용하여 계산한다.
> ㉣ 임지비용가는 산림소유자의 입장에서 볼 때 임지의 최저가격을 평가하는 가장 좋은 방법이 될 수도 있다.

① ㉠, ㉡, ㉢ 　　　　　　　② ㉠, ㉢, ㉣

③ ㉡, ㉢, ㉣ 　　　　　　　④ ㉠, ㉡, ㉢, ㉣

✿**note** 임지비용가는 임지 육성에 적합한 상태로 개량하는데 소요된 총비용의 현재가합계로 평가하는 방법이다.

6 국유림 경영목표 실현을 위한 전제조건으로 옳은 것을 모두 고르면?

> ㉠ 산림생태계의 적응성   ㉡ 산림생태계의 안정성
> ㉢ 산림생태계의 다양성   ㉣ 산림생태계의 생산성
> ㉤ 지속성   ㉥ 경제성

① ㉠, ㉡, ㉢, ㉣
② ㉡, ㉢, ㉤, ㉥
③ ㉢, ㉣, ㉤, ㉥
④ ㉠, ㉡, ㉢, ㉤, ㉥

> ☆▌note 국유림경영목표의 실현을 위한 전제조건 : 산림생태계의 안정성, 적응성, 다양성, 지속성 및 경제성

7 항공사진 촬영에서 옆중복(side lap)의 평균 진전율로 옳은 것은?

① 50%
② 60%
③ 70%
④ 80%

> ☆▌note 항공사진의 옆중복 평균은 30%이고, 진전율은 100-30=70이다.

8 산림면적이 800ha이고, 윤벌기가 40년이며, 한 영급이 20개의 영계로 구성되어 있는 경우에 법정영급면적은 얼마인가?

① 1ha
② 20ha
③ 40ha
④ 400ha

> ☆▌note 법정영급면적 = (면적/윤벌기)×영계

9 감응도분석에 관한 설명 중 옳지 않은 것은?

① 투자효율을 추정하는 NPW · B/C율 · IRR 등을 계산하여 이들이 얼마나 민감하게 변화하는가를 관찰하는 것이다.

② 생산물의 가격 및 노임 등의 가격요인은 감응도분석의 요인이 된다.

③ 원료 및 원자재의 가격변화에 따른 사업비용의 변화를 감응도분석의 대상으로 고려해야 한다.

④ 생산량이나 사업기간의 지연은 감응도분석의 대상이 아니다.

> **note** 감응도분석의 대상
> ㉠ 생산량
> ㉡ 사업기간의 지연
> ㉢ 원료 가격변화에 따른 비용의 변화
> ㉣ 생산물의 가격 등의 가격요인

10 2015 임업통계연보에 따르면 우리나라 최근 임산물 현황에 대한 설명 중 옳지 않은 것은?

① 수종별 국내 원목 가격은 삼나무 > 편백나무 > 참나무 순이다.

② 주요 임산물 수출액은 목재 및 목제품 > 석재류 > 밤 순이다.

③ 임산물 총생산액은 순임목 > 토석 > 수실류 순이다.

④ 수입원목 가격은 솔로몬산 남양재(Mix) > P.N.G산 남양재(G3Mix) > 뉴송(A-grade) 순이다.

> **note** 수종별 국내 원목가격은 편백나무가 가장 높다.

11 현실임분의 축적과 법정축적은 각각 120m³/ha와 200m³/ha, 현실축적의 평균생장량이 5m³/ha, 법정축적의 평균기대생장량이 7m³/ha, 갱정기가 20년인 산림을 Austrian법에 의해 법정림으로 유도하려고 할 경우 ha당 법정연벌량은 얼마인가?

① 1m³　　　　　　　　　　　　② 2m³

③ 3m³　　　　　　　　　　　　④ 4m³

> **note** $$표준연벌량 = 연년생장량 + \frac{현실임분축적 - 법정축적}{갱정기}$$

Answer　　9.④ 10.① 11.②

12 각산정조사법에 대한 설명 중 옳지 않은 것은?

① 각산정조사법은 표준지를 설치하지 않고 조사하는 방법이다.

② 각산정조사법을 이용하여 ha당 흉고단면적과 수고를 구할 수 있다.

③ 각산정조사법의 측정기구로는 Speigel Relascope가 있다.

④ 국내에서는 일반적으로 각산정조사법의 흉고단면적정수는 1, 2, 4m²로 구분된다.

> **note** 각산정 표준지법
> ㉠ 임분재적 측정시 매목조사를 하지 않고, 임분의 가슴높이 단면적 합계를 구할 수 있다.
> ㉡ 각산정 표준지법은 표준지가 필요하지 않다.

13 「산림문화·휴양에 관한 법률 시행령」상 서울특별시가 관할하고 있는 공유림 내에 국가 또는 지방자치단체가 치유의 숲을 조성할 수 있는 최소면적은?

① 10만m²

② 15만m²

③ 25만m²

④ 30만m²

> **note** 치유의 숲은 특별시 또는 광역시의 관할구역에 조성하는 경우에는 25만제곱미터로 한다.

14 우리나라 산림계획에 대한 설명 중 옳지 않은 것은?

① 산림기본계획은 전국을 대상으로 산림청장이 수립한다.

② 지역산림계획은 국유림과 공유림을 구분하지 않고 수립한다.

③ 산림기본계획은 10년 단위로 수립한다.

④ 지역산림계획의 수립주체는 지방산림청장과 시·도지사이다.

> **note** 지역산림계획은 국유림과 공·사유림을 구분해서 수립한다.

15 다음 중 산림측정인자 용어에 대한 설명으로 옳지 않은 것은?

① 형률은 하부와 상부의 두 특정 위치의 수고비를 말한다.

② 형상고는 수고와 형수를 곱한 것을 말한다.

③ 형수는 수간재적과 원주체적의 비를 말한다.

④ 직경률은 흉고직경과 임목의 중앙직경의 관계를 말한다.

✿▌note 형률은 상부와 하부의 두 특정 위치의 직경의 비의 함수로 표시하는 것이다.

16 다음 산림관계법규에 대한 설명 중 옳지 않은 것은?

① 「산림법」: 1961년에 제정된 우리나라 산림정책 기본법

② 「산림기본법」: 2001년에 제정된 산림과 임업에 관한 기본적인 총괄 규범

③ 「산지관리법」: 1962년에 제정된 국토의 황폐화를 방지하고 보전하기 위한 법률

④ 「산림조합법」: 1980년 제정된 산림소유자와 임업인의 자주적인 협동조직을 위한 법률

✿▌note 산지관리법 … 산지의 합리적인 보전 · 이용을 통하여 임업의 발전과 산림의 다양한 공익기능의 증진을 도모하기 위한 법률

17 임분밀도의 척도에 관한 설명으로 옳지 않은 것은?

① 입목도는 이상적인 임분의 재적 또는 흉고단면적에 대한, 실제 임분의 재적 또는 흉고단면적 비율을 의미한다.

② 상대밀도는 흉고단면적과 평방평균직경을 병합시켜 만든 척도이다.

③ 상대공간지수는 우세목의 수고에 대한 입목 간 평균거리의 백분율을 의미한다.

④ 수관경쟁인자는 100% 이상이 될 수 없다.

✿▌note 수관이 중첩되어 있을 경우 수관경쟁인자는 100% 이상이 될 수도 있다.

18 다음 중 산림측정단위의 성격이 같은 것끼리 묶이지 않은 것은? (재래식 단위도 포함)

① m − 야드(yard) − 치(寸)
② 코드(cord) − m^3 − 재(才)
③ 보드푸트(board foot) − ha − acre
④ 펜(pen) − ft.3 − M.B.M

⭐**note** board foot는 재적의 단위이지만 ha와 acre는 면적의 단위이다.

19 공·사유림의 산림경영계획서를 작성하기 위해 실시하는 임황조사에 대한 설명으로 옳은 것을 모두 고르면?

> ㉠ 수종은 주요 수종의 수종명을 기록하되, 혼효림의 경우는 5종까지 조사하여 기록할 수 있다.
> ㉡ 수고는 임분 수고의 최저, 최고 및 평균을 측정하여 임분수고의 범위를 분모로 하고 평균수고를 분자로 하여 표시한다.
> ㉢ 경급은 임목 가슴높이지름의 최저, 최고, 평균을 2cm 단위로 측정하여 임목 가슴높이지름의 범위를 분모로, 그리고 평균 가슴높이지름을 분자로 하여 표시한다.
> ㉣ 총 축적 산출을 위해 표준지조사를 할 경우 표준지는 산림 내 평균임상인 개소에서 선정하고 1개 표준지 면적은 최소 0.04ha로 한다.

① ㉠, ㉡
② ㉠, ㉡, ㉢
③ ㉡, ㉢, ㉣
④ ㉠, ㉡, ㉢, ㉣

⭐**note** ㉠㉡㉢㉣은 모두 옳은 설명이다.

20 임업노동에 대한 설명으로 옳지 않은 것은?

① 임업생산에 소요되는 단위면적당 임업노동의 기회는 농업노동에 비해 적은 편이다.
② 임업노동은 기술적 분업이 발달되어 있지 않다.
③ 임업노동에서 벌목작업노동이 차지하는 비중은 작다.
④ 벌목작업노동은 숙련노동자를 필요로 하고, 이 작업에는 전업노동자의 취업이 많은 편이다.

⭐**note** 임업노동의 절반 정도가 벌목작업노동이므로 비중이 상대적으로 큰 편이다.

🌱**Answer** 18.③ 19.④ 20.③